토질역학 제2판

제2판

토질역학

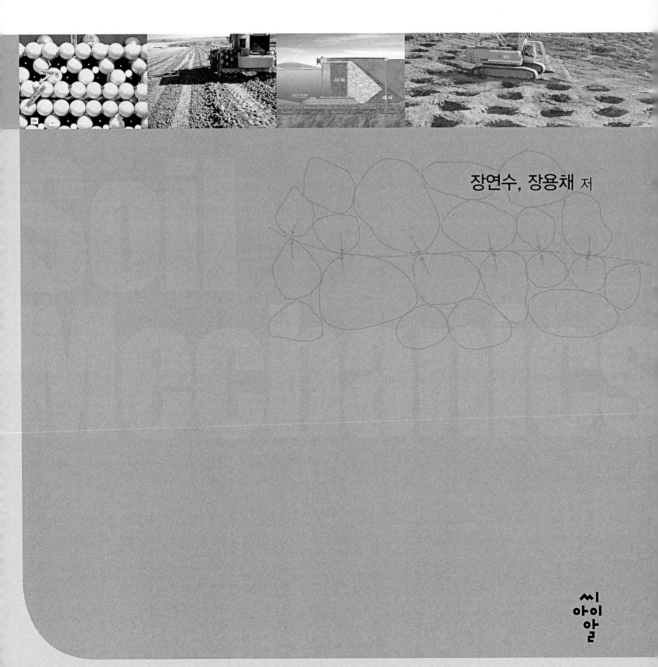

장연수, 장용채 저

씨아이알

머리말

다년간 토질역학을 강의해본 결과 과거에는 유용하였으나 컴퓨터와 다양한 지반공학 분야의 소프트웨어가 활용되고 있는 현재에는 효용성이 저하된 내용을 다수 발견하였다. 반면 실무에서는 매우 중요하게 활용되는 주요 개념이 토질역학 내용 중에 소개되지 않는 경우도 있어 이들을 포함할 수 있는 토질역학 교재의 필요성을 느끼게 되었다.

이에 국내외에서 사용하고 있는 참고문헌을 분석·종합하여 토질역학을 공부하는 학생이나 기술자들에게 쉽고 체계적으로 이해할 수 있는 교재개발에 착수하게 되었고 그동안의 수업과정에서 모은 자료를 정리하여 1년여의 작업 끝에 이 책을 내놓게 되었다.

이 책의 전반부에는 토질역학의 원리를 주로 설명하고 후반부는 이를 흙과 구조물 기초지반에 응용하는 내용으로 구성하여 토질역학의 기본을 습득함과 동시에 이를 응용할 수 있도록 하였다. 보통 토질역학은 토질시험결과를 많이 활용하여 그림 및 도표로 나타내는데 이 책에서도 토질시험결과를 이용하여 설명하는 경우가 있으므로 토질시험과 병행하여 교육하면 더욱 효과가 있을 것이다.

이 책의 특징은 다음과 같다.

1. 토질역학의 핵심사항을 체계적으로 정리하고 쉽게 설명하려고 노력하였다.
2. 토질역학 개념을 설명하기 위한 그림을 많이 삽입하고 예제를 이용하여 이해를 돕도록 하였다.
3. 최근 개정된 구조물기초기준 등 변화된 지반공학 분야의 실무에 필요한 기준을 업데이트하였다.
4. 주요 개념을 나타내는 지반공학 용어는 해당 영문단어를 부가하여 개념의 이해에 도움이 되도록 하였다.
5. 토질역학의 원리 및 응용에 대한 소양을 쌓기 위하여 1년 2학기 분량이 되도록 구성하였다.
6. 최근의 추세에 맞추어 예제와 연습문제의 단위를 SI 체계에 맞추어 구성하였다.

이 책은 공학인증 학습성과를 위하여 다음과 같은 내용을 포함하고 있다.

1. 토질역학의 기본개념으로 흙이란 무엇인가, 어떻게 형성되는가, 공학적 목적을 위하여 어떻게 확인하고 분류되는가를 배운다.
2. 지반 내로의 흐름, 압밀 및 침하, 전단강도, 얕은기초 및 깊은기초 설계에 대한 기본문제를 해결한다.
3. 흙의 이론과 시험 부분에 대한 기본용어를 익숙하게 함으로써 지반공학 분야 전문가들이 업무를 효율적으로 진행할 수 있게 한다.
4. 사면안정해석, 지반개량공법의 경향을 소개함으로써 최근의 토질역학의 변화를 알게 한다.
5. 연습문제를 통하여 복습을 용이하게 하고 실제 현장의 지반문제를 해결할 수 있는 응용능력을 배양한다.

2010년 2월
장연수

∼❦ 감사의 글 ❦∼

이 책의 제2판이 출간되기까지 수정과 편집을 위해 고생한 씨아이알 박영지 편집장과 최장미 씨, 그리고 출판을 위하여 지원해주신 씨아이알 김성배 사장과 직원들에게 깊이 감사드립니다.

2020년 2월
장연수

CONTENTS

03 흙의 미시구조와 점토광물

04 흙의 다짐

05　지반 내의 응력

08 흙의 전단강도

11 얕은기초의 지지력과 침하

12 깊은기초

01 개론

01 | 개 론

1.1 흙의 정의와 토질역학

흙이란 지구 표면을 구성하고 있는 물질로서 불연속적인 입자들(discrete grains)로 형성되어 있다. 이를 더 자세히 구분해보면 광물입자로 구성된 고체입자(soil particle)와 고체입자들 사이의 빈 공간에 존재하는 간극수(pore water) 및 공기(air)로 구성된다.

흙이 콘크리트나 강철과 다른 점은 후자는 입자 간에 강하게 부착되어 있는 반면 흙입자는 입자 간에 부착력이 느슨하여 쉽게 분리가 일어날 수 있다는 것이다. 흙은 외부의 힘을 받았을 때 입자 간에 상호 변이가 발생하며 저항하는 힘이 발생하는데 이러한 저항력은 토목·건축구조물의 기초지 반을 지지하는 근원이 되므로 흙의 공학적인 특성을 파악하는 것은 매우 중요하다.

흙의 공학적 특성에는 흙의 생성원인, 흙의 입도분포를 포함한 기본 토성, 투수성, 압축성, 전단강도, 지지력 등이 있다. 토질역학(soil mechanics)은 이러한 토질 특성에 대하여 규명하는 학문이며 기초공 학(foundation engineering)은 토질역학의 원리를 구조물 기초에 응용하는 학문이다. 토질 및 기초분 야는 구조물 기초로서의 암석의 특성을 연구하는 암반공학(rock engineering)분야를 포함하여 지반 공학(geotechnical engineering)으로 발전하였다.

흙을 다루는 토질역학이 고체역학이나 유체역학과 근본적으로 다른 것은 흙입자 사이에 공기와 물이 존재할 수 있기 때문에 불연속체라는 사실이다. 흙의 복잡한 역학적 거동관계를 과학적으로 규명하기 위해서는 다음과 같은 흙의 특성을 잘 이해하여야 한다.

1) 흙의 응력 – 변형률(stress–strain)거동은 비선형, 비탄성으로 탄성거동을 보이지 않는다.

여러 가지 흙시료에 대한 일축압축시험(8.3.3절)을 수행한 결과 응력-변형률관계를 그래프로 나타내면 다음 그림 1.1과 같다. 단단한 흙은 곡선(1)과 같은 형태를, 연약한 흙은 곡선(2)와 같은 형태를 나타낸다. 곡선(1)은 작은 변형률에서 최고 강도값을 나타내 갑자기 파괴되어 강도값의 크기가 명확하고 그 기울기가 직선에 가깝기 때문에 탄성체로 보기가 쉽지만 탄성거동은 하지 않는다. 곡선(2)는 변위가 상당히 크게 발생했음에도 강도값이 거의 일정해 구조물의 안정성 검토에 있어 강도값은 물론 변형률이 중요한 역할을 하는 것을 알 수 있다. 일반적인 흙은 곡선(2), 곡선(3)의 거동을 나타내는데, 탄성을 나타내지는 않지만 처음 일정 부분이 직선적이기 때문에 그 기울기를 구하여 탄성계수를 추측하기도 한다.

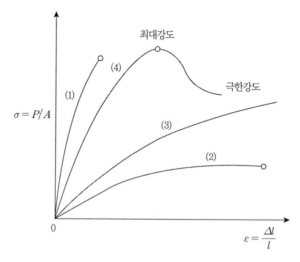

그림 1.1 흙의 응력-변형률곡선

2) 흙의 성질은 근본적으로 비균질, 비등방성이다.

균질이란 상호 위치가 달라도 공학적인 성질이 같은 것을 말하며, 등방성이란 한 위치에서 모든 방향으로 공학적인 성질이 같은 것을 말한다. 상기 조건에 맞지 않으면 각각 비균질, 비등방성이라 말한다. 우리가 생활하고 있는 천연 지반은 한 위치에서도 토질의 공학적 특성이 다르며, 수직 및 수평방향의 성질이 다르기 때문에 비균질, 비등방하다고 말한다.

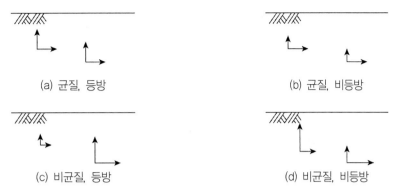

(a) 균질, 등방   (b) 균질, 비등방

(c) 비균질, 등방   (d) 비균질, 비등방

그림 1.2 흙의 균질과 비균질, 등방과 비등방에 대한 모식도

3) 흙의 거동은 응력뿐만 아니라 시간과 환경의 영향도 받는다.

흙의 거동은 다른 재료와 마찬가지로 응력의 크기에 따라 변형이 다르게 발생되지만, 시간과 환경에 의해서도 달라진다. 포화된 연약점토지반에 하중이 가해지면 시간의 흐름에 따라 서서히 침하가 발생된다. 또한 추운 겨울철에 온도가 0℃ 이하로 떨어지면 흙 속의 물이 얼어 부피가 약 9% 정도 팽창하게 된다. 따라서 흙은 시간과 환경적인 요인에 의해 거동이 달라질 수 있다.

4) 지반의 공학적 특성은 지반조사를 통해 분명히 평가된다.

흙의 명확한 물리적, 공학적 특성을 파악하기 위해서는 지반조사를 통해 시료를 채취하여 설계와 해석에 필요한 각종 토질상수들을 구하여 실무에 적용한다. 흙은 같은 위치일지라도 그 특성이 각기 다를 수 있기 때문에 시추조사를 통한 정확한 토질상수의 구득이 매우 중요하다. 토질상수들은 경험식과 실내외 실험값을 통해 설계값에 적용하여 보다 안전하고 경제적인 토목구조물 설계에 적용한다(김상규 외, 2016).

1.2 흙의 생성

1.2.1 풍화(weathering)

암석이 물리적, 화학적 작용에 의거하여 작은 조각으로 분리되는 과정을 풍화라고 한다. 흙의 고체 부분은 광물입자로 구성되어 있는데 이는 암석이 풍화하여 형성된 것이다. 암석의 풍화는 크게 물리적 풍화(physical weathering)와 화학적 풍화(chemical weathering)로 분류할 수 있다.

물리적 풍화는 암균열 속의 물이 얼거나 심한 온도변화를 받아 암석이 팽창·수축하여 모암으로부터 작은 조각으로 파쇄 또는 마모되는 과정이다. 강우 등으로 인하여 물이 암석의 균열 내로 스며들어 얼게 되면 부피가 팽창하게 된다. 암석의 균열 내에서 동결되어 형성된 얼음의 팽창력은 매우 커서 암석의 균열을 확대시키고 균열의 폭과 깊이를 증가시키는 역할을 한다. 이렇게 균열을 확대시키고 새로운 균열을 형성하는 과정이 반복되면 암석은 점점 작은 조각으로 분리되어 흙으로 변화되어간다. 암석의 분쇄는 흐르는 물이나 바람, 파도, 빙하 등에 의해서도 발생한다. 물리적 풍화의 특징은 분쇄되는 암조각 내의 광물이 화학적 변화를 수반하지 않는다는 점이다. 물리적 풍화는 주로 낮과 밤의 온도차가 큰 건조한 지방에서 많이 발생한다.

화학적 풍화는 암석광물의 화학적 성질이 바뀜으로 모암과는 전혀 다른 광물이 형성되는 것을 말한다. 이러한 작용이 일어나는 것은 물이나 공기 중의 산소, 이산화탄소, 부패한 동식물로부터 발생한 유기산 등이 광물과 반응하여 암석을 분해시키기 때문이다. 화학적 풍화는 따뜻하고 습기가 많은 평탄한 열대 및 아열대지방에 많다.

1.2.2 생성원인에 따른 흙의 종류

암석의 풍화로 형성되는 흙은 풍화로 인해 모암의 파쇄로 형성되어 그 자리에 잔류하는 잔적토(residual soil)와 물이나 바람 또는 빙하의 작용을 받아 운반되어 퇴적되는 퇴적토(transported soil)로 분류된다.

흙덩이의 광물입자들은 암석덩이의 풍화에 의해 생성된다. 암석은 형성과정에 따라 화성암(igneous rock), 퇴적암(sedimentary rock), 변성암(metamorphic rock) 등으로 구분한다. 그림 1.3은 암석의 순환과 그 과정을 나타낸 것이다.

화성암은 지구 맨틀(mantle)의 깊은 곳에서 분출된 마그마(magma)가 지하 또는 지표에서 냉각 고결되어 만들어진 암석으로 지하에서 고결된 마그마를 관입암, 지표에 분출된 마그마를 용암이라 하고 이를 통틀어서 화산암 또는 분출암이라 한다. 퇴적암은 지구의 역사연구에 꼭 필요한 암석으로 원시지각인 화성암 내지 운석물질들의 집합체가 풍화, 침식 및 화학적 작용으로 인해 자갈, 모래 및 펄과 같은 쇄설물로 만들어져 고결된 암석을 말한다. 암석이 생성 당시와 다른 환경에 놓이면 그 환경에 적응하기 위한 변화를 겪는다. 이러한 변화에 의해 암석의 성질이 다르게 변화하는 것을 변성 작용이라 하고 이 변성작용에 의해 새로이 형성된 암석을 변성암이라 한다. 변성작용은 암석에 큰 압력이나 높은 온도가 가해지게 되면 화학성분의 가감이나 교대작용이 일어나거나 이들 둘 이상의 작용이 합작으로 발생되어 일어나는 현상을 말한다.

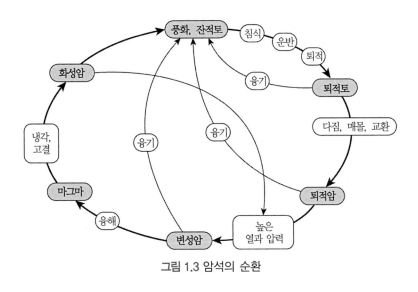

그림 1.3 암석의 순환

1) 잔적토

잔적토는 풍화속도가 물이나 바람 또는 빙하의 작용을 받아 제거되는 속도보다 커서 원위치에 잔류하는 흙으로 모암의 광물성분을 그대로 지니고 있다. 습기가 많고 따뜻한 지방에서는 화학적인 풍화가 발생하여 잔적토의 깊이가 깊다. 국내 산악지에서도 잔적토가 대부분을 차지하나 토피의 두께는 얇다. 그림 1.4는 화강암과 변성암이 풍화를 받아 형성하는 잔적토의 단면을 보인 것이다. 대부분 유기물이 함유된 표토 하부에 풍화토(weathered soil)라고 부르는 잔적토가 형성되고 그 하부에 풍화암(weathered rock)과 신선암(intact rock)으로 변화하여간다. 토목공학적 측면에서는 풍화암하부의 신선암은 균열이 발생한 정도에 따라 연암과 경암으로 세밀하게 분리하기도 한다.

화강암의 풍화로 형성된 흙을 화강토(granitic soil)라고 부른다. 화강암을 형성하는 주요 광물 중 석영성분은 모래로, 장석과 운모성분은 점토로 변화하게 된다. 지표에 존재하는 유기물이 부식하여 그 함유량이 5% 이상인 흙을 유기질토(organic soil)라고 한다.

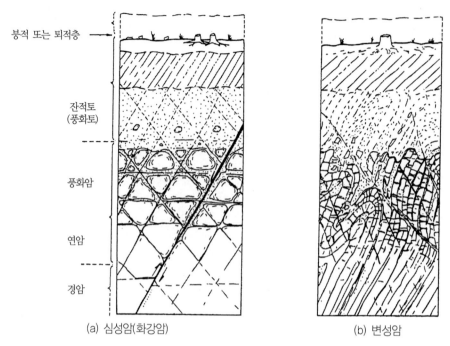

붕적 또는 퇴적층

잔적토
(풍화토)

풍화암

연암

경암

(a) 심성암(화강암) (b) 변성암

그림 1.4 풍화된 지층의 단면(Deere and Patton, 1971)

2) 퇴적토

퇴적토란 물, 바람 또는 얼음의 작용으로 운반되어 퇴적되는 흙으로 충적토(alluvium), 해성토 (marine sedimentary), 호성토(lacustrine), 풍적토(aeolian soil), 붕적토(colluvium), 빙적토 (glacial soil) 등이 있다.

충적토는 물의 흐름에 의한 운반 및 퇴적작용으로 형성된 흙으로 과거 하천이었던 지역의 주변부에 형성되며 삼각주가 대표적이다. 구성성분이 불규칙하며 사질토는 느슨한 상태이고 세립토의 경우 압축성이 크다. 해성토는 해안가에 파도와 조류에 의해 운반되어 퇴적된 흙으로 구성성분이 균일하고 압축성이 크다. 이 중 파도에 의하여 해안가에 형성된 모래언덕을 해안사구라고 한다. 호성토는 호수에서 침전되어 형성된 흙이다.

풍적토는 바람에 의하여 실려와 퇴적된 흙으로 입자가 비교적 균일하고 느슨한 상태로 붕괴되기쉬운 구조를 가진다. 그 예로 레스(loess)를 들 수 있는데 누런 갈색을 띠어 황토라고도 하며 수직방향의 균열이 있고 포화 시 주변 점토성분이 분해되며 붕괴되는 특징이 있다. 레스는 실트질의 세립토가 주요 구성입자로 입자 주변이 점토성분으로 부착되어 수직굴착이 가능하며 자연사면도 수직으로 형성되는 경우가 많다. 중앙아시아, 즉 중국 화베이성(華北城)과 러시아 남부의 건조지대에서많이 볼 수 있다. 풍적토의 다른 종류로 사막에 바람에 날려 형성된 모래언덕을 사구(sand dune)라고 한다.

붕적토는 반복되는 산사태에 의하여 언덕 하부에 퇴적된 흙이며 느슨하여 포화 시 붕괴되는 특징이 있다. 점토에서 큰 돌에 이르는 여러 크기의 흙입자가 혼합하여 형성되어 있으며 기초지반으로 부적합하다. 붕적토를 깎아 비탈면으로 조성한 경우 붕괴 가능성이 큰데 국내에서는 강원도 태백시 부근에서 붕적토층이 많이 발견되고 있다. 중력에 의해 운반되어 급경사진 산비탈에 쌓이는 암석무리인 테일러스(애추, talus)도 붕적토에 속한다(그림 1.5).

그림 1.5 백두산 산록의 화산암(유문암과 안산암)으로부터 낙하하여 하부에 퇴적된 붕적토(토사가 아닌 암석이 퇴적된 경우 테일러스(talus)로 부름)

빙적토는 빙하의 이동에 의하여 퇴적된 흙이며 호박돌, 자갈, 점토 등 여러 크기의 흙입자가 불규칙하게 섞여 있으며, 북유럽과 캐나다에 많이 분포하고 있다(그림 1.6). 계절의 변화에 따라 빙하가 녹은 물의 양이 달라지는데 이에 따라 물에 실려 오는 흙의 입경과 양도 달라진다. 계절별로 실려 오는 흙의 입경과 양의 차이로 교대로 반복되는 층을 이루는 점토를 호상점토(縞狀粘土, varved clay)라고 한다.

그림 1.6 노르웨이 달스바나 전망대에서 본 게이랑에르 Fijord(빙하의 삭박작용으로 생겨난 육지 내 해수만).
산 정상에 방하 삭박작용이 만들어낸 U자 형태의 계곡이 보임

1.3 흙의 용도와 공학적 문제

건설공사에 있어 흙은 건물의 기둥이나 벽체로부터 오는 하중을 지표 또는 지중으로 전달하는 구조물의 기초, 도로(pavement)와 비행장 활주로의 기층 및 보조기층이나 토목공사의 건설재료 등 다양한 용도로 사용된다. 다음은 흙의 용도와 관련된 공학적 문제에 대하여 간략히 정리한 것이다.

1.3.1 구조물의 기초

건물, 교량, 도로와 철도, 하천제방 등 모든 건설구조물은 지표면이나 지중에 설치되며 이들 구조물이 그 기능을 만족하게 수행하기 위해서는 그 기초가 튼튼하지 않으면 안 된다. 그림 1.7은 건축구

조물을 지표에 설치한 경우의 기초의 예를 보인 것이다. 그림 1.7a와 같이 지반이 견고한 경우에는 건물의 기둥이나 벽으로부터 오는 하중을 지반에 직접 전달하는 얕은기초(shallow foundation)를 사용한다. 얕은기초는 상부하중을 분산하여 지반에 전달하기 위하여 바닥면을 확대하여 사용하는 것이 보통이므로 확대기초(spread footing)라고 부르기도 한다. 얕은기초는 철근콘크리트를 사용하여 시공하는 것이 보통이지만 옛날 가옥에서 흔히 볼 수 있는 주춧돌도 얕은기초의 일종이다. 그림 1.7b와 같이 지표부에 연약한 흙이 있는 경우에는 상부하중을 말뚝구조물을 통하여 하부의 견고한 지층에 전달하기도 하는데 이러한 기초를 깊은기초(deep foundation) 또는 사용한 말뚝재료의 이름을 붙여 말뚝(파일)기초(pile foundation)라고 한다.

이러한 구조물 기초로서의 역할을 잘 수행하기 위해서는 상부구조물을 지탱하는 지지력(bearing capacity)이 충분하고 하중에 의한 지반의 침하(settlement)가 최소기준을 넘지 않아야 한다.

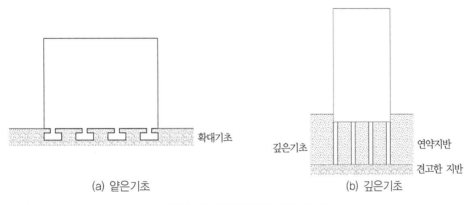

(a) 얕은기초	(b) 깊은기초

그림 1.7 건축구조물의 기초의 예

1.3.2 건설재료

흙은 세계 어느 곳에서든 풍부하게 구할 수 있는 건설재료이다. 고대로부터 흙은 도로와 축성(築城)재료, 물을 가두기 위한 저수시설을 위한 용도로 다양하게 이용되었다. 이 중 가장 많이 사용되는 것이 도로와 제방, 댐체의 재료라고 할 수 있다. 그림 1.8은 구조체로서 흙을 이용하는 도로 포장구조물과 흙댐의 단면을 보인 것이다. 도로 포장의 경우 표면의 아스팔트나 콘크리트로 된 포장층 하부에는 양호한 쇄석으로 이루어진 기층(base)과 상부하중을 원지반(노상토)층에 전달해주는 보조기층(subbase)으로 구성되어 있다(그림 1.8a). 보조기층은 상부 차량 등으로부터 오는 하중을 기층을 통하여 받으므로 기층의 재료보다 토질특성이 열악한 재료를 쓰기도 한다. 그림 1.8b는 댐체의 단면을 보인 것으로 중앙에 침투를 최소로 하여 물을 가두는 기능을 하는 점토로 된 심벽(core)을 두고 가두어둔 물로부터 오는 하중을 견디면서 댐체의 안정을 도모하기 위한 모래와 자갈 토사나 사석층을 양측 외곽에 시공한다.

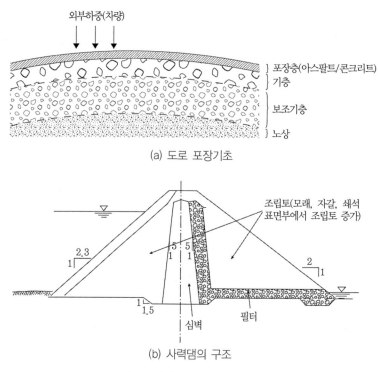

(a) 도로 포장기초

(b) 사력댐의 구조

그림 1.8 건설재료로 사용하는 예

　또한 우리나라나 일본, 싱가포르, 홍콩과 같이 국토가 좁으면서 인구밀도가 높은 국가에서는 해안에 육지로부터 토사를 운반 후 매립하여 산업단지나 주거·업무단지, 관광단지 등으로 조성하는 일이 많다. 육지에서 매립할 수 있는 토사의 양이 부족한 경우에는 바다에서 점토나 양질의 모래를 준설하여 쓰기도 한다. 그림 1.9a는 바다의 바닥으로부터 진공펌프에 의하여 흡입된 준설토사를 토사제방으로 구획조성을 하여 그 내부로 방출하는 모습을 보이는 사진이다. 준설토는 방출된 후 굵은 조립토는 토출구 근처에 그리고 세립토는 멀리 흘러가 쌓이므로 일정 간격으로 토출파이프를 옮겨주어 준설지반이 균질하도록 매립한다.

　그림 1.9b는 아랍에미리트의 두바이에 있는 팜아일랜드 관광단지의 예이다. 이 단지는 인공섬(artificial island)을 환경친화적으로 구축하여 레저형 수변해안공원을 구축하는 사업인데, 140억 달러를 투자하여 4개의 인공섬을 3개는 야자수, 1개는 세계지도 모양으로 조성하고 있다. 여기에 사

용되는 주재료는 육지에 있는 실트질의 사막모래는 입경이 작고 구조물을 지지할 수 있는 능력이 작으므로, 바다에서 준설한 모래를 매립하여 조성하고 있다. 비록 2008년 말의 경제위기로 인하여 두바이 인공섬의 건설이 한때 어려움에 직면하였으나 최근 경제회복으로 물류 및 관광수요를 충족시키면서 에너지 자족형의 첨단 인공섬들이 건설되고 있다. 현재는 야자수 형태의 인공섬 중 가장 작은 규모인 팜 주메이라가 완공되어 운영 중이다.

 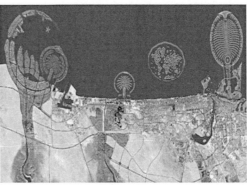

(a) 준설토 토출 장면(광양 준설토 투기장)　　　　(b) 두바이 팜아일랜드 인공섬 프로젝트

그림 1.9 국내외 준설매립지반 조성 사례

1.3.3 지하구조물

지하철과 같은 지하구조물을 건설할 경우에는 흙을 굴착하여 콘크리트로 된 박스구조물(box culvert)을 설치한 후 흙을 되메움하여 시공하기도 한다. 그림 1.10은 주변에 특별한 지상구조물이 없는 경우에 토사를 굴착하여 박스구조물을 설치한 예를 보인 것이다. 이 경우 흙을 굴착하였을 때의 토사사면의 안정을 도모하고 주변으로부터의 지하수의 침투를 최소화하는 조치를 하는데 이때 토질역학의 원리가 이용된다.

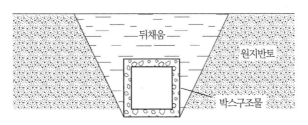

그림 1.10 지하구조물의 사례 : 개착터널(open tunnel)

1.3.4 흙막이구조물

흙막이구조물이란 흙을 굴착하였을 때 흙으로부터 오는 수평방향의 토압을 지지하여서 굴착지반이 무너지지 않도록 유지해주는 구조물이다. 그림 1.11a는 흙막이구조물로 가장 많이 사용되는 중력식 옹벽을 보인 것이다. 옹벽은 흙과 접촉하고 있는 바닥을 넓게 하여 옹벽구조물에 대한 지반의 지지력을 충분하게 하고 활동(sliding)이나 전도(overturning)에도 안정하도록 설계한다. 그림 1.11b는 항구의 안벽구조물을 조성할 때 사용하는 널말뚝(sheet pile)으로 조성된 흙막이의 예를 보인 것이다. 널말뚝을 지반에 근입하여 수평방향의 토압과 상재하중을 지지하는데 널말뚝의 지중 근입만으로 수평토압과 상재하중을 견디기 어려운 경우에는 널말뚝 벽체를 타이로드와 앵커구조물로 지지하여 흙막이벽을 조성하기도 한다.

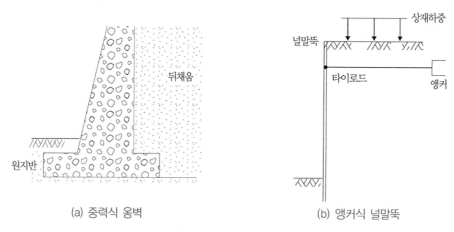

(a) 중력식 옹벽　　　　(b) 앵커식 널말뚝

그림 1.11 흙막이 구조물의 예

1.3.5 사면의 안정

자연사면이나 인공사면의 어느 경우이든 사면은 수평이 아니므로 중력의 작용을 받아 내려가려는 힘을 받으며 이를 흙이 가지고 있는 저항력을 발휘하여 지지하고 있다. 그림 1.12는 토사사면의 예를 보인 것인데 사면 내부의 원호는 사면파괴가 발생할 경우의 파괴면을 나타낸 것이다. 파괴면의 상부 화살표방향으로 중력에 의한 토괴를 끌어내리는 힘이 작용하며 파괴면 하부에서는 흙의 전단저항력이 반대방향으로 작용한다. 사면이 안정되도록 하려면 사면을 안정시키려는 흙의 저항력이 사면을 끌어내리려는 힘보다 사면을 크게 설계하여야 한다. 사면의 안정은 사면을 구성하고 있는 흙의 종류, 지하수의 유무, 강우나 지진발생의 유무 및 세기 등 다양한 요인에 의하여 달라진다.

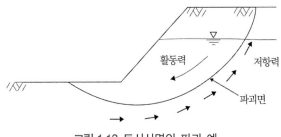

그림 1.12 토사사면의 파괴 예

1.3.6 기타 흙과 관련한 공학적 문제

느슨한 사질토지반은 말뚝을 박는 해머나 터빈 등 기계의 회전운동으로 인한 진동을 받게 되면 흙이 다져지면서 침하가 발생하게 된다. 만일 기계의 진동으로 인하여 발생하는 주파수가 흙의 고유 진동수에 근접하게 되면 공명현상으로 인한 위험한 결과를 가져올 수 있다.

진동에 관한 더욱 큰 문제로, 지구 표면을 구성하는 판의 경계지역에서 발생하는 지진으로 인하여 건물의 기초를 구성하고 있는 지반이 흔들리면 더 큰 피해를 가져올 수 있다. 이 경우 구조물을 건설하려고 하는 지역에서 발생할 수 있는 지진가속도의 크기를 파악하여 대상구조물의 내진설계가 수행되어야 한다. 지진에 대한 대책으로는 토목이나 건축구조물의 단면을 키우거나 철근을 보강하는 방법을 쓰기도 하지만 그 기초가 되는 지반의 밀도를 크게 하거나 지진에 취약한 지반을 치환하는 방법 등 다양한 지반개량공법을 사용할 수 있다.

최근에는 급격한 산업화과정에서 발생한 오염물이 지반과 지하수의 오염을 초래한 경우도 많다. 국내에서는 군부대 이전 문제와 관련하여 지반과 지하수 정화작업이 진행되고 있다. 이와 관련된 지하수와 토양을 통한 오염물 이동문제나 오염지반의 복원문제도 지반기술자가 해결해야 하는 새로운 문제로 대두되었다. 쓰레기 매립이 종료된 매립지를 건설부지로 활용하는 방법과 관련된 매립지반 특성을 파악하고 이를 보강하는 방안들에 대해서도 많은 건설기술자의 관심이 대두되고 있다.

참고문헌

1. 김상규, 이영휘, 오세붕(2016), 토질역학(이론과 응용), 청문각.
2. 서울특별시(2006), 지반조사편람.
3. 정창희(1986), 지질학개론, 박영사.
4. Deere, D.U. and Patton, F.D.(1971), Slope Stability in Residual Soils, *Proceedings of 4th Panamerican Conf. Soil Mech., Puerto Rico*, I, pp.87-270.
5. Shimz(2017), The Environmental Island, Green Float.

02 흙의 기본 특성과 분류

02 | 흙의 기본 특성과 분류

2.1 흙의 구성과 성분 사이의 관계

흙은 암석의 붕괴나 유기물의 분해 등에 의해 생성되며, 오랜 세월 동안 다양한 자연환경 아래에서 퇴적된다. 흙은 토목 구조물의 설계 및 시공에 직접적으로 관계되어 있어, 그들의 적용에 있어 흙의 역학적, 공학적 성질이나 성토 등의 재료로서 흙의 성질 등에 대한 지식이 필요하다. 흙은 고체인 흙입자, 액체인 물, 기체인 공기의 세 가지 성분으로 구성되어 있으며 경우에 따라 유기질성분(organic component)이 포함되기도 한다. 흙의 기본 특성을 표시하기 위하여 본 절에서는 기본 지반정수 및 관계식을 소개하였다.

2.1.1 흙의 비중

비중은 어떤 온도의 공기 중에 있는 흙입자의 질량을 그 흙입자와 같은 부피의 증류수 질량으로 나눈 비율이다. 즉, 흙의 비중은 4°C에서 증류수의 단위중량과 흙입자의 단위중량과의 비를 뜻한다 (식 2.1).

$$G_s = \frac{\gamma_s}{\gamma_w} = \frac{W_s}{W_{ws}} = \frac{W_s}{V_s\,\gamma_w} \tag{2.1}$$

여기서 γ_s 는 흙입자만의 단위중량, γ_w 는 물의 단위중량(=9.81kN/m³), W_s 는 노건조한 흙시료의 무게, W_{ws} 는 흙시료와 같은 부피(V_s)의 물의 무게이다.

흙입자의 비중은 흙입자를 구성하고 있는 광물의 종류나 화학성분에 따라 많이 변화하지만, 대부분 2.6~2.8 사이에 있다. 유기물을 함유한 흙입자는 더 작은 값이 된다. 일반적으로 사용되는 흙입자의 비중은 2.65 정도이며 흙을 조성하는 광물질의 단위중량과 관계된다. 대부분 규소(silicate) 성분으로 구성되어 있는 흙의 경우와 달리 철분과 같은 성분을 포함하고 있으면 비중의 값이 커진다. 표 2.1에 주요 점토와 광물의 비중을 나타내었다.

표 2.1 주요 점토와 광물의 비중(Lamb and Whitman, 1979)

종류		비중(G_s)
점토	카올리나이트(Kaolinite)	2.61(2.64±0.02)
	일라이트(Illite)	2.84*(2.6~2.86)
	몬모릴로나이트(Montmorillonite)	2.74*(2.65~2.78)
	할로이사이트(Halloysite)	2.55
광물	석영(Quartz)	2.65
	K-장석(Potassium feldspar)	2.54~2.57
	Na-장석과 Ca-장석(Na, Ca feldspar)	2.62~2.76
	칼사이트(Calcite)	2.72
	백운석(Dolomite)	2.85
	녹니석(Chlorite)	2.6~2.9
	흑운모(Biotite)	2.8~3.2
	백운모(Muscovite)	2.76~3.1
	각섬석(Hornblende)	3.0~3.47
	갈철광(Limonite)	3.6~4.0
	감람석(Olivine)	3.27~3.37

* 결정구조(crystal structure)로부터 계산한 비중

2.2 흙의 각 성분 사이의 관계

실제 흙은 연속체가 아니며 고체인 흙입자, 액체인 물, 기체인 공기의 세 가지 성분으로 구성되는 불연속체이다. 이들로부터 공학적 특성관계를 이상화해서 나타내면 그림 2.1과 같다. 성분별 구성에 있어 오른쪽은 부피(V), 왼쪽은 중량(W)으로 해서 각각의 상관관계를 부피, 중량, 비중, 단위중

량을 이용하여 흙의 물리적 특성을 파악할 수 있다. 이 세 가지 성분으로부터 흙의 기본 물성을 나타내는 관계식을 알아보자.

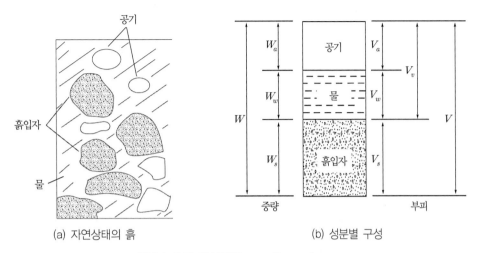

(a) 자연상태의 흙
(b) 성분별 구성

그림 2.1 흙의 삼상도(Phase diagram)

2.2.1 간극비와 간극률

흙덩어리 속에서 흙입자를 제외한 공기, 물이 차지하는 부피를 간극이라 하는데, 이 흙입자의 부피(V_s)에 대한 간극의 부피(V_v) 비를 간극비(void ratio, e)라 한다(식 2.2). 간극비는 무차원 값으로 표기한다.

$$e = \frac{V_v}{V_s} \tag{2.2}$$

간극률(porosity, n)은 흙덩이 전체의 부피(V)에 대한 간극의 부피(V_v) 비이며, 보통 백분율로 표시한다. 모래지반의 간극률은 입자의 형상, 균등계수, 상대밀도 등에 영향을 받는다. 그림 2.1을 참조하면 간극률은 식 2.3과 같다.

$$n = \frac{V_v}{V} \tag{2.3}$$

간극비는 소수로 표시되는데 입도분포가 좋고 밀도가 높은 사질토는 0.3 정도이며 점토의 경우 2 이상이 되는 경우도 있다. 간극비(e)와 간극률(n)은 다음과 같은 관계가 있다.

$$e = \frac{V_v}{V - V_v} = \frac{V_v / V}{V / V - V_v / V} = \frac{n}{1-n} \tag{2.4}$$

$$n = \frac{V_v}{V_s + V_v} = \frac{V_v / V_s}{V_s / V_s + V_v / V_s} = \frac{e}{1+e} \times 100\,(\%) \tag{2.5}$$

그림 2.2는 흙입자를 구체(sphere)로 보고 각 입자가 접촉된 상태에서 가장 느슨한 상태와 조밀한 상태의 분포와 간극비, 간극률을 나타낸 것이다.

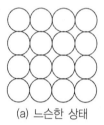

(a) 느슨한 상태

(b) 조밀한 상태

배열	간극비	간극률(%)
느슨(a)	0.91	47.64
조밀(b)	0.35	25.95

그림 2.2 구형입자의 느슨과 조밀상태에서의 이상적 배열 모습

2.2.2 함수비, 함수율과 포화도

함수비(water content, w)는 간극 속의 물의 중량(W_w)을 흙입자의 중량(W_s)으로 나눈 비율을 말하며, 100%를 넘는 경우도 많다(식 2.6).

$$w = \frac{W_w}{W_s} \times 100\,(\%) \tag{2.6}$$

시료는 시험의 목적에 필요한 양만큼 용기에 넣어 전체 무게(W)를 달고 110±5°C로 건조시켜 건조된 시료의 무게를 재어(W_s) 그 차이 값 $W_w (= W - W_s)$로부터 함수비를 구한다. 흙이 완전히 건조된 상태에서의 함수비는 0이다.

함수율(moisture ratio, w')은 간극 속의 물의 중량(W_w)을 흙덩어리 전체의 중량(W)으로 나눈 비율을 말하며, 100%를 넘을 수 없다(식 2.7).

$$w' = \frac{W_w}{W} \times 100\,(\%) \tag{2.7}$$

포화도(degree of saturation, S)는 간극 속의 물의 부피(V_w)를 흙 속의 간극부피(V_v)로 나눈 비율로 표시하는데(식 2.8), 백분율을 사용하는 경우도 있다.

$$S = \frac{V_w}{V_v}\,(\times 100(\%)) \tag{2.8}$$

노건조 시료의 경우 $S=0$, 간극이 물로 완전히 포화된 시료의 경우 $S=1.0$, 불포화토는 $0 \sim 1.0$ 이다. 지하수위 아래에 있는 흙은 완전포화되었다고 가정한다.

포화도에 따른 흙의 상태와 이에 따른 흙의 성분구성을 나타내면 다음과 같다.

표 2.2 포화도에 따른 흙의 상태

포화도	흙의 상태	수식
$S=0\%$	건조토(dry soil)	$V = V_s + V_a$(토립자+공기)
$0 < S < 100\%$	습윤토(wet soil)	$V = V_s + V_w + V_a$(토립자+물+공기)
$S=100\%$	포화토(saturated soil)	$V = V_s + V_w$(토립자+물)

2.2.3 간극비, 함수비, 비중과의 관계

간극비, 함수비, 비중, 포화도 사이에는 일정한 관계식이 성립하는데 이는 함수비의 정의로부터 다음과 같은 유도과정을 통하여 얻어진다. 이때 함수비와 포화도는 소수로 표시한다.

$$w = \frac{W_w}{W_s} = \frac{\gamma_w V_w}{W_s} = \frac{\gamma_w V_w}{G_s \gamma_w V_s} = \frac{\gamma_w (V_w/V_v)(V_v/V_s)}{G_s \gamma_w} = \frac{Se}{G_s} \tag{2.9}$$

$$\therefore\ G_s w = Se \tag{2.10}$$

예제 2.1

함수비가 20%인 흙 2,520g이 있다. 이 흙의 함수비를 25%로 하기 위하여 몇 g의 물을 추가하여야 하는지 계산하여라.

풀　이

함수비가 20%인 흙 2,520g에 포함된 흙입자의 중량 W_s를 계산한다.

$$W = W_s + W_w = W_s + w W_s = (1+w) W_s$$

$$W_s = \frac{W}{1+w} = \frac{1 \times 2,520}{1+0.2} = 2,100\,g$$

여기에 포함된 물의 중량은 $W_{w=20\%} = W - W_s = 2,520 - 2,100 = 420\,g$이다.

함수비를 25%로 하는데 필요한 물의 전 중량은 식 2.6으로부터

$$W'_{w=25\%} = \frac{w W_s}{100} = \frac{25 \times 2,100}{100} = 525\,g$$

그러므로 추가하여야 할 물의 중량은

$$\Delta W_w = W_{w=25\%} - W_{w=20\%} = 525 - 420 = 105\,g이다.$$

2.2.4 단위중량

흙의 단위중량은 흙덩이의 중량을 이에 대응하는 부피로 나누어 표시한다. 단위중량의 단위는 g/cm^3이나 $t/m^3(=9.81kN/m^3)$를 사용한다. 그림 2.3은 그림 2.1에 나타낸 각 성분의 중량과 부피를 순수한 흙성분만의 부피 V_s로 나누어 표시한 것인데 이를 이용하여 흙의 단위중량에 대한 공식을 유도한다.

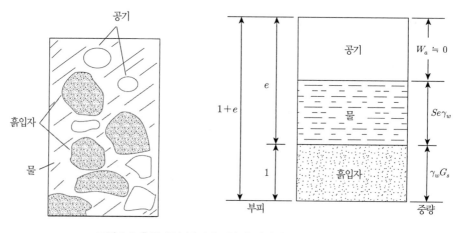

그림 2.3 흙입자의 부피가 1인 흙에서의 삼상도

1) 전체단위중량

흙의 전체단위중량(total unit weight, γ_t)은 자연상태에 있는 흙 전체의 중량(W)을 이에 대응하는 흙 전체의 부피(V)로 나눈 값이다. 전체단위중량 공식을 유도하면 식 2.11과 같다.

$$\gamma_t = \frac{W}{V} = \frac{W_s + W_w}{V} = \frac{\gamma_w G_s V_s + \gamma_w V_w}{V_s + V_v} = \frac{\gamma_w G_s + \gamma_w Se}{1+e} = \frac{G_s + Se}{1+e}\gamma_w \quad (2.11)$$

여기서 γ_t의 단위는 g/cm^3, t/m^3, kN/m^{3}이다. 또한 4℃ 증류수의 단위중량(γ_0)은 다음과 같이 나타낸다. 이 값을 물의 단위중량(γ_w)으로 사용한다.

$$\gamma_0 = \frac{4℃ \ 증류수의 \ 무게}{4℃ \ 증류수의 \ 부피} = \frac{W_{w0}}{V_{w0}} \approx 1\,\mathrm{g/cm^3} = 62.3\,\mathrm{lb/ft^3} = 9.81\,\mathrm{kN/m^3}$$

식 2.10의 관계식을 이용하면 식 2.12로 나타나기도 한다.

$$\gamma_t = \frac{G_s + G_s w}{1+e}\gamma_w = \frac{G_s(1+w)}{1+e}\gamma_w \quad (2.12)$$

전체단위중량은 습윤단위중량(moisture unit weight) 또는 습윤밀도(moisture density)라고 부르기도 한다.

2) 포화단위중량

포화단위중량(saturated unit weight, γ_{sat})이란 흙이 수중에 있어 포화도 $S=1$인 상태에서의 단위중량이다. 식 2.11의 포화도 S에 1을 대입하면 식 2.13이 구해진다.

$$\gamma_{sat} = \frac{G_s + e}{1+e}\gamma_w \quad (2.13)$$

사질토의 포화단위중량은 느슨한 상태에서 18kN/m^3, 다짐된 경우 22kN/m^{3}까지의 분포를 보인다.

3) 수중단위중량

수중단위중량(submerged unit weight, γ')은 흙이 지하수위 아래에 있을 때 단위중량으로 흙이 받는 부력을 빼면 식 2.14와 같이 표현된다.

$$\gamma' = \gamma_{sat} - \gamma_w = \frac{G_s + e}{1+e}\gamma_w - \gamma_w = \frac{G_s - 1}{1+e}\gamma_w \tag{2.14}$$

4) 건조단위중량

건조단위중량(dry unit weight, γ_d)은 흙을 노건조시켰을 때 단위중량으로 식 2.12에 $w = 0$을 대입하여 구한다.

$$\gamma_d = \frac{W_s}{V} = \frac{G_s}{1+e}\gamma_w \tag{2.15}$$

전체단위중량과 건조단위중량의 관계를 구하면 다음과 같다.

$$\gamma_t = \frac{W}{V} = \frac{W_s + W_w}{V} = \frac{W_s(1+w)}{V} = \gamma_d(1+w) \text{에서}$$

$$\gamma_d = \frac{\gamma_t}{1+w} \tag{2.16}$$

여기서 다음 수중단위중량(γ'), 건조단위중량(γ_d), 습윤단위중량(γ_t), 포화단위중량(γ_{sat})의 크기를 비교하면 다음과 같이 나타난다.

$$\gamma'\left(=\frac{G_s - 1}{1+e}\gamma_w\right) < \gamma_d\left(=\frac{G_s}{1+e}\gamma_w\right) < \gamma_t\left(=\frac{G_s + Se}{1+e}\gamma_w\right) < \gamma_{sat}\left(=\frac{G_s + e}{1+e}\gamma_w\right)$$

이는 $\frac{\gamma_w}{1+e}$ 값이 상호공통이므로 $(G_s - 1)$, G_s, $G_s + Se$, $G_s + e$ 의 대소를 비교하여 구하였다. 흙의 종류에 따른 간극비와 간극률, 단위중량은 표 2.3에 나타내었다.

표 2.3 흙의 종류에 따른 간극비와 간극률, 단위중량

흙의 종류	간극비 e	간극률 $n(\%)$	포화상태 함수비 $w(\%)$	건조단위중량 $\gamma_d(kN/m^3)$
느슨하고 균등한 모래	0.80	44	30	14.5
조밀하고 균등한 모래	0.45	31	16	18
느슨하고 모난 실트질 모래	0.65	39	25	16
조밀하고 모난 실트질 모래	0.40	29	15	19
굳은 점토	0.60	38	21	17
연약한 점토	0.9~1.4	47~58	30~50	11.5~14.5
황토(loess)	0.90	47	25	13.5
연약한 유기질 점토	2.5~3.2	71~76	90~120	6~8
빙하 표석점토(glacial till)	0.3	23	10	21

예제 2.2

흙시료의 습윤상태 무게가 180g, 완전히 건조시켰을 때의 무게가 120g이었다. 건조시키기 전의 부피는 110cm³이고, 흙입자의 비중이 $G_s = 2.7$이라고 할 때 간극비, 간극률, 포화도, 건조단위중량을 구하여라.

풀 이

문제 흙시료에 대한 삼상도를 작성하면,

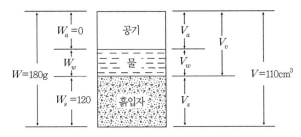

그림 2.4 예제 2.2

그림으로부터 주어지지 않은 물의 무게와 부피들을 계산한다.

$$W_w = W - W_s = 180 - 120 = 60\,g$$

$$V_s = \frac{W_s}{\gamma_s} = \frac{W_s}{G_s \gamma_w} = \frac{120}{2.7} = 44.4\,cm^3$$

$$V_w = \frac{W_w}{\gamma_w} = 60\,cm^3$$

$$V_v = V - V_s = 110 - 44.4 = 65.6\,cm^3$$

$$V_a = V_v - V_w = 65.6 - 60 = 5.6\,cm^3$$

계산된 중량과 부피로부터

간극비 : $e = \dfrac{V_v}{V_s} = \dfrac{65.6}{44.4} = 1.48$

간극률 : $n = \dfrac{V_v}{V} = \dfrac{65.6}{110} = 0.60, \quad \dfrac{e}{1+e} = \dfrac{1.48}{1+1.48} = 0.6$

포화도 : $S = \dfrac{V_w}{V_v} = \dfrac{60}{65.6} = 0.91$

건조단위중량 : $\gamma_d = \dfrac{G}{1+e}\gamma_w = \dfrac{2.7(1)}{1+1.48} = 1.09\,(\mathrm{g/cm^3})$

2.2.5 상대밀도

사질토는 시료가 조밀한 상태인가 혹은 느슨한 상태인가에 따라 성질이 달라진다. 시료의 조밀한 정도를 나타내는 용어로 상대밀도(relative density)를 사용하는데 어떤 주어진 간극비 e와 가장 느슨한 사질토의 간극비 e_{max} 사이의 차와 가장 느슨한 상태의 간극비와 가장 조밀한 상태의 간극비 e_{min} 차의 백분율로 나타낸다(식 2.17).

$$D_r = \frac{e_{max} - e}{e_{max} - e_{min}} \times 100\,(\%) \tag{2.17}$$

여기서 D_r는 흙의 상대밀도, e는 자연상태의 간극비, e_{max}와 e_{min}는 최대 및 최소간극비, 즉 가장 느슨한 상태와 가장 조밀한 상태에서의 간극비이다.

건조단위중량과 간극비 사이의 관계는 다음과 같으며,

$$\gamma_d = \frac{G_s \gamma_w}{1+e} \qquad \therefore\ e = \frac{G_s \gamma_w}{\gamma_d} - 1$$

$$\gamma_{d\min} = \frac{G_s \gamma_w}{1+e_{max}} \qquad \therefore\ e_{max} = \frac{G_s \gamma_w}{\gamma_{d\min}} - 1$$

$$\gamma_{d\max} = \frac{G_s \gamma_w}{1+e_{min}} \qquad \therefore\ e_{min} = \frac{G_s \gamma_w}{\gamma_{d\max}} - 1$$

유도한 e, e_{max}, e_{min}을 식 2.17에 대입하면,

$$D_r = \frac{\gamma_d - \gamma_{d\min}}{\gamma_{d\max} - \gamma_{d\min}} \frac{\gamma_{d\max}}{\gamma_d} \times 100\,(\%) \tag{2.18}$$

이다. 여기서 γ_d는 자연상태 흙의 건조단위중량, $\gamma_{d\max}$와 $\gamma_{d\min}$은 흙의 최대 및 최소건조단위중량이다.

상대밀도시험은 KS F 2345에 제시되어 있다. 최소건조단위중량은 지름 12.7mm의 깔때기로 낙하높이 2.54cm에서 흙을 낙하하여 2,380cm³의 몰드에 채운 후 무게와 부피를 측정하여 구한다. 최대건조단위중량은 몰드에 모래를 넣고 8분 동안 진동을 주거나 망치 등으로 충격을 가한 후 무게와 부피를 측정하여 구한다. 이때 몰드 상부에 0.14kg/cm²의 상재하중을 재하한다.

표 2.4 상대밀도에 따른 조밀의 정도

$D_r(\%)$	조밀의 정도
<15	대단히 느슨(very loose)
15~35(50)	느슨(loose)
35(50)~65(70)	보통(medium)
65(70)~85	조밀(dense)
>85	대단히 조밀(very dense)

예제 2.3

현장 흙의 단위중량을 측정하기 위하여 구멍에서 파낸 습윤토의 무게(W)는 740g이고, 건조토의 무게(Ws)는 610g, 구멍의 부피(V)는 350cm³이었다. 이 흙의 상대밀도를 구하라. 단 건조토 320g을 몰드에 가장 느슨한 상태로 채운 부피는 210cm³이었고, 진동을 가하여 다진 후의 부피는 173cm³이었다. 흙입자의 비중 G_s =2.7이었다.

풀 이

식 2.17을 이용하여 상대밀도를 구하기 위한 간극비를 계산한다.

$$V_s = \frac{W_s}{\gamma_s} = \frac{610}{2.7 \times 1} = 225.9\,\text{cm}^3$$

$$V_v = V - V_s = 350 - 225.9 = 124.1\,\text{cm}^3$$

$$e = \frac{V_v}{V_s} = \frac{124.1}{225.9} = 0.55$$

최대 및 최소간극비를 다음과 같은 방식으로 계산한다.

$$e_{\max} = \frac{(V - V_s)}{V_s} = \frac{210 - 320/2.7}{320/2.7} = 0.77$$

$$e_{\min} = \frac{(V - V_s)}{V_s} = \frac{173 - 320/2.7}{320/2.7} = 0.46$$

식 2.17에 대입하면 상대밀도는

$$D_r = \frac{e_{\max} - e}{e_{\max} - e_{\min}} = \frac{0.77 - 0.55}{0.77 - 0.46} = 0.709 = 71\%\text{이다.}$$

다른 풀이

식 2.18을 이용하면 건조단위중량은

$$\gamma_d = \frac{W_s}{V} = \frac{610}{350} = 1.74\,\text{g/cm}^3$$

최대 및 최소건조단위중량을 같은 방식으로 계산하면

$$\gamma_{d\max} = \frac{W_s}{V_{\min}} = \frac{320}{173} = 1.85\,\text{g/cm}^3$$

$$\gamma_{d\min} = \frac{W_s}{V_{\max}} = \frac{320}{210} = 1.52\,\text{g/cm}^3$$

$$D_\gamma = \frac{\gamma_d - \gamma_{d\min}}{\gamma_{d\max} - \gamma_{d\min}} \frac{\gamma_{d\max}}{\gamma_d} = \frac{1.74 - 1.52}{1.85 - 1.52} \times \frac{1.85}{1.74} = 0.709 = 71\%\text{이다.}$$

2.3 아터버그한계

세립토는 함수비의 크기에 따라 그림 2.5에 나타난 바와 같이 네 가지 상태로 존재하는데 각 상태마다 흙의 거동이 달라지며 따라서 공학적 특성도 다르게 된다. 즉 흙이 완전 건조한 상태에서는 고체상태로 존재하나 함수비가 증가함에 따라 반고체상태, 소성상태, 액체상태로 변화하게 된다. 여기서 소성(plasticity)이란 외력에 의해서 흙의 형태가 변화하고 하중을 제거하여도 원래 모습으로 회복이 안 되는 상태를 말한다.

고체상태에서 반고체상태로 변화하는 순간의 함수비를 수축한계(shrinkage limit, SL, w_S), 반고체상태에서 소성상태로 변화는 순간의 함수비를 소성한계(plastic limit, PL, w_P), 소성상태에서 액체상태로 변화하는 순간의 함수비를 액성한계(liquid limit, LL, w_L)라고 하며 이를 총칭하여 아터버그한계(Atterburg limits)라고 한다.

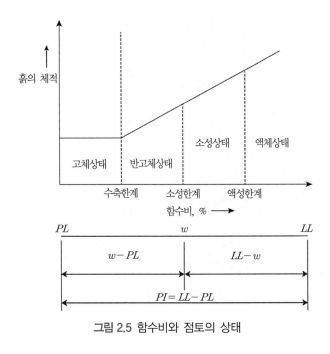

그림 2.5 함수비와 점토의 상태

2.3.1 액성한계의 측정

1) Casagrande 액성한계 시험

액성한계는 그림 2.6의 Casagrande가 발명한 측정장치를 사용하며 시험과정은 다음과 같다.

① 40번체를 통과한 흙을 물로 반죽하여 일정 함수비를 구성한 후 시료를 황동접시에 주걱을 사용하여 두께가 1cm가 되도록 넣는다.

② 홈파기날을 사용하여 황동접시의 지름을 따라 12.7mm 홈을 만든 후 1초에 2회의 비율로 고무판에 낙하시킨다.

③ 낙하 조작을 계속하여 시료의 갈라진 밑 부분이 약 1.5cm 맞닿을 때의 황동접시의 낙하횟수를 기록한다. 이때 맞닿은 부분의 시료를 채취하여 함수비를 구한다.

④ 시료에 증류수를 가하여 함수비를 변화시켜가며 (1), (2), (3) 과정을 4회 이상 반복 실시하는데 낙하횟수 $N = 15 \sim 35$회가 변화시킨 함수비 내에 포함되도록 한다.

⑤ 그림 2.7처럼 도시하여 $N = 25$에서 구한 함수비가 액성한계이다. 그림 2.7과 같이 낙하횟수 N에 대한 함수비 w관계를 반대수용지(semilog graph)에 도시한 곡선을 유동곡선(flow curve)이라고 하고 그 기울기를 유동지수(flow index, IF)라고 한다(식 2.19).

$$IF = \frac{w_1 - w_2}{\log_{10} N_2 - \log_{10} N_1} \times 100\%$$

(2.19)

여기서 $(w_1,\ N_1)$, $(w_2,\ N_2)$는 유동곡선상의 두 점을 나타낸다.

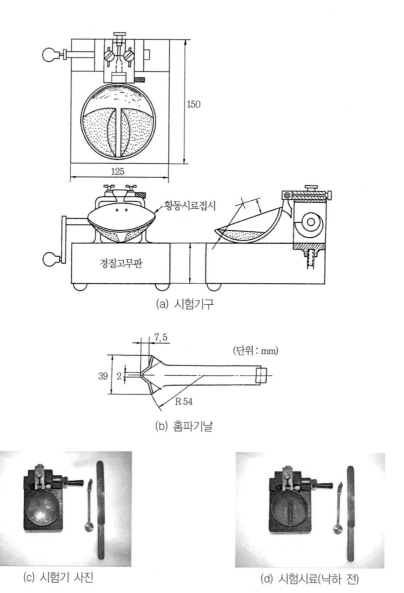

(a) 시험기구

(b) 홈파기날

(c) 시험기 사진   (d) 시험시료(낙하 전)

그림 2.6 Casagrande 액성한계 시험장치의 사진과 개요도

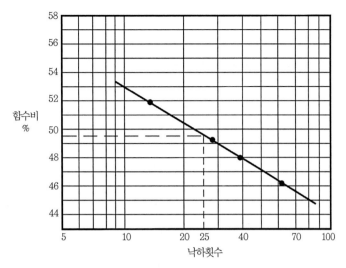

그림 2.7 액성한계를 구하기 위한 유동곡선

2) 콘낙하시험

유럽과 아시아에서 널리 사용되는 콘낙하시험(fall cone test)은 액성한계를 결정하는 또 다른 방법이다(영국 Standard-BS1377). 이 시험에서 액성한계는 중량이 0.78N(≈80gf)이고 선단각 30°인 표준원추가 35mm 높이에서 떨어져 5초 이후에 관입량 $d = 20$mm를 통과할 때의 함수비로 정의된다. 단일시험으로 액성한계를 달성하기가 어려우므로 관입량 d를 결정하기 위하여 같은 흙에 대해 함수비를 변화시켜가면서 4회 이상의 시험을 수행한다. 결괏값은 반대수지에 함수비(w)와 관입량(d)의 관계를 직선으로 나타낸다. 관입량(d) = 20mm일 때 함수비가 액성한계값(LL)이다.

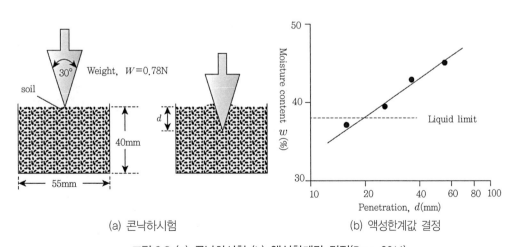

(a) 콘낙하시험   (b) 액성한계값 결정

그림 2.8 (a) 콘낙하시험 (b) 액성한계값 결정(Das, 2014)

2.3.2 소성한계의 측정

소성한계 시험은 40번체($\phi = 0.42$mm)를 통과한 흙시료 15g 정도에 증류수를 가하여 간유리판 위에 끈적이지 않을 정도의 연약한 상태로 충분히 반죽한다. 흙덩이를 간 유리판 위에 놓고 손바닥으로 굴려 지름 3mm 국수 모양의 흙실로 만든다. 지름 3mm에서 흙막대가 1~2cm 간격으로 끊어져 부슬부슬해지는 상태에서 시료를 모아 함수비 측정용 캔에 넣고 오븐에 건조시켜 함수비를 측정한다. 소성한계의 정도를 높일 수 있도록 이러한 방법을 3회 이상 실시하여 평균값을 취한다. 흙실을 유리판에 굴리는 과정을 그림 2.9에 나타내었다. 소성한계값은 점토 및 유기물함유량이 많으면 증가하며, 점토함유량이 적어 그 값을 구할 수 없는 흙을 비소성(non plastic, NP)이라 한다.

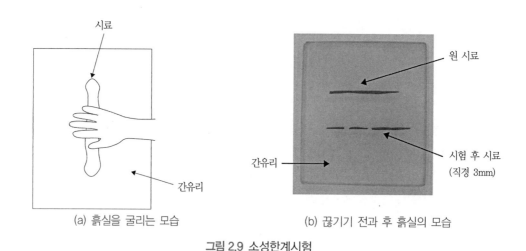

(a) 흙실을 굴리는 모습   (b) 끊기기 전과 후 흙실의 모습

그림 2.9 소성한계시험

2.3.3 수축한계의 측정

흙의 수축한계시험은 시료를 잘 반죽하여 기포가 생기지 않게 수축접시 안에 충분히 채운 뒤 중량을 측정한다(KS F2305). 그 후 흙시료는 중량이 일정해질 때까지 노건조시켜 중량과 체적을 측정하고 수축한계에 필요한 계수값은 식 2.20을 이용하여 구한다.

$$SL = w - \frac{(V_1 - V_2)\gamma_w}{W_2} \times 100 \tag{2.20}$$

여기서 SL은 수축한계, w는 젖은 흙의 함수비$\left(=\dfrac{W_1-W_2}{W_2}\right)$, V_1은 젖은 흙의 부피, V_2는 건조한 흙의 부피, γ_w는 물의 단위중량, W_1은 젖은 흙의 중량, W_2는 건조한 흙의 중량$(=W_s)$이다.

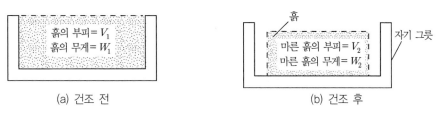

(a) 건조 전 (b) 건조 후

그림 2.10 수축한계시험

2.3.4 아터버그한계에서 유도된 지수

아터버그한계에서 유도된 지수는 소성지수(plasticity index, PI), 액성지수(liquidity index, LI), 연경지수(consistency index, CI) 등이 있는데 토질역학에서 유용하게 사용된다.

소성지수는 흙이 소성상태로 존재할 수 있는 함수비 구간의 크기로 식 2.21과 같이 나타난다. 액성한계의 크기에 큰 영향을 받는다.

$$PI = LL - PL \tag{2.21}$$

흙이 액체상태와 가까운 정도를 나타내는 액성지수(liquidity index)는 식 2.22와 같이 나타낸다.

$$LI = \frac{w - PL}{LL - PL} \tag{2.22}$$

여기서 w는 자연상태의 함수비이다. $LI > 1$이면 흙이 액성한계를 초과하였으며 매우 연약한 흙으로 분류한다. $LI \approx 0$이면 과압밀점토와 같은 단단한 흙으로 분류한다. 반면 연경지수는 흙이 소성상태와 가까운 정도를 나타낸다(식 2.23). $CI \approx 0$이면 매우 연약, $CI > 1$이면 매우 단단한 흙으로 분류한다.

$$CI = \frac{LL - w}{LL - PL} \tag{2.23}$$

소성지수의 크기는 다음 그림 2.11에서 나타낸 바와 같이 세립토의 함유율에 따라 다르며, 점토의 함유율이 클수록 소성지수도 증가한다.

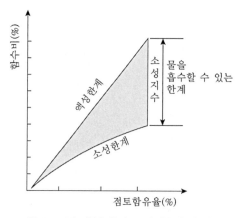

그림 2.11 점토함유율과 소성지수와의 관계

2.3.5 활성도

흙의 입경이 작아질수록 흙의 단위중량당 표면적은 커진다. 흙의 상태변화에 필요한 함수비는 입자의 단위중량당 표면적에 따라 달라지는데 표면적이 클수록 물을 흡수하려는 경향이 크다. 활성도는 흙이 물을 흡수하려는 정도를 나타내는 지수로서 단위중량당 표면적의 함수이다. Skempton(1953)은 이 관계를 점토의 활성도(activity, A)로 식 2.24와 같이 소성지수 PI와 점토의 중량비로 정의하였다.

$$A = \frac{\Pi}{(0.002\text{mm}(=2\mu\text{m})보다\ 가는\ 입자의\ 중량\ 비율)} \tag{2.24}$$

표 2.5와 그림 2.12에는 광물성분에 따라 달라지는 활성도와 그 범위를 나타내었다(Skempton, 1954; Mitchell and Soga, 2004). 점토광물의 활성도는 몬트모릴로나이트가 가장 크고, 일라이트는 중간 정도 값 그리고 카올리나이트가 가장 작은 값을 나타냄을 알 수 있다.

표 2.5 광물의 종류에 따른 활성도 범위

광물	활성도
석영(Quartz)	0
방해석(Calcite)	0.18
백운모(Muscovite)	0.23
Kaolinite	0.5
Illite	0.5–1.0
Halloysite	0.5
Ca–Montmorillonite	1.5
Na–Montmorillonite	4–7

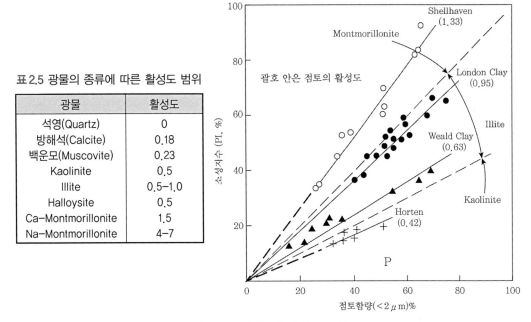

그림 2.12 소성점토의 활성도 A 분포

2.4 흙의 분류

흙은 입경이 수십 cm나 되는 전석(boulder)으로부터 10Å(= 10^{-9}m)에 이르는 점토까지 매우 넓은 분포를 가지고 있다. 흙은 입경에 따라 주로 자갈, 모래, 실트, 점토로 분류하는데 자갈, 모래와 같이 입자가 굵으면 조립토(coarse grained soil), 실트, 점토와 같이 가늘고 점성이 있으면 세립토(fine grained soil)로 구분한다.

표 2.6에는 국내외 대표적인 흙의 분류기준을 나타내었다. ASTM과 KSF 분류에 의하면 자갈의 입경은 4.75mm 이상, 모래의 입경은 0.075mm 이상, 0.002mm 이상은 실트, 그 이하는 점토로 구분한다. AASHTO 분류기준에 의하면 자갈은 직경 75mm를 통과하고 10번체(2mm)에 잔류하는 흙이며 모래는 10번체를 통과하고 200번체(0.074mm)에 잔류하는 흙, 실트와 점토는 200번체를 통과하며 점토는 0.002mm보다 작은 입경의 흙이다(표 2.6 참조). 75mm보다 큰 흙은 옥석(cobble), 25cm보다 큰 흙은 전석(또는 호박돌, boulder)으로 분류한다.

표 2.6 입경에 의한 흙의 분류

분류법 \ 입경(mm)	100	10	1	0.1	0.01	0.001	0.0001
AASHTO 1970	76.2	2.0		0.074		0.002	
	옥석	자갈	모래		실트		점토
ASTM 1967		4.75					
	자갈		모래		세립토		
KSF 2301 1985		4.75			0.005		
	자갈		모래		실트		점토

자갈, 모래, 실트의 주요 구성광물은 석영이며 점토는 운모를 포함한 점토광물이 주 구성광물이다. 모래, 자갈과 같은 사질토(비점성토)는 구성하고 있는 광물성분이 흙의 공학적 성질과 무관하다.

점토가 다량 섞인 흙을 점성토(clayey soil)라고 명명하며 두 가지 성분 이상이 섞일 경우, 예를 들어 실트가 많이 섞인 점토는 실트질 점토(silty clay)라고 부른다. 점성토는 입자 표면에 음전하를 띠며 단위체적당 표면적이 커 입자 상호 간의 인력과 반발력의 영향이 크다. 흙의 입경을 결정할 때는 그 입경이 0.074mm 이상이면 체분석(sieve analysis)을, 그 이하는 비중계분석(hydrometer analysis)을 실시한다.

2.4.1 체분석

체분석은 표 2.7에 보인 바와 같은 체번호와 눈금의 체를 진동기(그림 2.13)에 놓고 흔들어 측정하는데 그 과정은 다음과 같다.

(1) 직경 >0.075mm의 조립토를 노건조한 후 덩어리를 부수어 작은 입자로 분리한다.
(2) 체를 큰 순서대로 위에서 아래로 포개어놓고 진동시켜 각 체에 남아 있는 무게를 측정한다.
(3) 흙의 전체 무게에 대한 각 체에 남은 흙의 무게 백분율을 계산한다.

표 2.7 체번호와 눈금의 크기(KS A5101-1989)

KS 호칭치수	4.75mm	2mm	1mm	425μm	250μm	150μm	75μm	38μm
별칭	No.4	No.10	No.18	No.40	No.60	No.100	No.200	No.400
눈금크기(mm)	4.75	2.00	1.00	0.425	0.250	0.150	0.075	0.038

그림 2.13 체분석 장치

체분석 시험에서 체의 크기를 나타내는 별칭으로 No.(또는 #)를 사용하고, 눈금의 크기로는 mm 단위를 사용한다. 여기서 No.(#)가 갖는 의미는 가로와 세로가 2.54cm(1in)인 체를 각각 No.의 숫자만큼 나눈 값이다. 예를 들어 No.4체는 가로와 세로를 각각 숫자 4로 나누면 각각의 값이 0.635cm(≈6.35mm)이다. No.4체 눈금의 크기는 이 값에서 체를 이루고 있는 철선의 두께를 제외하고 정하면 약 4.75mm 정도이다.

2.4.2 비중계분석

1) 비중계분석(hydrometer test)

세립토(직경 <0.074mm)에 대하여 구(sphere)를 물에 떨어뜨렸을 때의 침강속도가 그 구 직경의 제곱에 비례한다는 원리를 이용한 Stoke의 식 2.25를 이용하여 분류한다.

$$v = \frac{\gamma_s - \gamma_w}{18\eta} D^2 \tag{2.25}$$

여기서 v는 흙의 침강속도(cm/sec), γ_s는 흙입자의 단위중량(g/cm^3), γ_w는 물의 단위중량(g/cm^3), η는 물의 점성계수(dyne-sec/cm^2), D는 흙의 입경(cm)이다.

상기 식을 변형시키면

$$D = \sqrt{\frac{18\eta v}{\gamma_s - \gamma_w}} = \sqrt{\frac{18\eta}{\gamma_s - \gamma_w}}\sqrt{\frac{L}{t}} \qquad (2.26)$$

로 나타나며 L : 유효깊이(흙입자의 낙하거리, cm), t : 낙하하는 데 걸린 시간(min)이다.

그림 2.14에 나타난 비중계를 메스실린더의 세립토를 혼합한 물에 넣은 다음 시간이 경과함에 따라 저하된 비중계의 눈금을 측정하여(즉, 혼합물의 밀도변화를 측정하여) 흙의 입경당 중량백분율을 계산한다.

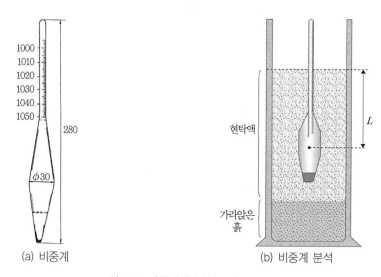

그림 2.14 비중계와 분석 모습

2.4.3 입도분포곡선

체분석이나 비중계분석을 통하여 계산한 흙의 입경과 무게백분율을 구하면 그림 2.15에 나타난 바와 같은 반대수용지에 입도분포곡선(grain size distribution)을 작도할 수 있다. 그림의 가로축은 흙의 입경을 세로는 통과된 흙의 중량백분율을 나타낸다.

이 곡선에서 통과중량 백분율 10%에 해당하는 흙의 입경을 유효입경(또는 유효경, effective diameter)이라고 하며 D_{10}으로 표시한다. 균등계수(coefficient of uniformity, C_u)는 유효경에 대한 통과중량 백분율 60%에 대응하는 입경 D_{60}의 비를 말한다(식 2.27). 흙의 입도분포가 좋고 나쁜 것은 균등계수로 나타낼 수 있는데 균등계수가 4~6 이상의 큰 흙은 입도양호(well graded)이며 그 이하는 입도불량(poorly graded) 또는 균등입도(uniformly graded)라고 한다.

$$C_u = \frac{D_{60}}{D_{10}}$$
(2.27)

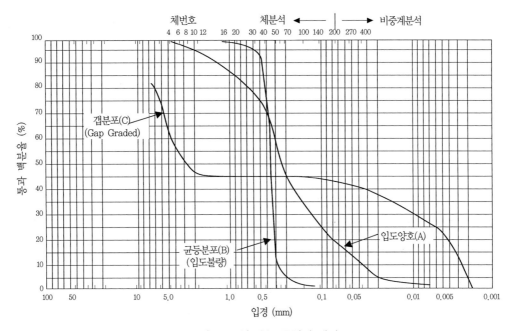

그림 2.15 입도분포곡선의 예시

균등계수가 크더라도 분포곡선이 구불구불하다면 입도분포가 양호하다고 말할 수 없다. 이 경우에는 곡률계수(coefficient of curvature, C_g)를 구하여 입도분포상태를 정량적으로 구할 수 있는데 곡률계수는 식 2.28로 정의한다.

$$C_g = \frac{D_{30}^2}{D_{60} \times D_{10}}$$
(2.28)

여기서 D_{10}은 유효입경, D_{30}과 D_{60}은 체통과중량률 30%와 60%인 흙의 입경이다. 곡률계수가 1~3 사이인 흙은 입도가 양호한 것으로 판단한다.

위의 두 계수를 산정하여 두 가지가 모두 양호한 경우(즉, C_u > 4~6 ; 1 < C_g < 3)로 나타난 흙의 입도를 양호한 흙으로 분류한다.

예제 2.4

체분석시험으로부터 다음과 같은 결과를 얻었다.

체번호	크기(mm)	각 체에 남은 흙의 중량(g)
4	4.75	0
10	2.00	35
20	0.850	55
40	0.425	82
60	0.250	130
100	0.150	120
200	0.075	60
Pan	–	15

1) 각 체의 가적통과율을 구하고 입도분포곡선을 그려라.
2) 입도분포곡선에서 D_{10}, D_{30}, D_{60}을 구하라.
3) 균등계수 C_u와 곡률계수 C_g를 계산하여라.
4) 계산결과 본 흙의 입도분포의 좋고 나쁨을 판별하여라.

풀   이

1) 입경가적통과율에 의해 다음과 같은 표를 만든다.

체번호(1)	크기(mm)(2)	각 체에 남은 중량(g)(3)	각 체에 남은 가적중량(g)(4)	가적통과율(5)
4	4.75	0	0	100.0
10	2.00	35	35	93.0
20	0.850	55	90	81.9
40	0.425	82	172	65.4
60	0.250	130	302	39.2
100	0.150	120	422	15.1
200	0.075	60	482	3.0
Pan	–	15	497=ΣM	

$$가적통과율 = \frac{\sum M - 남은\ 가적중량(컬럼4)}{\sum M} \times 100$$
$$= \frac{497 - 남은\ 가적중량(컬럼4)}{497} \times 100$$

상기 계산표로부터 구해진 입도분포곡선은 그림 2.16과 같다.

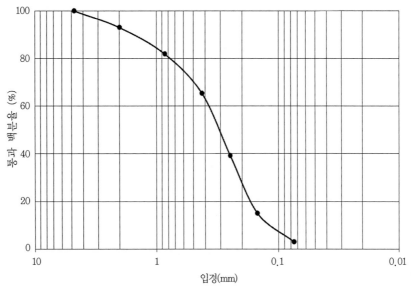

그림 2.16 예제 2.4

2) 그림에서 구한 D_{10}, D_{30}, D_{60}는 $D_{10} = 0.12\,\text{mm}$, $D_{60} = 0.39\,\text{mm}$, $D_{30} = 0.21\,\text{mm}$이다.

3) 식 2.27로부터 $C_u = \dfrac{D_{60}}{D_{10}} = \dfrac{0.39}{0.12} = 3.25$

식 2.28로부터 $C_g = \dfrac{D_{30}^2}{D_{60} \times D_{10}} = \dfrac{(0.21^2)}{(0.39)(0.12)} = 0.94$

4) 입도가 양호한 경우 균등계수, C_u 4~6 이상, 곡률계수, C_g가 1~3 사이에 분포하여야 하나 이를 만족하지 않으므로 입도불량(균등입도)으로 분류된다.

예제 2.5

그림 2.15의 입도분포 예시곡선 A, B, C에 대하여 균등계수 C_u와 곡률계수 C_g를 계산하고 흙의 입도분포의 좋고 나쁨을 판별하여라.

풀 이

1) 그림에서 구한 각 곡선의 D_{10}, D_{30}, D_{60}는 다음 표와 같다.

입도곡선	흙의 입경(mm)		
	D_{10}	D_{30}	D_{60}
A	0.036	0.13	0.30
B	0.28	0.32	0.36
C	0.0026	0.01	4.60

2) 각 곡선별 입도의 좋고 나쁨은 식 2.27, 식 2.28로부터 다음과 같이 판단한다.

곡선 A : 균등계수 : $C_u = \dfrac{D_{60}}{D_{10}} = \dfrac{0.3}{0.036} = 8.33 \; > \; 4 \sim 6$

곡률계수 : $C_g = \dfrac{D_{30}^2}{D_{60} \times D_{10}} = \dfrac{(0.13^2)}{(0.3)(0.036)} = 1.56$

균등계수가 4~6보다 크고 곡률계수가 1~3 사이에 포함되므로 입도양호

곡선 B : 균등계수 : $C_u = \dfrac{D_{60}}{D_{10}} = \dfrac{0.36}{0.28} = 1.28 \; < \; 4 \sim 6$

곡률계수 : $C_g = \dfrac{D_{30}^2}{D_{60} \times D_{10}} = \dfrac{(0.32^2)}{(0.36)(0.28)} = 1.01$

곡률계수는 1~3 사이에 포함되나 균등계수가 4~6보다 작아 입도불량

곡선 C : 균등계수 : $C_u = \dfrac{D_{60}}{D_{10}} = \dfrac{4.6}{0.0026} = 1769 \; > \; 4 \sim 6$

곡률계수 : $C_g = \dfrac{D_{30}^2}{D_{60} \times D_{10}} = \dfrac{(0.01^2)}{(4.6)(0.0026)} = 0.008$ (1~3 사이에 불포함)

균등계수는 4~6보다 크나 곡률계수가 1~3 사이에 포함되지 않아 입도불량

2.4.4 흙의 공학적 분류

자연상태에 있는 흙의 성질은 너무 다양하므로 이를 공학적 목적에 따라 분류하는 기법이 개발되었는데 이 중 가장 많이 쓰이는 것은 1942년 Casagrande 교수가 미공병단의 비행장 공사를 위하여 개발한 통일분류법(Unified soil classification system, USCS)과 도로공사에 많이 사용하도록 미국도로관리청(American Association of State Highway and Transportation Officials)에서 개발한 AASHTO 분류법이다.

1) 통일분류법

통일분류법은 2차 대전 중 군비행장을 빨리 설계하고 건설할 목적으로 Casagrande 교수가 개발하여 Casagrande 분류법이라고도 한다. 이 분류를 사용하기 위하여 다음과 같은 흙의 기본 실험자료가 필요하다.

(1) 자갈(75mm > D > 4.75mm)의 백분율

(2) 모래(4.75mm > D > 0.074mm)의 백분율

(3) 실트, 점토(D < 0.074mm)의 백분율

(4) C_u, C_g(균등계수, 곡률계수)

(5) No.40(D < 0.425mm)을 통과하는 흙의 LL, PL

통일분류법에서는 먼저 조립토와 세립토로 나누는데 200번체(0.074mm) 통과율이 50% 이하인 경우 조립토, 200번체 통과율 50% 이상인 경우 세립토로 분류한다.

(1) 조립토

조립토는 4번체(4.75mm)의 통과율이 50% 이하이면 자갈 또는 자갈질 흙으로 분류하며 G(gravel)라는 기호를 사용한다. 4번체 통과율이 50% 이상이면 모래 또는 모래질 흙으로 분류하여 S(sand)라는 기호를 붙인다. 이러한 기호 다음에는 입도분포에 따라 다음 기호를 붙인다.

> W(well graded) : 입도양호
> P(poorly graded) : 입도불량(균등)
> M(silt) : 세립분을 12% 이상 함유한 경우
> C(clay) : 점토분을 12% 이상 함유한 경우

통일분류법에서는 원칙적으로 대문자 2개로 흙을 분류하는데, 2개의 문자는 흙의 특성을 서술적으로 표현하는 방법이다. 예를 들면, GW는 양입도의 자갈(Well-graded Gravel)을 의미한다. 제1문자는 주 분류로 입경의 크기에 따른 흙의 종류를 나타내는 명사이고, 제2문자는 부수적 분류로 흙의 특성을 표현하는 형용사이다.

조립토 중 자갈질 흙에 사용되는 기호는 GW, GP, GM, GC, 모래질 흙은 SW, SP, SM, SC가 있고 200번체 통과율이 5~12%인 경우에는 다음과 같이 이중기호를 사용한다.

> 이중기호의 예 : GW-GM, GP-GM, GW-GC, GP-GC, SW-SC, SP-SM, SP-SC

(2) 세립토

세립토는 실트, 점토, 유기질토로 나누고 기호는 M(silt), C(clay), O(organic clay)를 사용하며 간혹 이탄 등 유기질이 많은 흙에는 Pt(Peat)라는 기호를 사용한다. 이들 기호 다음에는 액성한계의

값에 따라 다음과 같은 기호를 붙인다. 실트(silt)를 S 대신 M으로 표기한 것은 이미 모래(sand)가 S를 차지하였으므로 실트를 의미하는 스웨덴 말 mo에서 M을 취하였다.

L(low plasticity) : $LL<50\%$

H(high plasticity) : $LL>50\%$

통일분류법에 나타난 기호를 요약하면 표 2.8과 같으며 그림 2.17~2.18에 보인 도표를 따라 분류한다.

표 2.8 통일분류법에 의한 흙의 분류기호(ASTM D-2487)

구분	제1문자		제2문자	
	기호	설명	기호	설명
조립토	G	자갈	W	입도분포 양호
			P	입도분포 불량
	S	모래	M	실트질 혼합토
			C	점토질 혼합토
세립토	M	무기질 실트	L	점성이 낮은 흙
	C	무기질 점토	H	점성이 높은 흙
	O	유기질 실트 및 점토		
	Pt	이탄 및 고유기질토	–	–

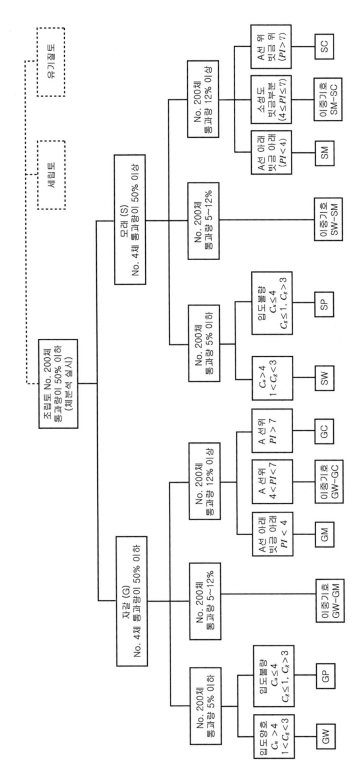

2.17 통일분류법에 의한 조립토의 분류

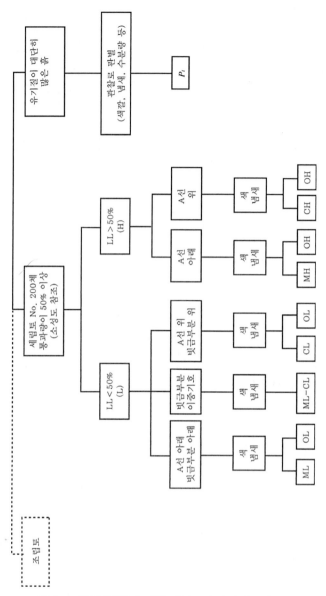

그림 2.18 통일분류법에 의한 세립토와 유기질토의 분류

세립토의 경우에는 그림 2.19에 나타난 바와 같은 소성도(plasticity chart)를 사용하는 것이 편리하다. 소성도는 수평축은 액성한계, 수직축은 소성지수를 나타내고 A선 및 액성한계 50%에 해당하는 수직선으로 흙을 구분한다. 대상 흙의 액성한계와 소성지수값에 의하여 소성도에 표시된 점이 A선 아래에 있으면 실트(M)나 유기질토(O)로 분류되며 A선 위에 있으면 점토(C)로 분류된다.

대상 흙의 액성한계가 높고(H), 낮음(L)은 액성한계 50%에 해당하는 수직선으로 구분한다. 소성도를 이용한 세립토는 ML, CL, OL, MH, CH, OH로 분류되며 표시된 점이 빗금 친 부분에 들어가면

CL-ML의 이중기호로 표시된다. 이 그림의 U선은 액성한계와 소성한계의 상한선을 의미하며 U선 위로는 측정점이 나타나지 않는다.

표 2.9~2.10에는 그림 2.17과 2.18에 보인 도표를 따라 분류한 후 나타난 기호별 세부토질 분류를 조립토와 무기질 및 유기질 세립토의 종류별로 요약 정리한 것이다.

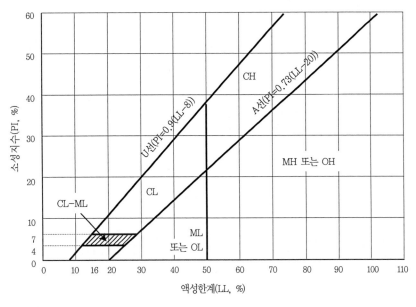

그림 2.19 소성도

표 2.9 통일분류법에 의한 조립토의 세부 명칭

기호	자갈/모래 백분율	명칭
GW	15% 미만 모래 15% 이상 모래	입도양호한 자갈(well-graded gravel) 모래 섞인 입도양호한 자갈(well-graded gravel with sand)
GP	15% 미만 모래 15% 이상 모래	입도불량한 자갈(poorly-graded gravel) 모래 섞인 입도불량한 자갈(poorly graded gravel with sand)
GM	15% 미만 모래 15% 이상 모래	실트질 자갈(silty gravel) 모래 섞인 실트질 자갈(silty gravel with sand)
GC	15% 미만 모래 15% 이상 모래	점토질 자갈(clayey gravel) 모래 섞인 점토질 자갈(clayey gravel with sand)
GC-GM	15% 미만 모래 15% 이상 모래	실트점토질(silty clayey) 모래 섞인 실트점토질 자갈(silty clayey gravel with sand)

표 2.9 통일분류법에 의한 조립토의 세부 명칭(계속)

기호	자갈/모래 백분율	명칭
GW–GM	15% 미만 모래 15% 이상 모래	실트 섞인 입도양호한 자갈(well-graded gravel with sand) 실트와 모래가 섞인 입도양호한 자갈 (well-graded gravel with silt and sand)
GW–GC	15% 미만 모래 15% 이상 모래	점토 섞인 입도양호한 자갈(well-graded gravel with clay) 점토와 모래가 섞인 입도양호한 자갈 (well-graded gravel with clay and sand)
GP–GM	15% 미만 모래 15% 이상 모래	실트 섞인 입도불량한 자갈(poorly graded gravel with silt) 실트와 모래가 섞인 입도불량한 자갈 (poorly graded gravel with silt and sand)
GP–GC	15% 미만 모래 15% 이상 모래	점토 섞인 입도불량한 자갈(poorly graded gravel with clay) 점토와 모래가 섞인 입도불량한 자갈 (poorly-graded gravel with clay and sand)
SW	15% 미만 자갈 15% 이상 자갈	입도양호한 모래(well-graded sand) 자갈 섞인 입도양호한 모래(well-graded sand with gravel)
SP	15% 미만 자갈 15% 이상 자갈	입도불량한 모래(poorly graded sand) 자갈 섞인 입도불량한 모래(poorly graded sand with gravel)
SM	15% 미만 자갈 15% 이상 자갈	실트질 모래(silty sand) 자갈 섞인 실트질 모래(silty sand with gravel)
SC	15% 미만 자갈 15% 이상 자갈	점토질 모래(clayey sand) 자갈 섞인 점토질 모래(clayey sand with gravel)
SC–SM	15% 미만 자갈 15% 이상 자갈	실트점토질 모래(silty clayey sand) 자갈 섞인 실트점토질 모래(silty clayey sand with gravel)
SW–SM	15% 미만 자갈 15% 이상 자갈	실트 섞인 입도양호한 모래(well-graded sand with silt) 실트와 자갈이 섞인 입도양호한 모래 (well-graded sand with silt and gravel)
SW–SC	15% 미만 자갈 15% 이상 자갈	점토 섞인 입도양호한 모래(well-graded sand with clay) 점토와 자갈이 섞인 입도양호한 모래 (well-graded sand with clay and gravel)
SP–SM	15% 미만 자갈 15% 이상 자갈	실트 섞인 입도불량한 모래(poorly graded sand with silt) 실트와 자갈이 섞인 입도불량한 모래 (poorly graded sand with silt and gravel)
SP–SC	15% 미만 자갈 15% 이상 자갈	점토 섞인 입도불량한 모래(poorly graded sand with clay) 점토와 자갈이 섞인 입도불량한 모래 (poorly graded sand with clay and gravel)

표 2.10 통일분류법에 의한 무기질 세립토의 세부 명칭

기호	200번체 통과율	모래(%) / 자갈(%)	자갈/모래 백분율	명칭
CL	85% 이상			압축성이 작은 점토(lean clay)
	70~85%	1 이상		모래 섞인 압축성이 작은 점토 (lean clay with sand)
		1 미만		자갈 섞인 압축성이 작은 점토 (lean clay with gravel)
	70% 미만	1 이상	15% 미만 자갈	모래질 압축성이 작은 점토(sandy lean clay)
		1 이상	15% 이상 자갈	자갈 섞인 모래질 압축성이 작은 점토 (sandy lean clay with gravel)
		1 미만	15% 미만 모래	자갈질 압축성이 작은 점토(gravelly lean clay)
		1 미만	15% 이상 모래	모래 섞인 자갈질 압축성이 작은 점토 (gravelly lean clay with sand)
CL-ML	85% 이상			실트질 점토(silty clay)
	70~85%	1 이상		모래 섞인 실트질 점토(silty clay with sand)
		1 미만		자갈 섞인 실트질 점토(silty clay with gravel)
	70% 미만	1 이상	15% 미만 자갈	모래실트질 점토(sandy silty clay)
		1 이상	15% 이상 자갈	자갈 섞인 모래실트질 점토 (sandy silty clay with gravel)
		1 미만	15% 미만 모래	자갈실트질 점토(gravelly silty clay)
		1 미만	15% 이상 모래	모래 섞인 자갈실트질 점토 (gravelly silty clay with sand)
ML	85% 이상			실트(silt)
	70~85%	1 이상		모래 섞인 소성이 작은 실트(silt with sand)
		1 미만		자갈 섞인 소성이 작은 실트(silt with gravel)
	70% 미만	1 이상	15% 미만 자갈	모래질 소성이 작은 실트(sandy silt)
		1 이상	15% 이상 자갈	자갈 섞인 모래질 소성이 작은 실트 (sandy silt with gravel)
		1 미만	15% 미만 모래	자갈질 실트(gravelly silt)
		1 미만	15% 이상 모래	모래 섞인 자갈질 소성이 작은 실트 (gravelly silt with sand)
MH	85% 이상			소성이 큰 실트(plastic silt)
	70~85%	1 이상		모래 섞인 소성이 큰 실트 (plastic silt with sand)
		1 미만		자갈 섞인 소성이 큰 실트 (plastic silt with gravel)
	70% 미만	1 이상	15% 미만 자갈	모래질 소성이 큰 실트(plastic sandy silt)
		1 이상	15% 이상 자갈	자갈 섞인 모래질 소성이 큰 실트 (plastic sandy silt with gravel)

표 2.10 통일분류법에 의한 무기질 세립토의 세부 명칭(계속)

기호	200번체 통과율	모래(%)/자갈(%)	자갈/모래 백분율	명칭
		1 미만	15% 미만 모래	자갈질 소성이 큰 실트 (plastic gravelly silt)
		1 미만	15% 이상 모래	모래 섞인 자갈질 소성이 큰 실트 (plastic gravelly silt with sand)
CH	85% 이상			압축성이 큰 점토(fat clay)
	70~85%	1 이상		모래 섞인 압축성이 큰 점토(fat clay with sand)
		1 미만		자갈 섞인 압축성이 큰 점토(fat clay with gravel)
	70% 미만	1 이상	15% 미만 자갈	모래질의 압축성이 작은 점토(sandy lean clay)
		1 이상	15% 이상 자갈	자갈 섞인 모래질 압축성이 큰 점토 (sandy fat clay with gravel)
		1 미만	15% 미만 모래	자갈질 압축성이 작은 점토(gravelly lean clay)
		1 미만	15% 이상 모래	모래 섞인 자갈질 압축성이 큰 점토 (gravelly fat clay with sand)

표 2.11 통일분류법에 의한 유기질 세립토의 세부 명칭

기호	소성	200번체 통과율	모래(%)/자갈(%)	자갈/모래 백분율	명칭
OL	PI≥4, A선상 또는 이상에 위치	85% 이상			유기질 점토(organic clay)
		70~85%	1 이상		모래 섞인 유기질 점토 (organic clay with sand)
			1 미만		자갈 섞인 유기질 점토 (organic clay with gravel)
		70% 미만	1 이상	15% 미만 자갈	모래질 유기질 점토(sandy organic clay)
			1 이상	15% 이상 자갈	자갈 섞인 모래질 유기질 점토 (sandy organic clay with gravel)
			1 미만	15% 미만 모래	자갈질 유기질(gravelly organic clay)
			1 미만	15% 이상 모래	모래 섞인 자갈질 유기질 점토 (gravelly organic clay with sand)
	PI<4, A선 아래쪽 위치	85% 이상			유기질 실트(organic silt)
		70~85%	1 이상		모래 섞인 유기질 실트 (organic clay with silt)
			1 미만		자갈 섞인 유기질 실트 (organic silt with gravel)
		70% 미만	1 이상	15% 미만 자갈	모래질 유기질 실트(sandy organic silt)

표 2.11 통일분류법에 의한 유기질 세립토의 세부 명칭(계속)

기호	소성	200번체 통과율	모래(%) ──── 자갈(%)	자갈/모래 백분율	명칭
	PI<4, A선 아래쪽 위치		1 이상	15% 이상 자갈	자갈 섞인 모래질 유기질 실트 (sandy organic silt with gravel)
			1 미만	15% 미만 모래	자갈질 유기질 실트(gravelly organic silt)
			1 미만	15% 이상 모래	모래 섞인 자갈질 유기질 실트 (gravelly organic silt with sand)
OH	A선상이나 위쪽에 위치	85% 이상			유기질 점토(organic clay)
		70~85%	1 이상		모래 섞인 유기질 점토 (organic clay with sand)
			1 미만		자갈 섞인 유기질 점토 (organic clay with gravel)
		70% 미만	1 이상	15% 미만 자갈	모래질 유기질 점토(sandy organic clay)
			1 이상	15% 이상 자갈	자갈 섞인 모래질 유기질 점토 (sandy organic clay with gravel)
			1 미만	15% 미만 모래	자갈질 유기질(gravelly organic clay)
			1 미만	15% 이상 모래	모래 섞인 자갈질 유기질 점토 (gravelly organic clay with sand)
	A선 아래쪽 위치	85% 이상			유기질 실트(organic silt)
		70~85%	1 이상		모래 섞인 유기질 실트 (organic silt with sand)
			1 미만		자갈 섞인 유기질 실트 (organic silt with gravel)
		70% 미만	1 이상	15% 미만 자갈	모래질 유기질 실트(sandy organic silt)
			1 이상	15% 이상 자갈	자갈 섞인 모래질 유기질 실트 (sandy organic silt with gravel)
			1 미만	15% 미만 모래	자갈질 유기질 실트(gravelly organic silt)
			1 미만	15% 이상 모래	모래 섞인 자갈질 유기질 실트 (gravelly organic silt with sand)

그림 2.15에 나타난 흙에 대하여 통일분류법으로 분류하여라. 단 40번체를 통과한 흙의 액성한계와
소성한계는 다음과 같다.

	흙 A	흙 B	흙 C
액성한계	28	–	38
소성한계	15	NP	12

풀 이

그림으로부터 통일분류법에 필요한 체의 통과량을 다음과 같이 정리한다.

(단위 %)

체번호＼흙시료	A	B	C
4	100	100	62
10	95	100	47
40	70	75	45
100	35	2	44
200	20	0	43

통일분류법 분류도표 그림 2.17~2.18에 의하면

시료 A :
 1) No.200체 통과량이 50% 미만이다(조립토).
 2) No.4체 통과량이 100%로 50% 이상이면 모래이다.
 3) No.200체 통과량 12% 이상(즉 20%)이고 소성도의 A선 위(소성지수 13)이므로 SC로 분류된다.
 4) 표 2.9로부터 SC에 대한 자갈 함유량이 없어 15% 미만이므로 이 흙은 점토질 모래(clayey sand)
   이다.

시료 B :
 1) No.200체 통과량이 0%(50% 미만)이므로 조립토이다.
 2) No.4체 통과량이 100%로 50% 이상이면 모래이다.
 3) No.200체 통과량 0%이고 $C_u = 1.28 < 4{\sim}6$, $C_g = 1.01(1.0 < 1.01 < 3.0)$으로 C_u가 입도불량이므
   로 SP이다.
 4) 표 2.9로부터 SP에 대한 자갈 함유량이 없어 15% 미만이므로 이 흙은 입도불량한 모래(poorly
   graded sand)이다.

시료 C :
1) No.200체 통과량이 43%(50% 미만)이므로 조립토이다.
2) No.4체 통과량이 60%로 50% 이상이면 모래이다.
3) No.200체 통과량이 43%이고 소성도의 A선 위에 존재(소성지수 26)하므로 SC이다.
4) 표 2.9로부터 SC에 대한 자갈 함유량이 38%로 15% 이상이므로 이 흙은 자갈 섞인 점토질 모래 (clayey sand with gravel)이다.

2) AASHTO 분류법

이 분류법은 원래 미국 공로국(US Public Road Association)에서 1929년 발표하였으며 그 후 여러 차례의 수정을 거쳐 현재에는 AASHTO 분류법으로 불린다. 이 분류법에서는 입도분석, 아터버그한계와 군지수(Group Index, GI)를 근거로 삼는다. 입도분석과 아타버그한계 자료에서 필요한 사항은 다음과 같다.

입자크기 분석
(1) 자갈 : 직경 75mm 통과하고 10번체(2mm) 잔류한 흙
   모래 : 10번체 통과 200번체 잔류한 흙
   실트와 점토 : 200번체 통과한 흙
(2) 소성분석
   실트질 흙 : 세립분의 소성지수(PI) ≤ 10%
   점토질 흙 : 세립분의 소성지수(PI) > 10%
(3) 입자크기가 75mm 이상인 전석(boulder)이나 옥석(cobble)은 시료에서 제외하고 비율을 기록하여 둔다.

군지수는 식 2.29의 식으로 표현된다.

$$GI = (F-35)[0.2+0.005(LL-40)]+0.01[(F-15)(PI-10)] \qquad (2.29)$$

여기서 F는 200번 체 통과율, LL은 액성한계, PI는 소성지수이다. 이 식을 사용하는 데 다음과 같은 원칙이 적용된다.

(1) 식 2.29로 구한 군지수가 음수이면 $GI=0$으로 본다.

(2) 군지수의 소수점 이하는 반올림한다.

(3) 군지수의 상한선은 없다.

(4) A-1, A-3, A-2-4 & A-2-5의 군지수는 항상 0이다($GI=0$).

(5) A-2-6, A-2-7에 속하는 흙의 군지수는 식 2.29의 둘째 항을 적용하여 다음 식으로 계산한다.

$$GI = 0.01(F-15)(PI-10) \tag{2.30}$$

그림 2.20의 AASHTO 소성도를 이용하면 세립토(A-4, 5, 6, 7)과 A-2에 해당하는 흙을 분류할 수 있다.

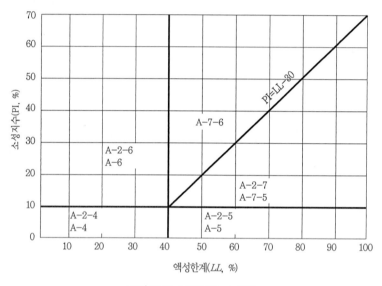

그림 2.20 AASHTO 소성도

분류방법은 다음과 같은 절차를 따른다.

(1) 분류하려는 대상 흙이 200번 체 통과율 35% 이하이면 조립토로 구분하고 200번 체 통과율 35% 이상이면 실트-점토로 구분한다.

(2) 식 2.29, 2.30으로부터 군지수를 구하고 표 2.12에 의하여 10, 20, 200번 체의 통과율과 액성한계, 소성지수의 값을 대조하면서 어느 분류기호에 해당되는가를 판별한다.

(3) 흙은 A-1에서 A-7까지로 구분되는데 조립토에는 A-1, A-2, A-3가 세립토인 실트-점토의 분류기호는 A-4, A-5, A-6, A-7이 속한다. 어떤 군의 경우는 흙의 입경과 소성지수에 의하여 더 세분되어 있다.

표 2.12 AASHTO 분류법(AASHTO, 1988)

일반적 분류	조립토 (75μm 통과율 35% 이하)							실트-점토 (75μm 통과율 36% 이상)			
분류기호	A-1		A-3	A-2				A-4	A-5	A-6	A-7 A-7-5 A-7-6
	A-1-a	A-1-b		A-2-4	A-2-5	A-2-6	A-2-7				
체분석, 통과량의 % No.10체 No.40체 No.200체	50 이하 30 이하 15 이하	50 이하 25 이하	51 이상 10 이하	35 이하	35 이하	35 이하	35 이하	36 이상	36 이상	36 이상	36 이상
No.40체 통과분의 액성한계 소성지수	6 이하		N.P	40 이하 10 이하	41 이상 10 이하	40 이하 11 이상	41 이상 11 이상	40 이하 10 이하	41 이상 10 이하	40 이하 11 이상	41 이상 11 이상
군지수	0		0	0		4 이하		8 이하	12 이하	16 이하	20 이하
주요 구성 재료	암편, 자갈, 모래		세사	실트질 또는 점토질, 자갈모래				실트질 흙		점토질 흙	
노상토로서 일반적 등급	우수(excellent) 또는 양호(good)							보통(fair) 또는 불량(poor)			

※1. A-7-5군의 소성지수는 액성한계에서 30을 뺀 값과 같거나 작아야 한다($PI \leq LL - 30$).
　2. A-7-6군은 이보다 커야 한다($PI > LL - 30$).
　3. N.P는 non plastic으로 비소성이다.

3) 통일분류법과 AASHTO 분류법의 비교

(1) 조립토와 세립토의 구분

통일분류법은 200번체 통과율 50% 이하를 조립토로 한 반면, AASHTO 분류법은 35% 이하를 조립토로 한다.

(2) 자갈 모래의 경계 입경

통일분류법은 4번체(4.75mm) 입경, AASHTO 분류법은 10번체(2.0mm) 입경을 자갈 모래의 경계입경으로 구분한다.

(3) 실트와 점토의 구분

통일분류법은 소성도표의 A-선을 토질시험결과에서 얻지만, AASHTO 분류법은 PI=10%선으로 실트질과 점토질 흙을 구분하는 근거가 명확하지 않다.

(4) 유기질토의 분류

통일분류법은 분류방법이 있으나 AASHTO 분류법은 분류 기호 자체가 없다.

(5) 분류방법

통일분류법은 기호로 표현하지만 AASHTO 분류법은 숫자로 표현한다.

예제 2.7

그림 2.15에 나타나는 흙에 대하여 AASHTO 분류법으로 분류하여라.

풀 이

예제 2.6으로부터 AASHTO 분류법에 필요한 체의 통과량을 다시 보면

(단위 %)

체번호 / 흙시료		A	B	C
4		100	100	62
10		95	100	47
40		70	75	45
100		35	2	44
200		20	0	43
아터버그한계	LL	28	–	38
	PI	15	NP	10

시료 A:
1) No.200체 통과율이 35% 이하이므로 조립토이다.
2) No.10체 통과율이 95%로 50% 이상이다.
   No.40체 통과율이 70%로 50% 이상이므로 표 2.11로부터 A-2로 분류한다.
   No.200체 통과율이 20%로 35% 이하이고 액성한계 40 이하 소성지수 11 이상
   A-2-6로 분류하고 식 2.30을 사용하여 군지수를 계산한다.
   군지수를 계산하면 $GI = 0.01[(F-15)(PI-10)] = 0.01(5)(5) = 0.25$
   소수점 이하 자리는 반올림하므로 $GI = 0$이다.
   따라서 시료 A는 A-2-6(0)으로 분류하고 실트질 또는 점토질
   자갈모래이며 노상토로서 우수 또는 양호하다.

시료 B:
1) No.200체 통과율이 35% 이하이므로 조립토이다.
2) No.10체 통과율이 100%로 50% 이상이다.

No.40체 통과율이 75%로 50% 이상이며 No.200체 통과율이 10% 이하이며 소성지수가 NP이므로 표 2.11로부터 A-3으로 분류된다. 세사이며 노상토로서 우수 또는 양호하다.

시료 C :

1) No.200체 통과율이 43%로서 35% 이상이므로 세립토이다.

2) $LL(38\%)<40\%$, $PI \leq 10\%$이므로 A-4로 분류된다.

군지수를 계산하면 $GI = 8[0.2+0.005(-2)]+0.01(28)(0)=1.52 \approx 2$

대상 흙은 A-4(2)로 분류하고 실트질 흙이며 노상토로서는 보통 또는 불량이다.

2.1 흙시료 200g을 오븐에서 건조하여 170g의 건조 흙시료를 얻었다. 이 시료의 함수비(%)를 계산하여라.

2.2 어떤 포화된 흙시료의 함수비가 45%이고 비중은 2.7이었다. 이 흙시료의 전체단위중량과 건조단위중량(kN/m^3)을 계산하여라.

2.3 어떤 흙의 전체단위중량이 $18kN/m^3$이고 비중 2.7, 함수비 12%라고 할 때, 건조단위중량, 간극비, 간극률, 포화도를 계산하여라.

2.4 간극비가 0.64, 비중 2.7, 포화도가 60, 85, 90%인 흙시료가 있다. 이 흙의 전체단위중량을 계산하여라.

2.5 포화된 흙의 전체단위중량이 $18.8kN/m^3$, 함수비 28%인 흙시료가 있다. 이 흙의 간극비와 비중을 결정하여라.

2.6 어떤 현장 흙의 전체단위중량, 함수비, 흙입자 비중을 측정하여 각각 $\gamma_t = 1.75(g/cm^3)$ $w = 22\%$ $G_s = 2.71$을 얻었다. 이 흙의 건조단위중량, γ_d, 간극비, 포화도를 계산하여라.

2.7 직경 75mm, 길이 90cm의 샘플링 튜브에 가득 찬 흙의 무게가 6.4kg, 이것을 건조한 무게가 4.5kg이었다. 이 흙의 흙입자 비중은 2.7이다. 전체단위중량, 함수비, 건조단위중량, 간극비 및 포화도를 계산하여라.

2.8 흙입자의 비중이 2.65, 함수비 40%일 때, 포화도 60%인 흙의 간극비를 계산하여라.

2.9 현장 흙을 흐트러지지 않게 채취하여 용기에 넣은 후, 체적과 중량을 측정하여 각각 $1,100cm^3$, 3,950g을 얻었다. 이 흙을 건조오븐에 넣어 건조시킨 후, 데시케이터로 실온까지 냉각시킨 다음 중량을 측정한 결과 3,440g을 얻었다. 용기중량이 2,840g이라면 이 흙의 함수비, 전체단위중량과 건조단위중량은 얼마인가?

2.10 도로 노반 흙의 단위중량을 측정하기 위하여 표면을 평평히 한 후 원통형의 구멍을 파고, 그 흙을 전부 파내어 중량을 측정하였더니 1,650g이었다. 구멍의 부피를 측정하기 위하여 모래를 채우니 1,405g이 필요하였으며 그 건조모래의 단위체적중량은 1.45g/cm³이었다. 노반 흙의 전체단위중량, γ_t와 건조단위중량, γ_d를 계산하여라. 이 흙의 함수비는 w는 14%이다.

2.11 액성한계와 소성한계의 시험결과 다음 표와 같은 값을 얻었다. 소성한계가 16.5%이다.

낙하횟수	함수비(%)
14	40.2
21	38.5
27	36.8
34	34.3

1) 유동곡선을 그리고 액성한계를 결정하여라.
2) 이 흙의 소성지수는?
3) 이 흙의 자연함수비가 28%일 때 액성지수와 연경지수를 구하라.

2.12 연습문제 2.11의 흙의 200체 통과중량비를 조사한 결과 15%이었다. 이 흙의 활성도를 계산하여라.

2.13 어떤 점토에 대하여 수축한계시험을 하여 다음과 같은 결과를 얻었다.
$V_1 : 23.4cm^3,$ $V_2 : 16.7cm^3$
$W_1 : 37.44g,$ $W_2 : 26.70g$
이 흙의 수축한계는 얼마인가?

2.14 상대밀도계산식 2.16, 2.17이 서로 동일함을 증명하여라.

2.15 어떤 흙시료를 채취하여 함수비를 측정한 결과 12%이었다. 이 흙을 최대건조단위중량으로 다지기 위하여 필요한 함수비는 18%라고 할 때 흙 1.5kg에 대하여 추가하여야 할 수량은 얼마인가?

2.16 어떤 사질토에 대하여 자연상태의 전체단위중량, 함수비를 측정하여 1.850g/cm³, 7.5%를 얻었다. 이 사질토를 부피 1,000cm³의 몰드에 넣어, 가장 느슨하게 채웠을 때의 중량이 1,820g, 가장 조밀하게 채웠을 때 중량이 1,910g이었다. 이 흙의 비중시험 결과가 2.70이라고 할 때 이 흙의 상대밀도를 계산하여라.

2.17 체분석시험으로부터 다음과 같은 결과를 얻었다.

체번호	각 체에 남은 흙의 중량(g)
4	0
10	42
20	60
40	81
60	55
80	120
100	92
200	84
Pan	28

1) 각 체의 가적통과율을 구하고 입도분포곡선을 그려라.
2) 입도분포곡선에서 D_{10}, D_{30}, D_{60} 을 구하라.
3) 균등계수 C_u와 곡률계수 C_g를 계산하여라.
4) 계산결과 본 흙의 입도분포의 좋고 나쁨을 판별하여라.

2.18 다음 흙을 통일분류법에 의거하여 분류하여라.

흙	체통과량		액성한계	소성지수	C_u	C_g
	No.4	No.200				
1	47	19	42	25		
2	88	76	65	38		
3	70	12	29	14	4.5	2.5
4	82	62	45	24	7.0	1.9

2.19 다음 흙을 AASHTO 분류법에 의거하여 분류하여라.

흙	체 통과량				액성한계	소성지수
	No.4	No.10	No.40	No.200		
1	90	85	78	70	52	25
2	88	72	61	41	42	21
3	70	52	35	5	–	NP
4	48	33	10	0	–	NP

2.20 어떤 흙에 대하여 체분석시험과 비중계시험을 실시한 결과가 다음과 같다.

분석	체번호/입자의 크기	가적통과율(%)	비고
체	4	100	LL : 38% PI : 8%
	80	94	
	170	88	
	200	82	
비중계	0.04mm	70	
	0.015mm	55	
	0.008mm	30	
	0.004mm	20	
	0.002mm	13	

1) 입도분포곡선을 그려라.
2) 자갈, 모래, 실트, 점토의 백분율을 구하라.
3) 통일분류법에 따라 대상 흙을 분류하여라.
4) AASHTO 분류법에 따라 대상 흙을 분류하여라.

2.21 다음과 같은 체분석결과와 아터버그한계 실험결과가 있다.

흙	통과중량 백분율					액성한계(%)	소성한계(%)
	#4	#10	#40	#200	0.002mm		
A	100	100	100	78	27	68	24
B	80	70	40	2	1	NP	NP
C	88	75	25	7	1	26	16
D	100	95	89	55	6	24	22
E	96	92	79	70	21	40	26
F	96	89	78	62	5	41	30
G	63	50	42	39	33	36	22

1) 각 흙에 대한 입도분포곡선을 그려라(A, B, C, D와 E, F, G, H를 나누어 각각 한 그래 프에 그릴 것).
2) 자갈, 모래, 실트, 점토의 백분율을 구하라.
3) 통일분류법에 따라 대상 흙을 분류하여라.
4) AASHTO 분류법에 따라 대상 흙을 분류하여라.

참고문헌

1. 김상규(1991), 토질역학, 동명사.
2. 권호진, 박준범, 송영우, 이영생(2008), 토질역학, 구미서관.
3. 신은철(2004), Das의 기초공학, 도서출판 인터비젼.
4. 한국지반공학회(2009), 구조물 기초기준 해설.
5. 한국표준협회(1995), 한국산업규격.
6. American Association of State Highway and Transportation Officials(1988), *AASHTO manuals, Part I, Specifications, Washington D.C.*
7. American Society of Testing and Materials(1991), *ASTM Book of Standards, Sec. 4, Vol. 03. 08, Piladelphia, Pa.*
8. Casagrande, A.(1948), "Classification and Identification of Soils", *Transactions*, ASCE, Vol.113, pp.901–930.
9. Das, B.M.(2014), Principles of Geotechnical Engineering, 4th Ed. *PWS. M.A.*
10. Mitchell, J.K. and Soga, K.(2004), Fundamentals of Soil Behavior, 3rd Edition, *John Wiley and Sons, New York.*
11. Lamb T.W. and Whitman, R.V.(1979), Soil Mechanics, *John Wiley and Sons, New York.*
12. Skempton, A.W.(1953), The Colloidal Activity of Clay, Proceedings of the *Third International Conference on Soil Mechanics and Foundation Engineering*, Zurich, *Vol. 1,* pp.57–61.

03 흙의 미시구조와 점토광물

03 | 흙의 미시구조와 점토광물

3.1 개 설

흙을 미시적으로 설명할 때에는 흙의 구조(soil structure)와 배열(fabric)로 구분하여 설명한다. 흙의 구조란 흙입자의 배열과 입자 상호 간의 작용력을 총칭하는 것으로 입자 상호 간의 작용력은 흙입자를 구성하는 광물의 종류, 입자표면의 전기력, 입자표면의 흡착수와 이온성분, 이온의 개수 등의 함수라 할 수 있다. 반면 흙의 배열(soil fabric)은 흙입자의 기하학적 구조만을 말한다.

모래나 자갈과 같은 사질토의 경우 광물성분이 흙의 공학적 성질과 무관하며 입자 상호 간의 인력과 반발력도 무시할 수 있어 입자의 배열(과밀도)에 따라 흙의 공학적 특성이 달라진다. 점성토의 경우는 단위체적당 표면적이 커 입자 상호 간의 인력과 반발력의 영향이 크므로 입자의 배열과 함께 입자표면의 전기력을 고려하여야 할 필요가 있다(Mitchell and Soga, 2004).

사질토의 경우 낱알의 형상은 일반적으로 모남(angular)이나 둥금(rounded) 등으로 표시한다. 모난 입자는 암석으로부터 흙으로 풍화된 지 오래되지 않아 현지에 잔류하고 있는 잔류토나 빙하에 의하여 운반되어 퇴적된 빙적토에서 많이 발견된다. 둥근 입자는 모암에서 풍화된 후 물이나 바람에 의하여 운반되면서 모서리가 마모되어 형성된다.

실트의 경우는 세립토로 분류되나 입자의 형상은 사질토와 유사하게 모나거나 둥근 모양을 하고 있다. 그러나 점토의 경우는 얇은 판모양이나 바늘과 같은 형태를 가지고 있으며 표면적이 넓고 전기력이 있어 점성(cohesion) 및 소성(plasticity)을 가진다.

3.2 점토광물

3.2.1 기본 구조

점토광물의 기본 구조는 규소사면체(silicate tetrahedron)와 알루미늄 또는 마그네슘 팔면체(Al 또는 Mg Octahedron)로 구분할 수 있다. 규소사면체는 그림 3.1a에 보인 바와 같이 규소(Si)를 중심으로 4개의 산소(O)가 위치하여 사면체를 이룬 모습이다. 규소사면체가 여러 개 결합하게 되면 그림 3.1b와 같은 규소사면체시트(silica tetrahedron sheet)를 형성하고 이를 그림 3.1c와 같은 사다리꼴의 기호로 표시한다.

팔면체(octahedron)의 기본 구조는 그림 3.2에 나타내었다. 알루미늄(Al) 또는 마그네슘(Mg)을 중심으로 주변에 6개의 수산기(OH-)가 배치되어 팔면체를 이루고 있다. 팔면체구조가 여러 개가 결합하게 되면 그림 3.2b와 같은 팔면체시트(octahedron sheet)를 형성하고 이를 그림 3.2c와 같은 직사각형의 기호로 표시한다. 만일 알루미늄(Al)이 중심이 된 알루미늄 팔면체(Al octahedron)로 판상형태를 이루면 깁사이트(Gibbsite)라고 부르며 마그네슘(Mg)이 중심이 된 마그네슘 팔면체(Mg octahedron)로 판상형태를 이루면 블루사이트(Brucite)라고 부른다.

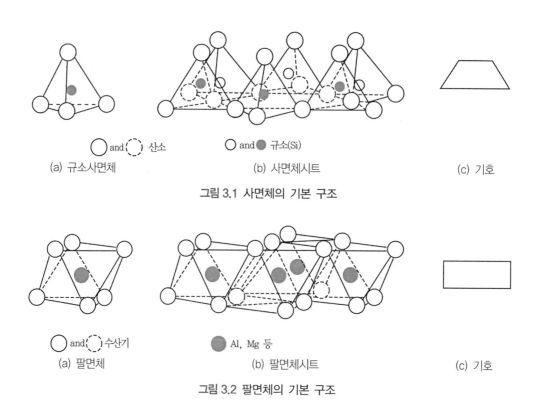

(a) 규소사면체   (b) 사면체시트   (c) 기호

그림 3.1 사면체의 기본 구조

(a) 팔면체   (b) 팔면체시트   (c) 기호

그림 3.2 팔면체의 기본 구조

3.2.2 점토광물의 종류

상기 절에서 설명한 사면체시트(tetrahedron sheet)와 팔면체시트(octahedron sheet)의 층이 누적되어 2층 구조를 형성하거나 3층 구조를 형성함에 따라 다양한 점토광물이 만들어지게 된다(그림 3.3 참조). 카올리나이트(Kaolinite)는 깁사이트의 하면에 규소시트(silica sheet)가 위치하여 2층 구조를 이루는 광물로(그림 3.4a) 이러한 2층 구조가 수소결합이나 2차 원자결합인 여러 겹으로 층이 누적되어 책꽂이(bookshelf) 모양의 판상형태를 띠게 된다(그림 3.4b).

할로이사이트(Halloysite)는 카올리나이트와 같은 2층 구조의 층 사이(기저공간, basal spacing 이라고 함)에 한 층의 물분자층이 존재하며 파이프구조의 바늘 형태를 띤다. 할로이사이트의 경우 다짐시험 등을 위하여 노건조시키면 층간의 물분자층이 소멸되고 한번 소멸된 물분차층은 다시 물을 흡수하지 않아 공학적 특성변화가 심하므로 일단 현장토의 구성광물 점토가 할로이사이트인 것으로 확인되면 자연상태에서 건조시켜 물성시험을 수행하여야 한다.

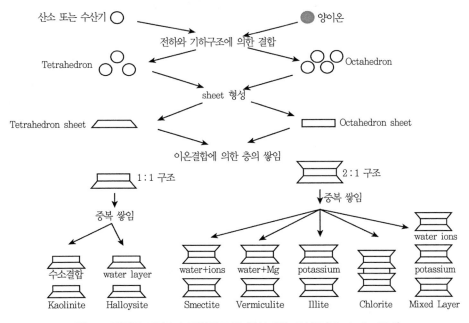

그림 3.3 단위구조로부터 적층구조의 형성과정 모식도(Mitchell, 1993)

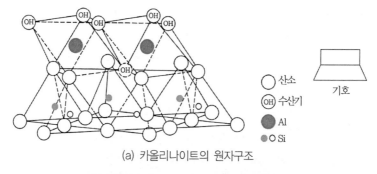

(a) 카올리나이트의 원자구조

○ 산소
⊛ 수산기
● Al
◐○ Si

기호

(b) 카올리나이트 전자현미경(SEM) 사진

그림 3.4 Kaolinite의 2층 구조

시트(sheet)가 쌓여서 점토광물이 형성되는 과정에서 대상 현장이 알루미늄(Al)이 충분한 지역이면 카올리나이트의 규소시트 내 4가원소 Si^{+4}가 3가원소 Al^{+3}로 치환되는 현상이 발생하는데 이와 같이 어떤 한 원자가 비슷한 이온 반경의 다른 원자와 치환하는 것을 동형치환(isomorphous substitution)이라고 한다. 동형치환이 발생하면 형성된 점토광물의 +1가가 부족하여 표면이 음전하로 대전하게 된다.

점토광물의 다른 종류로 몬트모리로나이트(Montmorillonite)와 일라이트(Illite)가 있는데 이들 점토광물은 2장의 규소시트 사이에 깁사이트가 있는 3층 구조를 이루고 있다(그림 3.5~3.6).

일라이트는 규소시트의 Si^{+4} 대신 Al^{+3}, 깁사이트의 Al^{+3} 대신 Mg^{+2}나 Fe^{+2}가 동형치환하여 형성된다. 3층 구조 사이는 이차원자인 칼륨(potasium) K^+가 결합되어 결합력이 몬트모리로나이트보다 강하므로 물에 의한 팽창력이 적다(그림 3.5). 몬트모리로나이트는 깁사이트의 Al이온 6개당 1개의 Mg가 동형치환된 형태이며 이로 인해 발생한 음전하는 Na^+, Ca^{+2}, K^+ 양이온을 끌어들여 평형을 이룬다. 몬트모리로나이트는 각각의 3층 구조 사이에 물이 들어가면 쉽게 팽창하는 경향이 있다(그림 3.6). 그림 3.6a는 두 개의 몬트모리로나이트 시트 사이에 물이 들어가서(중간의 검은 구는 물분자를 모사한 구체) 팽창하는 모습을 모델화한 것이다. 그림 3.6b는 이전의 카올리나이트나 일라이트에 비하여 매우 얇고 표면이 넓은 것을 전자현미경으로 보여주는 사진이다. 토목공사에서 굴착공에 공벽유지 등의 그라우팅재료나 매립지의 점토차수재로 사용하는 벤토나이트(Bentonite)는 몬트모리로나이트 그룹의 한 종류이다.

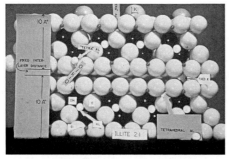
(a) 일라이트의 원자구조

(b) 일라이트 전자현미경 사진

그림 3.5 3층 구조의 점토광물(Illite)

(a) 몬트모리로나이트의 원자구조

(b) 몬트모리로나이트 전자현미경 사진

(c) 몬트모리로나이트의 팽창도시험(╱는 팽창된 시료의 높이)

그림 3.6 3층 구조의 점토광물(Montmorillonite)

그림 3.6c에 카올리나이트(우), Na-modified Ca Bentonite(중), 순수 Na-Bentonite(좌)의 팽창도시험 결과를 나타내었다. 카올리나이트의 경우에는 팽창이 거의 일어나지 않은 상태이나 Ca

Bentonite의 층간에서 Ca를 Na로 치환하여 만든 Bentonite는 카올리나이트 보다 팽창도가 9배나 크다. 순수 Na-Bentonite는 카올리나이트보다 12배의 팽창도를 가진 것으로 나타나고 있다. 표 3.1에는 다양한 점토광물의 미시적 구조와 그 특성을 요약하여 표현하였다.

표 3.1 점토광물의 미시적 구조와 특성

점토 종류	Kaolinite	Halloysite	Montmorillonite (smectite)	Illite	Chlorite	점토혼합층
구조형태 (Basic structure)	(1:1)	(1:1)	(2:1)	(2:1)	(2:1:1)	(2:1/2:1:1)
기저공간 (basal spacing) 간격	7.2Å[*1]	10Å[*2]	10~14Å	10Å	14Å[*3]	10Å~17Å
층간결합	수소결합	2차원자결합[*4]	반델발스 (cations)	K-O 결합	이온결합, 공유결합	복합(mixed)
동형치환	거의 없음	거의 없음	중간 정도	큼	큼	변화 있음
이온치환능(CEC) (meq/100g)	3~15	5~40	80~150	10~40	10~40	변화 있음
활성도(PI%<2μ)	<0.5	0.1~0.5	1~7	0.5~1	낮음	0.5~1.5(?)
팽창/수축	거의 없음	팽창 없음 수축 있음	매우 큼	적음	거의 없음	중간 정도
비표면적 (specific surface) (m²/g)	10~20	35~70	800까지	65~100	–	변화 있음
발견빈도	빈번함	매우 가끔	빈번함	매우 빈번함	가끔	매우 빈번
입자형태	판형(책이 쌓인 형태)	바늘(tubes)	필름, 판(plate)형	판형	판형	슬래브/판형
상대적인 입자크기	큼	중간	매우 작음	중간	큼	변화
액성한계	30~75	30~75	100~900	60~120	낮음	50~150
소성한계	25~40	30~60	50~100	35~60	–	30~60
투수계수 (cm/sec)	1×10^{-5} $\sim 1 \times 10^{-7}$	1×10^{-5} $\sim 1 \times 10^{-7}$	1×10^{-7} $\sim 1 \times 10^{-9}$	1×10^{-6} $\sim 1 \times 10^{-8}$	–	1×10^{-6} $\sim 1 \times 10^{-9}$
압축계수(C_c)	0.2~0.3	–	1.0~2.6	0.5~1.1	–	–
압밀계수(C_v) (cm²/sec)	$10 \sim 90 \times 10^{-4}$		$0.06 \sim 0.3 \times 10^{-4}$	$0.3 \sim 2.4 \times 10^{-4}$		
내부마찰각(°)	24~30°		<5~17°	7~26°		

※ 1. 400° 이상으로 가역되는 경우 점토구조 파괴
 2. 건조 시 두께는 7Å 까지 감소. 불가역적이어서 두께회복 않음
 3. 칼륨의 결합작용이 커서 팽창이 없음
 4. 결합이 미약하며 팽창이 없으나 붕괴(collapse)될 수 있음

3.3 점토광물과 물의 상호작용

점토광물은 앞 절에서 설명한 바와 같이 동형치환으로 인하여 음으로 대전되어 있으며 입자의 두께가 대단히 작아서 입자의 질량에 대한 표면적이 매우 크므로 그 전기력은 인접하여 있는 물에 영향을 주게 된다.

그림 3.7은 물분자의 구조와 점토입자 주변에서의 거동을 보인 것이다. 그림 3.7a에 나타난 바와 같이 물분자는 산소원자 1개에 수소원자 2개가 105° 각도를 이루며 치우쳐 있어 산소원자가 있는 곳은 음전하를, 수소원자가 있는 곳은 양전하로 대전된다(그림 3.7b). 따라서 음전하로 대전된 점토 표면에 물분자가 달라붙어 흡착수(adsorbed water)를 형성하고 그 주변에는 점성토의 흡인력에 상관없이 흐르는 자유수(free water)가 형성되게 된다. 이와 함께 주변 간극수에 포함되어 있는 이온 중 양이온 물 입자가 점토 표면에 흡착되어 있다(그림 3.7c).

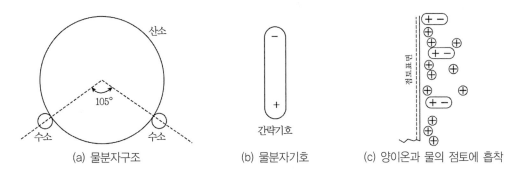

그림 3.7 물분자의 구조와 점토의 흡착수

그림 3.8은 점토로부터의 떨어진 거리에 따라 존재하는 양이온 및 음이온의 밀도를 도시한 것이다(Mitchell and Soga, 2004).

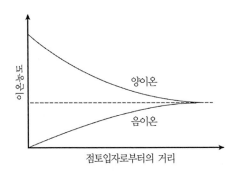

그림 3.8 점토로부터의 거리와 이온농도

그림에 의하면 점토입자 주변에는 양이온 입자가 음이온에 비교하여 높은 밀도를 형성하고 있다. 이와 같이 점토표면에 고착된 층과 주변부에 확산된 층으로 이중의 층을 형성하고 있는 것을 확산이 중층(diffused double layer)이라고 한다.

Mitchell and Soga(2004)는 확산이중층의 두께(Thickness, TH) 산출식을 식 3.1과 같이 나타내고 있다.

$$TH = \left(\frac{\epsilon_o D\ k\ T}{2\,n_o\,e^2\,\nu^2} \right)^{1/2} \tag{3.1}$$

여기서 k는 Boltzman 상수(1.38×10^{-16} erg/K), ϵ_o는 $8.8542 \times 10^{-12} C^2$/J m, n_o는 전해질 (electrolyte) 농도, ν는 이온가수, e는 단위전하량(Coulomb), D는 유전상수(dielectric constant), T는 절대온도($°K$; $1°C = 273°K$)이다.

식 3.1에 의하면 확산이중층의 두께는 점토 주변 간극수에 용해되어 포함되어 있는 전해질 이온의 농도(n_o)와 가수(ν)가 높을수록 감소하며, 점토 주변부에 간극유체의 유전상수(D)와 절대온도 (T)가 클수록 증가하는 것을 나타내고 있다. 확산이중층의 두께의 증감 여부는 액상이나 고형폐기물의 매립지 차수재로 쓰이는 몬모릴로나이트계인 벤토나이트의 차수성과 밀접한 관계를 가진다. 즉, 확산이중층의 두께가 커지면 벤토나이트의 기저공간(basal spacing)으로 흐르는 물의 통과를 방해하여 투수계수가 저하되는 특징이 있다. 반면 벤토나이트층을 통과하는 액체의 농도가 매우 높으면 투수계수가 커져 차수층의 역할이 저하되는 경우가 발생할 수 있다.

3.4 점성토의 구조

앞에서 설명한 바와 같이 물속에 있는 점성토의 표면은 음전하로 대전되어 있고 양이온에 의하여 평형을 이루고 있다. 이와 같이 평형을 이루고 있는 점토입자는 상호 간의 거리가 가까워지면 입자 사이에 반발력이 작용한다. 그러나 판형을 이루는 점토입자의 모서리가 양이온을 띠어 인력이 작용하고 있다(그림 3.9b). 따라서 음전하로 대전된 평평한 면(plate)과 양전하로 대전된 모서리(edge)는 인력이 작용하여 모서리 대 면(edge to face) 결합구조인 면모구조(flocculated structure)를 형성하게 되는 반면, 평평한 면끼리 가까워지면 반발력이 우세하여 이산구조(dispersed structure)를 형성하게 된다(그림 3.9c). 점토입자의 확산이중층의 두께가 얇을 때는 면모화가 되고 두꺼울 때는 이산구조를 형성하게 된다(Van Olphen, 1965; 김상규, 1991).

(a) 단립구조   (b) 면모구조   (c) 이산구조

그림 3.9 흙의 구조

점토의 구조는 해수와 담수에서 퇴적되었을 경우 면모화를 이루나 해수에서 퇴적되었을 경우 면모화가 훨씬 심하게 된다. 약 3.5%의 염도를 가진 해수는 전해질의 농도를 증가시켜 확산이중층의 두께를 감소시키기 때문이다. 점토에 대한 강도시험에 의하면 면모구조를 가진 점토의 강도가 모서리 대 면(edge to face) 결합의 전기력의 작용으로 인하여 이산구조보다 크게 나타난다.

수중에서 퇴적되어 면모화된 점토를 인위적으로 교란시키면 이산구조를 갖게 된다. 토질구조물 중에는 점토가 이산구조화되는 특성을 이용하는 경우가 있는데 댐의 코아(core)나 매립지의 차수재를 포설하는 경우이다. 점토가 이산구조화되면 점토입자 사이의 간극(pore)이 줄어들어 차수성이 향상(투수계수가 저하)되는 특성이 있다(4.4절 참조).

3.1 입상토와 점토의 형태의 차이와 전기적 특성을 비교 설명하여라.

3.2 확산이중층의 두께 산출식을 참조하여 다음 요소가 증가할 때 이중층의 증감을 분석하고 그 이유를 설명하여라.
1) 간극수의 온도
2) 간극수에 포함된 이온의 농도
3) 간극수에 포함된 이온의 가수
4) 간극수의 유전상수(물의 유전상수 82.3)

3.3 벤토나이트층을 통과하는 액체의 농도가 매우 높으면 투수계수가 커지는 이유를 확산이중층의 두께와 관련하여 설명하여라.

3.4 다음 점토광물의 구조형태, 기저간격, CEC, 비표면적, 팽창수축특성을 상호 비교하여 표를 작성하여라.
1) Kaolinite
2) Illite
3) Montmorillonite
4) Halloysite

3.5 연습문제 3.4의 점토광물 중 매립지 차수재로 가장 적합한 것은 어떤 것이며 그 이유를 설명하여라.

3.6 점토의 면모구조와 이산구조의 차이를 설명하고 다음과 같은 흙구조물을 점토로 시공할 경우 선호되는 점토구조를 선택하고 그 이유를 설명하여라.
1) 제방성토
2) 도로 로상토
3) 흙댐의 코아
4) 매립지 점토차수층

참고문헌

1. 권호진, 박준범, 송영우, 이영생(2008), 토질역학, 구미서관.
2. 김상규(1991), 토질역학, 동명사.
3. 장연수, 이광렬(2000), 지반환경공학, 구미서관.
4. 한국표준협회(1995), 한국산업규격.
5. American Association of State Highway and Transportation Officials(1988), *AASHTO manuals, Part I, Specifications, Washington D.C.*
6. Lee P.Y. and Singh, A.(1971), "Relative Density and Relative Compaction", *Journal of Soil Mechanics and Foundation Engineering*, ASCE., Vol.97, No.SM7, pp.1049-1052.
7. Lamb, T.W.(1958a), "The Structure of Compacted Clay", *Journal of Soil Mechanics and Foundation Engineering*, ASCE., Vol.84, No.SM2, pp.1654-1~1654-3.
8. Lamb, T.W.(1958b), "The Engineering Behavior of Comapcted Clay", *Journal of Soil Mechanics and Foundation Engineering*, ASCE., Vol.90, No.SM5, pp.43-67.
9. Mitchell, J.K.(1993) "Fundamentals of Soil Behavior", 2nd Edition, *Wiley*.
10. Mitchell, J.K. and Soga K.(2004) "Fundamentals of Soil Behavior", 3rd Edition, John *Wiley and Sons*, p.573.
11. NAVFAC(1982), Design Manual : Soil Mechanics, Foundations and Earth Structures, *DM-7, U.S. Department of the Navy, Washington D.C.*
12. Proctor, R.R.(1933), "Design and Construction of Rolled Earth Dams", *Engineering News Record*, Vol.3.
13. Seed, H.B. and Chan, C.K.(1959), "Structure and Strength Characteristics of Compacted Clay", *Journal of Soil Mechanics and Foundation Engineering*, ASCE. Vol.85, No. SM5, pp.87-128.
14. Seed, H.B.(1964), Lecture Notes, CE271, Seepage and Earth Dam Design, *University of California at Berkeley.*

04 흙의 다짐

04 | 흙의 다짐

4.1 다짐의 원리

도로나 철도 건설현장이나 건축물의 기초지반을 조성하는 공사 시 자연상태에 있는 흙은 너무 느슨하여 소요강도나 지지력을 충족시켜주지 못한다. 또한 구조물을 세우는 지반이 연약지반인 경우 지반개량을 통하여 지지력을 보강하고 구조물을 축조하는데 이때는 다양한 기계적 또는 화학적 방법을 통하여 지반의 물리·역학적 특성을 개선하여 사용하게 된다(14장 참조).

고대부터 구조물을 축조할 때 동물(예 : 코끼리 등)의 힘을 빌려 밟거나 사람이 무거운 추를 이용하여 다지는 방식으로 지반을 개량하여 왔으며 이렇게 무거운 추나 기구를 이용하여 지반을 단단하게 하는 것을 다짐(compaction)이라 한다.

흙다짐 시 흙의 단위중량 증가로 인한 토질의 물리적 또는 역학적 특성 변화가 개선되는데 흙의 전단강도와 기초지지력 증가가 발생하며 압축성과 투수계수가 감소하는 효과가 발생한다.

흙다짐이 간극 속의 공기를 즉각 배출하는 순간적 과정(instantaneous process)인 반면 7장 '압밀' 편에 소개된 압밀(consolidation)현상은 장시간에 걸쳐 천천히 간극수가 배출되어 흙의 밀도가 증가하는 장기적 과정(long term process)인 점이 대비된다.

4.2 실내다짐시험

1933년에 미국의 엔지니어였던 Proctor는 흙댐의 건설에 있어 일정한 에너지로 흙을 다질 때 흙의 단위중량과 함수비의 관계를 결정하는 시험법을 제시하였는데 이는 실내에서 다짐시험방법으로 표준화되어 표준다짐시험법(standard Proctor test, ASTM D 698)이라고 불리게 되었다.

이후 도로를 주행하는 자동차 등 교통기관의 대형화가 이루어지고 다짐의 효과를 증가시키기 위한 다짐장비도 대형화되었다. 특히 2차 대전 중 중량의 대형항공기 이착륙을 지지할 활주로를 건설할 필요성이 대두되어 이에 대한 다짐기준이 필요하게 되었다. 따라서 실내다짐시험 시 표준다짐시험법에 사용되던 에너지보다 증가된 에너지를 사용하는 다짐시험법이 채택되었는데 이를 수정다짐시험법(modified Proctor test, ASTM D 1557)이라고 한다.

표준다짐시험은 내경 100mm, 높이 127.3mm(부피 1,000cm^3) 몰드에 흙을 3층으로 나누어 넣고 각 층마다 2.5kg 래머로 30cm 높이에서 25회 낙하하여 다진다. 수정다짐시험은 내경 150mm, 높이 125mm(부피 2209cm^3) 몰드에 흙을 5층으로 나누어 넣고 각 층마다 4.5kg 래머로 45cm 높이에서 55회 낙하하여 다진다.

표준 및 수정다짐에 사용하는 다짐몰드와 래머의 규격(괄호 안은 수정다짐규격)을 그림 4.1에 나타내었다.

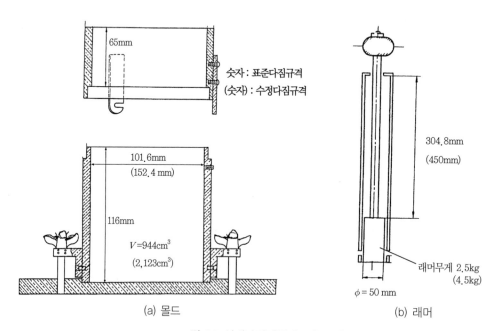

(a) 몰드   (b) 래머

그림 4.1 실내다짐시험기구와 규격

수정다짐방법을 사용하면 표준다짐에 의한 것보다 4배 증가한 에너지를 얻을 수 있는 데 식 4.1에 의하여 구할 수 있다(예제 4.1 참조).

$$E_c = \frac{W\,h\,n_l\,n_b}{V} \tag{4.1}$$

여기서 E_c는 다짐에너지, W는 래머의 무게, h는 래머의 낙하높이, n_l은 다지기 층수, n_b는 낙하횟수, V는 몰드의 부피이다.

한국공업규격에는 몰드의 내경과 래머의 무게를 조합하여 다짐시험법을 A, B, C, D, E의 다섯 가지 방법으로 지정하였다(표 4.1). 표 4.1에 나타난 시료의 허용최대입경은 각 방법별 다짐몰드에 허용되는 최대흙입경을 나타낸다.

표 4.1 한국공업규격에 의한 다짐방법의 종류(KS F 2312)

다짐방법	래머		몰드내경 (mm)	다지기		허용 최대입경 (mm)
	무게(kgf)	낙하고(mm)		층수	낙하횟수	
A	2.5	300	100	3	25	19.2
B	2.5	300	150	3	55	37.5
C	4.5	450	100	5	25	19.2
D	4.5	450	150	5	55	19.2
E	4.5	450	150	3	92	37.5

예제 4.1

표준다짐과 수정다짐의 에너지를 각각 계산하여라. 이때 표준다짐과 수정다짐의 제원은 표 4.1의 A와 D를 이용하여라.

풀 이

다짐에너지는 추의 무게와 낙하고 각 층당 다짐횟수와 층수를 곱한 값을 다짐된 흙의 체적으로 나눈 값이다(식 4.1 참조). 따라서 각 다짐별 에너지를 계산하면

1) 표준다짐에너지
$$E_s = \frac{2.5(30)(25)(3)}{(\pi/4)(10)^2(12.7)} = 5.64 \text{kg} \cdot \text{cm/cm}^3$$

2) 수정다짐에너지

$$E_m = \frac{4.5(45)(55)(5)}{(\pi/4)(15)^2(12.5)} = 25.22 \text{kg} \cdot \text{cm/cm}^3$$

위의 결과로부터 수정다짐은 표준다짐에 비교하여 약 4배의 에너지가 소요됨을 알 수 있다.

4.3 다짐곡선

4.2절에 소개한 바에 의거하여 다짐시험방법을 선택한 후 흙의 함수비를 바꾸어 가며 주어진 에너지로 흙을 다진다. 몰드에 다진흙의 무게 W를 잰 다음 시료의 일부를 채취하여 노건조한 후 함수비 w를 측정한다. 측정된 흙의 무게와 함수비에 의하여 식 2.14를 응용하여 건조단위중량을 계산한다.

$$\gamma_d = \frac{\gamma_t}{1+w} = \frac{W/V}{1+w} \tag{4.2}$$

여기서 W는 몰드 내 흙시료의 중량이고 V는 몰드의 부피이다. 계산된 건조단위중량과 함수비를 이용하여 관계곡선을 그림 4.2와 같이 구할 수 있는데 이를 다짐곡선(compaction curve)이라고 한다.

이 곡선에 의하면 함수비를 증가시켜가며 주어진 에너지로 다지면 건조단위중량이 증가하다가 일정함수비에 도달하면 최대가 된다. 그 이상 함수비가 증가하면 오히려 건조단위중량이 감소하는 모습을 보이게 되는데 건조단위중량이 최대가 되는 때의 함수비를 최적함수비(optimum water content, w_{opt})라고 하고 이때의 건조단위중량을 최대건조단위중량(maximum dry unit weight, γ_{dmax})이라고 한다. 최적함수비를 중심으로 함수비가 감소하는 쪽을 건조측, 증가하는 쪽을 습윤측이라고 부른다.

다짐함수비가 증가할 때는 다짐시료에 가해진 물이 흙 알갱이에 윤활작용을 하여 밀도가 증가하고 공극을 물이 메워주는 효과로 함수비가 증가함에 따라 최대건조단위중량에 도달할 때까지 흙의 건조단위중량이 증가하는 경향을 보인다. 최적함수비보다 큰 습윤측 다짐함수비에서 시료를 다지면 시료에 가해진 물이 많아 간극수압이 증가하는 반면 유효응력은 감소하고 흙의 건조단위중량은 줄어들게 된다.

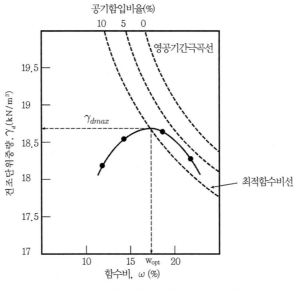

그림 4.2 다짐곡선과 영공기간극곡선

식 2.10을 $e = \dfrac{G_s w}{S}$ 로 변형하여 식 2.14의 e에 대입하면 식 4.3이 구해진다.

$$\gamma_d = \frac{G_s}{1+e}\gamma_w = \frac{G_s}{1+\dfrac{G_s w}{S}}\gamma_w \tag{4.3}$$

식 4.3에 포화도 S=1을 대입한 후 w=15%, 20%, 25% 등 임의의 함수비를 대입하면 최대건조단위중량, 즉 이론적으로 간극 사이에 공기가 전혀 없을 때의 건조단위중량이 구해진다. 이 값을 그림 4.2의 다짐곡선 상부에 도시하면 포화도가 100%일 때, 즉 공기 함유량이 제로인 포화곡선을 구할 수 있는데 이를 영공기간극곡선(zero-air void curve)이라고 한다. 영공기간극곡선은 다져서 공기를 완전히 배출하였을 때 $\gamma_{dmax} - w_{opt}$ 곡선의 궤적이며 다짐곡선은 다짐에너지의 크기에 관계없이 항상 영공기간극곡선의 왼쪽 아래에 위치한다.

예제 4.2

다음과 같은 표준다짐과 수정다짐에 의하여 함수비와 건조단위중량과의 관계를 얻었으며 이때 흙의 비중은 2.70이다. 각 시료에 대한 다짐곡선을 그리고 최대건조단위중량, 최적함수비, 최적함수비에서의 포화도를 결정하여라.

표준다짐		수정다짐	
함수비(w_1, %)	r_d(kN/m³)	함수비(w_1, %)	r_d(kN/m³)
10.0	16.7	10.1	18.8
12.5	17.1	13.2	19.2
15.7	17.6	16.5	18.1
18.0	17.5	19.2	17.0
21.4	16.2	21.8	16.5

풀 이

표준다짐과 수정다짐으로 얻어진 다짐곡선은 그림 4.3과 같다.

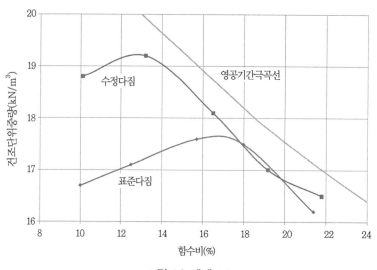

그림 4.3 예제 4.2

위의 표준다짐과 수정다짐으로 얻어진 다짐곡선에서 최대건조단위중량과 최적함수비는 다음 표와 같다. 그림에서 알 수 있듯이 투입된 에너지의 크기가 큰 수정다짐의 경우 최대건조단위중량이 커지는 반면 최적함수비는 작아진다.

	최대건조단위중량 γ_{dmax}(kN/m³)	최적함수비 w_{op}(%)
표준다짐	17.62	16.5
수정다짐	19.25	13.0

함수비-건조단위중량의 관계식으로부터 최적함수비에서의 포화도는 식 4.3을 변형하여 다음과 같이 계산되며 각 경우에 대한 포화도를 구하면

$$표준다짐 \ 시 : 17.62 = \frac{2.70}{1+2.70 \times 0.165/S} \cdot 9.8 \qquad \therefore \ S = 89.1(\%)$$

$$수정다짐 \ 시 : 19.25 = \frac{2.70}{1+2.70 \times 0.130/S} \cdot 9.8 \qquad \therefore \ S = 93.7(\%)$$

이다. 영공기간극곡선은 식 4.3에 15% 이상의 함수비와 $S = 1$을 대입하여 건조단위중량을 계산한 후 그림 4.3에 도시하였다.

4.4 다짐에 영향을 주는 요소

다짐에 영향을 주는 요소는 다짐에너지, 흙의 종류, 입도분포 등이 있으며 이런 요소의 변화에 따라 다짐곡선의 양상이 달라진다.

4.4.1 다짐에너지

다짐에너지를 달리하면 다짐곡선이 다르게 그려진다. 그림 4.4에는 다짐에너지를 달리한 경우의 다짐곡선을 도시하였다. 표준다짐시험에 의한 다짐곡선과 수정다짐시험에 의한 다짐곡선을 함께 도시한 경우(그림 4.4a) 수정다짐으로 도시한 곡선이 표준다짐으로 도시한 곡선보다 상부 좌측방향에 놓인 것을 알 수 있는데 이는 다짐에너지가 증가할수록 최대건조단위중량은 증가하며 최적함수비는 감소한다는 것을 의미한다. 그림 4.4b의 경우는 수정다짐몰드를 이용하여 층(리프트)당 다짐 횟수를 달리하여 다진 경우의 다짐곡선을 보였는데 타격횟수가 많아 에너지가 많이 투입될수록 최대건조단위중량은 증가하며 최적함수비는 작아지는 것을 알 수 있다. 또한 최대건조단위중량과 최적함수비에 의한 다짐곡선의 첨두부를 이은 선은 영공기간극곡선과 평행한 형태를 보이는 것을 알 수 있으며 이를 최적함수비선이라고 한다.

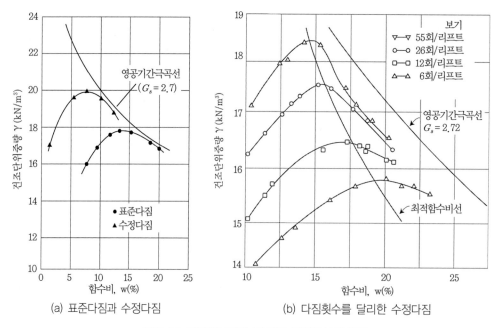

(a) 표준다짐과 수정다짐   (b) 다짐횟수를 달리한 수정다짐

그림 4.4 다짐에너지를 달리한 다짐곡선의 비교

4.4.2 흙의 종류

그림 4.5에는 흙의 종류와 입도분포에 따른 다짐곡선의 분포를 도시하였다.

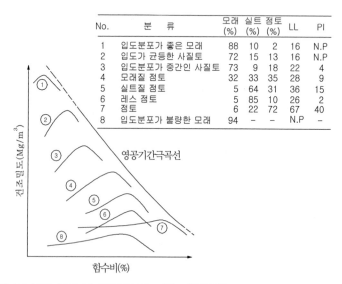

No.	분　류	모래 (%)	실트 (%)	점토 (%)	LL	PI
1	입도분포가 좋은 모래	88	10	2	16	N.P
2	입도가 균등한 사질토	72	15	13	16	N.P
3	입도분포가 중간인 사질토	73	9	18	22	4
4	모래질 점토	32	33	35	28	9
5	실트질 점토	5	64	31	36	15
6	레스 점토	5	85	10	26	2
7	점토	6	22	72	67	40
8	입도분포가 불량한 모래	94	–	–	N.P	–

그림 4.5 흙의 종류 및 입도분포에 따른 다짐곡선(John and Salberg, 1960)

그림에 의하면 조립토이며 입경이 증가할수록 최대건조단위중량은 증가하고 최적함수비는 감소함을 알 수 있다. 세립토이며 점토가 많이 포함될수록 최대건조단위중량은 감소하고 최적함수비는 증가한다. 다짐곡선의 형태는 조립토일수록 급경사를 나타내며 세립토일수록 완경사를 나타낸다.

4.4.3 입도분포

입도분포에 의거하여 비교하면 조립토의 경우, 양입도(well graded)인 경우 최대건조단위중량이 빈입도(poorly graded)인 경우보다 크며 세립토의 경우 소성이 증가할수록 최대건조단위중량이 감소한다.

4.5 흙의 다짐과 공학적 특성

4.5.1 점성토의 다짐특성

점성토는 다짐 시의 함수비가 증가함에 따라 구조가 달라진다. 점토의 경우 다짐함수비를 건조측의 값으로 다질 때는 입자의 확산이중층의 두께가 얇아 입자 간 상호 당기는 힘(attractive force)이 작용하여 결합이 강하고 입자구조가 벌집모양으로 얽힌 면모구조(flocculated structure)가 된다(그림 4.6). 최적함수비보다 큰 습윤측 다짐함수비에서 시료를 다지면 흙의 구조는 입자가 서로 평행한 이산구조(dispersed structure)화되고 건조단위중량은 줄어들게 된다. 점토의 구조적인 차이에 따라 다진흙의 투수계수, 압축성, 전단강도 등은 현저한 차이를 보이게 된다.

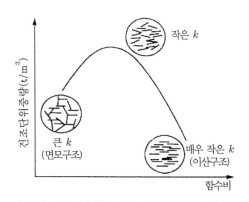

그림 4.6 다짐 시 함수비에 따른 점토구조의 변화

1) 투수계수

그림 4.7에 다짐에너지를 달리한 함수비에 따른 다짐점토의 투수계수의 변화를 도시하였다. 다짐곡선은 최적함수비의 건조측에서는 함수비가 증가할수록 투수계수는 감소하며 최적함수비 근처에서 급격한 감소를 보인다. 함수비가 최적함수비보다 큰 습윤측에서는 투수계수가 약간 증가하는 모습을 보인다. 건조측에서 투수계수가 큰 이유는 점토가 면모구조를 유지하고 있어 공극이 크므로 물의 통과량이 많기 때문이며 습윤측에서는 점토의 구조가 교란되어 이산구조로 바뀌므로 물이 통과할 수 있는 공극이 상대적으로 적기 때문이다(그림 4.6).

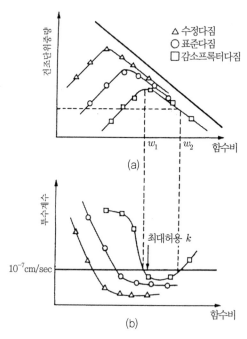

그림 4.7 다짐에너지를 달리한 투수계수-밀도-함수비 관계곡선

2) 압축성

두 개의 점토시료를 1개는 건조측에서 다른 하나는 습윤측에서 다져 완전히 포화시킨 후 압밀시험을 실시한 결과를 그림 4.8에 보였다. 그 결과 낮은 압력에서는 건조측에서 다진흙의 압축성이 습윤측으로 다진 시료에 비하여 훨씬 적은 것으로 나타나고 있다. 이는 점토가 건조측에서 다진 경우 면모구조를 가지고 입자가 갖는 양전화와 음전하의 전기적인 결합, 즉 모서리 대 면(edge to face) 결합으로 인하여 압축에 견디는 힘이 큰 때문이다(그림 4.8a). 그러나 가해진 압력이 입자의 재배열을 일으킬 만큼 충분히 큰 경우(그림 4.8b) 높은 압축력에서는 건조측에서 다진흙의 압축력이 습윤

측 다짐흙에 비하여 크나 압축력이 증가하면 두 시료는 압밀 후 간극비가 수렴하게 된다. 이는 가해지는 압축력이 건조측 조성 흙샘플의 면모구조를 파괴시켜 면모구조가 가지고 있던 상대적으로 큰 공간이 줄어들기 때문이다.

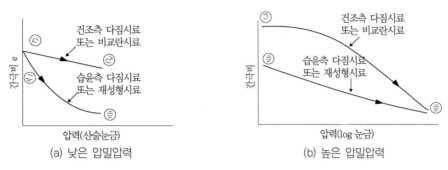

그림 4.8 함수비에 따른 압축성의 변화

3) 강도

건조측에서 다진 점토는 상대적으로 적은 밀도에서도 큰 외부응력을 지지할 수 있다. 그림 4.9에는 다짐에너지를 변화시켜가면서 발생하는 건조측과 습윤측에서의 전단강도의 변화를 보였다 (Seed and Chan, 1958). 그림에서 알 수 있는 바와 같이 다짐에너지의 투입량이 많아질수록 점토시료의 강도가 커지는 것을 알 수 있으며 습윤측보다 건조측의 강도가 더 큰 것을 알 수 있다.

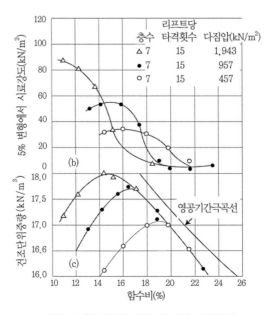

그림 4.9 함수비에 따른 점토강도의 변화

4.5.2 사질토의 다짐특성

점성이 없는 입경이 균등한(입도불량) 깨끗한 모래에 대한 다짐시험 결과, 다짐곡선은 점성토에서와 같이 1개의 꼭짓점을 갖지 않고, 그림 4.10과 같이 함수비의 증가에 따라 처음에는 음의 꼭짓점에서 양의 꼭짓점으로 변환되게 그려진다. 사질토의 경우 다짐되는 동안에 배수가 잘되어 과잉간극수압이 발생되지 않게 되면 이러한 현상이 나타난다. 그림에서 알 수 있듯이 함수비가 아주 적은 경우는 다짐을 하게 되면 토립자의 이동이 입자 간의 마찰에 의해 저항을 받지만, 입자가 물을 약간 머금게 되면 입자 사이 모관 내 표면장력(모관장력)이 발생하여 저항력이 증가하게 된다(5.7절 참조). 이와 같이 함수비가 증가 하여도 건조밀도가 공기건조시보다 감소하여 오히려 흙의 부피가 증가하는 현상을 벌킹(bulking)이라고 한다. 그러나 물을 더욱 증가시키면 모관장력이 사라져 최초의 건조밀도와 비슷하거나 약간 더 증가한다. 최적함수비는 완전포화 시의 함수비와 비슷하며, 추가로 물을 더 증가시키면 나머지 물들은 입자 사이의 간극을 통해 배수된다. 우리가 사질토 지반의 다짐에서 물을 가하면서 다지는 물다짐은 바로 이러한 효과를 이용한 것이다.

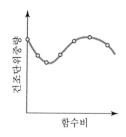

그림 4.10 입경이 균등한 모래의 다짐곡선

4.6 현장다짐

현장에서 다짐을 할 경우 토취장에서 흙을 채취하여 현장에서 적절한 두께로 다짐장비를 이용하여 다진다. 다짐장비로 에너지를 가하는 방법은 정적하중(static load), 진동하중(vibratory load), 짓이김(kneading), 충격하중(impact load) 등이 있다. 다짐장비의 선택은 공사의 목적과 흙의 종류, 개선하여야 할 지반 특성에 따라 달라진다.

다짐은 다짐 시 접지압(contact pressure)에 의하여 표면부의 다짐밀도가 결정되며 롤러의 바퀴중량(wheel load)에 의하여 다짐유효깊이(리프트두께)가 결정된다.

일반적으로 롤러 유효다짐횟수는 중장비의 경우 8회, 경장비의 경우 4회 정도이며 리프트의 두께
는 점성토에 대해서는 일반적으로 15~30cm를 적용한다. 록필의 경우는 암석의 직경에 비하여 작
아야 한다.

4.6.1 현장다짐방법 및 장비

현장다짐에 사용되는 다짐장비는 여러 가지 종류가 있다. 현장에 특정의 장비가 없는 경우는 트
랙터나 트럭, 그레이더, 도저를 이용하여 다지기도 하며 태국과 같은 동남아 국가에서는 과거에 코
끼리를 이용한 다짐이 수행되기도 하였다. 본 절에서는 현장에서 사용되는 보편적인 다짐장비를
종류별로 설명하였다(그림 4.11 참조).

1) 평판롤러

평판롤러(smooth wheel roller)는 강륜롤러(steel wheel roller)라고도 하며 정적다짐(static
compaction)을 실시한다. 롤러의 앞뒤 강륜이 동일한 탠덤롤러(Tandem roller)와 뒷바퀴가 두
개의 큰 강륜이고 앞바퀴는 작은 메카담롤러(Macadam roller)로 구분된다. 메카담롤러는 쇄석으
로 된 도로 노반과 기층을 다지는 데 사용되고 탠덤롤러는 아스팔트 포장재료를 다지는 데 많이
사용된다(그림 4.11a). 점토의 경우 정적다짐을 실시하면 점토가 가진 면모구조를 유지하며 다져
지므로 큰 강도를 얻는 게 목적인 도로 노반공사에 적합하다. 1회 다짐 리프트(lift)의 두께는 경량
롤러의 경우 15cm 중형롤러의 경우 30cm 정도이다.

2) 고무타이어롤러

고무타이어롤러(tire roller)는 지면을 다질 수 있도록 타이어가 적절하게 이격되어 만들어진 롤
러이며 정적다짐을 실시한다(그림 4.11b). 보통 도로의 기층, 보조기층, 아스팔트 포장층을 다지는
데 사용된다. 깨끗한 모래로부터 실트질 점토에 이르기까지 넓은 범위의 흙에 효과적이며 경제적으
로 적용할 수 있다. 타이어휠의 크기가 클수록 그리고 타이어 공기압이 높을수록 다져지는 흙의 단
위중량이 커진다. 리프트두께 12~30cm로 3~8회(coverage)를 다지면 표준다짐으로 100%의 다짐
도를 얻는다.

3) 양족롤러

양족롤러(sheep's foot roller)는 강륜에 양의 발모양으로 된 돌기가 붙어 있는 롤러이다(그림 4.11c). 전 드럼면적의 8~12% 정도인 돌기를 이용하여 흙에 집중하중을 전달함으로써 리프트 전 두께를 균질하게 다져주고 리프트와 리프트 사이의 결합을 향상시킨다. 점성토에 사용하는 경우 점토를 짓이겨 다지므로(kneading compaction) 구조를 면모구조에서 이산구조로 바꾸는 역할을 한다.

(a) 강륜탠덤롤러

(b) 메카담롤러

(c) 타이어롤러

(d) 양족롤러

(e) 진동콤팩터(수동식)

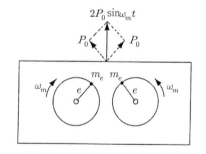

(f) 진동롤러의 진동발생을 위한 캠의 원리

그림 4.11 현장다짐에 사용되는 다짐장비의 종류

낮은 투수계수를 얻는 데 효과적이므로 실트질 점토 등 불투수성 흙으로 매립지의 차수층이나 댐체의 심벽(코아)을 다지는 데 많이 쓰인다. 그림 4.12에는 정적다짐(static compaction)과 짓이김다짐(kneading compaction)을 한 경우의 함수비에 따른 투수계수 변화를 나타내었다. 짓이김다짐의 경우가 투수계수가 더 적은 것을 알 수 있다.

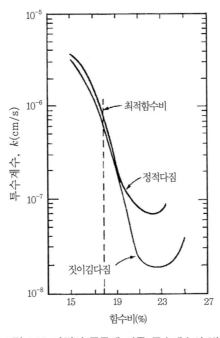

그림 4.12 다짐의 종류에 따른 투수계수의 변화

4) 진동롤러

진동롤러(vibratory roller)는 주로 고무타이어롤러 또는 평판롤러에 진동기를 붙여 사용한다. 진동기는 편심을 가진 중추를 회전시켜(eccentricity with heavy mass) 수직 또는 수평방향의 진동을 얻는 원리를 사용한다(그림 4.11e). 진동롤러는 점성이 없는 사력댐(rockfill dam)의 입상토와 사질토의 다짐에 적합하다.

진동롤러의 층별다짐두께는 롤러의 중량과 진동수(frequency)에 의하여 결정되는데 진동수의 범위가 20~40Hz인 진동롤러의 경우 경량롤러의 유효 층별다짐두께는 60cm, 중장비는 1.8~2.1m 정도이다. 진동다짐은 구속(confinement)이 작은 표면부에서는 다져지는 밀도가 낮은 것이 특징이다.

5) 기타 진동장비

다짐장소가 협소하여 대형롤러 접근이 어려운 지역에서는 진동콤팩터나 진동래머, 진동탬퍼를 사용한다(그림 4.11d).

표 4.2에 NAVFAC(1982)에서 정리한 다짐기계별 적절한 다짐흙의 종류와 적용 작업을 예시하였다.

표 4.2 다짐기계와 흙의 종류(NAVFAC, 1982)

다짐장비	흙의 종류	적용 작업	부적합한 흙
평판롤러 (정적 또는 진동)	양입도의 모래-자갈, 파쇄암석, 아스팔트	도로 노반 아스팔트 포장	균등한 모래
고무타이어 롤러	약간의 세립토가 포함된 조립질 흙	도로 노반	균등한 조립질 흙 또는 암석
양족롤러 (정적)	세립질 흙	댐, 제방, 도로 노반	조립토
양족롤러 (진동)	모래-자갈이 혼합된 세립질 흙	노상 및 노반	-
진동콤팩터, 진동탬퍼, 진동래머	모든 종류의 흙	큰 장비의 접근이 어려운 곳	-

4.6.2 현장다짐에 관한 규정

다짐과 관련한 토질구조물의 설계 시 현장에서 흙을 채취하면 실내에서 다짐시험을 실시한다. 다짐시험이 끝나면 그 결과를 가지고 현장에서 사용할 현장다짐에 관한 시방서(specification)를 작성하는데 이를 이용하여 현장에서는 다짐관리시험을 행하고 시방서의 요구조건과 맞도록 품질관리를 수행한다.

일반적으로 토류구조물 시방서에는 다짐에 관한 사항은 식 4.4로 정의한 상대다짐도(relative compaction, RC)로 나타나 있다.

$$RC = \frac{\text{현장다짐으로 구한 건조단위중량, } \gamma_d}{\text{실내다짐으로 구한 최대건조단위중량, } \gamma_{dmax}} \times 100(\%) \tag{4.4}$$

대체로 현장 상대다짐도는 표준다짐 또는 수정다짐 기준 90%, 95%를 선택하며 토질구조물의 중요성과 다짐흙의 종류, 다짐목적 등에 따라 달라진다. 흙의 다짐에 대한 시방서는 다음과 같은 두 가지 방법으로 표시한다.

(1) 최소다짐도(모래의 경우 상대밀도, DR ; 점토의 경우 상대다짐도, RC)와 함수비

(2) 최적함수비(W_{opt})±(함수비 여유범위), 예를 들어 건조측 3% 습윤측 1% 등으로 표시한다.

표 4.3에는 NAVFAC(1982)에서 정리한 토질구조물의 종류별 다짐시방을 나타내었다.

표 4.3 토질구조물별 상대다짐도와 다짐함수비범위(NAVFAC DM 7.2, 1982)

토질 성토구조물	요구상대다짐도* (%)	최적함수비 허용범위* (%)	최대허용 리프트두께(cm)
구조물의 기초	95	−2∼+2	30
운하, 소형저수지의 라이닝	90	−2∼+2	15
흙댐(15m 이상)	95	−1∼+2	30(+)
흙댐(15m 이하)	92	−1∼+3	30(+)
도로포장	NAVFAC DM-5 참조	−2∼+2	20(+)
공항 활주로 포장	NAVFAC DM-21 참조	−2∼+2	20(+)
구조물의 뒤채움	90	−2∼+2	20(+)
소형관로의 뒤채움	90	−2∼+2	20(+)
배수블랭킷 또는 필터	90	충분히 젖은 상태	20
굴토한 구조물의 지반	95	−2∼+2	−
록필댐		충분히 젖은 상태	60∼90

※ 수정다짐의 건조단위중량 γ_{dmax} 기준

Seed(1964)는 그림 4.13에 보인 바와 같이 가장 경제적인 다짐시방을 결정하는 방법을 제시하였다. 시방서에서 상대다짐도 90% 이상을 요구하는 경우 최대건조단위중량이 90% 되는 단위중량에서 수평으로 선을 그어 다짐곡선과 교차되는 함수비를 찾는다. 이상적인 경우의 최소다짐에너지는 곡선 C의 함수비 b에 의해서 나타나는 꼭짓점의 값이 되겠으나 이를 다짐현장에서 정확히 찾는 것은 어렵다. 따라서 함수비의 범위를 함수비 a와 c의 범위 내에서 최대건조단위중량의 90% 이상이 되도록 다진다.

만일 다짐의 목적이 도로의 기층과 보조기층과 같은 강도를 얻는 것이 주목적인 경우 최적함수비의 건조측으로 다지는 것이 효과적이고 매립지의 점토차수재와 같은 투수계수의 저감이 목적이면 최적함수비의 습윤측으로 다져주는 것이 좋다.

최적함수비의 습윤측에서 함수비가 과다한 경우 기준다짐밀도를 달성하기 위하여 대형롤러로 다졌을 때 경량장비로 다졌을 때보다 강도가 더 저하되는 현상이 발생하기도 한다. 이와 같이 큰 에너지로 다졌을 때 강도가 더 감소하는 현상을 과다짐(over compaction)이라고 한다.

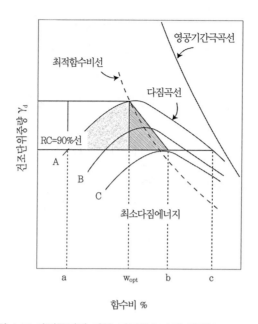

그림 4.13 다짐목적에 따른 다짐함수비의 결정(Seed, 1964)

사질토의 다짐 정도는 제2장에서 다음과 같은 상대밀도로 규정하였다.

$$D_r = \frac{\gamma_d - \gamma_{dmin}}{\gamma_{dmax} - \gamma_{dmin}} \quad \frac{\gamma_{dmax}}{\gamma_d} \times 100\,(\%) \tag{2.18}$$

D_r을 100으로 나누어, 즉 $D_r' = D_r/100$, 식 4.4에 대입하면 상대다짐도와 상대밀도 사이에 다음과 같은 관계식을 구할 수 있다.

$$RC = \frac{R_o}{1 - D_r'(1 - R_o)} \times 100\,(\%) \tag{4.5}$$

여기서 $R_o = \frac{\gamma_{dmin}}{\gamma_{dmax}}$ 이다. Lee and Sing(1971)은 조립토에 대하여 상대다짐도와 상대밀도 사이의 관계를 나타내는 경험식을 다음과 같이 제안하였다.

$$RC = 80 + 0.2D_r\,(\%) \tag{4.6}$$

어떤 토사를 양족롤러로 다진 경우 짓이김으로 인해 그림 4.14a와 같이 다짐면 일정거리($\approx 0.5m$) 아래에서 가장 크게 나타난 다음 깊어질수록 감소한다. 이와 같은 지층을 주어진 현장의 다짐에너지로 여러 겹 다졌을 때 깊이−상대밀도 분포 관계를 도시하면 그림 4.14b와 같다. 상대밀도가 75% 이상이 될 수 있도록 다지려면 최대포설두께는 어느 정도 두께로 해야 하는가?

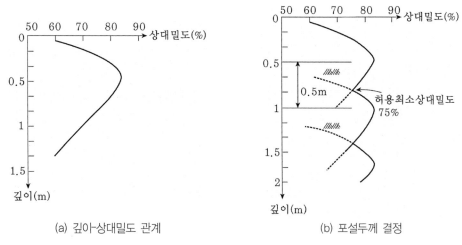

(a) 깊이−상대밀도 관계   (b) 포설두께 결정

그림 4.14 현장 시험결과를 이용한 포설두께의 결정

풀 이

트레이싱 페이퍼(기름종이)에 그림 4.14a와 같이 깊이−상대밀도 관계를 그린다. 이 그림을 원래의 그림 위에 겹쳐서 일정거리를 두고 상하로 이동시켜가면서 상대밀도 75% 이상이 되도록 한다(그림 4.14b). 그림에서 알 수 있듯이 최소포설두께는 0.5m가 허용최소상대밀도 75%에서 나타남을 알 수 있다. 실제 현장에서는 현재 다짐층보다 위층에서 추가로 다짐을 하면 기존 다진층도 추가로 다져지기 때문에 이와 같은 결정값보다 밀도가 더 커질 수 있다.

4.6.3 현장 건조단위중량의 결정

현장에서 다짐시공 시 감독자는 다진흙의 품질이 시방서의 요구조건을 만족하는지 주기적으로 현장다짐토의 건조단위중량과 함수비를 점검해야 한다. 이 경우 현장에서 롤러로 다진흙에 대하여 현장 건조단위중량을 들밀도시험(field density test)으로부터 구하며 이를 실내에서 구한 최대건조밀도와 비교하여 상대다짐도를 구한다. 흙의 건조단위중량을 결정하는 절차는 다음과 같다.

(1) 현장에서 건조단위중량을 측정할 지점을 결정한다.

(2) 적정한 깊이까지 구멍을 파서 흙을 채취하여 중량(W)을 측정한다.

(3) 파낸 흙의 부피(V)를 측정한다.

(4) 다음 식을 이용하여 흙의 습윤단위중량과 건조단위중량을 결정한다.

$$습윤단위중량 : \gamma_{wet} = \frac{W}{V} \tag{4.7}$$

$$건조단위중량 : \gamma_d = \frac{\gamma_{wet}}{1+w} \tag{4.8}$$

여기서 w는 함수비이다.

(5) 식 4.8에 의하여 구한 건조단위중량을 실내다짐시험에서 구한 최대건조단위중량과 비교하여 상대다짐도(RC, 식 4.9)를 구한다.

$$RC = \frac{\gamma_d}{\gamma_{d\ max}} \times 100\,(\%) \tag{4.9}$$

현장 건조단위중량을 측정할 때 파낸 흙의 부피를 측정하는(위 과정의 3번) 들밀도시험(field density test)에는 모래치환법(sand cone method), 고무막법(rubber ballon method), 핵밀도법(nuclear density method) 등이 있다.

1) 모래치환법

모래치환법(sand cone method)은 굴토한 공간에 고무 또는 얇은 비닐막을 깔고 20번과 30번체 사이에 있는 단위중량(밀도)을 알고 있는 균등한 모래(uniform sand, 예 : 국내의 경우 주문진 표준사)를 그림 4.15a의 시험장치를 이용하여 굴토한 공간에 주입하여 굴토된 흙의 부피를 측정한다.

주입된 모래의 중량을 측정하여 이미 알고 있는 모래의 단위중량(γ_{sand})으로 나누어 부피를 계산한다. 파낸 흙의 중량(W)과 함수비(w)를 측정하여 식 4.7~4.8을 이용하여 현장 흙의 습윤 및 건조 단위중량을 측정한다.

2) 고무막법

고무막법(ballon density meter)은 현장에서 건조단위중량을 측정할 점에서 흙을 굴토한 이후 고무막이나 얇은 비닐막을 깐 후 물이나 기름을 주입하여 부피를 측정하는 방법이다(그림 4.15b). 그림 내의 메스실린더 구멍에 액체를 주입하기 이전과 이후의 눈금차를 측정하여 부피를 계산한다.

3) 핵밀도법

샌드콘법이나 고무막법은 함수비를 측정하는 데 현장시료를 일부 채취하여 노건조시켜 함수비를 측정하므로 결과를 얻는 데 많은 시간이 걸리는 단점이 있다. 핵밀도 시험장치는 이러한 단점을 보완하였으며 방사선을 이용하여 다진흙의 교란을 최소화하고 현장 다짐토의 단위중량(γ_{wet})과 현장 함수비를 기기로부터 직접 읽어낸다(그림 4.15c). 이 장치를 사용하면 신속히 상대다짐도를 알 수 있고 측정횟수를 늘릴 수 있어 통계적인 관리가 가능하다. 그러나 장비가 고가이어서 초기투자비용이 크고 방사선 노출의 위험이 있다. 핵밀도법(nuclear density method)을 사용하는 기술자는 방사선 취급 안전규정을 지켜야 한다.

사용법은 그림 4.15c에 보인 바와 같은 기기 하부에 있는 봉을 다짐토에 삽입한 후 방사선(γ-ray)을 흙에 발산한다. 수집된 방사선의 양으로 흙의 단위중량을 판별한다. 발산된 중성자(neutron)의 양으로부터는 흙 속의 수소원자(hydrogen atoms)의 양을 측정할 수 있어 현장함수비를 알 수 있다.

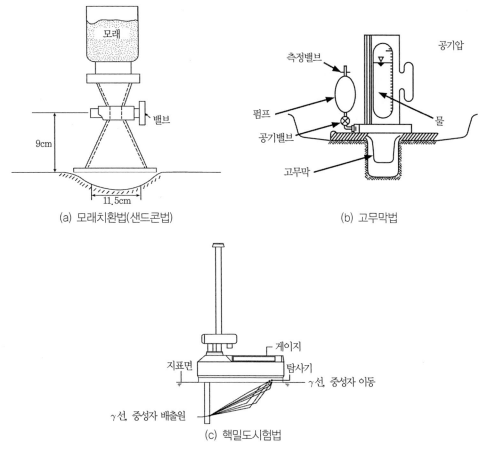

그림 4.15 현장 건조밀도 측정 시 사용하는 부피 측정장치

이 외에도 점성토에 대해서는 박막샘플러(thin walled sampler)를 다짐토에 직접 삽입하여 채취된 점성토의 중량과 부피, 측정밀도를 구하는 샘플링법, 롤러와 흙 사이의 상호작용을 관찰하여 롤러 바퀴에 의한 다짐토의 휨(deflection) 양을 측정하여 흙의 γ_d나 변형계수를 역산하는 프루프롤링(proof rolling)법 등이 있다.

함수비는 건조로(oven)를 이용하는 것이 일반적이나 함수비 측정시간을 단축하기 위하여 급속함수비 측정기(speedy moisture test-Hilf rapid method)를 사용하기도 한다. 이 기기는 흙시료에 칼슘카바이트(CaC_2) 시약을 가하면 흙의 수분이 제거되면서 아세틸렌가스를 생성시키는 장비로서 가스의 압력이 압력계를 통하여 함수비로 변환되어 표시된다. 반응기작을 나타내는 식은 식 4.10과 같다.

$$CaC_2 + 2H_2O \quad (soil) \rightarrow Ca(OH)_2 + C_2H_2 \uparrow + Heat \tag{4.10}$$

예제 4.4

현장에서 흙을 다진 후 샌드콘시험을 하여 다음과 같은 결과를 얻었다.

시험구덩이에서 굴토한 흙의 무게(W_1) : 2230g
건조로에서 건조시킨 흙의 무게(W_2) : 2010g
샌드콘 내의 전체 모래 무게(W_3) : 2,700g
시험구덩이를 채우고 남은 모래의 무게(W_4) : 900g
모래의 건조단위중량($\gamma_{d\ sand}$) : 1.6g/cm³이다.

1) 현장에서 다진흙의 건조단위중량과 함수비를 계산하여라.
2) 실내표준다짐시험에서 구한 최대건조단위중량이 1.96g/cm³일 때 상대다짐도를 계산하여라.

풀 이

1) 시험구덩이의 부피 $V = \dfrac{W_3 - W_4}{\gamma_{d\ sand}} = \dfrac{2700 - 900}{1.6} = 1125\,cm^3$

습윤단위중량 $\gamma = \dfrac{W_1}{V} = \dfrac{2230}{1125} = 1.98\,g/cm^3$

건조단위중량 $\gamma_d = \dfrac{W_2}{V} = \dfrac{2010}{1125} = 1.79\,g/cm^3$

현장함수비 $w = \dfrac{W_1 - W_2}{W_2} = \dfrac{2230 - 2010}{2010} = 10.9\,\%$

2) 상대다짐도 $RC = \dfrac{\gamma_d}{\gamma_{d\max}} = \dfrac{1.79}{1.96} = 91.3\,\%$

4.7 노상토지지력비(CBR)시험

도로나 비행장의 포장 두께를 결정하기 위하여 포장을 지지하는 노상토의 강도와 압축성을 파악할 필요가 있다. CBR(California Bearing Ratio) 시험은 유연성 포장(flexible pavement)을 설계할 목적으로 캘리포니아 도로국에서 개발하였다. 국내에서 CBR을 결정하는 자세한 시험은 KS F2320을 참고할 수 있다.

CBR 시험은 실내시험과 현장시험으로 구분할 수 있는데 실내시험의 경우는 다짐시험으로부터 구한 최적함수비로 흙을 다진 다음 시료를 물에 담가 현장에서의 최악의 조건과 일치하도록 공시체를 제작한다. 불교란 흙의 공시체를 제작하여 CBR 시험을 할 경우도 있는데 이때는 컷터를 부착한 몰드를 현장의 대표적인 시험장소에 압입하여 채취한다. 제작된 공시체에 직경 5cm의 피스톤을 관입하여 관입량에 따른 작용하중의 값(시험단위하중)을 기록하여 식 4.11에 의하여 CBR값을 구한다.

$$RC = \frac{\text{시험단위하중}}{\text{표준단위하중}} \times 100 \tag{4.11}$$

표준단위하중 및 시험단위하중은 일반적으로 관입량 2.5mm나 5.0mm의 값을 취하는데 관입깊이에 따른 표준단위하중은 표 4.4와 같다. 표준단위하중이란 표준쇄석에 대하여 이미 시험되어 있는 하중값을 말한다. 현장에서는 현장 흙에 피스톤을 관입시킬 수 있는 하중계와 잭이 장착된 기구를 사용하여 실내에서와 같은 방법으로 시험을 실시한다.

표 4.4 관입깊이에 따른 표준단위하중

관입깊이(mm)	표준단위하중(kgf/cm^2)
2.5	70
5.0	105
7.5	134
10.0	162
12.5	183

4.1 표준다짐시험법으로 다짐시험을 하여 다음 표와 같은 결과를 얻었다. 다짐토의 비중은 G_s=2.7이다.

함수비(%)	전체단위중량 kN/m³
9.2	19.0
10.3	20.5
12.0	21.7
17.7	21.1
19.5	20.5

1) 다짐곡선을 그리고 최적함수비와 최대건조단위중량을 결정하여라.
2) 주어진 함수비에 상응한 점에 대하여 영공기간극곡선을 그려라.

4.2 제방공사에 사용하려는 흙에 대하여 다짐시험을 실시한 결과 다음 값을 얻었다. 몰드의 용적 V=1,000cm³, 흙입자 비중 G_s=2.69, 몰드의 중량 W_m=2,450g이다.

시료번호	1	2	3	4	5
시료+몰드의 중량 W_{s+m}(g)	4001	4130	4292	4230	3990
함수비(%)	17.1	19.8	23.7	26.4	30.5

1) 이 흙의 최적 함수비 w_{opt}, 최대건조밀도 $\gamma_{d\max}$를 구하라.
2) 영공기간극곡선을 그려라.
3) 70%, 80%, 90%의 포화곡선을 그리고 최적함수비선을 표시하여라.
4) 현장에서 이 흙을 다짐에 요구되는 상대다짐도가 90%이라고 할 때 현장다짐함수비의 범위를 구하라.

4.3 표준다짐시험법으로 다음 표와 같은 결과를 얻었다.

함수비(%)	전체단위중량(kN/m³)
10	15.7
13	17.0
16	19.0
18	20.0
20	20.6
22	20.4
25	19.7

1) 다짐곡선을 그리고 최적함수비와 최대건조단위중량을 결정하여라.

2) 영공기간극곡선을 그려라. 비중은 2.71로 가정한다.

3) 최대건조단위중량과 최적함수비 점에서 포화도를 계산하여라.

4) 3)번에서 구한 포화도로 2)번의 작업을 다시 한번 수행하여라(최적함수비곡선).

5) 수정다짐시험법으로 다짐시험을 동일한 함수비에서 수행한 결과 최대건조단위중량이 표준다짐시험에서의 값보다 $1.1kN/m^3$ 더 크게 나타났다. 수정다짐시험법에서의 최적 함수비를 유추하여라. 4)의 최적함수비곡선과 평행하게 변화된다고 가정한다.

4.4 샌드콘방법을 이용한 현장에서의 단위중량 측정결과가 다음과 같았다.

시험구덩이에서 굴토한 흙의 무게(W_1) : 3,740g

건조로에서 건조시킨 흙의 무게(W_2) : 3,110g

샌드콘 내의 전체 모래 무게(W_3) : 3,700g

시험구덩이를 채우고 남은 모래의 무게(W_4) : 1,500g

모래의 건조단위중량($\gamma_{d\ sand}$) : $1.6g/cm^3$이다.

1) 이 흙의 현장다짐 전체단위중량을 구하라.

2) 함수비는 얼마인가?

3) 이 흙의 건조단위중량은?

4.5 조립토에 대하여 상대밀도가 72%일 때 이 흙의 상대다짐도를 평가하여라.

4.6 4.5의 흙에 대하여 최대 및 최소건조단위중량이 각각 $18.4kN/m^3$과 $15.8kN/m^3$로 측정되었을 때 이 흙의 상대다짐도를 다시 계산하면 얼마인가?

4.7 토취장에서 채취한 흙의 함수비가 9%이었다. 실내에서 표준다짐을 하기 위하여 3200g의 토취된 흙을 사용한다고 할 때 다짐함수비를 11, 13, 15, 17, 20%로 하여 추가되는 수량을 계산하여라.

4.8 흙을 다져서 $4,500m^3$의 도로제방을 만들려고 한다. 다진흙의 건조단위중량은 $19kN/m^3$이다. 토취장에서 채취한 흙의 자연상태에서의 단위중량은 $17.5kN/m^3$, 함수비는 8%이었다.

1) 최대건조단위중량이 되도록 다짐할 때 토취장에서 채취할 토량은?

2) 제방의 상대다짐도를 95%로 시공하려고 할 때 토취장에서 채취할 토량은?

참고문헌

1. 권호진, 박준범, 송영우, 이영생(2008), 토질역학, 구미서관.
2. 김상규(1991), 토질역학, 동명사.
3. 백영식(2015), 토질역학. 구미서관.
4. 장연수, 이광렬(2000), 지반환경공학, 구미서관.
5. 한국표준협회(1995), 한국산업규격.
6. American Association of State Highway and Transportation Officials(1988), *AASHTO manuals, Part I, Specifications, Washington D.C.*
7. Lee P.Y. and Singh, A.(1971), "Relative Density and Relative Compaction", *Journal of Soil Mechanics and Foundation Engineering, ASCE., Vol.97, No.SM7,* pp.1049–1052.
8. Lamb, T.W.(1958a), "The Structure of Compacted Clay", *Journal of Soil Mechanics and Foundation Engineering, ASCE., Vol.84, No.SM2,* pp.1654–1~1654–3.
9. Lamb, T.W.(1958b), "The Engineering Behavior of Comapcted Clay", *Journal of Soil Mechanics and Foundation Engineering, ASCE., Vol.90, No.SM5,* pp.43–67.
10. NAVFAC(1982), Design Manual : Soil Mechanics, Foundations and Earth Structures, *DM–7, U.S. Department of the Navy, Washington D.C.*
11. NAVFAC(1982), "Soil Mechanics Design Manual", *Department of the Navy Naval Facilities Engineering Command,* pp.7.2–59~7.2–85.
12. Proctor, R.R.(1933), "Design and Construction of Rolled Earth Dams", *Engineering News Record, Vol.3.*
13. Seed, H.B. and Chan, C.K.(1959), "Structure and Strength Characteristics of Compacted Clay", *Journal of Soil Mechanics and Foundation Engineering, ASCE. Vol.85, No.SM5,* pp.87–128.
14. Seed, H.B.(1964) Lecture Notes, CE271, Seepage and Earth Dam Design, *University of Califirnia at Berkeley*(Thurnbull and Foster, 1956).

05 지반 내의 응력

05 | 지반 내의 응력

5.1 개 설

　지반 내에 발생하는 응력은 흙의 자중과 지표면에 있는 하중(예 : 상부구조물 하중, 성토하중 등)에 의해 지반 내에 발생하는 응력으로 구분할 수 있다. 흙의 자중으로 인한 작용응력을 계산할 때 지하수위가 있는 경우는 이의 영향을 감안하여 산정하여야 한다.

　본 장에서는 하중에 의한 지중발생응력의 계산방법을 지하수위가 있는 경우와 없는 경우로 나누어 소개하고, 집중하중(concentrated load), 원형등분포하중(circular uniform load), 사각형등분포하중(rectangular uniform load), 임의하중(arbitrary load) 등 다양한 형태의 지표하중이 작용하는 경우 지중에 발생하는 응력계산방법을 소개하였다. 본 장의 후반부에는 토질역학에서 중요한 유효응력(effective stress)의 개념, 모관현상 및 흙의 동결에 대하여 설명하였다.

5.2 흙의 자중으로 인한 지반 내의 응력

5.2.1 수직응력

　상부하중이 없는 자연상태에서 지표면이 수평하고 흙의 성질이 수평방향으로 균일하다고 보았을 때의 지반 내 임의요소 A에 작용하는 응력을 살펴보고자 한다(그림 5.1). 이 경우 수직응력은 그 깊이 위에 있는 흙의 무게를 생각하여 간단히 계산할 수 있다.

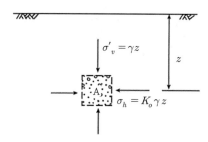

그림 5.1 흙요소 A에 작용하는 흙의 응력

흙의 단위중량이 전 깊이에 걸쳐 일정하다면 수직응력 σ_v는 식 5.1로 계산한다.

$$\sigma_v = \gamma_t z \tag{5.1}$$

여기서 γ_t는 흙의 단위중량, z는 흙요소가 있는 곳까지의 깊이이다.

실제 현장에서 흙의 단위중량은 일반적으로 깊이방향으로 증가하는 경향을 나타내므로 이러한 경우 단위중량을 유사한 몇 개의 층으로 나누어 다음 식을 사용하여 수직응력을 계산한다.

$$\sigma_v = \sum \gamma_t \Delta z \tag{5.2}$$

여기서 Δz는 각 토층의 두께이다.

그림 5.2에는 토층 전체 또는 일부가 물에 잠긴 경우 흙의 한 요소가 받는 수직응력을 나타내었다. 토층의 전체가 물에 잠긴 경우(그림 5.2a)에 토층의 한 요소 A가 받는 전수직응력은 식 5.3과 같다.

$$\sigma_v = \gamma_w h_w + \gamma_{sat} z \tag{5.3}$$

여기서 γ_w는 물의 단위중량, γ_{sat}는 흙의 포화단위중량이다. 그런데 이 요소에 작용하는 부력은 식 5.4와 같으며 이를 간극수압(pore water pressure)이라고 한다.

$$u = \gamma_w (h_w + z) \tag{5.4}$$

따라서 순수하게 흙입자를 통하여 전달되는 압력은 전수직응력에서 부력, 즉 간극수압을 뺀 값이므로 식 5.5와 같이 나타난다.

$$\sigma'_v = \sigma_v - u = \gamma_w h_w + \gamma_{sat} z - \gamma_w (h_w + z)$$
$$= (\gamma_{sat} - \gamma_w) z = \gamma' z \tag{5.5}$$

식 5.5에 나타난 바와 같은 흙입자를 통해서 전달되는 응력을 유효수직응력이라 하며, 이는 흙의 포화단위중량에서 물의 단위중량을 제외한 수중단위중량에 그 요소 위에 있는 지반의 높이를 곱하여 구해지며 지표면 위의 물의 높이와는 상관이 없다.

지하수위가 지표면 아래에 있을 경우(그림 5.2b)에는 지하수위에 있는 토층의 무게와 그 아래에 있는 토층의 무게를 더하여 식 5.6과 같이 구한다.

$$\sigma_v = \gamma_t (z - h_w) + \gamma_{sat} h_w \tag{5.6}$$

지하수위 아래에 있는 흙에 작용하는 부력(간극수압)은 식 5.7과 같으며 따라서 흙요소에 작용하는 유효수직응력은 식 5.8에 의하여 계산된다.

$$u = \gamma_w h_w \tag{5.7}$$
$$\sigma_v' = \sigma_v - u = \gamma_t (z - h_w) + \gamma' h_w \tag{5.8}$$

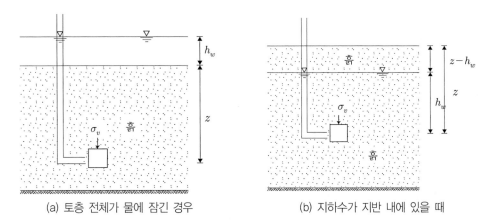

(a) 토층 전체가 물에 잠긴 경우   (b) 지하수가 지반 내에 있을 때

그림 5.2 수중에 있는 지반의 수직응력

식 5.5와 식 5.8로부터 흙이 지하수위 아래에 있는 부분에는 수중단위중량을 사용하여 유효수직응력을 계산하여야 함을 알 수 있다.

포화된 점토층 상부에 3m 두께의 모래층이 놓인 지층이 있다. 지하수위가 지표면으로부터 1m 깊이에 놓여 있다고 할 때 지표면으로부터 깊이 1m, 3m, 6m에서의 전수직응력, 간극수압, 유효수직응력을 구하여라.

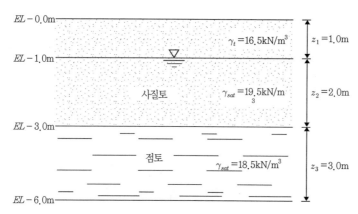

그림 5.3 예제 5.1 수직응력과 간극수압의 계산 예제

풀 이

EL -1m $\sigma_v = \gamma_t z_1 = 16.5(1) = 16.5\,\text{kN/m}^2$

$u = 0$

$\sigma_v' = \sigma_v - u = 16.5 - 0 = 16.5\,\text{kN/m}^2$

EL -3m $\sigma_v = 16.5(1) + 19.5(2) = 55.5\,\text{kN/m}^2$

$u = \gamma_w z_2 = 9.81(2) = 19.6\,\text{kN/m}^2$

$\sigma_v' = \sigma_v - u = 55.5 - 19.6 = 35.9\,\text{kN/m}^2$

EL -6m $\sigma_v = 55.5 + 18.5(3) = 111\,\text{kN/m}^2$

$u = \gamma_w (z_2 + z_3) = 9.81(2+3) = 49.1\,\text{kN/m}^2$

$\sigma_v' = \sigma_v - u = 111 - 49.1 = 61.9\,\text{kN/m}^2$

다른 풀이

유효수직응력은 수중단위중량을 이용하여 다음과 같이 계산할 수도 있다.

EL -1m $\sigma_v' = \sigma_v = \gamma_t z_1 = 16.5(1) = 16.5\,\text{kN/m}^2$

EL -3m $\sigma_v' = \sigma'_{v(EL-1m)} + \gamma'_{sand} z_2 = 16.5 + (19.5 - 9.81)(2) = 35.9\,\text{kN/m}^2$

EL -6m $\sigma_v' = \sigma'_{v(EL-3m)} + \gamma'_{clay} z_3 = 35.9 + (18.5 - 9.81)(3.0) = 62.0\,\text{kN/m}^2$

5.2.2 흙요소에 작용하는 수평응력

물과 같은 유체는 수중의 한 요소에 작용하는 수직응력과 수평응력이 동일하다. 그러나 지반 내에 있는 흙요소에 작용하는 수평응력은 수직응력과 다른 값을 보이며 식 5.9와 같이 나타난다(그림 5.1 참조).

$$\sigma_h = K\sigma_v = K\gamma_t z \tag{5.9}$$

여기서 K는 수직응력에 대한 수평응력의 비로서 수평토압계수(coefficient of horizontal earth pressure)라고 부른다. 수평토압에 대해서는 10장에 상세히 설명하였다.

5.3 지표면하중으로 인한 지중응력의 증가

지표면에 작용하는 하중에 의하여 지중에 증가하는 응력분포에 관한 계산은 탄성론에 의하여 유도되었는데 흙은 균질(homogeneous)하고 등방성(isotropic)이며 탄성체(elastic)라고 가정하고 있다. 통상 적용되는 안전율에 의해 결정되는 설계하중범위에서 이 방법은 타당성이 있다고 평가된다. 본 절에는 지표면에 작용하는 다양한 형태의 하중에 의하여 지중에 발생하는 응력을 계산하는 방법에 대하여 소개하였다.

5.3.1 집중하중(concentrated load)

Boussinesq는 그림 5.4에 나타난 바와 같이 한 점에 집중된 하중 Q로 인해 지반 내의 임의 A점에서 발생하는 응력에 대하여 다음과 같이 나타내었다.

수평응력증가 :

$$\text{x방향} \qquad \Delta\sigma_x = \frac{Q}{2\pi}\left[\frac{3x^2 z}{L^5} - (1-2\mu)\left(\frac{x^2-y^2}{Lr^2(L+z)} + \frac{y^2 z}{L^2 r^2}\right)\right] \tag{5.10a}$$

$$y방향 \qquad \Delta\sigma_y = \frac{Q}{2\pi}\left[\frac{3y^2 z}{L^5} - \left(1-2\mu\right)\left(\frac{y^2 - x^2}{Lr^2(L+z)} + \frac{x^2 z}{L^2 r^2}\right)\right] \tag{5.10b}$$

수직응력증가:

$$\Delta\sigma_z = \frac{3Qz^3}{2\pi L^5} = \frac{3Q}{2\pi}\frac{z^3}{(r^2 + z^2)^{5/2}} \tag{5.11}$$

여기서 μ는 포아송비(Poisson's ratio)이다.

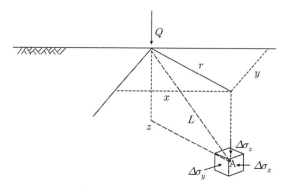

그림 5.4 지표면에 집중하중 작용 시의 지중수직응력

대부분의 경우 실제 수직응력의 증가량은 식 5.11에 다음과 같은 영향계수를 대입하여 변형한 식 5.12를 이용한다.

$$\Delta\sigma_z = I\left(\frac{Q}{z^2}\right) \tag{5.12}$$

여기서 I를 영향계수라 하며 식 5.13으로 나타난다.

$$I = \frac{3z^5}{2\pi L^5}\left(= \frac{3}{2\pi}\frac{z^5}{(r^2 + z^2)^{5/2}}\right) \tag{5.13}$$

I와 $\frac{r}{z}$와의 관계는 표 5.1에 나타내었다.

표 5.1 집중하중으로 인한 수직응력을 계산하기 위한 영향계수, I의 도표

r/z	I	r/z	I	r/z	I
0.0	0.478	1.0	0.084	2.0	0.009
0.1	0.466	1.1	0.066	2.1	0.007
0.2	0.433	1.2	0.051	2.2	0.006
0.3	0.385	1.3	0.040	2.3	0.005
0.4	0.329	1.4	0.032	2.4	0.0040
0.5	0.273	1.5	0.025	2.6	0.0029
0.6	0.221	1.6	0.020	2.8	0.0021
0.7	0.176	1.7	0.016	3.0	0.0015
0.8	0.139	1.8	0.013	3.2	0.0011
0.9	0.108	1.9	0.011	3.4	0.0009

집중하중이 작용할 때 작용점 바로 아래인 $x=0$, $y=0$인 경우에 $I=\dfrac{3}{2\pi}$ (≈ 0.4775)가 되기 때문에 식 5.12는 $I=0.478\dfrac{Q}{z^2}$으로 사용된다. 깊이 z와 수평거리 r의 변화에 따른 수직응력증가분, $\Delta\sigma_z$의 변화를 식 5.12에 근거하여 그림 5.5에 도시하였다. 그 결과 지표면에 수직하중이 놓일 때 수직하중의 증가는 깊이의 제곱에 비례하고 하중의 중심에서 멀어질수록 감소하는 모습을 보임을 알 수 있다.

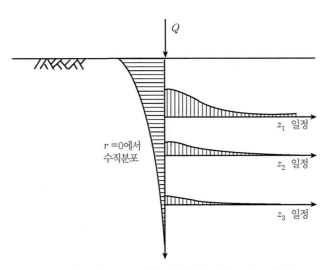

그림 5.5 집중하중으로 인한 수직응력증가분, $\Delta\sigma_v$의 분포

다음 그림과 같이 집중하중 3,000kg이 작용한다고 할 때 깊이 3m에서 하중 직하부($r=0$m, A점)와 $r=3$m 이격된 지점(B점)에서의 수직응력의 증가량을 계산하여라.

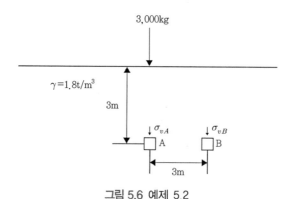

그림 5.6 예제 5.2

A점 : $\dfrac{r}{z}=\dfrac{0}{3}=0$이므로 표 5.1로부터 $I=0.478$이다. 식 5.12에 대입하여 풀면

$$\Delta\sigma_z = I\left(\frac{Q}{z^2}\right) = 0.478\left(\frac{3000}{3^2}\right) = 159.3\,\text{kg/m}^2$$

식 5.13을 이용하면 $I=\dfrac{3}{2\pi}\dfrac{z^5}{L^5}=\dfrac{3(3)^5}{2\pi(3)^5}=0.4777$로 계산되며 식 5.12에 대입하면 표 5.1을 이용하여 푼 값과 같다.

B점 : $\dfrac{r}{z}=\dfrac{3}{3}=1$이므로 표 5.1로부터 $I=0.084$이다. 식 5.12에 대입하여 풀면

$$\Delta\sigma_z = I\left(\frac{Q}{z^2}\right) = 0.084\left(\frac{3000}{3^2}\right) = 28.0\,\text{kg/m}^2$$로 계산된다.

(식 5.13을 이용하여도 동일한 결과를 가져오므로 식을 이용한 경우는 생략)

5.3.2 선하중

선하중(line load)에 의한 지중응력의 증가도 탄성론에 의하여 해를 구할 수 있다. 선하중이란 단위길이당의 하중으로 q가 작용한다고 할 때(그림 5.7a) A점에 발생하는 수직응력증가는 다음 식으로 구한다.

$$\Delta\sigma_z = \frac{2q}{\pi}\frac{z^3}{(x^2+z^2)^2} \tag{5.14}$$

식 5.14를 무차원식으로 표현하면 식 5.15와 같고 이를 도시하면 그림 5.7b와 같다.

$$\frac{\Delta \sigma_z}{q/z} = \frac{2}{\pi [(x/z)^2 + 1]^2}$$

(5.15)

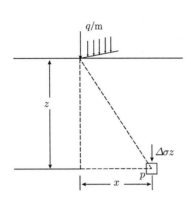

(a) 선하중에 의한 수직응력 증가

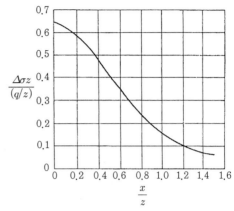

(b) 무차원량으로 표시한 수직응력

그림 5.7 선하중으로 인한 지중수직응력의 증가

표 5.2 x/z에 따른 $\Delta \sigma_z/(q/z)$ 식 5.15의 변화

x/z	$\Delta \sigma_z/(q/z)$	x/z	$\Delta \sigma_z/(q/z)$	x/z	$\Delta \sigma_z/(q/z)$
0.0	0.637	0.9	0.194	1.8	0.035
0.1	0.624	1.0	0.159	1.9	0.030
0.2	0.589	1.1	0.130	2.0	0.025
0.3	0.536	1.2	0.107	2.2	0.019
0.4	0.473	1.3	0.088	2.4	0.0014
0.5	0.407	1.4	0.073	2.6	0.0011
0.6	0.344	1.5	0.060	2.8	0.0008
0.7	0.287	1.6	0.050	3.0	0.0006
0.8	0.237	1.7	0.042	3.2	0.0005

예제 5.3

다음 그림과 같이 두 개의 선하중이 작용할 때 A점에서의 수직응력증가량을 계산하여라.

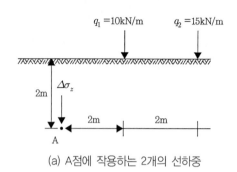

$q_1 = 10 \text{kN/m}$　　$q_2 = 15 \text{kN/m}$

$\Delta\sigma_z$

2m

2m　　2m

A

(a) A점에 작용하는 2개의 선하중

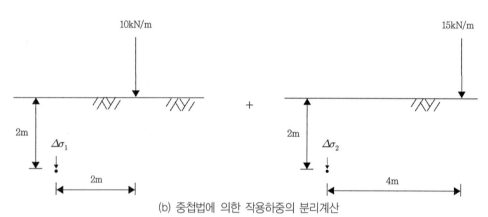

10kN/m　　　　　　　　　　　　　　　　15kN/m

2m　　　　　　+　　　　　　2m

$\Delta\sigma_1$　　　　　　　　　　　　$\Delta\sigma_2$

2m　　　　　　　　　　　　　　4m

(b) 중첩법에 의한 작용하중의 분리계산

그림 5.8 예제 5.3 중첩된 선하중에 의한 응력계산

풀　이

다음과 같이 각각의 선하중에 의한 응력증분을 구하여 더한다.

$$\Delta\sigma_z = \Delta\sigma_{z_1} + \Delta\sigma_{z_2}$$

$$\Delta\sigma_{z_1} = \frac{2q}{\pi} \frac{z_1^3}{(x_1^2 + z_1^2)^2} = \frac{2(10)}{\pi} \frac{2^3}{(2^2 + 2^2)^2} = 0.80\,(\text{kN/m}^2)$$

$$\Delta\sigma_{z_2} = \frac{2q}{\pi} \frac{z_2^3}{(x_2^2 + z_2^2)^2} = \frac{2(15)}{\pi} \frac{2^3}{(4^2 + 2^2)^2} = 0.19\,(\text{kN/m}^2)$$

$$\Delta\sigma_z = \Delta\sigma_{z_1} + \Delta\sigma_{z_2} = 0.80 + 0.19 = 0.99\,(\text{kN/m}^2) \text{이다.}$$

5.3.3 띠하중

띠하중(strip load)이란 그림 5.9에 보인 바와 같이 폭이 B인 줄기초에 응력이 작용하는 경우를 말한다. 띠의 미소면적이 작용하는 하중 $q\ dr$로 인하여 A점에 발생하는 수직응력의 증가량은 식 5.14를 이용하면 다음과 같이 쓸 수 있다.

$$d\sigma_z = \frac{2(q\ dr)z^3}{\pi\,[(x-r)^2 + z^2]^2} \tag{5.16}$$

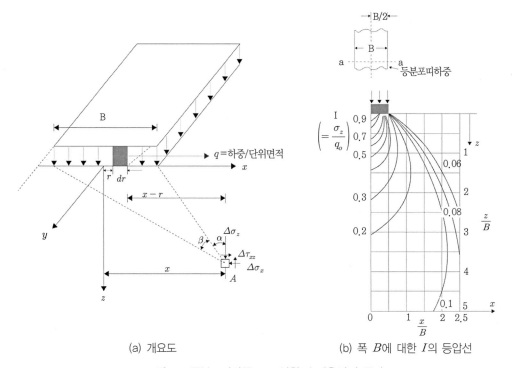

(a) 개요도 (b) 폭 B에 대한 I의 등압선

그림 5.9 등분포띠하중으로 인한 수직응력의 증가

띠하중에 의한 수직응력의 증가량 $\Delta\sigma_z$는 식 5.16을 적분하여 다음과 같이 구한다.

$$\Delta\sigma_z = \int d\sigma_z = \int_{-B/2}^{+B/2} \frac{2q}{\pi}\frac{z^3}{[(x-r)^2 + z^2]^2}\,d\ r \tag{5.17}$$

$$= \frac{q}{\pi}[\beta\ +\ \sin\beta\cos(\beta+2\alpha)] = q\ I \tag{5.18}$$

여기서 α와 β는 그림 5.9a에 정의되었으며 라디안(radian)단위를 사용한다. 폭 B에 대한 영향계수 I의 증가량이 같은 점들을 연결하여 구한 등압선(isobar)의 분포는 그림 5.9b와 같다.

예제 5.4

그림 5.9a에서 $q=100\mathrm{kN/m}^2$, $B=4\mathrm{m}$일 때 깊이 $z=2\mathrm{m}$, $x=0,\ 2,\ 4,\ 6\mathrm{m}$에서의 수직응력증가량 $\Delta\sigma_z$를 구하라.

풀 이

영향계수 I의 등압선(isobar)분포(그림 5.9b)로부터 수직응력증가량을 다음과 같이 구한다.

x(m)	x/B	z/B	I	$\Delta\sigma_z = qI(\mathrm{kN/m}^2)$
0	0	0.5	0.74	74
2	0.5	0.5	0.50	50
4	1.0	0.5	0.09	9
6	1.5	0.5	0.02	2

5.3.4 원형등분포하중

지표면에 반경이 R인 원형면적 위로 등분포하중 q가 작용할 때 이 응력으로 인한 원형의 중심부에서 z만큼 깊은 곳 A에 작용하는 응력증가분(그림 5.10a)은 Boussinesq의 해를 원의 면적에 대하여 적분하여 구할 수 있다.

그림 5.10a에서 미소면적에 작용하는 응력 $q\ r\,dr\,d\theta$로 인해 지중 A점에 작용하는 미소응력 $d\sigma_z$는 식 5.19와 같다.

$$d\sigma_z = \frac{3\,q\ r\ dr\,d\theta}{2\pi}\frac{z^3}{(r^2+z^2)^{5/2}} \tag{5.19}$$

원형면적 전체에 작용하는 하중으로 인한 A에 작용하는 응력증가분은 다음과 같다.

$$\Delta\sigma_z = \int d\sigma_z = \int_{\theta=0}^{\theta=2\pi}\int_{r=0}^{r=R}\frac{3\,q\ r\ dr\,d\theta}{2\pi}\frac{z^3}{(r^2+z^2)^{5/2}}\quad dr\,d\theta \tag{5.20}$$

$$= q\left[1-\left\{\frac{1}{1+\left(\dfrac{R}{z}\right)^2}\right\}^{3/2}\right] \tag{5.21}$$

여기서 R은 기초의 반경이며 식 5.21의 q를 제외한 [ ] 안의 값은 영향계수 I이다. 영향계수 I값은 그림 5.10b에 나타내었다.

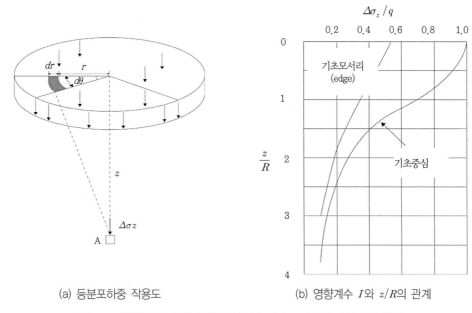

(a) 등분포하중 작용도   (b) 영향계수 I와 z/R의 관계

그림 5.10 원형등분포하중 작용 시 중심 아래 z에서의 수직응력 증가

예제 5.5

직경 6m의 원형탱크에 100kN/m²의 등분포하중이 작용하고 있다.
1) 탱크 중심 아래 6m 깊이에서의 수직응력의 증가량을 구하여라.
2) 탱크 모서리 아래 3m 깊이에서의 수직응력의 증가량을 구하여라.

풀 이

1) 탱크의 중심 6m 깊이에서는 $\dfrac{z}{R}=2.0$이며 그림 5.10b의 기초중심곡선에서 영향계수를 찾으면 $I=0.28$이다.
$$\Delta\sigma_z = qI = 100 \times 0.28 = 28\,\text{kN/m}^2$$

2) 탱크의 모서리 아래 3m 깊이에서는 $\dfrac{z}{R}=1.0$이며 그림 5.10b의 기초모서리곡선에서 영향계수를 찾으면 $I=0.34$이다.
$$\Delta\sigma_z = qI = 100 \times 0.34 = 34\,\text{kN/m}^2$$

5.3.5 직사각형 등분포하중

그림 5.11에 보인 바와 같은 직사각형에 작용하는 등분포하중으로 인한 수직응력의 증가량은 앞 절에서와 같이 Boussinesq의 해를 직사각형 면적에 대하여 적분하여 구할 수 있다.

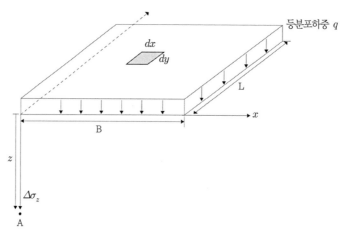

그림 5.11 직사각형 등분포하중의 모퉁이 아래에서 수직응력의 증가

직사각형의 회색 부분인 미소구간에 작용하는 하중은

$$dq = q\,dx\,dy \tag{5.22}$$

하중 dq로 인하여 지중 A점에 작용하는 미소응력 증가량 $d\sigma$는 다음과 같이 계산된다.

$$d\sigma = \frac{3\,(qdxdy)z^3}{2\pi\,(x^2 + y^2 + z^2)^{5/2}} \tag{5.23}$$

직사각형하중으로 인하여 지중 A점에 작용하는 수직응력의 증가량 $\Delta\sigma_z$는 식 5.23을 전체 면적에 대하여 적분하여 다음과 같이 구한다.

$$\Delta\sigma_z = \int d\sigma = \int_{y=0}^{y=L}\int_{x=0}^{x=B} \frac{3\,(qdxdy)z^3}{2\pi\,(x^2 + y^2 + z^2)^{5/2}} = q\,I \tag{5.24}$$

여기서 I는 영향계수이며 식 5.25로 구한다.

$$I = \frac{1}{4\pi}\left[\frac{2mn\sqrt{m^2+n^2+1}}{m^2+n^2+m^2n^2+1}\cdot\frac{m^2+n^2+2}{m^2+n^2+1}+\tan^{-1}\left(\frac{2mn\sqrt{m^2+n^2+1}}{m^2+n^2+1-m^2n^2}\right)\right]$$

(5.25)

여기서 m, n은 직사각형 면적의 폭(B)과 길이(L)를 깊이(z)로 무차원화한 계수이다.

$$m = B/z, \ n = L/z$$

(5.26)

m, n과 I의 관계는 그림 5.12에 나타나 있다. 직사각형하중의 모퉁이 아래 임의 깊이 z에서 수직응력의 증가량은 식 5.24와 그림 5.12를 이용하여 구한다.

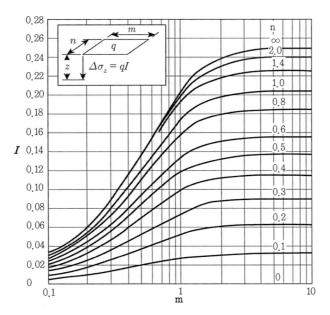

그림 5.12 직사각형하중의 지중증가분을 구하기 위한 영향계수도표

그림 5.13은 수직응력계산을 위한 구형분할법의 계산방법으로, 재하면적의 안과 바깥점 아래의 응력계산은 응력중첩법을 적용한다. 즉, 구하고자 하는 점이 꼭짓점이 되도록 재하면적을 작은 직사각형면적으로 분할하여, 각 직사각형의 꼭짓점 아래에서 응력 증가를 구한 후 더하여 계산한다.

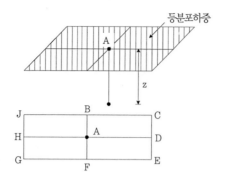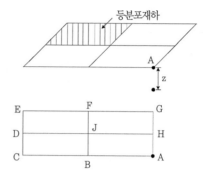

A점 아래의 응력은 다음 직사각형 기초에서
구한 응력의 합과 같다.
ABCD+ADEF+AFGH+AHJB

A점 아래의 응력은 다음 구형에서 구한
응력의 합과 같다.
ACEG−ABFG−ACDH+ABJH

그림 5.13 수직응력계산을 위한 구형분할법

폭과 길이가 각각 5m인 정사각형 기초에 q=100kN/m²의 균등상재하중이 놓여 있다.

1) 기초 중앙 5m 깊이에서 발생하는 수직응력을 계산하여라(그림 5.14a).

2) 기초의 중심에서 4m 이동된 그림 5.14b K점의 응력은?

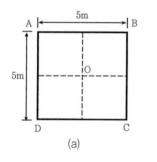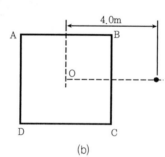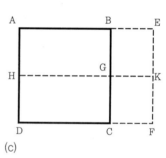

그림 5.14 예제 5.6

풀 이

1) 정사각형 기초를 그림 5.14a와 같이 4개의 정사각형으로 나누어 꼭짓점부가 기초의 중심에 위치
하도록 한다. 작은 정사각형 1개에 대하여 m, n을 계산하면,

$$m = n = \frac{B}{z} = \frac{L}{z} = \frac{2.5}{5} = 0.5$$

도표로부터 영향계수를 계산하면, I=0.085이다. 따라서 4개의 정사각형으로부터 하중을 받으
므로 중첩법에 의거하여 4를 곱하여 다음과 같이 계산한다.

$$\sigma_z = 4qI = 4(100)(0.085) = 34\,\text{kN/m}^2$$

2) 먼저 폭이 2.5m, 길이 6.5m인 기초로 보고 그 중심에서의 수직하중 증가를 1)번과 같은 방법으로 구한다.

$$m = \frac{B}{z} = \frac{2.5}{5} = 0.5 \;\; ; \;\; n = \frac{L}{z} = \frac{6.5}{5} = 1.3$$

그림 5.12에 의거하여 영향계수를 구하면, $I = 0.132$이다. 수직하중 작용점에는 상하부 2개의 동일한 수직응력이 작용하므로 2를 곱하여 수직응력 σ_{z1}을 계산한다.

$$\sigma_z = 2qI = 2(100)(0.132) = 26.4 \text{kN/m}^2$$

그런데 계산에 가상의 기초 BGKE와 GCFK가 포함되어 있으므로 이를 다음과 같이 제거한다. 하나의 기초폭이 2.5m, 길이 1.5m인 기초이므로

$$m = \frac{B}{z} = \frac{2.5}{5} = 0.5 \quad n = \frac{L}{z} = \frac{1.5}{5} = 0.3$$

그림 5.12에 의거하여 영향계수를 구하면, $I = 0.05$이다. 상하부 2개의 동일한 수직응력을 고려하여 2를 곱하여 가상의 수직응력 σ_{z2}를 계산한다.

$$\sigma_{z_2} = 2qI = 2(100)(0.05) = 10 \text{kN/m}^2$$

σ_{z1}와 σ_{z2}를 중첩하여 K점에서의 수직하중 증가분을 계산하면

$$\Delta\sigma = \sigma_{z_1} - \sigma_{z_2} = 26.4 - 10 = 16.4 \text{kN/m}^2 \text{이다.}$$

5.3.6 등압선

그림 5.15는 같은 폭을 가지는 띠하중과 정사각형하중 q의 등압선분포를 비교하였다.

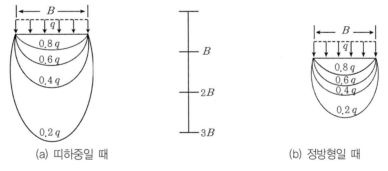

(a) 띠하중일 때   (b) 정방형일 때

그림 5.15 띠하중과 정사각형하중의 등압선분포 비교

띠하중의 경우가 정사각형하중에 비하여 등압선이 깊이 퍼져 있는 것을 알 수 있는데 이는 폭 B는 동일하나 정사각형하중의 경우 $L = B$로 제한적인 반면 띠하중의 경우에는 $L = \infty$로 무한하게 작용하기 때문이다.

5.3.7 2 : 1 응력분포법

직사각형하중 또는 띠하중이 깊이에 따라 균일하게 확산된다고 가정하여 응력증가를 근사적으로 계산한다. 2 : 1 응력분포법에 의하여 연속하중과 구형하중의 응력증가는 다음과 같다.

$$띠하중 : \qquad \Delta \sigma_z = \frac{qB}{(B+z)} \qquad\qquad (5.27a)$$

$$직사각형하중 : \qquad \Delta \sigma_z = \frac{qBL}{(B+z)(L+z)} \qquad\qquad (5.27b)$$

$$정사각형하중 : \qquad \Delta \sigma = \frac{q\,B^2}{(B+z)^2} \qquad\qquad (5.27c)$$

여기서 q는 기초에 작용하는 단위면적당 하중, B는 기초의 폭, L은 기초의 길이, z는 깊이이다.

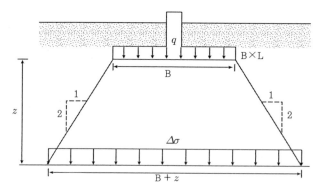

그림 5.16 2 : 1 응력분포법

5.3.8 영향원법(Newmark's Influence Chart)

불규칙한 임의의 단면에 작용하는 하중에 의한 지중 내 수직응력분포는 Newmark의 영향원법을 사용할 수 있다. 원형등분포하중에 의한 식 5.21을 $\frac{R}{z}$ 에 대하여 전개하면 식 5.28을 구할 수 있다.

$$\frac{R}{z} = \sqrt{\left(1 - \frac{\Delta \sigma}{q}\right)^{-2/3} - 1} \qquad\qquad (5.28)$$

여기서 $\dfrac{\Delta\sigma}{q}$ 의 값을 0, 0.1, 0.2, ⋯ 1까지 변화시켜가며 $\dfrac{R}{z}$ 을 계산하면 표 5.3과 같이 나타난다.

표 5.3 $\Delta\sigma/q$의 여러 값에 대한 R/z의 값

	0	1	2	3	4	5	6	7	8	9	
$\Delta\sigma/q$	0	0.1	0.2	0.3	0.4	0.5	0.6	0.7	0.8	0.9	1.0
R/z	0.0000	0.2693	0.4005	0.5181	0.6370	0.7664	0.9176	1.1097	1.3871	1.9083	∞

표 5.3에 나타난 무차원값 $\dfrac{R}{z}$ 를 이용하면, $\dfrac{R}{z}$ 와 같은 반지름을 갖는 동심원을 작도할 수 있다 (그림 5.17). 그림에서 첫 번째 원은 AB의 0.2693배의 반경을 갖는 원이고, 마지막 원은 무한대의 반경을 갖는 원이다. 그림에 나타난 AB의 거리는 1이며 분석하려고 하는 기초의 제원을 깊이 z로 정규화하여 그리기 위한 축척으로 사용된다.

그려진 원을 다시 같은 간격으로 나누어 N개의 요소로 분할하여 도시하면 그림 5.17에 보인 바와 같은 영향원(influence chart)이 작도되는데 이를 Newmark 도표라고 한다. 그림에 나타난 요소 한 개의 영향계수 I는 다음과 같이 표현된다.

$$I_{1요소} = \frac{1}{\text{도표상의 요소의 수}(N)} \tag{5.29}$$

그림 5.17의 경우는 요소의 개수 N이 200개이므로 영향계수($I_{1요소}$)는 1/200(=0.005)이다.

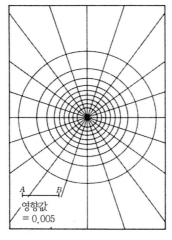

그림 5.17 수직응력계산을 위한 영향 도표

Newmark 도표를 이용하여 임의 형상을 가진 재하면적 아래의 수직응력을 결정하는 과정은 다음과 같다.

1) 응력증가를 구하는 점의 깊이 z를 결정한다.
2) 영향선 기준선 $AB = z$로 놓아 축척을 계산한다.
3) 하중 재하면적을 2)에서 구한 축척에 의하여 축소한다.
4) 수직증가량을 구하는 점을 영향원의 중심과 일치시키고 축소한 면적을 배치한다.
5) 재하면적 내에 있는 요소의 개수 M을 센다.
6) 식 5.28에 의하여 깊이 z에서의 수직응력증가분을 계산한다.

$$\Delta \sigma_z = IMq = \frac{1}{200} Mq \tag{5.30}$$

여기서 I는 영향계수, N는 재하면적으로 둘러싸인 요소의 수, q는 재하면 위에 균등하게 가해지는 상재하중이다.

예제 5.7

Newmark Chart를 이용하여 예제 5.6의 1)을 다시 풀어라.

풀 이

산출깊이가 5m이므로 $AB = 5\text{m}$로 하여 기초크기를 산출도표 중심부에 그림과 같이 놓는다. 기초가 대칭이므로 $\frac{1}{4}$ 부분만 모눈의 개수를 세어보면 영향모눈의 개수는 17개이다.
작용하는 등분포하중 $q = 100\text{kN/m}^2$이므로 식 5.30을 이용하여 계산하면
$$\sigma_{z=5m} = IMq = 0.005 \times (17 \times 4) \times 100 = 34\text{kN/m}^2$$

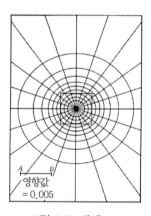

영향값
= 0.005

그림 5.18 예제 5.7

5.4 유효응력

5.4.1 유효응력의 개념

흙 속의 어느 한 점에 가해지는 전체 압력은 두 가지 압력으로 구성되어 있다. 즉, 흙의 접촉점을 통하여 가해지는 압력인 유효응력(effective stress)과 흙입자 사이의 간극수를 통하여 가해지는 압력인 간극수압(pore water pressure)이다. 간극수압은 전단성분이 없으므로 중립응력(neutral stress)이라고도 한다. 유효응력은 흙덩이의 변형(strain)과 전단(shear)에 관련되는 응력으로 기초지반으로서의 흙이 상부에 놓이는 구조물이나 사면(slope)에 대하여 파괴되지 않도록 지지하는 전단강도(shear stress)를 발현시키는 원천이기도 하다. 그림 5.19에는 흙입자에 작용하는 유효응력의 개념도를 나타내었다.

흙의 접촉점을 통하여 가해지는 압력인 유효응력과 간극수의 압력을 합하여 전응력(total stress)이라고 하며 다음과 같은 관계식이 성립한다.

$$\sigma = \sigma' + u \tag{5.31}$$

여기서 σ는 전응력, σ'은 유효응력, u는 간극수압이다. 유효응력을 정리하는 이 식은 Terzaghi가 1920년대 처음 제시하였으며 토질역학의 근간을 이루는 대단히 중요한 식이다. 이 식을 유효응력의 원리(principle of effective stress)라고도 부른다.

전응력과 간극수압은 5.1절에서 나타낸 바와 같이 흙의 단위중량과 토층의 두께, 지하수의 위치를 알면 구할 수 있다. 유효응력은 전응력과 간극수압을 알면 식 5.31을 다음과 같이 변형하여 구할 수 있다.

$$\sigma' = \sigma - u \tag{5.32}$$

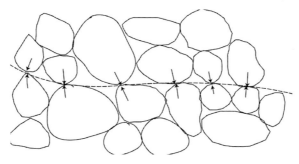

그림 5.19 유효응력의 개념도

다음과 같은 토질특성을 가진 지층에 상부 자갈층의 포화도 $S=0.6$이라고 할 때 A지점에서 유효응력을 계산하여라. 지하수위가 모래층 상부에 걸쳐 있다.

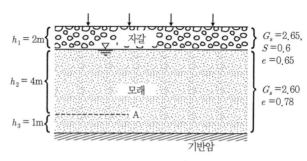

그림 5.20 예제 5.8

자갈층의 전체단위중량은 식 2.11로부터

$$\gamma_t = \frac{G_s + Se}{1+e}\gamma_w = \frac{2.65 + 0.6 \times 0.65}{1+0.65}(9.81) = 18.1\,\mathrm{kN/m^3}$$

모래층의 포화단위중량은

$$\gamma_{\mathrm{sat_{si}}} = \frac{G_s + e}{1+e}\gamma_w = \frac{2.6 + 0.78}{1+0.78}(9.81) = 18.6\,\mathrm{kN/m^3}$$

A점의 전응력을 계산하면

$$\sigma = 18.1 \times 2 + 18.6 \times 4 = 110.6\,\mathrm{kN/m^2}$$

A점의 유효응력은 다음과 같다.

$$\sigma' = \sigma - \mathrm{u} = 110.6 - 9.81 \times 4 = 71.36\,\mathrm{kN/m^2}$$

건조한 모래가 퇴적된 지반이 있다. 비중이 2.6, 간극비가 1.1일 때 대상 지반의 5m 깊이에서
1) 전응력을 계산하여라.
2) 지표 위로 1m의 수두가 있는 경우의 유효응력을 구하여라.

(a) 건조한 지반   (b) 지표 상부 1m 수위

그림 5.21 예제 5.8

풀　이

1) 식 2.15에 의하여 $\gamma_d = \dfrac{G_s}{1+e}\gamma_w = \dfrac{2.6}{1+1.1}(9.81) = 12.1\,\text{kN/m}^2$

　　전응력 σ을 계산하면 $\sigma = 12.1 \times 5 = 60.5\,\text{kN/m}^2$

2) 포화단위중량을 계산하면 $\gamma_{sat} = \dfrac{G_s+e}{1+e}\gamma_w = \dfrac{2.6+1.1}{1+1.1}(9.81) = 17.3\,\text{kN/m}^3$

　　전응력은 $\sigma = 17.3 \times 5 + 9.81 \times 1 = 96.3\,\text{kN/m}^2$

　　유효응력은 $\sigma' = 96.3 - 9.81 \times 6.0 = 37.4\,\text{kN/m}^2$

5.4.2 불포화토에서의 응력

흙 속의 간극 내에 물이 일부분만이 존재하는 흙을 불포화토(unsaturated soil) 또는 부분포화토(partially saturated soil)라고 한다. 불포화토에는 그림 5.22a에 나타난 바와 같이 간극 안의 물이 서로 연결되지 않고 공기가 존재한다.

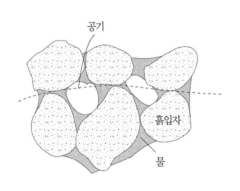

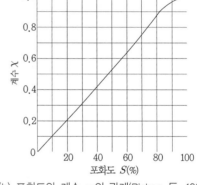

(a) 불포화토에 존재하는 물과 공기의 예　　　(b) 포화도와 계수 χ의 관계(Bishop 등, 1960)

그림 5.22 불포화토의 구성과 포화도와 계수 χ

불포화토에서의 전응력을 간극 내 공기압 u_a와 물의 압력(간극수압) u_w의 항으로 나누어 표현하면 다음 식이 성립한다.

$$\sigma = \sigma' + u_w(A_w/A) + u_a(1 - A_w/A) \tag{5.33}$$

여기서 A_w : 간극수압이 작용하는 단면적, A : 흙입자 사이 물과 공기의 접촉면적이다. 위 식에서의 A_w/A는 단위면적당 간극수압이 작용하는 면적비이며 보통 χ로 표시한다. u_a를 대기압과 같

제5장 지반 내의 응력 | 131

은 것으로 보아 0으로 놓고 위 식을 다시 정리하면 식 5.34와 같다.

$$\sigma = \sigma' + \chi\ u_w \tag{5.34}$$

χ는 흙의 포화도(S)가 증가할수록 증가하며 그림 5.22b와 같은 관계를 가진다(Bishop 등, 1960). χ는 포화도뿐만 아니라 흙의 구조에 따라서도 달라지므로 정확한 값을 구하기는 어렵다. 포화도가 1인 흙의 χ는 1이므로 식 5.34는 식 5.31과 같아진다. 건조한 흙, 즉 $S=0$인 흙은 $\chi=0$이므로 유효응력(σ')과 전응력(σ)이 같아지게 된다.

5.5 수 두

수두(head)란 물이 가지고 있는 에너지를 길이단위(L)로 바꾼 것을 말한다. 흙 속에서 어느 두 점 사이에 전수두(total head)의 차이가 있다면 흙의 간극을 통해 유체의 흐름이 발생하게 된다. 전수두는 Bernoulli의 정리에 의해 식 5.35로 표현한다.

$$H_t = h_e + h_p + h_v = z + \frac{p}{\gamma_w} + \frac{v^2}{2g} \tag{5.35}$$

여기서 H_t는 전수두(total head), v는 흐름속도, g는 중력가속도, p는 물의 압력, γ_w는 물의 단위중량이다. 식의 첫째 항 $h_e(=z)$는 위치수두(elevation head)로 기준면(datum level)에서 관심점(point of interest)까지의 높이, 둘째 항 $h_p\left(=\dfrac{p}{\gamma_w}\right)$는 압력수두(pressure head)로 관심점에 관(피에조메터)을 꽂아 물이 올라가는 높이, 셋째 항 $h_v\left(=\dfrac{v^2}{2g}\right)$는 속도수두(velocity head)로 지하수의 흐름속도에 의하여 나타나는 수두이며 각 수두항은 길이 단위(L)로 나타낸다.

일반적으로 지하수는 매우 느린 속도로 흙 속을 이동하므로 흐름속도 v를 영(零)으로 보면 식 5.35는 다음과 같이 다시 쓸 수 있다.

$$h_t = h_e + h_p = z + \frac{p}{\gamma_w} \tag{5.36}$$

떨어진 두 지점 A, B의 전수두를 h_A, h_B라고 하고 그 사이에 수두차 Δh가 존재하면 두 지점 사이에는 흐름이 발생하게 되는데 이를 침투현상(seepage phenomenon)이라 한다(그림 5.23).

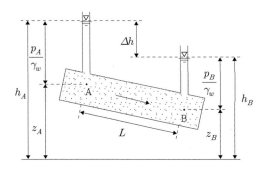

그림 5.23 전수두와 압력수두 위치수두의 표현

그림에 나타난 수두차 Δh는 수두손실(head loss)이라고 하고 이를 수두차가 있는 두 지점 사이의 거리 L로 나눈 값을 동수경사(hydraulic gradient)로 정의한다(식 5.37).

$$i = \frac{\Delta h}{L} \tag{5.37}$$

여기서 i는 동수경사이다.

예제 5.10

그림 5.24에 보이는 것과 같은 길이 4m에 흙이 채워진 수평관이 있다.
1) A, B, C점에서의 위치수두, 압력수두, 전수두, 수두손실을 계산하여라.
2) A~C 사이에서의 동수경사를 계산하여라.

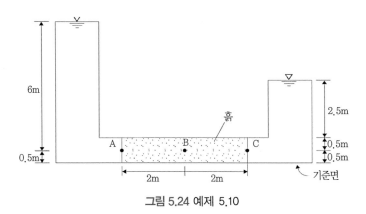

그림 5.24 예제 5.10

풀 이

1) 기초면(datum level)을 기준으로 각 점에서의 수두 및 수두손실을 계산하면 다음 표와 같다.

위치	위치수두(m)	압력수두(m)	전수두(m)	수두손실(m)
A	0.5	6.0	6.5	0.0
B	0.5	4.5	5.0	1.5
C	0.5	3.0	3.5	3.0

2) 동수경사를 계산하는 식 5.37로부터 $i = \dfrac{\Delta h}{L} = \dfrac{3}{4} = 0.75$ 이다.

예제 5.11

그림 5.25와 같이 모래를 채운 관에 수두차에 의한 흐름이 발생하고 있다. 다음을 계산하여라.
1) A~C 구간에서의 손실수두
2) A점의 압력수두
3) A점의 전수두
4) B점의 동수경사
5) B점의 전수두와 압력수두

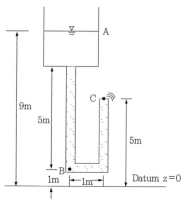

그림 5.25 예제 5.10

풀 이

1) $\Delta h_{A-C} = h_A - h_C = 9 - 5 = 4\,\mathrm{m}$

2) $p_A = h_A - z_A = 9 - 9 = 0\,\mathrm{m}$

3) $h_A = p_A + z_A = 0 + 9 = 9\,\mathrm{m}$

4) $i_B = \dfrac{\Delta h_{A-C}}{L} = \dfrac{4}{5+1+4} = 0.4$

5) $h_B = h_A - i(5) = 9 - 2 = 7\,\mathrm{m}$; $p_B = h_B - z_B = 7 - 1 = 6\,\mathrm{m}$

5.6 침투압과 분사현상

5.6.1 침투압

그림 5.26에는 수중에 있어 포화되어 있는 흙 속의 상하 a, b 두 지점에 스탠드파이프를 꽂아 존재하는 수두의 차이에 따라 발생하는 흐름을 이때 발생하는 유효응력과 함께 도시하였다.

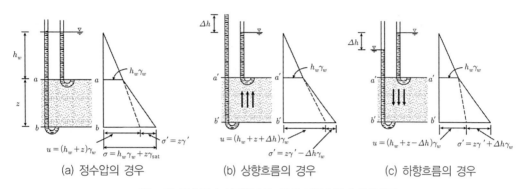

그림 5.26 정수압과 상하향흐름 시의 간극수압과 유효응력

그림 5.26a의 정수압 상태에서는 두 점 a, b 사이에 전수두의 차이가 없으므로 물이 흐르지 않는다. 이때의 흙의 바닥 $b-b'$에서의 간극수압은 식 5.38과 같이 표시된다.

$$u = (h_w + z)\gamma_w \tag{5.38}$$

그림 5.26b의 상향흐름에서는 하부 b의 수두가 상부 a의 수두보다 높으므로 상향흐름이 발생하게 된다. 이때 흙의 바닥 $b-b'$에서의 간극수압은

$$u = (h_w + z + \Delta h)\gamma_w \tag{5.39}$$

로서 정수압의 경우(그림 5.26a)에 비하여 물의 단위중량에 수두차를 곱한 만큼의 추가수압 $(\gamma_w \Delta h_w)$이 발생하였다. 이렇게 발생한 간극수압 $\gamma_w \Delta h_w$을 침투수압(또는 침투압, seepage pressure)이라고 한다. 이 경우의 유효응력을 식 5.32를 이용하여 계산하면 식 5.40과 같다.

$$\sigma' = \sigma - u = (h_w \gamma_w + z\gamma_{sat}) - (h_w + z + \Delta h)\gamma_w = z\gamma' - \Delta h \gamma_w \tag{5.40}$$

식에서 나타난 바와 같이 유효응력은 상향흐름에 의하여 발생한 간극수압 $\gamma_w \Delta h_w$ 만큼 감소한 것을 알 수 있다. 침투수압은 항상 물이 흐르는 방향으로 발생하며 흙입자 표면과 흐르는 물의 마찰저항으로 인한 압력이 발생하는 것이다. 표 5.4에는 흐름방향에 따른 전응력, 간극수압, 유효응력을 비교하였는데 그림 5.26c와 같은 하향흐름 발생 시에는 간극수압은 정수압의 경우에 비하여 줄어드는 대신 유효응력은 침투압 $\Delta h_w \gamma_w$ 만큼 증가하는 것을 알 수 있다.

표 5.4 흐름에 따른 전응력, 간극수압, 유효응력의 비교

	정수압	상향흐름	하향흐름
전응력, σ	$\sigma = h_w \gamma_w + z \gamma_{sat}$	$\sigma = h_w \gamma_w + z \gamma_{sat}$	$\sigma = h_w \gamma_w + z \gamma_{sat}$
간극수압, u	$u = (h_w + z)\gamma_w$	$u = (h_w + z + \Delta h)\gamma_w$	$u = (h_w + z - \Delta h)\gamma_w$
유효응력, σ'	$\sigma' = (\gamma_{sat} - \gamma_w)z = \gamma' z$	$\sigma' = \gamma' z - \Delta h \gamma_w$	$\sigma' = \gamma' z + \Delta h \gamma_w$

단위체적당 침투압의 크기 j는 식 5.41과 같이 된다.

$$j = \frac{\Delta h \gamma_w A}{z A} = \frac{\Delta h \gamma_w}{z} = i \gamma_w \tag{5.41}$$

여기서 A : 침투가 발생하는 바닥면의 면적, i : 동수경사이다.

5.6.2 분사현상

그림 5.25b와 같이 지반에 물이 상향 침투하여 유효응력이 0보다 작아지면 흙이 물과 함께 솟구쳐 오르는 현상이 발생하게 되는데 이를 분사현상(quicksand phenomenon)이라고 한다. 즉, 분사현상은 상향흐름에서 침투압 $\gamma_w \Delta h$이 상승하여 $\sigma' = 0$일 때 발생하며 이때의 계산식은,

$$\sigma' = (\gamma_{sat} - \gamma_w)z - \gamma_w \Delta h = \gamma' z - \gamma_w \Delta h = 0 \tag{5.42}$$

이다. 식 5.42를 정리하여 동수경사항으로 나타내면

$$\frac{\Delta h}{z} = \frac{\gamma'}{\gamma_w} = i_{cr} \tag{5.43}$$

이며, 이때 i_{cr}을 한계동수경사(critical hydraulic gradient)라고 한다. 한계동수경사에 수중단위 중량 식 2.14를 적용하면 식 5.44와 같이 표현할 수 있다.

$$i_{cr} = \frac{\gamma'}{\gamma_w} = \frac{G-1}{1+e} \tag{5.44}$$

여기서 흙입자의 비중을 2.6~2.8, 간극비를 0.6~0.8 정도로 본다면 한계동수경사는 0.9~1.1 의 값을 갖는 것을 알 수 있다.

분사현상으로 지반 내 물의 통로가 생기면서 세굴이 진행되어가는 과정을 파이핑(piping)이라고 한다. 일반적으로 분사현상은 점착력이 없는 모래나 실트질 흙에서 많이 발생하며 점토의 경우는 점착력이 있어 분사현상이 발생하지 않는다.

예제 5.12

그림 5.27과 같은 수조 하부에 수압이 작용하여 상부에서 유출되고 있다. 수조 하부 B–B′면에 작용하는 수두가 8.2m, 수조의 단면적은 10m²이다. 수조에 있는 흙의 포화단위중량은 γ_{sat}=18kN/m³ 이다.
1) 시료 내부의 동수경사는?
2) C점에 작용하는 전응력과 유효응력은?
3) 분사현상을 일으킬 수 있는 한계동수경사는?
4) B–B면에 작용하는 수두에 의하여 분사현상의 발생 여부를 검토하여라.

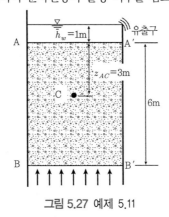

그림 5.27 예제 5.11

풀 이

1) $i = \dfrac{\Delta h}{L} = \dfrac{h_{B-B'} - h_{A-A'}}{L} = \dfrac{8.2 - 7.0}{6} = \dfrac{1.2}{6} = 0.2$

2) C점에 작용하는 전응력은 $\sigma = 18 \times 3 + 1 \times 9.81 = 63.81 \, \text{kN/m}^2$

C점에 작용하는 간극수압은 $u = (h_w + z_{AC})\gamma_w + (\Delta h / L \times (1/2 \ \overline{AB}))\gamma_w$

$$= (1+3)(9.81) + (1.2/6 \times 3)(9.81) = 45.13 \, \text{kN/m}^2$$

따라서 C점에 작용하는 유효응력은 $\sigma' = \sigma - u = 63.81 - 45.13 = 18.68 \, \text{kN/m}^2$

3) $i_c \approx \dfrac{\gamma'}{\gamma_w} = \dfrac{\gamma_{sat} - \gamma_w}{\gamma_w} = \dfrac{18.68 - 9.81}{9.81} = 0.90$

4) $SF = \dfrac{i_c}{i} = \dfrac{0.90}{0.2} = 4.52 > 1.0$ 따라서 분사현상이 발생하지 않는다.

5.7 모관현상

5.7.1 모관상승고의 계산

직경이 작은 유리관을 비커에 담긴 자유수면에 꽂으면 물이 관 속으로 상승하게 된다(그림 5.28a). 이와 같이 물의 상승현상을 모관현상(capillary phenomena)이라 하며 이때 발생하는 물의 상승높이를 모관상승고(capillary pressure head)라고 한다. 그림 5.28b와 같이 상승한 물의 상부에 초승달 모양의 오목한 모양의 수면이 형성되는데 이 초승달 모양 부분을 메니스커스(meniscus)라고 한다. 모관현상은 유리관과 물 사이의 부착력인 물의 표면장력 때문에 발생하는데 비커에 담긴 자유수면은 대기압을 받는 반면 유리관 내의 물은 이 표면장력으로 인장력을 받아 상승하게 된다.

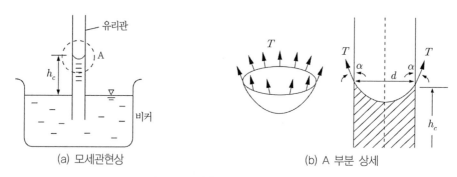

(a) 모세관현상　　　　　　　　(b) A 부분 상세

그림 5.28 모관현상과 모관상승고

모관상승고는 다음과 같은 방법으로 계산한다. 물과 관벽 사이에서 발생하는 표면장력을 T라고 하면 표면장력과 상승한 관 속의 물의 무게는 평형을 이루므로 다음 식으로 표현할 수 있다.

$$T\pi d \, \cos\alpha = \frac{\pi d^2}{4} \gamma_w \, h_c \qquad (5.45)$$

여기서 d : 관의 지름, T : 표면장력, α : 유리벽(수직면)과 표면장력 작용방향 사이의 각도, h_c : 모관상승고이다. 이 식을 모관상승고에 대하여 정리하면,

$$h_c = \frac{4T\cos\alpha}{\gamma_w d} \qquad (5.46)$$

이때의 모관압력(capilllary pressure, p_w)은 다음과 같이 쓸 수 있다.

$$p_w = \gamma_w h_c = \frac{4T\cos\alpha}{d} \qquad (5.47)$$

만일 메니스커스가 반원이라고 가정하면 $\alpha \approx 0$이므로 식 5.46은 다음과 같이 정리할 수 있다.

$$h_c = \frac{4T}{\gamma_w d} \qquad (5.48)$$

물의 표면장력은 20°C에서 73×10^{-8}kN/cm이고 물의 단위중량은 9.81×10^{-6}kN/cm^{3}이므로 이를 식 5.48에 대입하여 계산하면

$$h_c = \frac{4 \times 73 \times 10^{-8}}{9.81 \times 10^{-6}d} = \frac{0.3}{d}\text{cm} \qquad (5.49)$$

로 계산할 수 있다. 흙에서의 모관상승고는 유리관의 모관상승과 유사하므로 식 5.49의 관경 d에 흙의 유효경(D_{10})에 $\frac{1}{5}$을 취하여 모관상승고를 계산한다(김상규, 1991). 흙의 종류별 대략적인 모관상승고를 표 5.5에 나타내었다.

표 5.5 흙의 종류별 모관상승고

흙의 종류	입경(d, mm)	모관상승고(h, cm)
자갈	> 2.0	2~10
굵은 모래	2.0~0.25	15
가는 모래	0.25~0.05	30~100
실트	0.05~0.005	100~1,000
점토	0.005~0.001	1,000~3,000

　　자연지반에서 모관상승영역을 그림 5.29a에 나타내었다. 그림에 나타난 바와 같이 지하수위면 상부에 모관작용에 의하여 흙이 포화되어 있는 모관포화대(capillary fringe)가 형성되고 그 상부에는 물이 흙의 간극을 모두 채우지는 못하는 불포화대(unsaturated zone)가 존재한다.

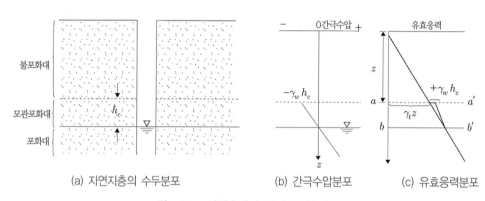

(a) 자연지층의 수두분포　　　　(b) 간극수압분포　　　(c) 유효응력분포

그림 5.29 모관상승대와 부간극수압의 분포

　　모관포화대에서는 압력수두가 마이너스(−)인 부간극수압(negative pore pressure)이 존재하는데 모관포화대의 부간극수압은 물의 단위중량에 모관상승고를 곱하여 구한다(식 5.50).

$$u = -\gamma_w h_c \tag{5.50}$$

　　모관현상에 의하여 부분적으로 포화된 경우의 부간극수압은 포화도를 곱하여 다음과 같이 쓸 수 있다(권호진 등, 2008).

$$u = -\frac{S}{100}\gamma_w h_c \tag{5.51}$$

　　여기서 S=포화도(%)이다.

예제 5.13

식 5.49를 이용하여 유효경이 0.1cm인 흙의 모관상승고를 계산하고 이때의 모관압력을 구하라.

풀 이

모관상승고 : 식 5.49에 의하면 $h_c = \dfrac{0.3}{d} = \dfrac{0.3}{(1/5 \times 0.1)} = 15\,(\mathrm{cm})$

모관압력 : 식 5.50에 의하면 $u = -h_c\gamma_w = -0.15 \times 9.81 = -1.5\,\mathrm{kN/m^2}$

예제 5.14

그림 5.28c에서 모관포화대 상부 $a-a'$와 지하수위면 $b-b'$에서 유효응력을 계산하여라. 지표면으로부터 $a-a'$까지의 깊이 $z = 2.0\mathrm{m}$, 모관상승고 $h_c = 1\mathrm{m}$이고 지하수위면 상부의 흙의 단위중량 $\gamma_t = 18\mathrm{kN/m^3}$으로 가정한다.

풀 이

$a-a'$의 바로 위 : $\sigma' = \sigma - u = \gamma_t \times z - u = 18 \times 2 - 0 = 36\,\mathrm{kN/m^2}$
바로 아래 $\sigma' = \sigma - u = \gamma_t \times z - (-\gamma_w h_c) = 18 \times 2 - (-9.81 \times 1) = 45.8\,\mathrm{kN/m^2}$
지하수위면 $b-b'$에서의 간극수압은 $0\mathrm{kN/m^2}$이다(그림 5.29c 참조).
따라서 $\sigma' = \sigma - u = 18 \times 3 - 0 = 54\,\mathrm{kN/m^2}$이다.

5.7.2 모관현상의 영향

그림 5.30a에는 흙입자 사이의 간극수(pore water)에 형성된 메니스커스를 나타내었다. 간극수와 흙입자 사이 표면장력은 흙입자 사이에 밀착력을 증가시켜 유효응력이 증가되는 효과가 있는데 대부분의 사질토에서는 이 효과로 인하여 일시적으로 어느 정도의 수직굴착이 가능하다. 어린이들이 바닷가에서 모래성이나 모래동굴을 만들 수 있는 것도 이 압력의 효과이다.

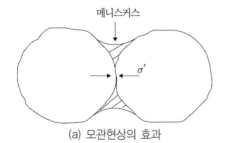
(a) 모관현상의 효과

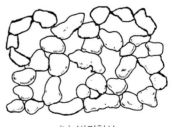
(b) 벌킹현상

그림 5.30 모관현상의 효과와 벌킹(bulking)현상의 예

이러한 힘은 모래가 약간 물을 머금은 상태, 즉 적절한 함수비를 가지고 있는 상태에서 발휘되는 일시적인 점착력으로 모래가 건조되거나 충분한 물이 공급되면 없어지므로 이를 겉보기 점착력(apparent cohesion)이라고 한다. 해변의 모래사장에서 수면의 바로 윗부분에 어느 정도 수분을 함유한 부분이 완전히 건조된 그 윗부분보다 더 큰 강도를 갖고 있어 걷기가 용이한 것은 불포화상태의 모래가 갖는 겉보기 점착력에 기인한다. 이러한 지역도 건조해지거나 밀물로 인하여 포화되면 겉보기 점착력이 사라져 지지력이 감소한다.

조립토인 모래나 실트질 흙이 물을 약간 머금고 있는 경우 흙이 극히 느슨한 상태가 되어 마치 벌집처럼 엉키는 구조를 갖는 경우를 볼 수 있는데(그림 5.30b) 이 경우 건조한 경우에 비하여 체적이 증가하는 현상이 발생한다. 이런 현상을 용적팽창(bulking)현상이라고 하며 두 입자 사이의 수막에 작용하는 표면장력이 원인이다. 일반적으로 함수비가 5~6% 시 체적이 최대가 된다.

점토지반에서도 모관장력에 의하여 강도가 크게 증가된다. 대체로 점토로 구성된 지층의 표층은 하부지층에 비하여 강도가 큰 경우가 대부분이다. 이러한 현상은 점성토의 지표부분이 오랜 기간 동안 비가 내리고 햇빛에 마르는 과정이 반복됨으로 인하여 표층에 있는 간극수의 증발에 의한 강도 증가와 모관작용에 의한 유효응력의 증가가 발생하여 강도가 큰 과압밀점토(over consolidated clay, 8장 참조)가 형성된 것이다. 이러한 표층부에 있는 건조되어 강도가 큰 점토를 건조점토(desiccated clay)라고 부른다.

5.8 흙의 동결융해

5.8.1 동상현상

영하의 날씨가 계속될 때 지표면 아래의 흙이 대기 온도의 영향을 받아 온도가 0°C 이하로 저하되는데 이때 온도가 0°C가 되는 선을 동결선이라고 한다(그림 5.31).

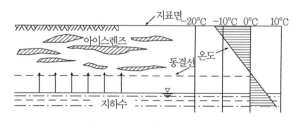

그림 5.31 동결선과 아이스렌즈

추위가 심하고 오래 계속되면 동결선의 깊이가 깊어지고 땅이 얼어서 부풀어 오르는 현상이 나타나는데 이를 동상(frost heave, 凍上)현상이라고 부른다.

동상현상은 다음과 같은 몇 가지의 단계로 진행된다.

(1) 흙이 동결되면 간극수도 동결된다. 원래 물이 얼어서 얼음이 되면 9% 정도의 부피팽창이 발생한다. 동결된 간극수는 흙 속에 얼음결정을 형성하고 이로 인한 부피팽창이 발생한다.

(2) 형성된 얼음결정은 인접한 간극 속의 물을 끌어들여 더 큰 결정을 형성하게 된다.

(3) 인접한 간극 속이 비게 되면 지하수 아래에 있는 물은 모관현상으로 끌어들여 얼음결정이 더 커지게 된다.

(4) 이러한 현상을 반복하여 큰 얼음의 결정을 형성하게 되는데 이를 아이스렌즈(ice lense)라고 한다(그림 5.31). 그림에 나타난 바와 같이 아이스렌즈가 도처에 존재하며 지반의 융기를 발생시키게 되는데 이러한 동상현상은 그 상부에 있는 경량구조물이나 도로의 융기를 초래한다. 경량성토공법의 일종인 EPS(Expanded Poly Styrene)는 북유럽에서 이와 같이 동상에 의한 도로의 융기현상을 줄이기 위해 도로하부에 보온재로 발포스티로폼을 사용한 것이다.

(5) 봄이 되어 온도가 0℃ 이상으로 올라 아이스렌즈가 녹으면 함수비가 증가하게 된다. 이렇게 녹은 물의 적절한 배수가 되지 않으면 흙의 함수비는 얼기 전의 함수비보다 훨씬 크게 된다. 이와 같이 기온상승으로 인하여 지반속의 물이 녹는 현상을 융해(thaw)라고 하며, 융해현상은 흙의 고함수비로 인해 지반이 연약해지고 강도가 감소하는 연화(軟化)현상을 발생시킨다.

5.8.2 동상현상의 조건

지반의 동결융해현상은 도로와 같은 공용구조물의 지반을 약화시켜 이를 보수하기 위한 사회적 비용을 발생시키므로 동결현상의 발생조건을 알고 이에 대한 대책을 세울 필요가 있다. 동상현상이 일어나기 위해서는 다음과 같은 동상의 세 가지 조건이 만족되어야 한다.

(1) 온도 0℃ 이하(영하)의 날씨가 지속되어야 한다.

(2) 아이스렌즈를 형성할 수 있도록 하부 지하수층에서의 수분공급이 충분하여야 한다.

(3) 동결이 일어나기 쉬운 흙이어야 한다.

동상을 가장 잘 받을 수 있는 흙은 실트이다. 모래, 자갈과 같은 조립토는 간극이 크므로 모관상승고가 적어 지하수 공급이 충분하지 않으므로 아이스렌즈 형성이 어렵다. 반면 점토는 투수계수가 작아(불투수성) 물의 공급이 원활하지 않으므로 아이스렌즈의 형성이 어렵다.

5.8.3 동상방지대책

동상은 온도, 지하수공급, 토질의 세 가지 조건이 만족될 때 일어나므로 이들 중 한 가지 이상의 조건을 제거하거나 개선함으로써 방지할 수 있다. 다음과 같은 대책을 세울 수 있다.

(1) 하부재료(예 : 도로의 보조기층, subbase)를 굵은 모래, 자갈, 쇄석으로 치환한다.
(2) 지하수위를 저하시켜 동상에 필요한 물의 공급을 차단한다. 역으로 성토하는 것도 동일한 효과를 얻는다.
(3) 보조기층의 하부에 동결방지층(ballast)을 설치하여 모관수의 상승을 차단한다. 부순돌이나 비닐 등 차단막을 사용한다.
(4) 포장하부에 단열층을 시공하여 온도저하를 방지한다.
(5) 지표부의 동상에 민감한 흙을 치환 또는 개량한다.

5.8.4 동결깊이

어떤 지역의 동결깊이를 측정하는 방법은 직접 측정하는 방법과 대상 지방의 기온자료를 이용하여 추정하는 방법이 있다. 최근에는 직접 측정하는 방법으로 0℃에서 푸른색에서 흰색으로 변화하는 약제인 메틸렌블루를 지표부에 묻어 동결선의 깊이를 측정한 사례가 보고되고 있다.

간접측정방법으로, 동결지수로부터 동결깊이 Z는 식 5.52를 이용하여 계산한다.

$$Z = C\sqrt{F} \tag{5.52}$$

여기서 C : 상수, F : 동결지수(freezing index, ℃·일)이다. 권호진 등(2008)에 의하면 식 5.52의 상수는 다음과 같이 사용할 수 있다.

C : 노면의 일조조건, 토질, 배수조건에 따라 3, 4, 5 구분

=5 : 북쪽으로 향한 산악도로, 용수 침투 많음, 실트질 흙

=4 : 중간

=3 : 햇빛이 있고 토질 및 배수조건이 양호

F : 영하기온과 지속시간의 곱이다.

  a. 일평균기온 기준 : 일평균기온에 (+) → (−)로 변하는 달에서 (−) → (+)로 변하는 달까지 일평균기온의 누계

    즉, 일평균 누계치 |± 최댓값|의 합(그림 5.32 참조)

  b. 월평균기온 기준 : 월평균 기온 0°C 이하가 되는 달의 ∑ (월평균기온×그 달의 일수)

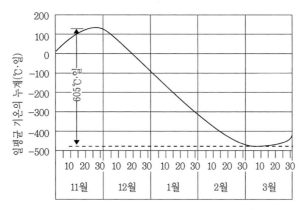

그림 5.32 일평균 기준 동결지수

동결지수는 건설교통부(2006)에서 최근 30년간 기상측후소에서 관측된 기상자료를 근거로 만들어진 전국 동결지수선도를 제시하고 있으며(그림 5.33), 지역별 동결지수 및 동결기간현황 등을 제시하였다(표 5.6 참조). 최근에는 실제 국도설계를 위한 동결심도 산정에 수정 Berggren 식(Mitchell and Soga, 2004)을 사용하도록 기준을 정하기도 하였다.

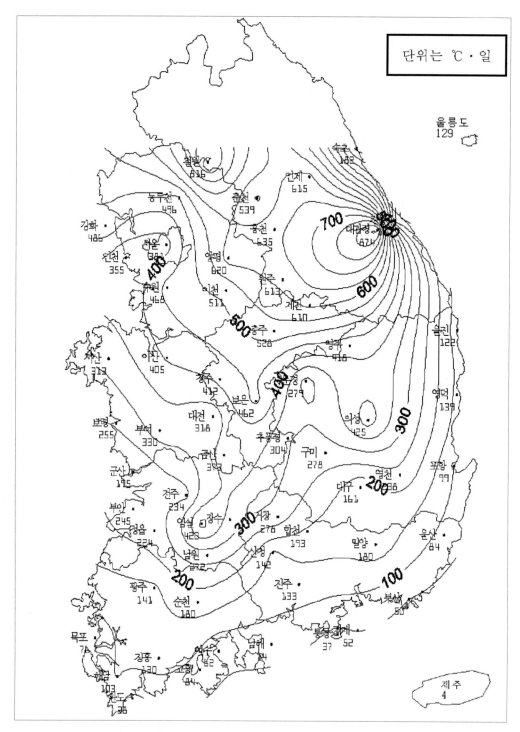

단위는 ℃·일

그림 5.33 전국 동결지수선도(1970~2001년 자료)(건설교통부, 2006)

표 5.6 지역별 동결지수 및 동결기간 현황(건설교통부, 2006)

지역	측후소 지반고(m)	동결지수 (℃·일)	동결기간 (일)	지역	측후소 지반고(m)	동결지수 (℃·일)	동결기간 (일)
속초	17.6	181.6	66	합천	32.1	193.0	62
대관령	842.0	873.8	127	거창	224.9	278.2	74
춘천	74.0	539.0	92	영천	91.3	237.8	64
강릉	26.0	167.2	57	구미	45.5	278.1	76
서울	85.5	380.9	80	의성	73.0	425.2	78
인천	68.9	354.7	78	영덕	40.5	138.8	57
원주	149.8	613.0	94	문경	172.1	279.4	55
울릉도	221.1	129.3	32	영주	208.0	417.8	77
수원	36.9	468.4	79	성산포	17.5	–	–
충주	69.4	528.4	89	고흥	60.0	83.5	49
서산	26.4	313.2	76	해남	22.1	102.6	49
울진	49.5	121.6	57	장흥	43.0	130.1	52
청주	59.0	411.6	78	순천	74.0	179.9	64
대전	67.2	317.7	68	남원	89.6	272.4	67
추풍령	245.9	303.9	78	정읍	40.5	223.9	61
포항	2.5	98.5	52	임실	244.0	420.3	86
군산	26.3	194.9	61	부안	7.0	244.7	61
대구	57.8	160.9	54	금산	170.7	372.5	77
전주	51.2	233.5	61	부여	16.0	330.0	74
울산	31.5	83.6	46	보령	15.1	254.8	76
광주	73.9	141.4	55	아산	24.5	405.4	78
부산	69.2	49.6	27	보은	170.0	461.7	76
통영	25.0	37.4	27	제천	264.4	610.2	91
목포	36.5	75.6	33	홍천	141.0	635.4	98
여수	67.0	62.2	31	인제	199.7	614.5	91
완도	37.5	38.1	26	이천	68.5	511.0	89
제주	22.0	4.1	3	양평	49.0	619.7	91
남해	49.8	74.3	38	강화	46.4	486.2	89
거제	41.5	52.1	39	진주	21.5	132.8	51
산청	141.8	141.8	49	서귀포	51.9	–	–
밀양	12.5	180.2	62	철원	154.9	685.0	109

※ 동결지수 ℉·일과 ℃·일 사이에는 ℉·일 $\times \dfrac{5}{9}$ = ℃·일의 관계가 있다.

5.1 현장조사 결과 다음과 같은 토층구조가 확인되었다.

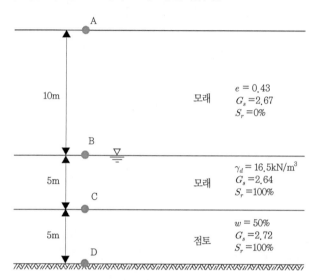

그림 5.34 연습문제 5.1

1) A~D점에서의 전수직응력(σ), 간극수압(u), 유효수직응력(σ')을 계산하여라.
2) σ, u, σ'의 변화를 지표로부터 20m 깊이까지 도시하여라(동일한 좌표체계 이용).

5.2 1) 지표상부 3m에 수위면이 존재하는 경우 지표하 2m 지점에서의 전수직응력(σ), 간극수압(u), 유효수직응력(σ')을 계산하여라(그림 5.35 ① 참조).
2) 1)의 수위가 강하하여 지표하 3m 지점에 있다고 할 때(그림 5.35 ② 참조) 불포화지층의 부간극수압효과를 고려한 경우와 미고려한 경우를 구분하여 지표하 2m 지점에서의 전수직응력(σ), 간극수압(u), 유효수직응력(σ')을 계산하여라(모관 상승고 1m 가정).

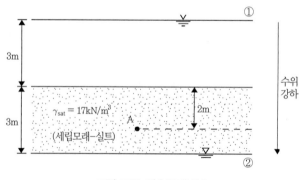

그림 5.35 연습문제 5.2

5.3 집중하중 20kN이 작용한다고 할 때 깊이 3m 아래에 있는 점 A, B, C에서 작용응력을 계산하여라. 이때 지반의 단위중량은 17kN/m³로 가정한다.

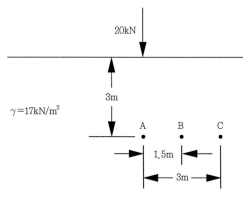

그림 5.36 연습문제 5.3

5.4 등분포하중 3t/m가 폭 1.2m 구간에 작용한다고 할 때 깊이 1.2m 아래에 있는 점 D, E, F에서 작용응력을 계산하여라. 이때 지반의 단위중량은 18kN/m³이라고 가정한다.

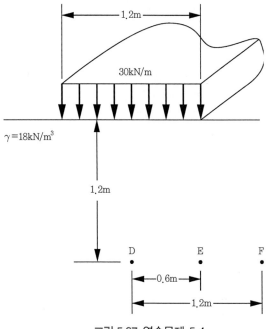

그림 5.37 연습문제 5.4

5.5 다음 그림과 같은 직사각형 기초에 400kN의 하중이 작용하고 있다. 흙의 단위중량을 18.5kN/m^3 이라고 가정하고 깊이 2m인 곳에 있는 점 G, H, I에서의 작용응력을 계산하여라.

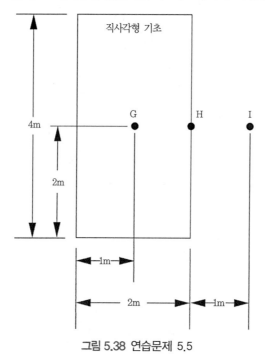

그림 5.38 연습문제 5.5

5.6 문제 5.5를 2 : 1 분포법을 사용하여 깊이 2m인 곳에 있는 점 G에서의 작용응력을 다시 계산하고 문제 5.5에서의 계산값과 비교하여라.

5.7 다음에 보인 바와 같은 5×5m의 정사각형 기초가 있다. 기초에 작용하는 등분포하중이 $q = 30\text{kN/m}^2$이라고 할 때 기초의 중심에서와 중심에서 4m 이격된 지점 K에서의 깊이 2.5m, 5m에서 추가 수직응력을 계산하여라.

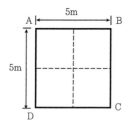
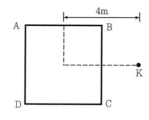
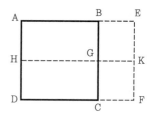

그림 5.39 연습문제 5.7

5.8 다음 그림과 같은 평면을 갖는 전면기초가 있다. 접지압이 $50kN/m^2$일 때 A점 직하 15m 의 수직응력을 영향원법으로 구하라.

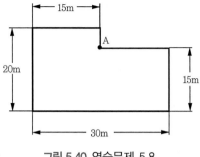

그림 5.40 연습문제 5.8

5.9 $10 \times 15m$의 장방형 전면기초 위에 $q = 50kN/m^2$의 등분포하중이 있는 경우 지표면 아래 10m의 수직응력을 2 : 1법으로 구하라.

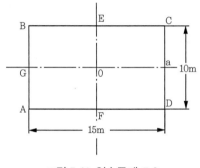

그림 5.41 연습문제 5.9

5.10 연습문제 5.9의 장방형 전면기초의 지표면 중심 O 그리고 a점 아래 10m 지점의 수직응 력을 다음의 방법으로 각각 계산하여라.
1) 등분포 m, n법
2) Newmark법

5.11 어떤 모래의 간극률 35%, 비중 2.65이었다. 이 모래의 한계동수구배를 계산하여라.

5.12 직경 2mm의 유리관의 모관상승고 h_c를 구하라. 단, 물과 유리관의 접촉각 α는 $10°$로 한다.

참고문헌

1. 건설교통부(2006), 국도건설공사 설계 실무요령.
2. 장연수, 이광렬(2000), 지반환경공학, 구미서관.
3. Das, B.M.(1998), Principles of Geotechnical Engineering, 4th Edition, *PWS, M.A.*
4. Freeze, R.A. and Cherry, J.A.(1979), Groundwater, *Prentice Hall, Inc.*
5. Lamb T.W. and Whitman, R.V.(1979), Soil Mechanics, *John Wiley and Sons, New York.*
6. Mitchell, J.K. and Soga, K.(2004), Fundamentals of Soil Behavior, 3rd Edition, *John Wiley and Sons, New York.*
7. Newmark, N.M.(1942), "Influence Charts for Computation of Stresses in Elastic Soils", *University of Illinois Engineering Experiment Station, Bulletin No.338.*

06 흙 속에서의 물의 흐름

06 | 흙 속에서의 물의 흐름

6.1 개 설

흙을 통한 물의 흐름의 문제는 건설분야에서 대단히 많다. 흙댐과 그 기초지반을 통한 침투, 작업의 편리를 위하거나 지반개량을 위하여 지반에서 지하수를 제거하는 문제, 터널이나 사면의 안정성을 보강하기 위한 배수문제 그리고 최근에는 쓰레기의 침출수나 유출된 화학물질의 지반을 통한 오염물 이동의 문제 등 흙을 통한 지하수 흐름의 해석은 공학문제를 해결하는 데 없어서는 안 될 주요 분야이다. 본 장에서는 이런 공학적인 문제와 관련한 지하수 흐름의 문제를 규명할 수 있는 기초지식을 소개하였다.

유체역학에서 소개하는 물의 흐름은 크게 정류(steady state flow)와 부정류(unsteady flow, 천이류(transient flow)로도 부름)로 분류한다. 이는 지하수의 흐름에도 적용되는데 정류란 시간의 흐름에 관계없이 유선(flow line)이 일정한 위치를 유지하는 흐름, 즉 시간에 독립적인 흐름을 말한다. 부정류란 시간의 변화에 따라 유선의 위치가 변화되는 흐름으로 시간에 종속된 흐름이다.

흙댐을 통한 흐름을 생각해보면 댐공사를 마친 후 물을 채우는 과정에서 수위가 변함에 따라 지반 내로 침투선의 위치가 계속 변할 것이다. 이는 시간에 따라 흐름의 위치가 지속적으로 변하므로 부정류가 된다. 만일 흙댐에 물을 채워 만수위가 되어 수위가 장시간 변화하지 않는 경우 흙댐 내 흐름은 시간경과와 상관없이 흐름위치가 일정한 정류상태가 된다. 부정류의 다른 한 예는 지반으로부터 물을 퍼내는 양수시험(pumping test)을 들 수 있다. 처음 양수를 시작하면 주변 지하수면의 위치가 지속적으로 변화하는 부정류상태이나 시간이 경과함에 따라 주어진 양수량에 따라 주변 지하수와 공내 지하수면이 일정해지는 정류상태에 도달하게 된다.

물의 흐름은 흐름의 층이 평행을 유지하며 흐르는 층류(laminar flow)와 흐름의 층이 얽히는 흐름인 난류(turbulent flow)로 분류하기도 한다. 흙 속으로 흐르는 흐름은 흙입자 사이를 구불구불 흐르지만 그 속도가 매우 느려 잔자갈보다 가는 입자로 구성된 대부분의 흙에서는 층류상태를 유지하며 흐른다. 유체역학에서 층류흐름을 유지할 수 있는 레이놀즈수(Reynold's number)는 1~10 사이인 것으로 정의하고 있다. 층류에 있어서 흐름의 속도는 다음 절에 소개하는 Darcy 법칙이 성립한다.

6.2 Darcy 법칙과 투수계수

프랑스 과학자 Darcy는 1596년 그림 6.1과 같이 파이프에 흙을 채워 넣고 물을 흘려보내는 시험을 실시하여 식 6.1과 같이 흙을 통한 물의 흐름률$\left(\dfrac{q}{A}\right)$과 수두차의 비$\left(\dfrac{\Delta h}{L}\right)$ 사이에는 다음과 같은 비례관계가 성립하는 것을 발견하였다.

$$\frac{q}{A} \propto \frac{\Delta h}{L} \tag{6.1}$$

여기서 q : 흙을 통한 물의 흐름양, A : 파이프의 단면적, Δh : 두 점 사이의 수두차, L : 수두차가 있는 두 점 사이의 거리이다.

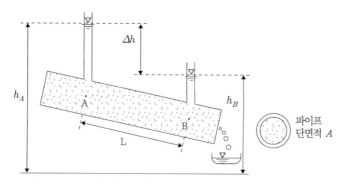

그림 6.1 Darcy의 흙을 채운 파이프를 통한 물의 흐름 개요도

식 6.1에 비례상수 k를 적용하고 물의 흐름양을 속도항으로 놓으면 식 6.2가 성립한다.

$$v = \frac{q}{A} = k\frac{\Delta h}{L} \tag{6.2}$$

수두차 Δh의 이동거리 L에 대한 비는 5.4절에서 소개한 바와 같이 동수경사 $i\left(=\dfrac{\Delta h}{L}\right)$로 표현할 수 있으므로 이를 대입하면,

$$v = ki \tag{6.3}$$

여기서 식 6.3, 6.4의 속도항 v를 Darcy 속도(L/T)라고 하며 파이프를 통하여 물이 유출되는 속도를 나타낸다. k는 투수계수(coefficient of permeability) 또는 수리전도도(hydraulic conductivity)라고 부르며 단위동수경사의 수두차에 따라 단위면적당 지하수의 접근속도로 정의할 수 있다. 식 6.2, 6.3은 흙 속을 통한 흐름을 나타내는 근간이 되는 식으로 이를 Darcy 법칙(Darcy's law)이라고 부른다.

Darcy 법칙이 성립하려면 간극 속을 흐르는 물의 흐름이 층류이어야 한다. 조립토의 모래지반을 통과하는 물의 흐름의 레이놀즈수는 1 이하로 모래, 실트, 점토 등 대부분의 흙에서 층류가 발생하며 Darcy 법칙이 성립한다. 공극이 매우 큰 자갈과 전석 등에서는 난류상태가 발생할 수 있는데 이 경우에는 Darcy 법칙을 사용할 수 없다.

흙의 종류와 입경에 따른 투수계수(k)의 변화는 표 6.1에 나타내었다. 투수계수값(k)은 흙의 종류와 입경에 따라 그 범위가 대단히 넓은 것을 알 수 있으며 자갈은 $(k)>1$cm/sec, 거친 모래는 $(k)=10^{-1}\sim10^{-3}$cm/sec, 가는 모래나 실트는 $(k)=10^{-3}\sim10^{-6}$cm/sec, 점토는 $(k)<10^{-7}$cm/sec의 범위에 있는 것을 알 수 있다.

표 6.1 흙의 종류에 따른 투수계수의 분포

투수계수 k(cm/sec)											
10^2	10^1	10^0	10^{-1}	10^{-2}	10^{-3}	10^{-4}	10^{-5}	10^{-6}	10^{-7}	10^{-8}	10^{-9}

배수	양호		불량	불투수
토질	깨끗한 자갈	깨끗한 모래, 모래자갈 혼합물	세립모래, 유기질 및 무기질 실트 모래, 실트점토 혼합물, 빙적토, 층상점토 퇴적물	균질한 다짐된 점토, 점토차수재

Darcy 속도(v)는 파이프를 통과한 물의 흐름양을 기준으로 하였으나 실제로 물은 흙입자 사이의 간극만을 통하여 흐르므로 간극 속을 흐르는 물의 실제 속도인 침투속도(seepage velocity, v_s)는 Darcy 속도(v)보다 크다. 파이프를 통과한 물의 양이 동일하다는 관계를 식으로 표현하면,

$$q = vA = v_s A_V \qquad (6.4)$$

여기서 A는 파이프의 단면적으로 간극의 면적(A_V)과 흙입자의 면적(A_s)으로 다음과 같은 식이 성립한다.

$$A = A_V + A_s \qquad (6.5)$$

식 6.5를 식 6.4에 대입하여 침투속도(v_s)의 항으로 나타내면 식 6.6과 같다.

$$v_s = \frac{v(A_V + A_s)}{A_V} = \frac{v(A_V + A_s)L}{A_V L} = \frac{v(V_V + V_s)}{V_v} = \frac{v\ V}{V_v} = \frac{v}{n} \qquad (6.6)$$

여기서 L은 파이프의 길이, V, V_V, V_s는 물리 통과하는 흙의 전체 체적, 간극체적, 입자만의 체적이며, n은 간극률이다. 침투속도는 지하수 흐름에 얹혀 이동하는 오염물의 이동속도를 나타내는 데 사용한다(16장 참조).

예제 6.1

다음 그림에 나타난 파이프에 수두차에 의한 흐름이 발생하고 있다. 파이프 내 흙시료의 투수계수가 0.01cm/sec, 파이프의 단면적은 10cm²라고 할 때 다음을 계산하여라.

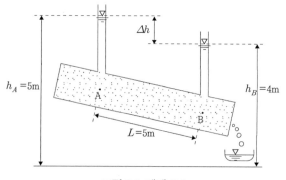

그림 6.2 예제 6.1

1) 파이프 내의 흐름의 동수경사를 계산하여라.
2) 유출속도와 유량을 계산하여라.
3) 침투속도를 계산하여라(간극률은 0.3으로 가정).

풀 이

1) 동수경사 $i = \dfrac{\Delta h}{L} = \dfrac{h_A - h_B}{L} = \dfrac{5-4}{5} = \dfrac{1}{5} = 0.2$

2) 유출속도 $v = ki = 0.01(0.2) = 0.002\,\text{cm/sec}$

   유량 $Q = kiA = 0.002 \times 10 = 0.02\,\text{cm}^3/\text{sec}$

3) 침투속도 $v_s = \dfrac{v}{n} = \dfrac{0.002}{0.3} = 0.007\,\text{cm/sec}$

예제 6.2

다음과 같은 수조의 하부에 수압이 작용하여 물이 상부에서 유출되고 있다. 시료의 투수계수 $k = 2.0 \times 10^{-1}\,\text{cm/s}$, 단위면적당 통과유량 $q = 4{,}000\,\text{cm}^3/\text{s}$이며 수조의 단면적은 $10\,\text{m}^2$이라고 할 때 B–B 면에 작용하는 수두를 계산하여라.

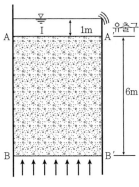

그림 6.3 예제 6.2

풀 이

Darcy 법칙 $Q = kiA$로부터 동수경사를 계산하면

$$i = \frac{Q}{kA} = \frac{4{,}000}{2 \times 10^{-1} \times 100{,}000} = 0.2$$

계산된 동수경사로부터 상하부 수두차를 계산한다.

$$i = 0.2 = \frac{\Delta h}{L} = \frac{\Delta h}{6} \ \rightarrow \ \Delta h = 1.2\,\text{m}$$

따라서 수조 하부 B–B면에 작용하는 수두는 $h = 6 + 1 + 1.2 = 8.2\,\text{m}$이다.

6.3 실내투수시험

흙을 통과하는 물의 양을 계산하기 위해서는 투수계수를 아는 것이 중요하다. 투수계수를 측정하는 방법은 1) 경험식(empirical formula)에 의한 방법, 2) 실내투수시험(laboratory permeability test), 3) 현장투수시험(field permeability test)으로 구분할 수 있다.

6.3.1 경험식에 의한 방법

흙의 투수계수를 경험식에 의하여 간접적으로 측정하기 위한 방법으로 Hazen 식(Hazen's formula)이 많이 사용된다(식 6.7).

$$k = CD_{10}^2 \text{ (cm/sec)} \tag{6.7}$$

여기서 k : 투수계수(cm/sec), C : 1.0에서 1.5 사이에 변하는 상수, D_{10} : 체분석에서 흙입자 통과중량백분율이 10%인 유효경(effective diameter)으로 단위는 mm이다. Hazen식은 투수실험자료가 없는 단계에서 지하수 흐름양을 추정하는 데 사용하는 식으로 세부설계자료로 사용하기에는 한계가 있다.

6.3.2 실내투수시험

실내투수시험은 대표성이 있는 흙시료를 현장에서 채취하여 실내에서 수행하는 투수시험으로 정수두투수시험(constant head permeability test)과 변수두투수시험(variable head permeability test)이 있다.

1) 정수두투수시험

그림 6.4a에 보인 바와 같이 물의 유입수두와 유출수두의 수위를 일정하게 유지하면서 흙 속으로 물을 통과시켜 유량이 일정하게 될 때 물을 모은 시간(t)과 유량(Q)을 측정한다.

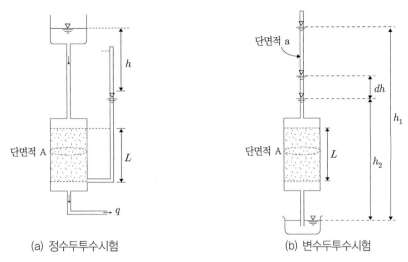

| (a) 정수두투수시험 | (b) 변수두투수시험 |

그림 6.4 실내투수시험 개요

Darcy 법칙을 이용하여 시간과 유량의 관계를 나타내면 식 6.8과 같다.

$$Q = qt = vAt = kiAt \tag{6.8}$$

여기서 Q : t 시간 동안 침투한 유량, v : Darcy 속도, A : 시료의 단면적, i : 동수경사이다. 식 6.8을 투수계수에 대하여 정리하면 식 6.9와 같다.

$$k = \frac{Q}{iAt} = \frac{QL}{hAt} \tag{6.9}$$

여기서 L : 물이 통과한 거리, h : 시험기 유입구와 유출구의 수두차를 나타낸다.

정수두시험은 모래 또는 작은 자갈과 같은 투수성이 비교적 큰 조립토에 대한 투수시험에 적합하다.

예제 6.3

직경 10cm, 길이 15cm인 정수두투수시험 몰드에 모래시료를 넣고 투수시험을 실시하여 다음과 같은 결과를 얻었다. 이 흙의 투수계수는 얼마인가?

몰드의 수위차 : 45cm, 물을 받은 시간 : 3분, 모은 물의 부피 : 2,000cm³

식 6.9를 이용하여 계산된 투수계수는

$$k = \frac{Q}{iAt} = \frac{QL}{hAt} = \frac{2{,}000 \times 15}{45 \times \left(\dfrac{\pi \times 10^2}{4}\right) \times 180} = 0.047\,\text{cm/sec}$$

이다.

2) 변수두투수시험

변수두투수시험은 그림 6.4b에 보인 바와 같이 시간이 경과함에 따라 스탠드파이프 내에서 저하하는 수위를 측정하여 투수계수를 구하는 시험이다. 시간 t_1 일 때 스탠드파이프 내의 수위와 유출부의 수위차가 h_1 이고 시간 t_2 에서의 스탠드파이프 내의 수위와 유출부의 수위차가 h_2 이다. 임의시간 t 에서의 수위차가 h 인 경우 흙시료를 통하여 유출되는 단위시간당 유량은 식 6.10과 같다.

$$q = k\frac{h}{L}A \tag{6.10}$$

여기서 L : 물이 통과한 거리, h : 시험기 유입구와 유출구의 수두차이며 A : 흙시료 단면적이다. 스탠드파이프를 통하여 유입되는 단위시간당 유량은

$$q = -\frac{dh}{dt}a \tag{6.11}$$

이며 a 는 스탠드파이프의 단면적이다. 식 6.10과 6.11은 같으므로 정리하면

$$-\frac{dh}{dt}a = k\frac{h}{L}A \tag{6.12}$$

$$-\frac{dh}{h} = \frac{k}{L}\frac{A}{a}dt \tag{6.13}$$

시간 t_1 에서 t_2 로 변화할 때 스탠드파이프 수위가 h_1 에서 h_2 로 변화하므로 식 6.14와 같이 나타난다.

$$-\int_{h_1}^{h_2}\frac{dh}{h} = \frac{k}{L}\frac{A}{a}\int_{t_1}^{t_2}dt \tag{6.14}$$

이 식을 적분하여 정리하면

$$\ln\frac{h_1}{h_2} = \frac{k}{L}\frac{A}{a}(t_2 - t_1) \tag{6.15}$$

$$k = \frac{a}{A}\frac{L}{t_2 - t_1}\ln\frac{h_1}{h_2} \tag{6.16}$$

이를 상용로그항으로 정리하면

$$k = 2.3\frac{a}{A}\frac{L}{t_2 - t_1}\log\frac{h_1}{h_2} \tag{6.17}$$

이며 식 6.16과 6.17을 이용하여 투수계수를 계산한다. 변수두시험은 비교적 세립으로서 투수성이 작은 흙(예 : 모래 또는 실트 등)에 대한 투수시험으로 적합하다. 점토와 같이 투수성이 아주 작은 토질에 대해서는 압밀시험에 의하여 간접적으로 투수계수를 구하기도 한다.

예제 6.4

포화된 가는 모래에 대하여 변수두투수시험을 실시하였다. 흙시료의 단면적(A)은 10cm^2, 길이(L)는 15cm이고 스탠드파이프의 단면적(a)은 1cm^{2}이다(그림 6.4b 참조). 시험을 시작한 후 7.5분 동안 스탠드파이프의 수위가 $h_1 = 50$cm로부터 $h_2 = 20$cm로 저하되었다고 할 때 시료의 투수계수를 구하여라.

풀 이

식 6.17을 이용하면

$$k = 2.3\frac{a}{A}\frac{L}{t_2 - t_1}\log\frac{h_1}{h_2} = 2.3\left(\frac{1}{10}\right)\left(\frac{15}{450}\right)\log\left(\frac{50}{20}\right) = 3.22 \times 10^{-3}\text{cm/sec}$$

이다.

다음과 같은 투수시험장치에 3m 수두차로 물이 통과하고 있다. 시료 1의 투수계수(k_1)는 1×10^{-2}cm/sec, 시료 2의 투수계수(k_2)는 4×10^{-3}cm/sec이었다.

1) a~c지점의 전수두를 계산하여라.

2) 단위면적 1cm²당 통과유량은 얼마인가?

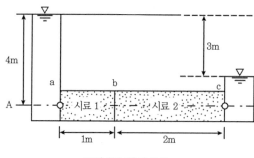

그림 6.5 예제 6.5

풀 이

동수경사 $i = h/L$의 관계식을 변형하면, $h = iL$로 쓸 수 있다. 시료를 통과하는 동안의 수두차를 식으로 표현하면

$$i_1 \times (1\text{m}) + i_2 \times (2\text{m}) = 3\text{m} \tag{①}$$

또한 시험기를 통과하는 유량은 동일하므로,

$$q = ki = 1 \times 10^{-2} i_1 = 4 \times 10^{-3} i_2 \tag{②}$$

②식으로부터 $i_2 = 2.5 i_1$ ③

③식을 ①식에 대입하면 $i_1 + 2.5 i_1 \times 2 = 3$, $6 i_1 = 3$
$$i_1 = 0.5 \, , \, i_2 = 2.5 \times 0.5 = 1.25$$

이다.

1) a점의 전수두는 흙을 통과하기 전이므로 $h_A = 4$m

   b점의 전수두는 $h_B = 4 - i_1(1) = 4 - 0.5 = 3.5$m

   c점의 전수두는 $h_C = 3.5 - i_2(2) = 3.5 - 1.25(2) = 1$m

2) 단위면적당 통과유량은 $q = kiA$

$$q = 1 \times 10^{-2}(0.5)(1) = 5 \times 10^{-3} \text{cm}^3/\text{sec}$$

   또는 $q = 4 \times 10^{-3}(1.25)(1) = 5 \times 10^{-3}$cm³/sec 이다.

6.3.3 현장투수시험

실내투수시험의 경우 채취된 시료의 체적이 적고 현장시료 채취 시 교란되므로 현장 흙의 상태를 재현하기 어려워 신뢰성이 저하된다. 따라서 큰 공사에서는 현장에서 투수시험을 하고 실내시험의 결과와 비교하는 경우가 많다. 현장투수시험은 실내시험 결과에 비하여 정확한 투수계수를 얻을 수 있으나 비용과 시간이 더 소요되는 단점이 있다. 우물 또는 보링 공을 이용한 현장투수시험은 지하수 채취 가능량의 계산, 터널 등 지반구조물 내로의 흐름 해석, 지하수·토양의 환경조사를 위한 수리상수의 파악을 위하여 많이 이용된다.

우물을 이용한 투수시험은 일정시간 지하수를 양수하면서 지하수 영향원(drawdown cone)이 저하되는 양상을 해석하는 양수시험(pumping test), 양수를 마친 후 수위가 회복되는 양상을 관찰하는 수위회복시험(recovery test), 보링 공 내에 물을 순간적으로 주입하여 저하하는 양상을 관찰하는 Falling head test, 물을 퍼 올려 수면을 저하시킨 후 그 회복현상을 관찰하는 Rising head test 등이 있는데 여기에는 양수시험만을 소개한다. 보다 상세한 현장투수시험 및 해석방법에 대한 내용은 Das(2006), 장연수 등(2000)을 참조하기 바란다.

1) 대수층

흙을 통하여 많은 물을 통과시킬 수 있는 지층을 대수층(aquifer)이라고 한다. 대수층을 구성하는 토질은 주로 모래자갈과 같은 투수성이 큰 흙으로 구성되어 있다. 대수층의 경계를 나타낼 때 상부경계는 지하수위면, 하부경계는 불투수층으로 구성되어 있는 자유면대수층(또는 비피압대수층, unconfined aquifer)과 상하경계면이 투수계수가 낮은 점토 등으로 구성된 피압대수층(confined aquifer)으로 분류할 수 있다(그림 6.6의 지질층 참조). 피압대수층에 스탠드파이프를 삽입하였을 경우 수두가 상부 지하수위면보다 높거나 지표면보다 높은 수두를 형성하여 대수층에 꽂은 파이프를 통하여 지하수가 흘러나오는 경우가 있는데 이러한 우물을 피압우물(artesian well)이라 한다. 자유면대수층에 뚫은 우물은 중력우물(gravity well)이라 하며 이 경우는 우물의 수위와 주변 지하수위가 같은 높이(level)를 이룬다.

우물로부터 양수를 실시할 경우 처음에는 시간에 따라 수위가 변하는 천이흐름(transient flow)이 이루어지나 양수하는 수량과 주변 수위저하로 흘러드는 수량이 균형을 이루면 정상상태(steady state)흐름이 이루어진다. 정상상태흐름에서는 주변지반의 투수계수(k)만을 파악하는 반면 천이흐름 상태에서는 투수계수(k)와 저류계수(S)를 동시에 파악할 수 있는 장점이 있다. 천이흐름에 대한 양수시험의 상세한 설명은 건교부(2006)이나 장연수 등(2002)을 참조하기 바란다.

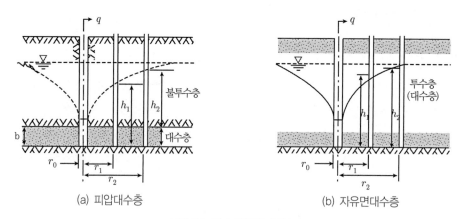

(a) 피압대수층   (b) 자유면대수층

그림 6.6 양수시험의 구성도

2) 중력우물시험

시험정은 자유면대수층을 통과하도록 파고 일정속도 q로 우물 속의 수위가 일정해지는 정상상태 (steady state)가 될 때까지 양수한다(그림 6.6b). 이 상태에서의 양수량은 Darcy 법칙을 이용하여 다음과 같이 나타낼 수 있다.

$$q = kiA \tag{6.18}$$

여기서 동수경사 $i \approx \dfrac{dh}{dr}$ 이고 양수정 주변으로 물이 흘러드는 부분의 면적은 $A = 2\pi rh$ 이므로 식 6.18은 다음과 같이 쓸 수 있다.

$$q = k\frac{dh}{dr}2\pi rh \tag{6.19}$$

양수우물에서의 거리 r_1, r_2의 거리에 관측정을 파고 양수 중 관측된 수위가 각각 h_1, h_2라고 하여(그림 6.6b) 식 6.19를 r과 h항으로 구분하여 정리한 후 적분하면 식 6.20, 6.21과 같다.

$$\int_{r_1}^{r_2} \frac{dr}{r} = \frac{2\pi k}{q} \int_{h_1}^{h_2} h dh \tag{6.20}$$

$$\ln \frac{r_2}{r_1} = \frac{2\pi k}{q} \frac{(h_2^2 - h_1^2)}{2} \tag{6.21}$$

식 6.21을 투수계수 k에 대하여 정리하면 투수계수는 식 6.22로 산출된다.

$$k = \frac{q}{\pi(h_2^2 - h_1^2)}\ln\frac{r_2}{r_1} = \frac{2.3q}{\pi(h_2^2 - h_1^2)}\log\frac{r_2}{r_1} \tag{6.22}$$

3) 피압우물시험

피압우물시험은 시험정을 불투수층 사이에서 압력을 받고 있는 피압대수층에 관통하여 설치한 후 수행하는 양수시험을 말한다. 그림 6.6a와 같이 정상상태에 도달할 때까지 양수하면 양수량은 다음 식으로 나타낼 수 있다.

$$q = kiA = k\frac{dh}{dr}2\pi rb \tag{6.23}$$

여기서 b는 피압대수층의 두께이다. 식 6.23을 r과 h항으로 구분하여 정리한 후 적분하면 식 6.24, 6.25와 같다.

$$\int_{r_1}^{r_2}\frac{dr}{r} = \frac{2\pi kb}{q}\int_{h_1}^{h_2}dh \tag{6.24}$$

$$\ln\frac{r_2}{r_1} = \frac{2\pi kb}{q}(h_2 - h_1) \tag{6.25}$$

식 6.25를 투수계수 k에 대하여 정리하면 투수계수는 식 6.26으로 산출된다.

$$k = \frac{q}{2\pi b(h_2 - h_1)}\ln\frac{r_2}{r_1} = \frac{2.3q}{2\pi b(h_2 - h_1)}\log_{10}\frac{r_2}{r_1} \tag{6.26}$$

예제 6.6

그림 6.6b에 보인 바와 같은 자유면대수층에서 양수시험을 실시하여 영향원이 정상상태에 도달하였을 때 다음과 같은 결과를 얻었다.

$$q = 2.0\text{m}^3/\text{min}, \ h_1 = 3\text{m}, \ h_2 = 5\text{m}, \ r_1 = 2\text{m}, \ r_2 = 6\text{m}$$

이 대수층에서의 투수계수를 계산하여라.

풀 이

$$k = \frac{2.3q}{\pi(h_2^2 - h_1^2)}\log\frac{r_2}{r_1} = \frac{2.3 \times (2.0/60)}{\pi(5^2 - 3^2)}\log\left(\frac{6}{2}\right) = \frac{2.3 \times 0.033 \times 0.4771}{50.24} = 2.43 \times 10^{-5}\text{m/sec}$$

예제 6.7

피압대수층에 설치된 직경이 0.6m의 우물에서 $q = 0.004\text{m}^3/\text{sec}$로 양수하는 우물의 수위($h_w$)는 15.5m, 우물로부터 12m 이격된 관측정의 수위(h_2)는 17.7m이었다. 대수층의 폭이 5m라고 할 때 본 대수층의 투수계수를 계산하여라.

풀 이

우물의 반경 $r_w = 0.3$m이며 이곳의 수위 $h_1(= h_w)$는 45.5m이다. 투수계수 계산은 식 6.26으로부터

$$k = \frac{q\ln(r/r_w)}{2\pi b(h_2 - h_1)} = \frac{0.004\ln(12/0.3)}{2\pi(5)(17.7 - 15.5)} = 0.00021\text{m/sec}$$

6.4 투수계수에 영향을 미치는 인자

Taylor(1948)는 투수계수를 구성하는 지반정수를 분석하여 식 6.27을 제안하였다.

$$k = CD_{10}^2\frac{e^3}{1+e}\frac{\gamma_w}{\eta} \tag{6.27}$$

여기서 η : 물의 점성계수, D_{10} : 유효입경, e : 흙의 간극비, γ_w : 물의 단위중량이다. 식 6.27로부터 투수계수에 영향을 미치는 인자를 분석해보면 다음과 같다.

1) 흙입자 크기

흙입자의 크기가 증가할수록 투수계수가 증가한다.

$$k \propto D_{10}^2 \tag{6.28}$$

2) 간극비

간극비가 증가할수록 투수계수가 증가한다.

$$k \propto \frac{e^3}{1+e} \approx e^2 \tag{6.29}$$

3) 물의 단위중량

물의 단위중량이 증가할수록 투수계수가 증가한다.

4) 물의 점성

물의 점성이 증가할수록 투수계수는 감소한다. 온도(T)가 증가할수록 점성(η)은 감소하므로 침투하는 흙 내부의 온도가 증가할수록 투수계수는 증가한다.

투수계수는 흙의 특성(흙의 유효경, 간극비)과 이를 흘러가는 유체(여기서는 물의 점성계수와 단위중량)의 특성에 관한 함수인 것을 알 수 있다. 이 두 변수를 포함하도록 식을 재구성하면 다음과 같다.

$$k = \frac{K\gamma_w}{\eta} = \frac{K\rho g}{\eta} \tag{6.30}$$

여기서 K는 흙의 특성을 반영하는 투수계수로 절대투수계수(absolute permeability 또는 intrinsic permeability, 단위 : L^2)라고 부른다. 물의 단위중량 γ_w는 물의 밀도(ρ)와 중력가속도(g)의 곱으로 나타내었으며 η는 점성계수이다. 만일 흙을 통과하는 유체가 물과 다른 점성과 밀도를 가진 유체라면 이에 따라 투수계수값도 변할 수 있음을 의미한다.

5) 포화도

공기가 있으면 물의 흐름을 방해하기 때문에 흙의 포화도(S)가 클수록 투수계수는 커진다.

6) 흙입자의 구조

흙입자의 구조가 면모구조일 때의 투수계수가 이산구조일 때보다 크다(그림 4.6, 4.7 참조).

7) 물의 온도

물의 온도가 높을수록 점성이 작아지기 때문에 투수계수는 커진다.

6.5 다층지반에서의 등가투수계수

6.5.1 투수계수의 비균질성과 비등방성

자연토의 투수계수는 흙입자의 구성이 퇴적된 시기와 지역에 따라 달라진다. 예를 들어 우리나라의 하절기와 같이 수량이 많은 시기에는 하천이 토사를 이동시킬 수 있는 에너지가 큰 관계로 자갈, 모래 등 큰 입자가 하류에 퇴적되어 투수계수가 큰 지층이 형성된다. 반면 갈수기에는 흙의 미세입자만이 퇴적되어 투수계수가 작은 지층이 형성된다. 또한 같은 지층에서도 흙을 구성하고 있는 흙입자의 평행한 면이 퇴적 시 지층에 평행한 방향으로 층을 이루면서 퇴적되므로 수평방향의 투수계수와 수직방향의 투수계수가 달라진다.

전자의 예에서 흙이 쌓이는 지층에 따라 각각 다른 값의 투수계수를 가진 경우의 지층을 비균질층(inhomogeneous strata)이라 하고 반대로 지층의 투수계수가 균질하면 균질층(homogeneous strata)이라고 한다. 후자의 예에서 흙입자가 퇴적된 방향에 따라 수평 및 수직투수계수(k_h, k_v)가 달라지는 경우 비등방성 지층(anisotropic strata), 퇴적된 방향에 상관없이 일정한 경우를 등방성 지층(isotropic strata)이라고 한다. 이 두 가지 요소를 조합하면 그림 6.7과 같이 투수계수에 관한 네 가지 지층으로 분류된다.

흙을 통한 흐름 해석 시에는 투수계수가 다른 여러 층으로 구성된 지층(stratified strata)의 투수특성을 알아야 하는 경우가 많다. 이와 같은 다층지반에서의 투수계수는 각 지층에 수평한 방향이나 수직한 방향의 투수계수를 구한 후 다음과 같은 방법으로 평균한 등가투수계수(equivalent per-meability)를 구하여 사용한다.

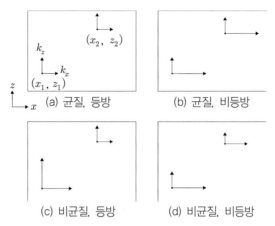

그림 6.7 흙의 투수계수의 균질성과 비균질성, 등방성과 비등방성의 비교

6.5.2 지층에 평행한 흐름

그림 6.8에 h_1, h_2, $\cdots h_n$ 의 두께와 k_1, k_2, $\cdots k_n$ 의 투수계수를 가진 여러 토층으로 구성된 지반을 나타내었다. 지반 내의 흐름이 수평으로 이루어지고 있다고 할 때 전체 유량은 각 층의 유량을 합한 것과 같다.

$$q = q_1 + q_2 + \cdots + q_n \tag{6.31}$$

각 층별 유량은 Darcy 속도 $v_y \cdots v_n$ 에 각 층의 두께를 곱한 것과 같으므로 다음과 같이 쓸 수 있다.

$$q = vA = v(h \times 1) \tag{6.32a}$$
$$vh = v_1 h_1 + v_2 h_2 + \cdots + v_n h_n \tag{6.32b}$$

동수경사는 각 층마다 동일하므로, Darcy의 법칙에 의해 이 지층의 전체 유출속도 v는 다음과 같이 계산할 수 있다.

$$v = k_h i = \frac{1}{h}(v_1 h_1 + v_2 h_2 + \cdots + v_n h_n) \tag{6.33}$$

$$= \frac{1}{h}(k_1 i h_1 + k_2 i h_2 + \cdots + k_n i h_n) \tag{6.34}$$

여기서 $h = h_1 + h_2 + \cdots + h_n$ 이고 k_h 는 수평방향으로의 등가투수계수이다. 식 6.34에서 동수경사 i 를 양변에서 제거하고 수평방향으로의 등가투수계수 k_h 에 대하여 정리하면 식 6.35와 같이 나타낼 수 있다.

$$k_h = \frac{1}{h}(k_1 h_1 + k_2 h_2 + \cdots + k_n h_n) = \frac{\displaystyle\sum_{j=1}^{n}(k_j h_j)}{\displaystyle\sum_{j=1}^{n} h_j} \tag{6.35}$$

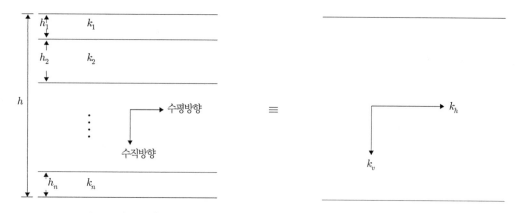

그림 6.8 여러 토층으로 구성된 지반 내에서 수평 및 수직흐름과 등가투수계수

6.5.3 지층에 직각인 흐름

그림 6.8에 보인 바와 같이 지반에 직각방향으로 물이 흐른다고 하면 각 층을 통과한 유량은 동일하나 동수경사는 각 층마다 달라진다. 각 층의 동수경사를 각각 i_1, i_2, $\cdots$ i_n 이라 하고, 전 토층의 두께를 h, 전 지반을 통과하여 손실된 수두를 Δh 라 하면 다음과 같이 쓸 수 있다. 즉, 각 층의 유량이 동일하면 각 층의 유속도 동일하다.

$$v = v_1 = v_2 = v_3 \cdots = v_n$$

$$v = k_v \frac{\Delta h}{h} = k_1 i_1 = k_2 i_2 \cdots = k_n i_n \qquad (6.36)$$

이를 각 토층의 수두손실항으로 표현하면

$$v = ki = k_1 \frac{\Delta h_1}{h_1} = k_2 \frac{\Delta h_2}{h_2} = \cdots = k_n \frac{\Delta h_n}{h_n} \qquad (6.37)$$

전체 손실수두는 각 층 손실수두의 합이므로 식 6.37을 수두손실항에 대하여 정리하여 합하면 전지반의 수두손실은,

$$\Delta h = \Delta h_1 + \Delta h_2 + \cdots + \Delta h_n \qquad (6.38a)$$

$$= \frac{v h}{k_v} = \frac{v h_1}{k_1} + \frac{v h_2}{k_2} + \cdots + \frac{v h_n}{k_n} \qquad (6.38b)$$

수직방향으로의 등가투수계수는 식 6.36의 첫째 항으로부터 $k_v = \dfrac{vh}{\Delta h}$ 로 표현할 수 있으므로 이 식의 Δh 대신 식 6.38b를 대입하고 정리하면 수직방향의 등가투수계수는 식 6.39와 같다.

$$k_v = \frac{h}{\dfrac{h_1}{k_1} + \dfrac{h_2}{k_2} + \cdots + \dfrac{h_n}{k_n}} = \frac{\displaystyle\sum_{j=1}^{n} h_j}{\displaystyle\sum_{j=1}^{n} \left(\dfrac{h_j}{k_j} \right)} \qquad (6.39)$$

예제 6.8

다음 그림과 같이 두께가 균질하고 등방성인 지층이 놓여 있다. 수평 및 수직방향의 등가투수계수를 계산하여라.

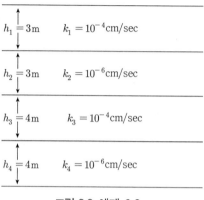

$h_1 = 3\text{m}$ $k_1 = 10^{-4}\text{cm/sec}$

$h_2 = 3\text{m}$ $k_2 = 10^{-6}\text{cm/sec}$

$h_3 = 4\text{m}$ $k_3 = 10^{-4}\text{cm/sec}$

$h_4 = 4\text{m}$ $k_4 = 10^{-6}\text{cm/sec}$

그림 6.9 예제 6.8

풀 이

등가수평투수계수 계산식 6.35로부터

$$k_h = \frac{1}{\displaystyle\sum_{i=0}^{4} h_i} \left(k_1\,h_1 + k_2\,h_2 + k_3\,h_3 + k_4\,h_4 \right)$$

$$= \frac{1}{1,400} \left\{ 10^{-4}\,(300) + 10^{-6}\,(300) + 10^{-4}\,(400) + 10^{-6}\,(400) \right\}$$

$$= 50.5 \times 10^{-6} = 5.05 \times 10^{-5}\text{cm/sec}$$

등가수직투수계수 계산식 6.32로부터

$$k_v = \frac{\displaystyle\sum_{i=1}^{4} h_i}{\dfrac{h_1}{k_1} + \dfrac{h_2}{k_2} + \dfrac{h_3}{k_3} + \dfrac{h_4}{k_4}}$$

$$= \frac{1,400}{\dfrac{300}{10^{-4}} + \dfrac{300}{10^{-6}} + \dfrac{400}{10^{-4}} + \dfrac{400}{10^{-6}}}$$

$$= 1.98 \times 10^{-6}\text{cm/sec}$$

예제 6.9

다음 그림과 같이 세 가지 토질로 구성된 지층이 있다. 바닥층에는 자갈질 대수층이 160kN/m²의 피압을 받고 있으며 지표부에는 1m의 수위를 유지한다고 할 때 다음 사항을 결정하여라.

1) 수직흐름 방향으로의 등가투수계수와 단위면적당 수량을 계산하여라.

2) 세립모래/실트, 실트/세립실트 경계면에서 과잉간극수압을 계산하여라.

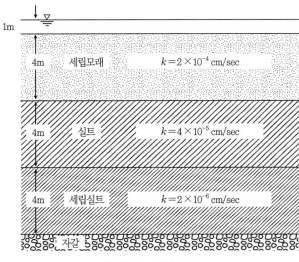

1m ↓ ▽

4m 세립모래 $k = 2 \times 10^{-4}$ cm/sec

4m 실트 $k = 4 \times 10^{-5}$ cm/sec

4m 세립실트 $k = 2 \times 10^{-6}$ cm/sec

자갈

그림 6.10 예제 6.9

풀　이

1) 수직등가투수계수를 계산하면

$$k_v = \frac{1{,}200}{\dfrac{400}{2.0 \times 10^{-4}} + \dfrac{400}{4.0 \times 10^{-5}} + \dfrac{400}{2.0 \times 10^{-6}}} = 5.66 \times 10^{-6}\,\text{cm/sec}$$

자갈질 대수층의 피압수두가 16m이고 지하수로 인한 정수두($= 3 \times 4 + 1) = 13$m이므로 두 수두로 인한 수두차는 $(16 - 13) = 3.0$m이다. 이로 인하여 상향흐름이 발생하게 된다. 상향흐름의 유량을 계산하면 다음과 같으며 수직상향흐름이므로 각 층별 통과유량은 동일하다.

$$q = ki = 5.66 \times 10^{-6} \times \frac{3.0}{12} = 1.42 \times 10^{-6}\,\text{cm}^3\text{/s}$$

2) 하부자갈층으로부터 각 층 통과 후 과잉간극수압 손실을 계산하면 다음과 같다.

　－세립실트 통과 후 통과유량 $q = 1.42 \times 10^{-6} = 2.0 \times 10^{-6} \times \dfrac{h}{4}\,(= ki)$

　　과잉간극수압손실 $h = \dfrac{1.42 \times 10^{-6} \times 4}{2 \times 10^{-6}} = 2.84\,\text{m}$

　－실트층 통과 후 과잉간극수압손실 $h = \dfrac{1.42 \times 10^{-6} \times 4}{4 \times 10^{-5}} = 0.14\,\text{m}$

　－세립모래 통과 후 과잉간극수압손실 $h = \dfrac{1.42 \times 10^{-6} \times 4}{2 \times 10^{-4}} = 0.02\,\text{m}$

　－세립실트와 실트 경계면 과잉간극수압 $\Delta h_1 = 3 - 2.84 = 0.16\,\text{m}$

　－실트와 세립모래 경계면 과잉간극수압 $\Delta h_2 = 0.16 - 0.14 = 0.02\,\text{m}$

6.6 흐름의 기본이론

흙 속으로의 물의 흐름에 대한 방정식은 Darcy 법칙을 연속방정식(continuity equation)에 대입하여 편미분방정식(partial differential equation)으로 표현한다.

그림 6.11과 같이 변의 길이가 Δx, Δy, Δz를 가진 흙의 요소를 생각해보자. 정상류 흐름에서의 질량보존의 법칙에 의거하면 흐름영역 밖에서 흙요소에 공급 또는 배수되는 유량이 없는 경우 단위시간에 이 요소에 유입되는 유량은 유출되는 유량과 동일하므로 식 6.40이 성립한다.

$$q_{in} - q_{out} = 0 \tag{6.40}$$

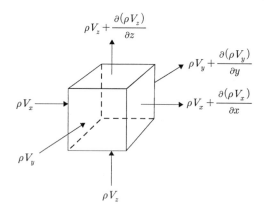

그림 6.11 흙의 단위요소에서 물의 흐름

이때 x, y, z 각 방향으로 흐르는 유량은

$$x\text{방향} \left[\rho V_x - \left\{ \rho V_x + \frac{\partial}{\partial x}(\rho V_x) \Delta x \right\} \right] \Delta y \Delta z = \frac{\partial}{\partial x}(\rho V_x) \Delta x \Delta y \Delta z \tag{6.41a}$$

$$y\text{방향} \left[\rho V_y - \left\{ \rho V_y + \frac{\partial}{\partial y}(\rho V_y) \Delta y \right\} \right] \Delta x \Delta z = \frac{\partial}{\partial y}(\rho V_y) \Delta x \Delta y \Delta z \tag{6.41b}$$

$$z\text{방향} \left[\rho V_z - \left\{ \rho V_z + \frac{\partial}{\partial z}(\rho V_z) \Delta z \right\} \right] \Delta x \Delta y = \frac{\partial}{\partial z}(\rho V_z) \Delta x \Delta y \Delta z \tag{6.41c}$$

식 6.41a, 6.41b, 6.41c를 정리하면

$$\left[\frac{\partial}{\partial x}(\rho V_x) + \frac{\partial}{\partial y}(\rho V_y) + \frac{\partial}{\partial z}(\rho V_z)\right]\Delta x \Delta y \Delta z = 0 \qquad (6.42)$$

이다. 각 방향요소를 다음과 같은 방식으로 미분하면

$$\frac{\partial}{\partial x}(\rho V_x) = V_x \frac{\partial \rho}{\partial x} + \rho \frac{\partial V_x}{\partial x} \qquad (6.43)$$

이며 물과 같은 유체는 압축성이 미미하므로

$$V_x \frac{\partial \rho}{\partial x} \ll \rho \frac{\partial V_x}{\partial x} \qquad (6.44)$$

이다. 따라서 식 6.43의 오른편 첫째 항을 무시하면 x, y, z방향 모두에 대하여 식 6.42는 다음과 같이 정리된다.

$$\frac{\partial V_x}{\partial x} + \frac{\partial V_y}{\partial y} + \frac{\partial V_z}{\partial z} = 0 \qquad (6.45)$$

식 6.45에 다음과 같은 Darcy 법칙을 대입하면,

$$V_x = -k_x \frac{\partial h}{\partial x} \quad ; \quad V_y = -k_y \frac{\partial h}{\partial y} \quad ; \quad V_z = -k_z \frac{\partial h}{\partial z} \qquad (6.46)$$

식 6.46을 식 6.45에 대입하여 식 6.47과 같은 편미분방정식이 성립한다.

$$\frac{\partial}{\partial x}\left(k_x \frac{\partial h}{\partial x}\right) + \frac{\partial}{\partial y}\left(k_y \frac{\partial h}{\partial y}\right) + \frac{\partial}{\partial z}\left(k_z \frac{\partial h}{\partial z}\right) = 0 \qquad (6.47)$$

여기서 투수계수가 균질하면서 이방성이면

$$k_x \frac{\partial^2 h}{\partial x^2} + k_y \frac{\partial^2 h}{\partial y^2} + k_z \frac{\partial^2 h}{\partial z^2} = 0 \qquad (6.48)$$

이고 투수계수가 균질하면서 등방성인 경우에는 $k_x = k_y = k_z = k$이므로

$$\frac{\partial^2 h}{\partial x^2} + \frac{\partial^2 h}{\partial y^2} + \frac{\partial^2 h}{\partial z^2} = 0 \tag{6.49}$$

이다. 식 6.49는 Laplace 방정식이라고 부르며

$$\nabla^2 h = 0 \tag{6.50}$$

로 간략히 표현된다. Laplace 방정식은 비압축성 다공질 매체에서 x, y, z 3방향 동수경사 변화의
합이 0이 되는 것을 의미한다.

6.7 유선망

6.7.1 유선망의 작도

앞 절에서 소개한 Laplace 방정식은 경계조건이 주어지면 다공질 매체를 통한 흐름을 수치해석
(numerical analysis)이나 유선망(flow net)기법을 이용하여 풀어 지반 내의 수두분포를 알 수 있
게 해준다.

유선망은 흙 속에서 물입자가 이동하는 경로인 유선(flow line)과 여러 유선에서 전수두가 같은
점을 연결한 선인 등수두선(equipotential line)의 조합으로 구성된 망이다. Laplace 방정식을 유선
망을 이용하여 도시하면 유선과 등수두선이 서로 직각으로 교차하게 된다.

그림 6.12에는 널말뚝 좌측 상류면과 우측 하류면의 수두차 Δh에 의하여 발생하는 널말뚝 하부
로의 침투류를 나타내는 2차원유선망을 나타내었다. 널말뚝 하부흐름을 유선망을 이용하여 작도하
기 위해서는 우선 경계조건을 그린다. 그림에 나타난 경계조건은 다음과 같다.

(1) AB, CD는 각각 전수두가 일정하여 등수두선이다.
(2) 널말뚝(콘크리트댐)을 따라 흐르는 BGC와 불투수층을 따라 흐르는 EF는 비흐름경계(no
    flow boundary)로서 유선이다.

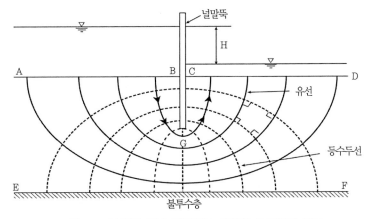

그림 6.12 널말뚝 하부 침투류를 해석한 유선망의 작도

유선망의 작도는 경계조건을 그린 후(그림 6.12의 경우 $\overline{AB}$, $\overline{CD}$, $\overline{BGC}$, $\overline{EF}$) 추가로 2~4개의 유선을 가정하여 원활한 곡선이 되도록 그린다. 이 흐름의 경로를 나타내는 유선은 실선으로 그리고 동일 손실수두선인 등수두선은 점선으로 나타내며 이들은 직각으로 교차하고 정사각형의 망을 형성한다. 완성된 유선망의 경우 등수두선은 경계면에도 직각으로 교차한다. 콘크리트댐 하부로의 유선망 작성 예를 그림 6.13에 나타내었다.

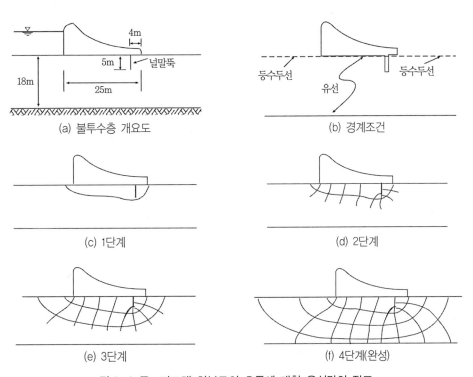

그림 6.13 콘크리트댐 하부로의 흐름에 대한 유선망의 작도

6.7.2 유선망을 이용한 유량계산

널말뚝 내의 한 요소를 선정하여 그림 6.14와 같이 표현하면 이 요소 내로의 흐름은 Darcy 법칙에 의해 다음 식과 같이 표현할 수 있다.

$$\Delta q = k \cdot \frac{\Delta h}{a} \cdot b \times 1 \tag{6.51}$$

여기서 Δq : 인접 유선 사이(flow tube)의 흐름양, Δh : 인접한 등수두선 사이의 수두손실, a : 등수두선 사이의 길이, b : 유선 사이의 폭이다.

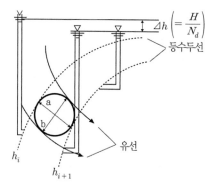

그림 6.14 유선망 한 요소에서의 흐름형태

인접 등수두선 사이 수두손실 Δh와 인접 유선 사이 튜브의 유량 Δq는 널말뚝 전체의 수두감소량 H와 널말뚝 하부로의 전 침투유량 Q를 등수두선의 개수 N_d와 유선튜브의 개수 N_f로 나누어 다음과 같이 결정된다.

$$\Delta h = \frac{H}{N_d} \tag{6.52a}$$

$$\Delta q = \frac{Q}{N_f} \tag{6.52b}$$

여기서 H는 전 수두감소(head loss), Q는 전 침투수량, N_d는 등수두선의 개수, 즉 등수두선 사이의 간격 수, N_f는 유선튜브의 개수, 즉 유로의 수이다.

식 6.51, 6.52a를 식 6.52b에 대입하여 정리하면

$$Q= N_f \Delta q = N_f k \frac{H}{N_d} \frac{b}{a}$$

$$= kH \frac{b}{a} \frac{N_f}{N_d}$$

(6.53)

여기서 b/a는 형태계수(shape factor)라고 하며 유선망에서 한 개 요소의 등수두선과 유선은 정사각형을 이루어 a와 b는 같다고 본다. 따라서 널말뚝을 통한 침투유량은 식 6.54로 결정된다.

$$Q= kH \frac{N_f}{N_d}$$

(6.54)

여기서 Q : 전 침투수량, k : 투수계수, H : 수두감소(head loss), N_d : 등수두선의 개수, N_f : 유선튜브의 개수이다.

예제 6.10

다음 그림에 보인 바와 같은 널말뚝 하부로의 흐름에 대한 유선망이 있다. 기초지반의 투수계수 $k= 2 \times 10^{-4}$m/sec라고 할 때 다음에 답하여라.
1) a, b, c점에서의 피에조메터 수위를 계산하여라(기준은 지표면으로 한다).
2) 유선망 1개의 튜브(음영부)를 통한 단위폭당 침투수량을 계산하여라.
3) 널말뚝 하부를 흐르는 전체 침투수량을 계산하여라.

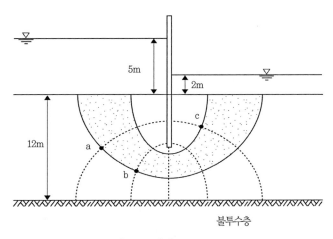

그림 6.15 예제 6.10

풀 이

1) 상하류면의 전수두차는 3m이고 등수두선의 개수 $N_d = 6$이다.

   따라서 유선망 하나에 대한 수두차는 $\Delta h = h/N_d = 3/6 = 0.5\,\text{m}$이다.

   $\quad$ a점 : $5 - 0.5 \times 1 = 4.5\,(\text{m})$ $\qquad$ b점 : $5 - 0.5 \times 2 = 4.0\,(\text{m})$

   $\quad$ c점 : $5 - 0.5 \times 5 = 2.5\,(\text{m})$

2) $\Delta q = k\dfrac{h}{N_d} = 2 \times 10^{-4} \times \dfrac{3}{6} = 1 \times 10^{-4}\,\text{m}^3/\text{sec/m}$

3) $q = kh\dfrac{N_f}{N_d} = 2 \times 10^{-4} \times 3 \times \dfrac{3}{6} = 3 \times 10^{-4}\,\text{m}^3/\text{sec/m}$이다.

예제 6.11

다음과 같은 흐름이 발생하고 있는 콘크리트댐의 하부 유선망을 작도하였다. 하부사질토지반의 투수계수 $k = 1.0 \times 10^{-2}\,\text{cm/sec}$이라고 할 때 다음에 답하라.

1) 단위폭당 통과유량을 계산하여라.

2) a~d점의 피에조메터 수위를 계산하여라(기준 : 지표면).

3) 댐체 하부에서의 양압력(uplift force)을 계산하여라.

4) c점에서 출구까지의 동수경사를 계산하여라.

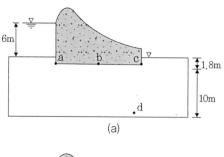

(a)

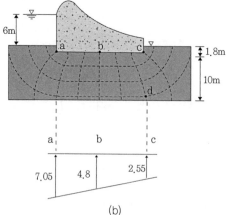

(b)

그림 6.16 예제 6.11(a), 양압력(간극수압)의 분포(b)

풀   이

1) $N_f = 3.2, N_d = 8$이므로

$$q = kh \frac{N_f}{N_d} = \frac{0.01}{100} \times 6 \times \frac{3.2}{8} = 2.4 \times 10^{-4} \text{m}^3/\text{sec/m}$$

2) 상하류면의 전수두차는 6m, 등수두선의 개수 $N_d = 8$이다. 유선망 하나에 대한 수두차를 계산하면 $\Delta h = h/N_d = 6/8 = 0.75 \text{m}$이다. 각 점의 피에조메터 수위는

   a점 : $6 - 0.75 \times 1 = 5.25 \text{(m)}$ b점 : $6 - 0.75 \times 4 = 3.0 \text{(m)}$

   c점 : $6 - 0.75 \times 7 = 0.75 \text{(m)}$ d점 : $6 - 0.75 \times 6 = 1.5 \text{(m)}$

   피에조메터 수위는 지표면을 기준으로 한 전수두이다.

3) 콘크리트 하부 양모서리(a, c)와 중앙 부분(b)에서의 압력수두를 구하여 양압력으로 환산한다. 기초지반의 압력수두는 전수두에서 위치수두를 뺀 값이므로 각 점에서의 간극수압을 계산하면 다음과 같다.

$$u_a = p_a = \gamma_w(h_a - z_a) = 1 \times [5.25 - (-1.8)] = 7.05 \text{t/m}^2$$
$$u_b = p_b = \gamma_w(h_b - z_b) = 1 \times [3 - (-1.8)] = 4.8 \text{t/m}^2$$
$$u_c = p_c = \gamma_w(h_c - z_c) = 1 \times [0.75 - (-1.8)] = 2.55 \text{t/m}^2$$

   간극수압의 분포를 그림 6.16b에 나타내었으며 이 압력이 댐의 바닥에서 상향으로 작용하는 양압력이다.

4) c점으로부터 출구까지의 거리 1.8m, 수두차는 c점의 전수두와 같다.

   따라서 $i = \frac{\Delta h}{l} = \frac{0.75}{1.8} = 0.42$이다.

6.8 비등방성 흙에서의 유선망

앞 절에서의 유선망은 지반의 투수계수가 등방성인 경우에 적용되는 방법이다. 그러나 자연적으로 퇴적되는 지반에 있어서 수직방향의 투수계수(k_z)보다는 수평방향의 투수계수(k_x)가 큰 비등방성인 경우($k_x \approx 10 \sim 100 k_z$)가 대부분이다. 비등방성인 지반의 2차원흐름지배방정식은 식 6.55와 같이 쓸 수 있다.

$$k_x \frac{\partial^2 h}{\partial x^2} + k_z \frac{\partial^2 h}{\partial z^2} = 0 \tag{6.55}$$

이 식의 양변을 k_z로 나누어 위의 식을 고쳐 쓰면 식 6.56과 같다.

$$\frac{\partial^2 h}{\left(\dfrac{k_z}{k_x}\right)\partial x^2} + \frac{\partial^2 h}{\partial z^2} = 0 \tag{6.56}$$

$x_t = \sqrt{\dfrac{k_z}{k_x}}\,x$로 하여 식 6.56을 다시 쓰면 식 6.57과 같다.

$$\frac{\partial^2 h}{\partial x_t^2} + \frac{\partial^2 h}{\partial z^2} = 0 \tag{6.57}$$

식 6.57은 Laplace 방정식 형태이므로 x_t와 z의 좌표계를 써서 유선망을 그리면 등방성인 경우의 유선망작도법이 적용될 수 있다.

비등방성지반에 대한 유선망작도의 순서를 요약하면 다음과 같다(그림 6.17).

(1) 수평방향의 길이를 $\sqrt{\dfrac{k_z}{k_x}}$ 로 축소하여 구조물과 지반의 단면을 그린다.

(2) 축소시킨 단면에 등방성인 경우의 유선망작도법을 적용하여 유선망을 작도한다(그림 6.17c).

(3) 2단계에서 그린 유선망의 x방향에 $\sqrt{\dfrac{k_x}{k_z}}$ 를 곱하여 원축척으로 환원하면 그림 6.17d와 같이 비등방성지반의 유선망이 작도된다. 비등방성지반의 유선과 등수두선은 직교하지 않는 것을 알 수 있다.

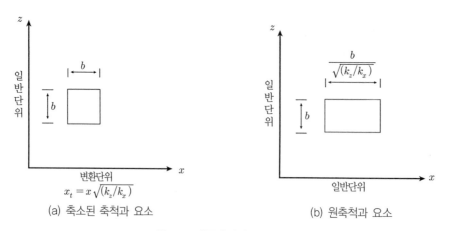

(a) 축소된 축척과 요소   (b) 원축척과 요소

그림 6.17 비등방방성지반의 유선망

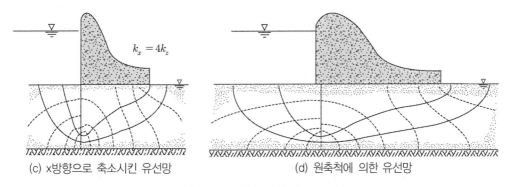

(c) x방향으로 축소시킨 유선망　　　　　　(d) 원축척에 의한 유선망

그림 6.17 비등방성지반의 유선망(계속)

유선망이 작도되면 식 6.58을 이용하여 침투유량을 구한다. 이 경우 그림 6.17a의 축소된 축척에서의 한 개 튜브에 대한 유량공식은 다음과 같다.

$$\Delta q = k' \frac{\Delta h}{b} b \tag{6.58}$$

여기서 k'은 축소된 단면에서 구한 등가투수계수이다. 원축척으로 그린 그림 6.17d에서의 유량공식은 다음과 같이 쓸 수 있다.

$$\Delta q = k_x \frac{\Delta h}{b \sqrt{\dfrac{k_x}{k_z}}} b \tag{6.59}$$

축소된 축척과 원축척에서 침투유량은 동일하여야 하므로 식 6.58과 식 6.59는 같다. 따라서 이를 등식으로 놓고 풀면 식 6.60과 같이 이방성지반에서 등가투수계수를 구할 수 있다.

$$k' = k_x \sqrt{\frac{k_z}{k_x}} = \sqrt{k_x k_z} \tag{6.60}$$

따라서 이방성지반에 대한 전체 침투유량을 구하는 공식은 다음과 같이 쓸 수 있다.

$$q = k' H \frac{N_f}{N_d} \tag{6.61}$$

여기서 q는 전 침투수량, k'은 등가투수계수, H는 수두감소(head loss), N_d는 등수두선의 개수, N_f는 유선튜브의 개수이다.

그림 6.18에 보인 바와 같은 댐 아래 투수층의 수평 및 수직방향의 투수계수는 각 각 $k_x = 4 \times 10^{-3}$cm/sec, $k_z = 1 \times 10^{-3}$cm/sec이다.

1) 유선망을 그리고 댐의 침투수량을 계산하여라.
2) 댐의 폭(L)이 100m라고 할 때 하루 동안 통과 유량을 계산하여라.

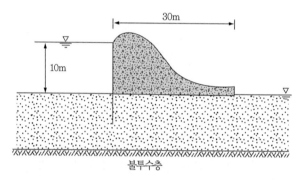

그림 6.18 예제 6.12

풀 이

1) 수평축척 $= \sqrt{\dfrac{k_z}{k_x}} \times$수직축척 $= \sqrt{\dfrac{1 \times 10^{-3}}{4 \times 10^{-3}}} \times$수직축척 $= \dfrac{1}{2} \times$수직축척

축소된 수평축적으로 단면을 그리고 이에 대한 유선망을 그리면 그림 6.17c와 같다. 그림에서 N_d=12, N_f=3이므로 댐의 침투수량은

$$q = k' H \frac{N_f}{N_d} = \sqrt{(4 \times 10^{-3}) \times (1 \times 10^{-3})} \times 1000 \times \frac{3}{12} = 0.5\,\text{cm}^3/\text{sec/cm}$$

2) 하루 동안 댐 전체의 통과유량은

$$Q = q \times L = 0.5\,\text{cm}^3/\text{sec/cm} \times \frac{1}{10,000} \times 100 \times (3,600 \times 24) = 432\,\text{m}^3/\text{day}$$

이다.

6.9 비균질토층으로 물이 통과할 때의 유선망

흐름의 방향이 경사져 있고 투수성이 다른 흙의 경계나 접촉면을 포함하는 이방성상태에서 유선은 굴절이 발생하게 된다. 만약 투수성이 적은 흙으로 흐름이 발생하면($k_1 > k_2$), 경계면에서 작도한 법선에 가깝게 굴절하며 $k_1 < k_2$ 일 때는 법선에서 멀어진다. 그림 6.19는 투수계수가 각각 k_1 과 k_2 인 두 흙 사이의 접촉면을 보여준다. 두 개의 유선 Ψ_1 과 Ψ_2 는 경계면에서 법선과 각각 α_1 과 α_2 의 각을 이룬다. 교차점에서 대응하는 등수두선은 Φ_1 과 Φ_2 이다.

경계면에서의 굴절되는 유선의 각도는 투수계수와 다음과 같은 관계를 가진다.

$$\frac{k_1}{\tan \alpha_1} = \frac{k_2}{\tan \alpha_2} \tag{6.62}$$

식 6.62를 증명하면 다음과 같다. 경계면에서의 손실수두는 $\Delta h = \Phi_1 - \Phi_2$ 이고 A 와 B 사이의 접촉면을 지나는 흐름 $= \Delta q$ 이라고 할 때 연속체에서 유입량 $=$ 유출량이다. 따라서

$$A_1 k_1 i_1 = A_2 k_2 i_2 \tag{6.63}$$

여기서 A_1, A_2 는 k_1, k_2 인 흙에서의 흐름 단면적 i_1, i_2 는 k_1, k_2 인 흙에서 동수경사이다. 이를 그림 6.19의 표시된 값으로 표시하면

$$BC k_1 \frac{\Delta h}{\frac{1}{2} AC} = AD k_2 \frac{\Delta h}{\frac{1}{2} BD} \tag{6.64}$$

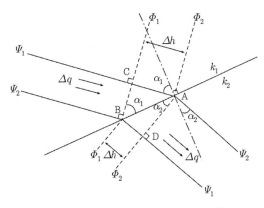

그림 6.19 비균질토층의 경계면에서의 유선망($k_1 > k_2$)

$BC = AB\cos\alpha_1$, $AD = AB\cos\alpha_2$이고 이를 식 6.64에 대입하면

$$\frac{AB}{AC}\cos\alpha_1 k_1 = \frac{AB}{BD}\cos\alpha_2 k_2 \tag{6.65}$$

$\dfrac{AC}{AB} = \sin\alpha_1$, $\dfrac{BD}{AB} = \sin\alpha_2$이고 이를 6.65에 대입하면

$$\frac{k_1}{\tan\alpha_1} = \frac{k_2}{\tan\alpha_2} \quad \text{또는} \quad \frac{k_1}{k_2} = \frac{\tan\alpha_1}{\tan\alpha_2} \tag{6.66}$$

이다.

6.10 흙댐에서의 침투

널말뚝이나 콘크리트댐 아래로의 침투는 그 경계조건이 뚜렷하게 정해지므로 유선망을 쉽게 작도할 수 있다. 그림 6.20에는 불투수층에 있는 흙댐에서 댐체를 통한 침투가 일어나는 경우를 도시하였다. 이 경우의 경계조건은 다음과 같다.

(1) 상류측 경계면 AB는 등수두선이다.
(2) 하류측 FO도 등수두선이다.
(3) 댐체 하부 불투수층 BF는 유선이다.
(4) AO는 유선망 최상단의 유선으로 침윤선(phreatic line)이라고 부른다.

전수두는 위치수두와 압력수두의 합이나 침윤선은 대기압을 받고 있는 유선으로 전수두는 위치수두와 같다. 즉, 식 5.36으로부터

$$h_t = h_e + h_p = z + \frac{p}{\gamma_w} = z + 0 = z \tag{6.67}$$

로 표시된다. 따라서 침윤선과 교차하는 인접 등수두선 사이의 수두차는 그들 사이의 위치수두의 차이(수직거리, Δz)와 같다(그림 6.21 참조).

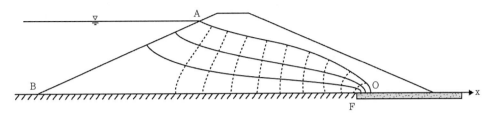

그림 6.20 댐체를 통한 침투 시 유선망의 작도

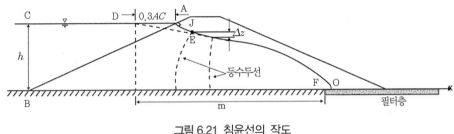

그림 6.21 침윤선의 작도

흙댐의 경우 물이 통과할 때 가장 위에 있는 유선인 침윤선의 경로가 쉽게 정하여지지 않으므로 다음과 같은 과정을 거쳐 구한다(그림 6.21).

(1) $AD = 0.3AC$가 되도록 D점을 정한다.
(2) 수평배수층의 끝점인 F점이 초점으로 O점과 D점을 지나는 포물선을 작도한다.
(3) A점에서 등수두선 AB와 직각으로 교차하여 포물선과 만나도록 AJ와 같은 선을 매끄럽게 그리면 AJO가 침윤선이다.

O점과 D점을 통과하는 포물선은 포물선의 특성을 이용하여 다음과 같이 그린다(그림 6.22 참조). 그림 6.22에서 초점 F를 원점으로 하고 초점거리 EF를 P라고 하면 $IJ = JF$이므로 다음과 같은 식이 성립한다.

$$\sqrt{x^2 + z^2} = x + P \tag{6.68}$$

식 6.68을 x에 대하여 정리하면

$$x = \frac{z^2 - P^2}{2P} \qquad (6.69)$$

그림 6.21에서 초점 F를 기준으로 D점까지의 거리를 m, 수직거리를 h라고 하여 식 6.68에 대입하면 초점거리 P는 다음과 같다.

$$P = \sqrt{m^2 + h^2} - m \qquad (6.70)$$

또한 포물선의 특성으로부터

$$FO = \frac{1}{2}P \qquad (6.71)$$

식 6.70으로부터 기준선이 정해지면 침윤선은 쉽게 그려진다.

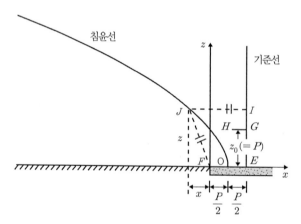

그림 6.22 댐 출구부에서 포물선의 작도

예제 6.13

다음 그림과 같이 필터를 설치한 댐체 내에서 하루 동안의 침투유량을 계산하여라(댐체의 투수계수 $k=2\times10^{-4}$ cm/sec).

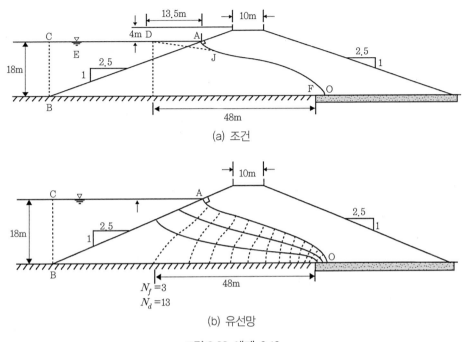

(a) 조건

(b) 유선망

그림 6.23 예제 6.13

풀 이

침투유량을 구하기 위해서는 유선망을 그려야 한다. 유선망을 그리는 데 있어 경계조건은 다음과 같다.

1) AB는 등수두선이다.
2) FO도 등수두선이다. 그러나 O점은 정해지지 않았다.
3) 불투수층 BF는 유선이다.
4) AO는 침윤선(phreatic line)이다. 그러나 아직 정해지지 않았다.

침윤선 AO를 결정하기 위해서는 식 6.69~6.71을 이용한다. 그림 6.23a로부터

$$AD=0.3 \ AC=0.3\times45=13.5\,\text{m}$$

$h=18$ m, $m=48$ m을 식 6.70에 대입하면

$$P=\sqrt{m^2+h^2}-m=\sqrt{48^2+18^2}-48=3.26\,\text{m}$$

$$FO=\frac{1}{2}P=0.5(3.26)=1.63\,\text{m}로 출구점 O가 결정된다.$$

식 6.64를 이용하여 포물선의 기본식을 구성하면 다음 식과 같다.

$$x = \frac{z^2 - P^2}{2P} = \frac{z^2 - 3.26^2}{2 \times 3.26}$$

수평배수층의 끝점인 F점이 초점으로 O점과 D점을 지나는 포물선을 x에 다양한 값을 대입하여 작도한다. A점에서 등수두선 AB와 직각으로 교차하여 포물선과 만나도록 AJ와 같은 선을 매끄럽게 그리면 침윤선 AJO가 완성된다(그림 6.23a).

위에 주어진 경계조건을 이용하여 그린 유선망을 그림 6.23b에 나타내었다.

이 유선망으로부터 구한 $N_d = 13$, $N_f = 3$이므로 댐의 침투수량은

$$q = kH \frac{N_f}{N_d} = (2 \times 10^{-4}) \times \frac{1}{100} \times 18 \times \frac{3}{13} = 8.31 \times 10^{-6} \, \text{m}^3/\text{sec/m}$$

$$= 0.72 \, \text{m}^3/\text{day/m}$$

6.11 침투와 파이핑현상

5.6.2절에서 침투수압이 상향으로 되어 유효응력이 영으로 되는 순간 발생하는 분사현상에 대하여 설명하였다. 이와 같은 현상이 댐체나 널말뚝벽 하류면에서 종종 발생하게 된다. 그림 6.24에는 댐체 하류부에서 발생하는 분사현상을 나타내었다.

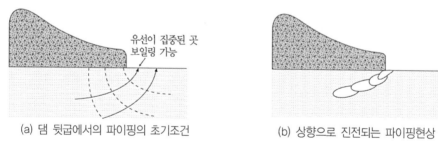

(a) 댐 뒷굽에서의 파이핑의 초기조건   (b) 상향으로 진전되는 파이핑현상

그림 6.24 댐체 하류부에서 발생하는 분사현상(piping)

댐체의 뒷굽에서의 동수경사가 한계동수경사를 넘으면 침투수에 의해 지표면의 흙이 침식되고 침식이 계속되면 침투수의 유로가 더 짧아져 동수경사가 더 커지므로 침식현상이 가속된다. 이와 같은 침식현상은 결국 댐체 하부에 그림에 보인 것과 같은 파이프형태의 공동을 만들게 되는데 이와 같은 현상을 파이핑(piping)이라 한다. 파이핑이 시작되어 공동이 발생하기 시작하면 큰 재난이 발생할 수 있으므로 주의하여야 한다. 댐체에서의 파이핑은 댐체 하부를 통한 침투수의 유선망을 작도하여 유수가 바깥으로 유출하는 부근의 유선망으로부터 침투수의 수두손실과 거리의 비(동수경사)

를 계산하여 한계동수경사보다 크면 파이핑이 발생하는 것으로 판단할 수 있다.

널말뚝 하부에도 상향침투가 발생할 경우 분사현상의 발생 가능성을 검토하여야 한다. 그림 6.25
에는 이의 검토방법을 나타내었다. Terzaghi는 널말뚝이 투수층에 박힌 깊이를 D라고 할 때 널말
뚝 파이핑에 대한 모형실험 후 파이핑은 보통 널말뚝으로부터 $\dfrac{D}{2}$ 안에 있는 영역에서 발생한다고
보았다. 파이핑은 그 영역 안에 있는 상향의 침투력과 하향의 흙의 무게비를 계산하여 결정한다.

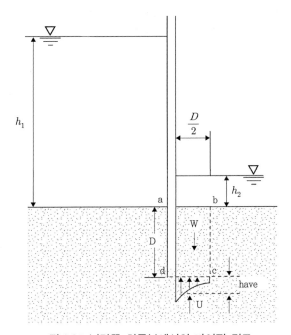

그림 6.25 널말뚝 하류부에서의 파이핑 검토

파이핑 가능영역 안에 있는 상향침투력(U)은 식 5.41의 단위체적당 침투압($j = i\gamma_w$)에 흙의 체적
(Az)을 곱하여 계산한다(식 6.72).

$$U = \left(\frac{H_{ave}}{D}\right)\gamma_w\left(\frac{D^2}{2}\right) = \frac{1}{2}\gamma_w D H_{ave} \tag{6.72}$$

여기서 H_{ave}는 파이핑 영역 내의 흙의 평균상향 침투수두이며 그림 6.25의 대상체적 하부 두 지
점 c, d의 평균수두를 취한다. 파이핑 영역 내에 있는 흙의 하향 무게(W')는 흙의 수중단위중량에
단위폭당 체적을 곱하여 구한다(식 6.73).

$$W' = \gamma' D\left(\frac{D}{2}\right) = \frac{1}{2}\gamma' D^2 \tag{6.73}$$

W'과 U의 비율로부터 널말뚝 하류부의 파이핑에 대한 안전율은 다음과 같다.

$$FS = \frac{W'}{U} = \frac{\frac{1}{2}\gamma' D^2}{\frac{1}{2}\gamma_w D H_{ave}} = \frac{\gamma'}{\gamma_w}\frac{D}{H_{ave}} \tag{6.74}$$

$$= \frac{i_{cr}}{i_{ave}} \tag{6.75}$$

여기서 $i_{ave} = H_{ave}/D$이고 i_{cr}은 한계동수경사$(= \gamma'/\gamma_w)$이다. Terzaghi는 안전율 1.5 이상을 추천하였다.

예제 6.14

그림과 같은 느슨한 사질토지반에 박힌 널말뚝 하류부에서 파이핑에 대한 안전율을 구하여라. 지반의 포화단위중량은 $\gamma_{sat} = 17.5\,\text{kN/m}^3$이다.

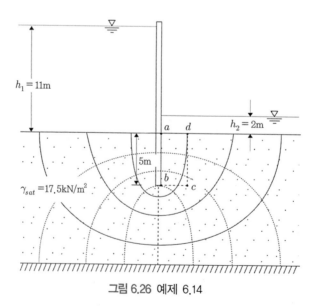

그림 6.26 예제 6.14

파이핑안전율 검토대상지반의 범위를 $D \times \dfrac{D}{2} = 5 \times 2.5\,\mathrm{m}$인 abcd로 결정하였다. 이 영역 내에서의 수두손실을 계산하면

b점에서 a점까지 손실수두 $\overline{ab}$: $\Delta h_{a-b} = (h_1 - h_2)\dfrac{3}{8} = (11-2) \times \dfrac{3}{8} = 3.375\,\mathrm{m}$

c점에서 d점까지 손실수두 $\overline{cd}$: $\Delta h_{c-d} = (h_1 - h_2)\dfrac{2.4}{8} = (11-2) \times 0.3 = 2.7\,\mathrm{m}$

평균수두손실은 $\dfrac{3.375 + 2.7}{2} = 3.0\,\mathrm{m}$이며 평균동수경사는 $i_{ave} = \dfrac{\Delta h_{ave}}{l_{a-b}} = \dfrac{3.0}{5} = 0.6$이다.

한계동수경사는 식 5.44로부터

$$i_{cr} = \frac{\Delta h}{z} = \frac{\gamma'}{\gamma_w} = \frac{17.5 - 9.81}{9.81} = 0.79$$

파이핑에 대한 안전율은 식 6.75로부터

$$FS = \frac{i_{cr}}{i_{ave}} = \frac{0.79}{0.6} = 1.32 < 1.5\text{이다.} \quad \therefore \text{ 안전율 강화조치 필요(예 : 널말뚝 관입길이 증가)}$$

6.12 필터와 배수

댐의 하류부 등에는 유선이 집중하고 동수경사가 큰 관계로 침식에 의한 흙의 유실이 발생하면 구조물에 해로운 영향을 줄 수 있다. 침식을 방지하기 위하여 물의 흐름을 막으면 간극수압(양압력)이 커져 더 큰 위험을 초래할 수 있다. 따라서 흙의 유실을 방지하고 배수를 촉진하기 위한 적절한 입경의 배수층을 설치하는데 이를 필터(filter)라고 한다. 필터층은 댐체의 하류부나 심벽(core) 주변, 터널의 배수관로, 옹벽의 배수구멍(weep hole) 주변에 많이 설치한다.

필터재료는 다음과 같은 두 가지의 상반된 조건을 만족시켜야 한다.

(1) 간극의 크기가 충분히 작아 구조물을 구성하는 흙이 필터를 통해 유실되지 않아야 한다(흙의 유실방지 조건).
(2) 간극의 크기가 충분히 커서 필터로 들어온 물이 빨리 빠져나가야 한다(간극수압방지조건).

미해군성(NAVFAC, 1971)은 위의 조건을 만족하기 위하여 다음과 같은 식을 제안하고 있다.

$$\frac{D_{15f}}{D_{85s}} < 5 \tag{6.76}$$

$$4 < \frac{D_{15f}}{D_{15s}} < 20 \tag{6.77}$$

$$\frac{D_{50f}}{D_{50s}} < 25 \tag{6.78}$$

여기서 D_{15}, D_{50}, D_{85} : 흙의 중량통과백분율 15%, 50%, 85%에 해당하는 입경, 첨자 f와 s : 각각 필터와 인접한 흙을 표시한다.

예제 6.15

다음 그림과 같은 입도분포를 갖는 댐체의 원지반 토사가 있다. 이 재료의 흙의 유실을 방지하고 배수를 촉진하기 위한 필터재료의 입도분포범위를 검토하여라.

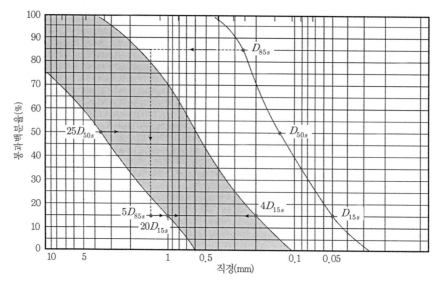

그림 6.27 예제 6.15

풀 이

위의 그림에 의한 원지반 토질재료의 입경은 다음과 같다.
$D_{15s} = 0.05\text{mm}$, $D_{50s} = 0.15\text{mm}$, $D_{85s} = 0.27\text{mm}$
식 6.76~6.78의 기준을 적용하면 다음과 같다.
D_{15f}는 $5D_{85s} = 5 \times 0.27 = 1.35\text{mm}$보다 가늘어야 한다.
D_{15f}는 $4D_{15s} = 4 \times 0.05 = 0.2\text{mm}$보다 굵어야 한다.

D_{15f}는 $20D_{15s}$=20×0.05=1.0mm보다 가늘어야 한다.
D_{50f}는 $25D_{50s}$=25×0.15=3.75mm보다 가늘어야 한다.

위의 네 가지 조건을 적용하여 필터재료의 범위를 그리면 그림 6.27의 왼쪽 음영 부분과 같다.

6.1 다음 그림에 보인 바와 같은 단면적 $A = 0.2 \text{m}^2$인 흙시료에 흐름이 발생하고 있다. A점에서 주입되는 물의 양이 $Q = 7.0 \text{m}^3/\text{hr}$이라고 할 때 A, E점에서 일정 수두가 유지된다고 한다. 다음 물음에 답하시오.

1) A, B, C, D, E점에서의 전수두를 계산하여라.

2) 흙시료의 투수계수(단위 cm/sec)를 계산하여라.

3) 이 시료의 종류를 유추하고 그 근거를 설명하여라.

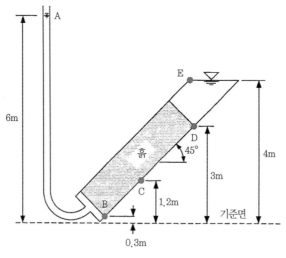

그림 6.28 연습문제 6.1

6.2 다음 그림에 보인 것과 같이 정수두투수시험이 실시되고 있다. 시험기의 내부 직경이 5cm인 원형몰드이다. 10분간 모아진 수량이 $Q = 100 \text{cm}^3$이라고 할 때 다음에 답하여라.

1) 시험시료의 투수계수는 얼마인가?

2) 시료의 중간지점인 A점에서의 압력수두, 위치수두, 전수두를 계산하여라.

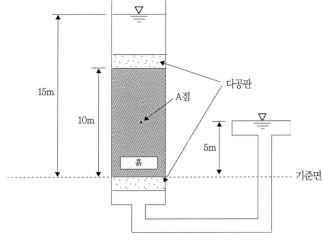

그림 6.29 연습문제 6.2

6.3 다음 그림에 보는 바와 같은 두 종류 토사로 구성된 시료에 대한 정수두투수시험을 하였다.

1) A면에 가해지는 압력수두를 계산하여라.

2) 하부토사층 통과 후 수두저하가 40% 발생하였다면 B층에 가해지는 수두는 얼마인가?

3) 하부층의 투수계수 $k_2 = 2 \times 10^{-2}$cm/sec일 때 단위면적당 통과유량을 계산하여라.

4) 상부층의 투수계수를 계산하여라.

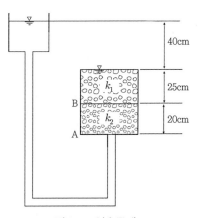

그림 6.30 연습문제 6.4

6.4 실트질 흙에 대해서 변수두투수시험을 한 바 다음과 같은 결과를 얻었다.

유리관의 단면적 $a = 0.0345\,\text{cm}^2$ 시료의 두께 $L = 10\,\text{cm}$

시료의 단면적 $A = 45\,\text{cm}^2$ 측정 개시 시의 수위 $H_1 = 45\,\text{cm}$

수온 $19°C$ 측정 종료 시의 수위 $H_2 = 35\,\text{cm}$

                                            측정시간 $T = 7\,\text{min}$

1) 측정 시의 수두에 의한 투수계수와 침투유량

2) 투수계수가 $1 \times 10^{-7}\,\text{cm/sec}$인 점토가 있다. 위의 변수두투수시험장치를 이용하여 투수시험을 하였을 때 유리관의 수위가 45cm에서 35cm로 강하하는 데 필요한 시간을 계산하여라.

6.5 다음과 같이 평행하게 흐르고 있는 좌측 운하로부터 하천으로 모래층을 통한 침투가 발생하고 있다. 모래층에 수직한 방향으로 측정된 모래층의 두께가 30cm이며 10° 정도 기울어져 있다고 할 때 다음을 계산하여라. 모래층의 상하부는 점토층으로 된 불투수층으로 가정한다.

1) 하천종단 10km 구간에서 발생하는 하천으로의 침투유량은 얼마인가?
    (모래층의 투수계수는 0.05cm/sec로 가정)

2) A점은 운하와 하천과의 중간지점에 해당한다. 이 점에서의 전수두, 압력수두, 위치수두를 계산하여라.

3) A점에서 간극수압은 얼마인가?

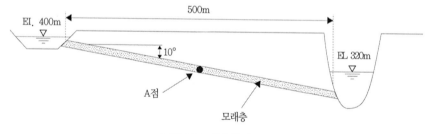

그림 6.31 연습문제 6.5

6.6 운하와 하천이 100m 떨어져 평행하여 있고, 운하의 수위는 $+42\,\text{m}$, 하천의 수위는 $+34\,\text{m}$이었다. 수면보다 아래 운하와 하천 사이에 2.0m의 모래층(피압대수층)이 통하여 있고, 물은 이 모래층을 통해서 하천 쪽으로 흐르고 있다. 모래층의 투수계수는 $2.6 \times 10^{-2}\,\text{cm/sec}$이었다. 운하에서의 누수량은 연장 1km당 매초 몇 m^3가 되겠는가?

6.7 어떤 사질토의 간극비와 투수계수를 측정한 결과 0.45와 $3.7 \times 10^{-2}\,\text{cm/sec}$이었다. 이 흙의 간극비가 0.9로 되면 투수계수는 얼마가 되겠는가?

6.8 다음 그림과 같이 3층으로 된 사질토의 수평방향과 수직방향의 평균투수계수를 구하라.

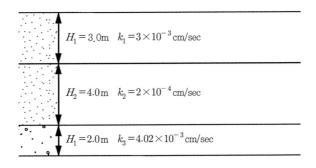

$H_1 = 3.0\text{m}$ $k_1 = 3 \times 10^{-3}\text{cm/sec}$

$H_2 = 4.0\text{m}$ $k_2 = 2 \times 10^{-4}\text{cm/sec}$

$H_1 = 2.0\text{m}$ $k_3 = 4.02 \times 10^{-3}\text{cm/sec}$

그림 6.32 연습문제 6.8

6.9 다음 그림에 보는 바와 같은 콘크리트댐 하부로 물이 통과한다. 하부지층은 지하수 흐름 방향에 대하여 각각 수직분포 및 수평분포를 한다고 가정한다. 각 층별 투수계수는 $k_1 = 1.2 \times 10^{-2}\text{cm/s}$, $k_2 = 2.1 \times 10^{-2}\text{cm/s}$, $k_3 = 1.5 \times 10^{-3}\text{cm/s}$이다.

1) 수직분포의 경우 등가투수계수와 통과유량을 계산하여라.

2) 수평분포의 경우 등가투수계수와 통과유량을 계산하여라.

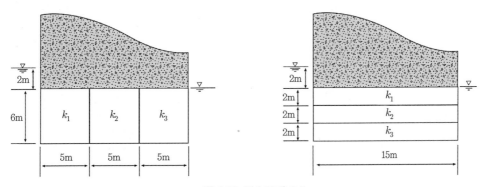

그림 6.33 연습문제 6.9

6.10 다음과 같은 콘크리트댐의 하부에 침투수량을 줄이기 위한 4.5m의 key를 설치하였다. 지반의 투수계수는 $k = 1.0 \times 10^{-2}\text{cm/sec}$이다.

1) 전면 key와 후면 key를 설치한 각각에 대하여 유선망을 작도한 후 단위폭당 유량을 계산하여라.

2) 댐체 하부에 작용하는 간극수압분포를 도시하여라.

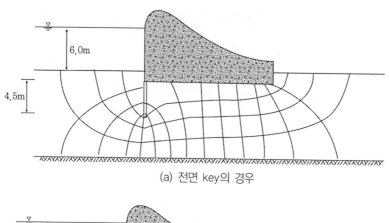

(a) 전면 key의 경우

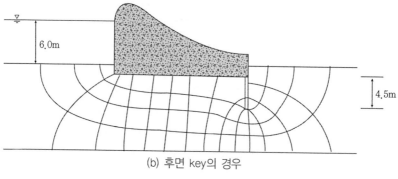

(b) 후면 key의 경우

그림 6.34 연습문제 6.10

6.11 다음 그림에 보인 것과 같은 7m 두께의 모래질 실트층이 10m 두께의 조립자갈층 상부에 놓여 있다. 지하수면은 지표층에 있으며 조립질 모래층의 중간부에 피에조메터를 설치하여 3m의 피압수두가 발생함을 알았다. 조립질 모래층에서의 수두손실을 무시하였을 때 다음 물음에 답하여라.

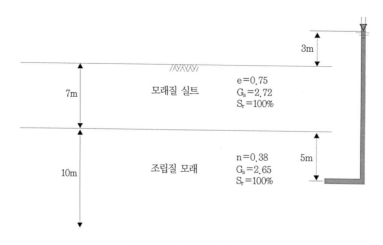

그림 6.35 연습문제 6.11

1) 모래질 실트층의 투수계수가 $k = 5 \times 10^{-5}$cm/sec라고 할 때 실트층에 발생하는 흐름의 방향과 침투속도를 계산하여라.

2) 모래질 실트층에서의 실제 침투속도는 얼마인가?

3) 지표면으로부터 3.5m와 7m에서의 유효응력, 간극수압을 계산하여라.

4) 모래실트층 상부 3.5m 두께 지층에서의 파이핑에 대한 안전율을 계산하여라.

6.12 다음과 같은 굴착 흙막이지반으로 침투가 발생하고 있다. 굴착면 하부로부터 단위길이당 0.3m³/hr의 물이 들어온다. 흙막이 널말뚝 하부로의 침투유선망이 다음 그림과 같을 때 굴착면 직하부의 투수계수와 동수경사는 얼마인가?

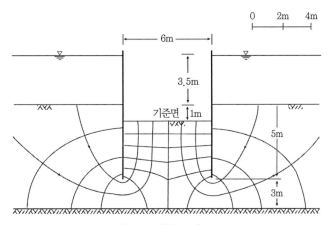

그림 6.36 연습문제 6.12

참고문헌

1. 장연수, 이광렬(2000), 지반환경공학, 구미서관.

2. Casagrande, A.(1937), "Seepage through Dams", *Contributions to Soil Mechanics*, *ASCE*.

3. Cedergren, H.R.(1960) "Seepage Requirements of Filters and Pervious Bases", *Journal of Soil Mechanics and Foundation Engineering, ASCE.*, *Vol.86, No.SM5*.

4. Craig, R.F.(1983), Soil Mechanics 3rd Edition, *Van Nostrand Reinhold Co. Ltd.*

5. Das B.M.(2006), Principles of Geotechnical Engineering, 6th Editions, *PWS, MA.*

6. Hazen, A.(1930), Americal Engineering Handbook, *John Wiley and Sons, New York.*

7. Freeze, R.A. and Cherry, J.A.(1979), Groundwater, *Prentice Hall, Inc.*

8. Lamb, T.W.(1969), Soil Mechanics, *John Wiley and Sons, New York.*

9. NAVFAC(1971), Design Manual-Soil Mechanics, Foundations, and Earth Structures, *NAVFAVC DM-7*, US Dapartment of Navy, Washington D.C.

10. Terzaghi and Peck(1967), Soil Mechanics and Engineering Practice, 2nd Ed., *John Wiley and Sons, New York.*

11. Taylor, D.W.(1948), Fundamentals of Soil Mechanics, *John Wiley and Sons, New York.*

07 흙의 압밀

07 | 흙의 압밀

7.1 개 설

흙은 구조물하중이나 성토하중을 받으면 체적이 감소하면서 압축이 발생한다. 흙입자와 물은 하중에 대한 체적의 감소가 극히 작아 비압축성으로 볼 수 있으므로 결국 압축의 발생은 간극을 차지하고 있는 공기의 압축이나 간극수(pore water)가 빠져나가면서 발생하는 것으로 볼 수 있다.

지표면에 하중을 받아 발생하는 수직변형을 침하(settlement)라고 하며 다음의 세 가지 성분으로 나눌 수 있다(그림 7.1 참조).

$$S_t = S_i + S_c + S_s \qquad (7.1)$$

여기서 S_t는 전체 침하(total settlement), S_i는 즉시 침하, S_c는 1차압밀침하, S_s는 2차압밀침하이다.

즉시침하(immediate settlement)는 하중을 받은 즉시 발생하는 침하이다. 투수계수가 큰 사질토 등 조립토에서 발생한다. 침하의 발생은 하중이 주어진 즉시 일어나므로 일반 구조물에 있어서는 구조물 시공과 동시에 발생하므로 별 문제 삼지 않는다. 즉시침하는 탄성침하(elastic settlement)라고도 하며 탄성론으로부터 유도한 공식을 이용하여 침하량을 계산할 수 있다.

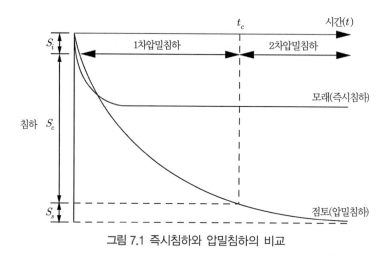

그림 7.1 즉시침하와 압밀침하의 비교

1차압밀침하(primary consolidation settlement)는 포화된 흙에서 간극수가 흘러나오면서 오랜 시간에 걸쳐 흙이 압축되며 나타나는 침하이다. 투수계수가 작은 점성토에서 발생하며 시간 의존적인 침하이다.

2차압밀침하(secondary consolidation settlement)는 과잉간극수압 소산 이후 지속작용 하중에 의하여 발생하는 침하로서 경년효과(aging) 등으로 인한 흙구조의 소성변화에 의하여 발생한다. 해안가에 대단위의 면적을 조성하기 위하여 사용하는 준설토(dredged soil)나 유기질 흙(organic soil)에서 많이 발생한다.

점토의 경우 즉시침하량은 수mm~수cm에 그치지만 압밀침하량은 수m 이상으로 발생하는 경우가 많다.

7.2 압밀 개념모델

포화되어 있는 흙에 하중이 가해지면 그 하중에 의한 간극수압이 발생하게 되는데 이를 과잉간극수압(excessive pore water pressure)이라고 부른다. 흙의 내부에 과잉간극수압이 발생하면 이를 해소하기 위하여 간극수압이 높은 지점으로부터 낮은 지점으로 물이 빠져나가게 되는데 점토의 경우 투수계수가 낮아 오랜 시간이 소요된다. 이와 같은 포화된 간극으로부터 오랜 시간 동안 물이 흘러나오면서 흙이 천천히 압축되는 현상을 Terzaghi는 압밀(consolidation)이라고 명명하였다.

그림 7.2는 흙이 압밀되는 과정을 모사한 Terzaghi의 스프링 용기 모델을 나타낸 것이다.

Terzaghi는 얇은 판에 작은 구멍을 뚫고 스프링을 달아 상부에서 하중을 가하였는데 얇은 판 하부의 스프링이 있는 공간은 물로 포화되어 있으며 스프링은 흙을, 물은 간극수를 모사하고 있다. 판과 판 사이에는 마노메터를 달아 각 판 사이의 하중이 가해진 이후의 과잉간극수압을 측정할 수 있도록 하였다.

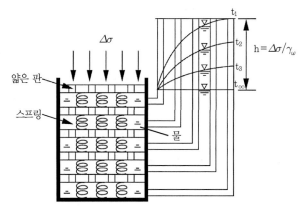

그림 7.2 Terzaghi의 스프링 용기 모델

초기에 판자의 구멍을 모두 막은 상태에서 용기 상단에 하중($\Delta\sigma$)을 가하면 스프링은 압축되지 않고 물이 모든 하중을 받아 초기과잉간극수압(u_o)은 다음과 같이 계산할 수 있다.

$$u_o = \Delta\sigma = \gamma_w h \tag{7.2}$$

여기서 h는 초기 마노메터에 나타난 압력수두 높이, γ_w는 물의 단위중량이다.

얇은 판의 구멍을 열면 시간경과에 따라 물이 얇은 판의 구멍을 통하여 빠져나가면서 압축이 발생한다. 각 판 사이로 빠져나가는 물의 이동은 상부판으로부터 하부판으로 순차적으로 발생하며 이로 인한 각 판 사이의 압력수두의 높이는 상부판의 마노메터는 낮고 하부판은 압밀이 지체되어 높은 순으로 나타난다. 이는 점토지반에 하중을 가하면 처음에는 간극수가 모든 하중을 부담하여 과잉간극수압이 발생하다가 시간이 경과함에 따라 개방된 상부지표면으로부터 간극수의 소산이 발생하고 흙이 압축되어 침하되는 현상을 모사한 것이다. Terzaghi 모델상자 내의 초기간극수압이 해소되면서 상부하중 $\Delta\sigma$는 스프링이 받게 되며 이는 점토 내부의 간극수가 받던 하중을 흙입자가 받게 되는 과정을 모사한 것이다. 즉 입자의 간극으로부터 물이 빠져나가면서 과잉간극수압 u는 감소, 흙입자가 받는 유효응력 σ'은 증가하게 된다. 이러한 압밀현상은 초기과잉간극수압 u_o가 해소되어 $u = 0$이 될 때까지 진행된다.

7.3 Terzaghi의 1차원압밀

7.3.1 1차원압밀방정식의 유도

Terzaghi(1943)는 시간경과에 따른 간극수압의 확산(diffusion)을 모사할 수 있는 2차편미분방정식을 이용하여 점토의 압밀이론을 수립하였다. 이 식의 유도에 설정한 가정은 다음과 같다.

(1) 흙은 균질(homogeneous)하고 완전히 포화(saturated)되어 있다.

(2) 흙입자와 물의 압축성은 무시한다.

(3) 흙입자 사이의 물의 이동은 Darcy 법칙을 만족하며 압밀기간 동안 투수계수는 일정하다.

(4) 간극수의 흐름은 1차원의 수직방향으로만 발생한다.

(5) 간극비(e)는 유효응력(σ')에 반비례한다. 즉 압밀토층의 유효응력이 증가하면 간극비는 감소한다.

그림 7.3에는 압밀방정식을 유도하기 위한 점토지반 내의 미소 흙요소 $dxdydz$를 나타내었다.

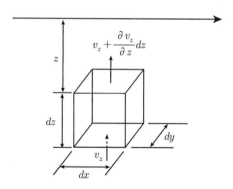

그림 7.3 압밀방정식의 유도를 위한 흙의 미소요소

이 요소에서 물의 유출입은 오직 깊이 z방향으로만 이루어진다. z방향으로 물의 유출량에서 유입량을 빼면 이는 미소점토 부피 내에서 부피변화이며 식 7.3과 같이 표현된다.

$$\left(v_z + \frac{\partial v_z}{\partial z}dz\right)dxdy - v_z dxdy = \frac{\partial V}{\partial t} \tag{7.3}$$

식의 $v_z dx dy$ 항을 제거하고 정리하면

$$\frac{\partial v_z}{\partial z} dz dx dy = \frac{\partial V}{\partial t}$$ (7.4)

깊이방향으로의 흐름에 대한 Darcy 법칙은 다음과 같이 표현된다.

$$v_z = ki = k\frac{\partial h}{\partial z} = \frac{k}{\gamma_w}\frac{\partial u}{\partial z}$$ (7.5)

식 7.5를 식 7.4에 대입하여 정리하면

$$\frac{k}{\gamma_w}\frac{\partial^2 u}{\partial z^2} = \frac{1}{dxdydz}\frac{\partial V}{\partial t}$$ (7.6)

흙입자는 비압축성이므로 흙의 부피변화율은 간극부피변화율과 같다. 따라서

$$\frac{\partial V}{\partial t} = \frac{\partial V_V}{\partial t} = V_s\frac{\partial e}{\partial t} = \frac{V}{1+e}\frac{\partial e}{\partial t} = \frac{dxdydz}{1+e}\frac{\partial e}{\partial t}$$ (7.7)

여기서 $\dfrac{V_s}{V} = \dfrac{V_s}{V_s + V_V} = \dfrac{1}{1+e}$ 이므로 $V_s = \dfrac{V}{1+e}$ 이다. 식 7.7을 식 7.6에 대입하면 식 7.8 과 같다.

$$\frac{k}{\gamma_w}\frac{\partial^2 u}{\partial z^2} = \frac{1}{1+e}\frac{\partial e}{\partial t}$$ (7.8)

가정 (5)로부터 $\partial e = -a_v \partial \sigma'$ 이며 a_v 는 압축계수(coefficient of compressibility)이다(그림 7.9a 참조). 이를 식 7.8에 적용하면

$$\frac{k}{\gamma_w}\frac{\partial^2 u}{\partial z^2} = \frac{-a_v}{1+e}\frac{\partial \sigma'}{\partial t}$$ (7.9)

$\sigma' = \sigma - u$ (유효응력법칙)을 이용하면

$$\frac{k}{\gamma_w}\frac{\partial^2 u}{\partial z^2} \equiv \frac{-a_v}{1+e}\frac{\partial(\sigma-u)}{\partial t} \tag{7.10}$$

여기서 전응력 σ는 시간변화의 함수가 아니므로 제거하면

$$\frac{k}{\gamma_w}\frac{\partial^2 u}{\partial z^2} = \frac{a_v}{1+e}\frac{\partial u}{\partial t} = m_v\frac{\partial u}{\partial t} \tag{7.11}$$

여기서 $m_v = \dfrac{a_v}{1+e_o}$ 이며 m_v는 체적압축계수(coefficient of volumetric compressibility)라고 부른다. 식에 있는 상수 k, m_v, γ_w를 $C_v\left(=\dfrac{k}{m_v\gamma_w}\right)$로 묶어 재정리하면 1차압밀의 기본미분방정식인 식 7.13이 성립한다.

$$\frac{\partial u}{\partial t} = \frac{k}{m_v\gamma_w}\frac{\partial^2 u}{\partial z^2} \tag{7.12}$$

$$\frac{\partial u}{\partial t} = C_v\frac{\partial^2 u}{\partial z^2} \tag{7.13}$$

여기서 $C_v\left(=\dfrac{k}{m_v\gamma_w}\right)$는 압밀계수(coefficient of consolidation)라 부르며, 그 차원은 $[L^2 T^{-1}]$이다. 투수계수에 대하여 정리하면 식 7.14의 관계가 있다.

$$k = C_v m_v \gamma_w \tag{7.14}$$

7.3.2 1차원압밀방정식의 해

식 7.13을 살펴보면 간극수압 u는 시간 t의 1차도함수, 깊이 z의 2차도함수로 구성되어 있는 것을 알 수 있다. 두께가 2H인 얇은 점토층이 모래층 사이에 끼어 있고 간극수압의 분포는 깊이에 대하여 일정한 경우(그림 7.4a)의 해는 다음과 같이 구한다.

그림 7.4 압밀되는 점토의 경계조건과 배수거리

상기 방정식의 해는 1개의 초기조건(initial condition) :

$$t = 0 일 \ 때 \ u = u_i \tag{7.15}$$

2개의 경계조건(boundary condition) : 얇은 점토층과 2개의 모래층 사이 경계

    1) $z = 0 \quad u = 0$ (7.16a)

    2) $z = 2H \quad u = 0$ (7.16b)

를 만족한다. 이를 만족하는 해는 식 7.17과 같이 표현된다.

$$u = \sum_{m=0}^{\infty} \frac{2 u_i}{M} \sin\left(\frac{Mz}{H}\right) e^{-M^2 T} \tag{7.17}$$

여기서 $M = \dfrac{(2m+1)\pi}{2}$ 이며 m 은 정수, T 는 시간계수(time factor), H 는 배수거리(distance of drainage)이며 z 는 점토층 상부면으로부터의 거리이다. 시간계수 T 는 식 7.18과 같은 관계식을 만족하며 무차원(dimensionless)인 계수이다.

$$T = \frac{C_v t}{H^2} \tag{7.18}$$

여기서 t 는 압밀에 소요되는 시간이다. 식에 의하면 압밀소요시간 t 는 압밀층 두께의 제곱에 비례함을 보여준다. 그림 7.4b의 경우는 상부는 모래층으로 투수경계조건이나 하부는 불투수경계조

건(예 : 기반암)인 경우의 예를 보인 것이다. 이 경우는 배수거리 H가 하부 기반암으로부터 상부 모
래층까지이다.

7.3.3 압밀도

식 7.17은 임의 시간 t에 임의 깊이 z에서의 과잉간극수압의 크기를 의미한다. 이를 초기 과잉간
극수압 u_i를 이용하여 정규화(normalization)하여 식 7.19와 같이 나타낼 수 있는데 이를 압밀도
(degree of consolidation)라 한다.

$$U_z = \frac{u_i - u}{u_i} = 1 - \frac{u}{u_i} \tag{7.19}$$

식 7.17을 식 7.19에 대입하여 정리하면 식 7.20과 같이 나타내어진다.

$$U_z = 1 - \sum_{m=0}^{\infty} \frac{2}{M} \sin\left(\frac{Mz}{H}\right) e^{-M^2T} \tag{7.20}$$

깊이에 따른 압밀도와 시간계수 사이의 관계를 그림 7.5에 나타내었다. 그림에 나타난 곡선은
sine 곡선이며 시간의 경과에 따라 점점 감소하는 모습을 보임을 알 수 있다.

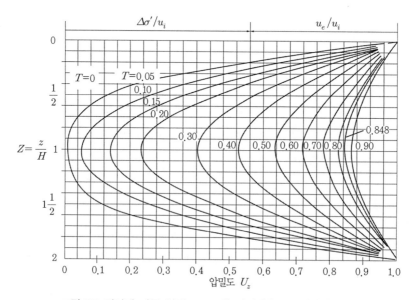

그림 7.5 깊이에 따른 압밀도, U_z와 시간계수, T 사이의 관계

예제 7.1

다음 그림에 보인 바와 같은 지표면에 50kN/m²의 등분포하중을 받는 지반이 있다. 지표면으로부터
4m 하부에 두께 4m의 점토층이 존재한다고 할 때 다음에 답하시오.

1) 하중작용 1년 후 시간계수와 깊이 −5m, −6m, −7m에서의 압밀도를 계산하여라.

2) 1)번과 같은 조건에서 과잉간극수압을 계산하여라.

3) 1), 2)번과 같은 조건에서 유효수직응력을 계산하고 그 분포를 깊이에 대하여 도시하여라.

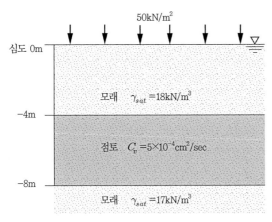
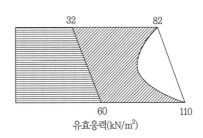

그림 7.6 예제 7.1

풀   이

1) 그림의 점토층의 압밀배수조건은 양면배수이므로 점토층의 배수거리 H=4/2=2m이다. 하중재
   하 1년 후의 시간계수는 식 7.18로부터

   $$T = \frac{C_v t}{H^2} = \frac{5 \times 10^{-4} \times 3600 \times 24 \times 365}{200^2} = 0.39$$

   각 깊이에 대응하는 $T = 0.39$에 대한 압밀도를 그림 7.5에서 찾으면

   $z = 4$m $z/H = 0.0$ $U_z = 100\%$

   $z = 5$m $z/H = 0.5$ $U_z = 64\%$

   $z = 6$m $z/H = 1.0$ $U_z = 51\%$

   $z = 7$m $z/H = 1.5$ $U_z = 64\%$이다.

2) 과잉간극수압을 계산하기 위한 초기과잉간극수압은 $u_o = 50$kN/m²이다.

   식 7.16으로부터

   $$U_z = 1 - \frac{u_z}{u_o}, \ \frac{u_z}{u_o} = 1 - U_z, \ u_z = u_o(1 - U_z)$$

   $u_z = u_o(1 - U_z)$로 수정하여 각 깊이별 과잉간극수압을 계산한다.

   $z = 4$m, $z/H = 0.0$ $u_{z=4m} = u_o(1 - U_{z=4m}) = 50 \times (1-1.0) = 0$kN/m²

   $z = 5$m, $z/H = 0.5$ $u_{z=5m} = u_o(1 - U_{z=5m}) = 50 \times (1-0.64) = 18$kN/m²

$$z = 6m, \qquad z/H = 1.0 \qquad u_{z=6m} = u_o(1 - U_{z=6m}) = 50 \times (1 - 0.51) = 24.5 kN/m^2$$

$$z = 7m, \qquad z/H = 1.5 \qquad u_{z=7m} = u_o(1 - U_{z=7m}) = 50 \times (1 - 0.64) = 18 kN/m^2$$

3) 유효응력은 초기유효응력을 계산한 후 간극수압이 소산되어 추가되는 유효응력을 계산한다. 경
   계면 $z = -4m$, $-8m$에서의 초기유효응력은

$$z = -4m, \qquad \sigma'_{z=4m} = \gamma'_{sand} z = 8 \times 4 = 32 kN/m^2$$

$$z = -8m, \qquad \sigma'_{z=8m} = \sigma'_{z=4m} + \gamma'_{day} z = 32 + 7 \times 4 = 60 kN/m^2$$

하중재하 1년 후의 유효응력＝초기유효응력＋추가유효응력이므로

$$z = 5m, \qquad z/H = 0.5 \qquad \sigma'_{z=5m} = (32 + 7) + (50 - 18) = 39 + 32 = 61 kN/m^2$$

$$z = 6m, \qquad z/H = 1.0 \qquad \sigma'_{z=6m} = (32 + 14) + (50 - 24.5) = 46 + 25.5 = 71.5 kN/m^2$$

$$z = 7m, \qquad z/H = 1.5 \qquad \sigma'_{z=7m} = (32 + 21) + (50 - 18) = 53 + 32 = 85 kN/m^2$$

경계면인 $z = -4m$, $-8m$에서의 유효응력은 초기유효응력 $32 kN/m^2$과 $60 kN/m^2$에 추가유효응력
이 된 상재하중 $50 kN/m^2$을 더하면 각각 $82 kN/m^2$, $110 kN/m^2$으로 계산된다. 이 값을 깊이에 대
하여 그림 7.6의 우측에 도시하였다.

7.3.4 평균압밀도

그림 7.5는 어느 시간 t에서 임의 지층 깊이 z에서 과잉간극수압을 찾는 데 사용된다. 그러한 실
제 압밀문제에서는 깊이별 압밀도보다는 관심이 있는 압밀층 전체의 압밀도를 알 필요가 있다. 이러
한 경우 점토층 전체에 대한 평균압밀도(average degree of consolidation, $\overline{U}$)는 다음 식과 같이
표시된다.

$$\overline{U} = \frac{U_i - U}{U_i} = 1 - \frac{U}{U_i} = 1 - \frac{\int_0^{2H} u\,dz}{\int_0^{2H} u_o\,dz} \tag{7.21}$$

여기서 U : 점토층 전체 소실된 과잉간극수압의 합, U_i : 점토층 전체 초기과잉간극수압의 합이다.
식 7.21을 풀면 식 7.22와 같다.

$$\overline{U} = 1 - \sum_{m=0}^{\infty} \frac{2}{M} e^{-M^2 T} \tag{7.22}$$

식 7.22는 시간계수 T의 항으로만 표시되어 깊이에 대하여 평균을 취한, 즉 과잉간극수압이 깊이에 대하여 일정하게 분포되었다고 보는 경우의 해임을 알 수 있다. 상기 해의 시간계수와 평균압밀도와의 관계를 그림 7.7에 나타내었다.

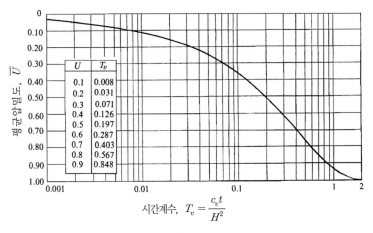

U	T_v
0.1	0.008
0.2	0.031
0.3	0.071
0.4	0.126
0.5	0.197
0.6	0.287
0.7	0.403
0.8	0.567
0.9	0.848

시간계수, $T_v = \dfrac{c_v t}{H^2}$

그림 7.7 평균압밀도 $\overline{U}$와 시간계수 T와의 관계

식 7.22를 간편하게 풀 수 있는 근사식이 식 7.23a, 7.23b와 같이 평균압밀도의 범위에 따라 제안되어 있다. 압밀도 $\overline{U}$ =53%에 해당하는 시간계수는 0.2이므로 이를 기준으로 두 식의 사용 여부를 결정할 수도 있다.

$$0 < \overline{U} \leq 54\% \ : \ T = \frac{\pi}{4}\left[\frac{\overline{U}(\%)}{100}\right] \tag{7.23a}$$

$$54\% < \overline{U} < 100\% \ : \ T = 1.781 - 0.933\{\log[100 - \overline{U}(\%)]\} \tag{7.23b}$$

평균압밀도는 최종침하량을 기준으로 하여 다음 식과 같이 구할 수도 있다.

$$\overline{U} = \frac{S_t}{S_c} \tag{7.24}$$

여기서 S_t : 임의 시간에서의 점토층 압밀침하량, S_c : 최종시간($t = \infty$)에서 점토층 압밀침하량 (전압밀침하량)이다.

$T=0.6$에서의 $z/H=0.1$, 0.5에서의 압밀도 U와 점토층 전체 평균압밀도 $\overline{U}$를 구하여라.

풀 이

$T=0.6$에서의 $z/H=0.1$, 0.5에서의 압밀도는 그림 7.5로부터 구하면 다음과 같다.

$\qquad z/H=0.1 \qquad U_{z=0.1H}=0.9$; $z/H=0.5 \qquad U_{z=0.5H}=0.8$

그림 7.7로부터 $T=0.6$에서의 점토층 전체 평균압밀도를 구하면 $\overline{U}=0.82$이다.

예제 7.3

두께 4m이고 압밀계수 $C_v=0.002\text{cm}^2/\text{sec}$인 점토층의 평균압밀도 50%, 90%에 해당하는 압밀소요시간을 다음의 배수조건에 대하여 계산하여라.
1) 양면배수 시
2) 일면배수 시

풀 이

압밀도 50%, 90%에 해당하는 시간계수는 그림 7.7의 도표에 의하면 각각 $T=0.197$, 0.848이다.

1) 양면배수 시 : 압밀도 50% $t=\dfrac{T_{50}H^2}{C_v}=\dfrac{0.197\times200^2}{0.002}=3,940,000\text{sec}=45.6$일

$\qquad\qquad\qquad\quad$ 압밀도 90% $t=\dfrac{T_{90}H^2}{C_v}=\dfrac{0.848\times200^2}{0.002}=16,960,000\text{sec}=196$일

2) 일면배수 시 : 압밀도 50% $t=\dfrac{T_{50}H^2}{C_v}=\dfrac{0.197\times400^2}{0.002}=15,760,000\text{sec}=182.4$일

$\qquad\qquad\qquad\quad$ 압밀도 90% $t=\dfrac{T_{90}H^2}{C_v}=\dfrac{0.848\times400^2}{0.002}=67,840,000\text{sec}=784$일

위의 관계로부터 압밀소요시간은 배수거리의 제곱에 비례함을 알 수 있다.

예제 7.4

예제 7.1의 점토층에 대하여 1년 후 평균압밀도를 다음과 같이 계산하여라.
1) 평균압밀도 그림 7.7의 도표를 이용
2) 평균압밀도 계산 식 7.23a, 7.23b 이용

풀 이

1) 하중재하 1년 후의 시간계수 $T=0.39$이었으므로 이에 상응한 평균압밀도는 그림 7.7로부터 $\overline{U}=0.68$이다.

2) 시간계수 T=0.39에 대해서는 식 7.23b를 사용

$$T = 1.781 - 0.933\log(100 - \overline{U}) = 0.39$$

$$100 - \overline{U} = 30.96\% \rightarrow \overline{U} = 69\%\text{이다.}$$

7.4 압밀시험

7.4.1 시험장치

압밀시험은 압밀시험기(consolidometer 또는 oedometer)를 이용하여 시험한다. 압밀시험장치는 직경 6cm, 높이 2cm의 압밀상자와 하중재하장치, 변위측정장치로 구성되어 있으며(그림 7.8a), 압밀상자는 놋쇠로 된 링에 시료를 넣고 상하부에 다공질판(porous stone)을 놓아 배수가 되도록 한다(그림 7.8b). 상부에는 커버를 놓아 하중을 균질하게 작용시키며 다이얼게이지를 이용하여 압축변위를 측정한다.

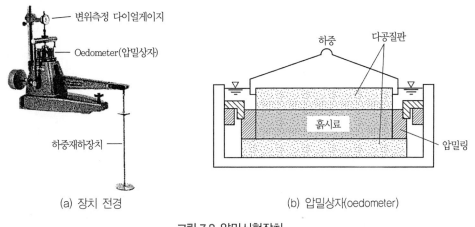

(a) 장치 전경 　　　　　　　　　　(b) 압밀상자(oedometer)

그림 7.8 압밀시험장치

표준압밀시험의 순서는 다음과 같다.

(1) 초기하중 0.05kg/cm²을 24시간 재하하고 시료의 압축량을 다이얼게이지로 측정한다.

(2) 이후 처음 가한 하중의 2배(0.1kg/cm²)를 가하여 시간간격 15, 30초, 1, 2, 4, 8, 15, 30분, 1, 2, 4, 8, 24시간 간격으로 압축량을 기록한다.

(3) 하중을 0.2, 0.4, 0.8, 1.6, 3.2, 6.4kg/cm²로 2배씩 늘려가며 각 단계마다 24시간씩 2) 항의
   방법으로 재하하고 압축량을 기록한다.

(4) 최종단계의 하중에 의한 압밀이 끝나면 3.2, 1.6, 0.8, 0.4, 0.2kg/cm²로 제하(unloading)하
   면서 각 변형량을 측정한다. 이후 하중을 다시 재재하(reloading)하면서 압축량을 측정하기
   도 한다.

(5) 시험 종료 후 시료의 건조단위중량을 측정한다.

압밀시험 결과에 의한 가해지는 하중에 대한 점성토의 침하량, 각 하중별 압밀시간자료로부터 간
극비와 하중의 관계, 압밀계수와 하중의 관계, 압축지수 등을 알 수 있다.

7.4.2 간극비−압력곡선

각 하중단계에서 구한 압축변형량으로부터 간극비−압력$(e - \log \sigma')$곡선을 정규그래프(regular
graph)와 반대수지(semi-log graph)에 작성하면 그림 7.9와 같다. 이 곡선을 보면 상부 어느 재하
압력까지는 간극비의 변화가 크지 않다가($\overline{ab}$) 일정 압력 이상이 되면 직선적으로 급하게 변하는 모
습을 보인다($\overline{bc}$). 압력을 6.4kg/cm²까지 가한 후 이를 단계적으로 제거하면 시료가 팽창되어 간극
비가 약간 증가하게 된다($\overline{cd}$). 이후 압력을 재재하하게 되면 간극비가 감소하여 원래 초기압력을
가했던 곡선의 연장선상에 회귀하게 된다($\overline{def}$).

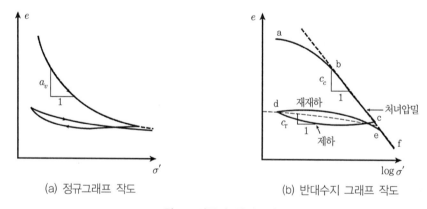

(a) 정규그래프 작도   (b) 반대수지 그래프 작도

그림 7.9 간극비−압력곡선

여기서 $\overline{bc}$의 직선적으로 변하는 부분은 과거 받았던 적이 없었던 압력을 처음으로 받을 때의 $e - \log \sigma'$ 곡선으로 처녀압축곡선(virgin compression curve)이라고 하며 이때의 직선부분의 기울기를 압축지수(C_c)라고 한다. 이후 $\overline{cd} - \overline{de}$ (압력제하–재재하) 부분은 과거에 받았던 압력을 다시 받을 때까지의 완만한 경사의 곡선으로 재압축곡선(re-compression curve)이라고 한다. 재압축곡선의 기울기(C_r)는 압밀시험 초기에 가한 압력에 대한 간극비 곡선($\overline{ab}$)의 기울기와 매우 유사하며 따라서 상부 완만한 곡선도 압밀시료가 채취된 현장에서 받았던 과거 하중에 대한 압밀 정도를 반영하고 있음을 알 수 있다.

재압축곡선에 의하면 압밀곡선은 과거에 받았던 압력을 다시 받을 때까지는 곡선의 경사가 완만하게 유지되나 어떤 압력을 넘으면 그 경사가 급격히 변하는 것을 알 수 있는데(그림 7.9의 d, e, f 점) 이 경사변화의 경계가 되는 점 e의 압력을 선행압밀압력(pre-consolidation pressure, σ_c')이라고 한다.

예제 7.5

불교란 점토의 압밀시험 결과 다음과 같은 값을 얻었다. 시험 전의 공시체 두께 $H=2$cm, 공시체의 노건조중량 $W_s=37.7$g, 공시체의 단면적 $A=19.62$cm^2, 흙입자의 비중 $G_s=2.65$이었다.

재하(loading)	
σ' (kg/cm^2)	최대침하량 d($\times 10^{-2}$mm)
0	0
0.2	18
0.4	45
0.8	81
1.6	126
3.2	247
6.4	405

제하(unloading)	
σ' (kg/cm^2)	최대침하량 d($\times 10^{-2}$mm)
3.2	400
1.6	394
0.8	375
0.4	366
0.2	344
0	292

1) $e - \log \sigma$ 곡선을 그리고 압축지수(C_c)와 재압축지수(C_r)를 계산하여라.
2) $\sigma=5.0$kg/cm^{2}에서 6.0kg/cm^{2}으로 유효응력증가를 받을 때 압축계수 a_v, 체적압축계수 m_v를 구하여라.

풀 이

1) $G_s = \dfrac{\gamma_s}{\gamma_w} = \dfrac{W_s}{V_s \gamma_w}$ 로부터 $V_s = \dfrac{W_s}{G_s \gamma_w} = \dfrac{37.7}{2.65 \times 1} = 14.23 \, \text{cm}^3$

$\quad V = A \times H = 19.62 \times 2 = 39.24 \, \text{cm}^3$

$\quad V_v = V - V_s = 39.24 - 14.23 = 25.01 \, \text{cm}^3$

초기간극비 $e_0' = \dfrac{V_v}{V_s} = \dfrac{25.01}{14.23} = 1.76$

침하량 $d = \dfrac{(e_o - e_1)H}{1 + e_0}$ 이므로,

$$d(1 + e_o) = (e_o - e_1)H = e_o H - e_1 H$$

$e_1 H = e_o H - d(1 + e_o)$ 에서 간극비, $e_1 = e_0 - \dfrac{d(1 + e_0)}{H}$ 이다.

문제표의 침하량 d를 넣어가며 작성한 표와 그래프는 다음과 같다.

σ(kg/cm²)	d(cm)	e	σ(kg/cm²)	d(cm)	e
0	0	1.76	3.2	0.400	1.21
0.2	0.018	1.73	1.6	0.394	1.22
0.4	0.045	1.70	0.8	0.375	1.24
0.8	0.081	1.65	0.4	0.366	1.25
1.6	0.126	1.58	0.2	0.344	1.28
3.2	0.247	1.42			
6.4	0.405	1.20			

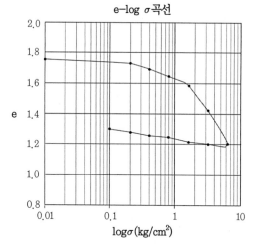

그림 7.10 예제 7.5 간극비-압력곡선

재하응력 1.6~3.2kg/cm² 구간에서 압축지수(C_c)를 계산하면

$$C_c = \dfrac{e_1 - e_2}{\log\left(\dfrac{\sigma_2'}{\sigma_1'}\right)} = \dfrac{1.58 - 1.42}{\log\left(\dfrac{3.2}{1.6}\right)} = \dfrac{0.16}{0.30} = 0.53$$

제하응력 3.2~0.kg/cm² 구간에서 재압축지수(C_r)를 계산하면,

$$C_r = \frac{e_1 - e_2}{\log\left(\frac{\sigma_2'}{\sigma_1'}\right)} = \frac{1.21 - 1.24}{\log\left(\frac{0.8}{3.2}\right)} = \frac{(-0.03)}{(-0.602)} = 0.05$$

2) $\sigma = 5.0\,\text{kg/cm}^2$에서 $e = 1.3$이고, $\sigma = 6.0\,\text{kg/cm}^2$에서 $e = 1.22$이다. 식 7.8과 식 7.11을 참조하여 압축계수와 체적 압축계수를 계산하면

$$a_v = -\frac{\partial e}{\partial \sigma'} = -\frac{(1.22 - 1.3)}{1} = 0.08\,\text{cm}^2/\text{kg}$$

$$m_v = \frac{a_v}{1 + e_0} = 0.08 / (1 + 1.76) = 0.03\,\text{cm}^2/\text{kg}$$

7.4.3 정규압밀점토와 과압밀점토

1) 과압밀비와 선행압밀압력의 결정

점토가 퇴적된 후 지층이나 지하수위의 변화가 없었다면 임의 깊이 흙요소에서의 유효수직응력(σ_o')은 그 깊이에서 채취된 시료의 압밀곡선으로부터 얻어진 선행압밀압력(σ_c')과 동일하게 될 것이다. 이와 같은 응력상태(즉, $\sigma_c' \approx \sigma_o'$)에 있는 흙을 정규압밀점토(normally consolidated clay, N.C. clay)라고 한다.

지표층의 토층이 일부 제거되었거나 또는 지하수위가 저하되었다가 회복된 경우에는 임의 깊이 흙요소는 원래 퇴적된 당시의 압력이나 지하수가 최대로 저하될 당시의 유효응력이 선행압밀압력이 된다. 이때는 선행압밀압력(σ_c')이 압밀시험이 수행된 현재의 유효수직응력(σ_o')보다 크게 되는데 $\sigma_c' > \sigma_o'$인 경우 점토를 과압밀점토(over consolidated clay, O.C. clay)라고 한다. 흙이 현재 받고 있는 유효수직압력(σ_o')에 대한 선행압밀압력(σ_c')의 비(식 7.25)를 과압밀비(over consolidation ratio, OCR)라고 부르며 토층의 응력이력(stress history)을 나타내는 토질정수이다.

$$\text{OCR} = \frac{\sigma_c'}{\sigma_o'} \tag{7.25}$$

여기서 OCR $\approx$ 1이면 정규압밀점토, OCR $>$ 1이면 과압밀점토, OCR $<$ 1이면 미압밀점토(under-consolidated clay)로 분류한다.

과압밀점토는 현재 유효상재압보다 큰 압력으로 과거에 이미 압밀이 일어난 점토이다. 미압밀점토(underconsolidated clay)란 지층의 형성된 연대가 오래되지 않거나 인공적으로 최근에 조성되

어 현재 압밀이 진행 중인 점토를 말한다. 그림 7.9의 $\overline{ab}$, $\overline{cd}$, $\overline{de}$는 과압밀점토, $\overline{bc}$는 정규압밀점토 상태가 된다. 대부분의 흙은 정규압밀이나 과압밀상태의 특성을 가지고 있다. 표 7.1에는 과압밀이 발생하는 원인에 대하여 정리하였다.

표 7.1 과압밀의 원인

원인	예
전응력의 변화(지질학적 요인, 인공굴착)	빙하의 퇴거, 토피하중이나 구조물 제거
간극수압의 변화(지하수위 변화)	피압수압, 우물의 양수, 식생에 의한 증발산, 건조에 의한 증발산
흙의 구조변화	2차압밀, 경년효과(aging)
환경의 변화	온도, 염분농도, 흙이나 지하수의 pH 등
화학적 변화	고결물질(cementing agent)의 침전, 이온교환

Casagrande(1936)는 정규압밀점토의 선행압밀압력을 구하는 법을 그림 7.11과 같이 제시하였다.

(1) 육안으로 간극비–유효압력($e - \log_{10}\sigma'$)곡선의 곡률최대지점(A)을 선택, 그 점을 통한 수평선(AB)과 그 접선(AC)을 작도한다.
(2) 두 선분으로 이루어지는 각도를 이등분한 선(AD)이 곡선의 직선 부분 연장 EF와 만나는 점(E)의 압력이 선행압밀압력(σ_c')이다.

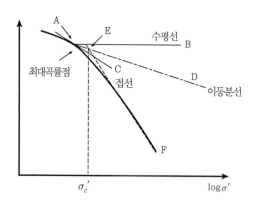

그림 7.11 선행압밀압력의 작도

2) 압축지수

그림 7.9b와 같은 압밀곡선에서 선행압밀압력을 초과한 직선부의 기울기인 압축지수(compression

index)는 식 7.26과 같이 표시한다.

$$C_c = \frac{e_1 - e_2}{\log\sigma'_2 - \log\sigma'_1} = -\frac{\Delta e}{\log\dfrac{\sigma'_2}{\sigma'_1}} \tag{7.26}$$

여기서 $\Delta e = e_2 - e_1$ 이다.

실험에 의하여 나타난 일반 점토의 압축지수의 범위는 0.2~0.9 정도이다. 예민점토의 경우는 1을 초과하며 유기질 점토나 이탄(peat, Pt)은 4 이상인 경우도 나타난다. 선행압밀 이전의 압밀곡선 (그림 7.9b의 $\overline{ab}$)에 대한 기울기도 결정할 수 있는데 이는 흙이 하중을 받은 후 제거되었다 다시 재하된 경우의 기울기($\overline{cd}$, $\overline{de}$ 와 유사하며 재압축지수(recompression index, C_r)라 한다. 재압축지수 C_r은 대략 (0.1~0.2) C_c인 관계에 있다. 여러 가지 흙에 대한 압축지수와 재압축지수의 예를 표 7.2에 나타내었다.

표 7.2 자연토의 압축지수와 재압축지수(Das, 2006)

흙	액성한계	소성한계	압축지수, C_c	재압축지수, C_r
Boston 푸른 점토	41	20	0.35	0.07
Chicago 점토	60	20	0.40	0.07
Ft. Gordon 점토, Georgia	51	26	0.12	–
New Orleans 점토	80	25	0.30	0.05
Montana 점토	60	28	0.21	0.05

압밀시험은 하중재하(loading)시험에는 1주일 이상 하중제하(unloading) 및 재재하(reloading)를 포함하면 최소 2주일 이상의 시험기간이 필요하다. 따라서 Terzaghi & Peck(1967)은 간단한 흙의 기본물성시험만으로 압축지수를 추정할 수 있는 경험식을 액성한계(LL)를 기준으로 제안하였다.

$$\text{교란 시료(disturbed sample)} : C_c = 0.007\,(LL-10) \tag{7.27}$$
$$\text{불교란 시료(undisturbed sample)} : C_c = 0.009\,(LL-10) \tag{7.28}$$

여기서 LL은 액성한계이다. 또한 Rendon-Herrero(1980)은 압축지수 C_c에 관한 추가 상관식을 표 7.3과 같이 요약하였다.

표 7.3 압축지수 C_c에 대한 상관식(Rendon-Herrero, 1980)

식	적용지역	참고문헌
$C_c = 0.007(LL-7)$	재성형 점토	Skempton(1944)
$C_c = 0.0046(LL-9)$	브라질 점토	
$C_c = 0.009(LL-10)$	무기질 흙, 예민비 > 4	
$C_c = 1.15(e_0-0.27)$	모든 점토	Nishida(1956)
$C_c = 0.30(e_0-0.27)$	무기질 흙 : 실트, 실트질 점토, 점토	Hough(1957)
$C_c = 0.0115w_N$	유기질 흙 : 토탄, 유기질 실트, 점토	
$C_c = 0.001w_N$	Chicago 점토	
$C_c = 0.75(e_0-0.5)$	낮은 소성을 가진 점토	
$C_c = 0.208e_0+0.0083$	Chicago 점토	
$C_c = 0.156e_0+0.0107$	모든 점토	

* e_0=현장간극비, w_N=현장함수비, LL=액성한계

7.4.4 시료교란의 영향

압밀시험에는 현장의 특성을 잘 반영할 수 있는 흐트러지지 않은 불교란시료(undisturbed sample)를 사용하는 것이 좋을 것이다. 그러나 실제 시료는 현장에서 채취하는 과정과 운반, 시험을 위해 트리밍(trimming)하는 과정 등 여러 경로에서 교란이 발생하게 된다. 이런 시료에 대해 압밀시험을 하면 그림 7.12에 보인 바와 같이 불교란 시료에 비하여 그 경사가 완만한 곡선이 얻어지고 압축지수의 값은 작아지게 된다.

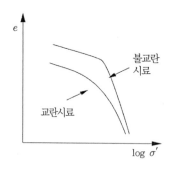

그림 7.12 불교란시료와 교란시료의 압밀곡선의 비교

점토의 실내압밀곡선으로부터 현장압밀곡선을 추정하는 방법에 대하여 그림 7.13에 나타내었다.

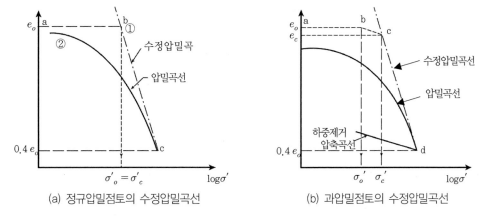

그림 7.13 현장압밀곡선의 추정(Schmertmann, 1953)

정규압밀점토에 대한 현장압밀곡선은 실험실 곡선의 $e = 0.4e_0$에 대응하는 점 c를 통과한다고 가정하고(Terzaghi and Peck, 1967) 이 지점과 점(e_c, σ_c')을 연결하여 구한다(그림 7.13a의 abc). 과압밀점토에 대해서는 그림 7.13b에 보인 것과 같이 점 b(e_o, σ_o')와 점 c(e_c, σ_c') 그리고 점 d를 연결하는 선 $\overline{ab}\,\overline{cd}$가 실제 압밀곡선이다. 여기서 점 b, 점 c를 연결하는 선은 재압축곡선과 평행하게 그린 선이다.

7.4.5 압밀계수의 산출

점토층의 압밀도나 압밀소요시간을 구하기 위해서는 압밀계수, C_v를 알아야 한다(식 7.13 참조). 압밀계수를 구하는 방법은 $\log t$법과 $\sqrt{t}$ 법이 있다.

1) logt법

평균압밀도와 시간계수의 이론곡선$(\overline{U} - \log T)$의 직선 부분과 그 곡선의 점근선과의 교점은 압밀도 100%가 되는 점이라는 사실을 이용하여 실측곡선의 중간 부분의 직선과 마지막 부분의 직선을 연결하여 교차하는 점이 1차압밀이 100% 완료된 d_{100}으로 한다(그림 7.14). Casagrande and Fadum(1940)은 logt법에 의한 압밀계수를 결정하는 법을 다음과 같이 제안하였다.

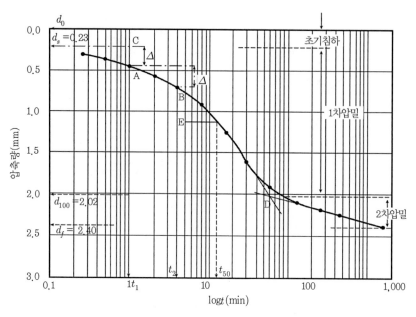

그림 7.14 logt법에 의한 시간-압축량곡선의 작도

(1) 시간 대 시료 변형량(다이얼게이지 변형량)을 반대수지에 작도한다.

(2) $t_2 = 4t_1$ 이 되는 두 점 A, B의 변형량의 차이(Δ)를 A의 수직상부로 올려 C점을 구한다. C점에 대응하는 다이얼게이지량이 압축량 0인 점이다.

(3) D점은 상하직선부의 교점이며 1차압밀이 100% 완료되었을 때 변형량은 d_{100} 이다.

(4) $d_{50} = \dfrac{d_s + d_{100}}{2}$ 에 해당하는 압밀곡선상의 점을 E라 하면 이때 대응시간 t_{50} 을 압밀이 50%가 완료된 시간이다.

(5) $\overline{U}$=50%에 대응하는 시간계수는 T=0.197이며 이로부터 압밀계수는 다음 식에 의하여 구할 수 있다.

$$C_v = \frac{TH^2}{t} = \frac{0.197 H^2}{t_{50}} \tag{7.29}$$

2) $\sqrt{t}$법

$\overline{U} - \sqrt{T}$ 곡선의 $\overline{U}$=60%까지 직선부 기울기/1.15인 기울기로 그은 직선이 이론곡선과 만나는 점의 압밀도가 90%인 것(그림 7.15a)을 이용하여 압밀계수를 구하는 방법이다. $\sqrt{t}$법에 의한 압밀

계수를 구하는 단계는 다음과 같다(그림 7.15b).

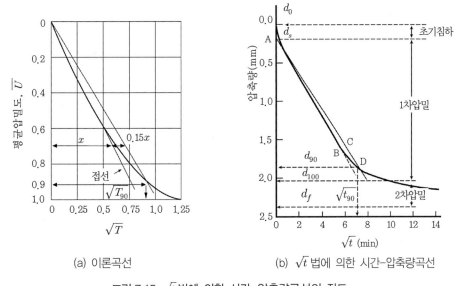

(a) 이론곡선   (b) $\sqrt{t}$ 법에 의한 시간–압축량곡선

그림 7.15 $\sqrt{t}$ 법에 의한 시간–압축량곡선의 작도

(1) 초기 직선부 AB로부터 기울기=AB/1.15가 되게 AC를 작도한다.

    AC와 곡선부 교점 D는 d_{90}이며 이에 상응한 x축은 $\sqrt{t_{90}}$ 이다.

(2) 평균압밀도 $\overline{U}$=90%의 T=0.848이며 이에 상응한 압밀계수는 다음 식으로 구한다.

$$C_v = \frac{0.848 H^2}{t_{90}} \tag{7.30}$$

(3) AD의 y축 투영값/0.9로 d_{100}를 결정한다.

    C_v는 logt법에 의하여 구한 C_v값이 $\sqrt{t}$ 법에 의하여 구한 C_v 값보다 정규압밀분포 범위 내에서는 더 작으며 logt법에 의하여 구한 C_v값이 실제와 더 부합한다고 한다.

3) 압밀비

    그림 7.14의 logt법과 그림 7.15의 $\sqrt{t}$ 법에서 각각 구한 전체 침하량은 초기압축량, 1차압밀침하량과 2차압밀침하량을 모두 합한 값을 말한다. 여기서 구하고자 하는 초기압축량, 1차압밀침하량,

2차압밀침하량의 비는 앞서 구한 전체 침하량에 대한 비율의 값을 말하며 각각 초기압축비, 1차압밀비($\log t$방법, $\sqrt{t}$ 방법), 2차압밀비라 하며, 다음 식과 같다.

$$\text{초기압축비 } \eta_0 = \frac{d_0 - d_s}{d_0 - d_f} \tag{7.31}$$

$$\text{1차압밀비}(\log t\text{방법}) \ \eta_p = \frac{d_s - d_{100}}{d_0 - d_f} \tag{7.32}$$

$$\text{1차압밀비}(\sqrt{t}\text{ 방법}) \ \eta_p = \frac{10}{9}\frac{d_s - d_{90}}{d_0 - d_f} \tag{7.33}$$

$$\text{2차압밀비 } \eta_s = 1 - (\eta_0 + \eta_p) \tag{7.34}$$

예제 7.6

양면배수 압밀시험을 실시하여 하중증가 $2\sim4\text{kg/cm}^2$ 구간에서 다음과 같은 데이터를 얻었다. 2.0kg/cm^2의 하중으로 압밀 완료 시 간극비는 1.43이고, 4.0kg/cm^2 하중으로 압밀 완료 시 간극비는 1.08이며 이때의 시료의 두께는 1.41cm이었다.

시간(min)	누적침하량(mm)	시간(min)	누적침하량(mm)
0	0.0	15	1.25
1/4	0.34	30	1.65
1/2	0.38	60	1.96
1	0.44	120	2.11
2	0.58	240	2.23
4	0.75	480	2.25
8	0.89	1440	2.38

1) $\log t$법과 $\sqrt{t}$ 법으로 시간–압축량곡선을 구하고 압밀계수를 구하라.
2) 압밀시험하중 $2\sim4\text{kg/cm}^2$ 구간에서 압축지수(C_c), 압축계수(a_v), 체적압축계수(m_v), 투수계수 (k)의 값을 구하시오(e_0는 1.43으로 사용).
3) 압밀시험 결과로부터 $\log t$법과 $\sqrt{t}$ 법으로 각각 초기압축비, 1차압밀비, 2차압밀비를 구하시오.

풀 이

1) 압력증가구간에서 시료두께의 평균값은 $1.41 + \dfrac{0.238}{2} = 1.53$

시료의 배수거리는 $H = \dfrac{1.53}{2} = 0.76\,\text{cm}$

$\log t$법에 의한 시간–압축량곡선은 그림 7.14에 도시하였다.

여기에서 $d_{50} = \dfrac{1}{2}(d_{100} - d_s) + d_s = \dfrac{1}{2}(2.02 - 0.23) + 0.23 = 1.13 \, \text{mm}$

이에 상응한 $t_{50} = 12 \, \text{min}$이다. 식 7.29로부터

$$c_v = \frac{TH^2}{t_{50}} = \frac{0.197 \times 0.76^2}{12 \times 60} = 1.58 \times 10^{-4} \, \text{cm}^2/\text{sec}$$

$\sqrt{t}$법에 의한 시간–압축량곡선은 그림 7.15b에 도시하였다. 그림으로부터 $\sqrt{t_{90}} = 7.2$, $t_{90} = 51.84 \, \text{min}$이다. 식 7.30으로부터

$$c_v = \frac{TH^2}{t_{90}} = \frac{0.848 \times 0.76^2}{51.84 \times 60} = 1.57 \times 10^{-4} \, \text{cm}^2/\text{sec}$$

2) 압축지수 : 식 7.26으로부터

$$C_c = \frac{e_2 - e_1}{\log \sigma_2 / \log \sigma_1} = \frac{1.43 - 1.08}{\log_{10}(4/2)} = \frac{0.35}{0.30} = 1.17$$

압축계수 : $a_v = -\dfrac{\partial e}{\partial \sigma'} = -\dfrac{1.08 - 1.43}{4 - 2} = 0.175 \, \text{cm}^2/\text{kg}$

체적압축계수 : 식 7.11로부터

$$m_v = \frac{a_v}{1 + e_o} = \frac{0.175}{1 + 1.43} = 0.072 \, \text{cm}^2/\text{kg}$$

투수계수 : 식 7.14로부터

$$k = C_v m_v \gamma_w = 1.58 \times 10^{-4} \times 0.072 \times \frac{1}{1,000} \times 1 = 1.14 \times 10^{-8} \, \text{cm/sec}\text{이다.}$$

3) $\log t$법과 $\sqrt{t}$법으로 각각에 대해 계산하면

① $\log t$법

초기압축비 $\eta_0 = \dfrac{d_0 - d_s}{d_0 - d_f} = \dfrac{0 - 0.23}{0 - 2.4} = 0.096$

1차압밀비($\log t$방법) $\eta_p = \dfrac{d_s - d_{100}}{d_0 - d_f} = \dfrac{0.23 - 2.02}{0 - 2.4} = 0.746$

2차압밀비 $\eta_s = 1 - (\eta_0 + \eta_p) = 1 - (0.096 + 0.746) = 0.158$이다.

② $\sqrt{t}$법

초기압축비 $\eta_0 = \dfrac{d_0 - d_s}{d_0 - d_f} = \dfrac{0 - 0.23}{0 - 2.38} = 0.096$

1차압밀비($\sqrt{t}$방법) $\eta_p = \dfrac{10}{9} \dfrac{d_s - d_{90}}{d_0 - d_f} = \dfrac{10}{9} \dfrac{0.23 - 1.84}{0 - 2.38} = 0.75$

2차압밀비 $\eta_s = 1 - (\eta_0 + \eta_p) = 1 - (0.096 + 0.75) = 0.154$이다.

어떤 현장의 점토에 대하여 양면배수조건에서 압밀시험을 실시한 결과 19mm 두께의 시료에 $\overline{U}$ = 30%의 1차압밀에 5분이 소요되었다. 현장에 점토의 두께가 15m라고 할 때 동일한 압밀이 발생하는 데 걸리는 시간을 다음 조건에 대하여 계산하여라.

1) 양면배수
2) 일면배수

풀   이

압밀시험에서 배수거리는, $H_{test} = \dfrac{19}{2} = 9.5\,\text{mm}$

1) 양면배수조건에서 현장토의 배수거리는 $H_f = \dfrac{15}{2} = 7.5\,\text{m}$; 식 7.18에 의하여 실험실시료와 현장시료의 시간계수는 동일하므로

$$T = \frac{c_v t_{test}}{H_{test}^2} = \frac{c_v t_f}{H_f^2}$$

$$t_f = \frac{H_f^2 t_{test}}{H_{test}^2} = \frac{(750)^2 \times 5}{(0.95)^2 \times 60 \times 24 \times 365} = 5.93\,\text{년}$$

2) 일면배수조건에서 현장토의 배수거리는 $H_f = 15\,\text{m}$

$$t_f = \frac{(1500)^2 \times 5}{(0.95)^2 \times 60 \times 24 \times 365} = 23.72\,\text{년}$$

따라서 일면배수조건의 압밀소요시간은 양면배수조건에 비해 4배의 소요시간이 더 필요하다.

7.5 2차압밀

2차압밀(secondary compression, secondary consolidation)은 과잉간극수압이 소산되면서 발생하는 1차압밀의 완료 후 경년 효과(aging)와 점토입자 재배열(rearrangement) 등의 요인에 의하여 장기간에 걸쳐 일어나는 압축현상이다. 2차압축계수 C_α 는 다음과 같이 정의된다(그림 7.16 참조).

$$C_\alpha = -\frac{\Delta e}{\Delta \log t} = -\frac{\Delta e}{\log t_2 - \log t_1} = -\frac{\Delta e}{\log \dfrac{t_2}{t_1}} \tag{7.35}$$

여기서 $\Delta e = e_2 - e_1$ 이다.

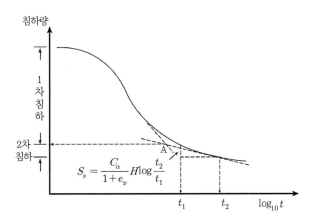

그림 7.16 2차압밀과 2차압밀계수의 결정

2차압축침하량 S_s 는 다음과 같이 산정한다.

$$S_s = \frac{\Delta e}{1 + e_p} H = \frac{C_\alpha}{1 + e_p} H \log \frac{t_2}{t_1} \tag{7.36}$$

여기서 e_p 는 1차압밀 종료 후의 간극비, t_1 은 1차압밀 또는 시공 종료시간, t_2 는 구조물의 수명, H 는 압밀층의 두께이다.

2차압밀을 산정하기는 어렵다. 특히 1차압밀이 종료하는 시간까지를 결정하기도 쉽지 않을 뿐만 아니라 1차압밀이 진행되는 동안에도 2차압밀은 발생하기 때문에 어디까지가 1차압밀이고 어디부터 2차압밀인지를 알아내기는 어려운 일이다. 따라서 지반의 침하계측분석으로부터 최종침하량추정기법의 사용을 통한 예측방법이 비교적 신뢰성이 있다고 본다.

2차압축량의 크기는 현장함수비, 압축지수, 소성지수, 유기질 함유량 등에 따라 변화되는 것으로 알려져 있다. Mesri(1973)는 그림 7.17과 같이 자연함수비에 대한 2차압축계수의 관계를 도시하여 실험실에서 2차압축지수를 구할 수 없는 경우 활용할 수 있도록 하였다. 유기질 점토와 압축성이 큰 점토(예 : 준설점토)와 같은 연약지반은 2차압축침하가 크므로 구조물 축조를 위한 설계와 시공 시에는 지반을 개량하거나 말뚝 등 깊은기초를 사용하는 경우가 많다.

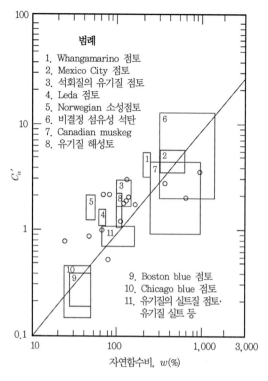

그림 7.17 2차압밀침하와 자연함수비의 관계(Mesri, 1973)

범례

1. Whangamarino 점토
2. Mexico City 점토
3. 석회질의 유기질 점토
4. Leda 점토
5. Norwegian 소성점토
6. 비결정 섬유성 석탄
7. Canadian muskeg
8. 유기질 해성토

9. Boston blue 점토
10. Chicago blue 점토
11. 유기질의 실트질 점토·
   유기질 실트 등

7.6 1차압밀침하량 계산

흙이 수직방향으로만 침하한다고 할 때(1차압밀) 두께 H인 점토층의 침하량 ΔH와의 관계는 그림 7.18로부터 식 7.37과 같은 부피와 간극비의 관계로 유도할 수 있다.

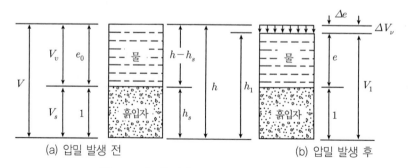

그림 7.18 점토층의 침하량과 간극비 관계의 유도

$$\frac{\Delta H}{H} = \frac{\Delta V}{V} = -\frac{\Delta e}{1+e} \tag{7.37}$$

식 7.37의 첫 항과 셋째 항을 이용하여 정리하면 1차압밀침하량(S_c)을 다음과 같이 나타낼 수 있으며 이와 같은 침하량 계산법을 초기간극비(e_0)법이라고 한다.

$$S_c = \Delta H = -\frac{\Delta e}{1+e_o} H \tag{7.38}$$

식 7.26으로부터 $\Delta e = -\,C_c \log \dfrac{\sigma_2{}'}{\sigma_1}$를 식 7.38에 대입하면 $\sigma_c{}' < \sigma_o{}' + \Delta\sigma'$인 정규압밀점토에 대한 1차압밀침하량은 식 7.39와 같으며 이와 같은 침하량 계산법을 압축지수(C_c)법이라고 한다 (그림 7.19a 참조).

$$S_c = \frac{C_c}{1+e_o} H \log \frac{\sigma_2{}'}{\sigma_1{}'} = \frac{C_c}{1+e_o} H \log \frac{\sigma_o{}' + \Delta E\sigma'}{\sigma_o{}'} \tag{7.39}$$

여기서 C_c는 압축지수, e_o는 초기간극비, $\sigma_o{}'$는 점토층 중앙부 초기유효수직응력, $\Delta\sigma'$는 점토층 중앙부 유효수직응력증가분을 나타낸다.

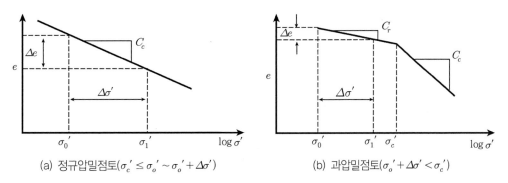

(a) 정규압밀점토($\sigma_c{}' \le \sigma_o{}' \sim \sigma_o{}' + \Delta\sigma'$)   (b) 과압밀점토($\sigma_o{}' + \Delta\sigma' < \sigma_c{}'$)

그림 7.19 정규압밀점토와 과압밀점토의 하중-침하량곡선 개요($\sigma_o{}'$: 현장유효응력; $\sigma_c{}'$: 선행압밀압력)

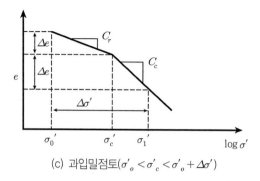

(c) 과압밀점토($\sigma'_o < \sigma'_c < \sigma'_o + \Delta \sigma'$)

그림 7.19 정규압밀점토와 과압밀점토의 하중－침하량곡선 개요(σ_o' : 현장유효응력; σ_c' : 선행압밀압력)(계속)

또한 $\Delta e = -a_v \Delta \sigma'$의 관계(식 7.8 참조)를 식 7.39에 대입하면 1차압밀침하량의 식은 식 7.40과 같이 나타나기도 한다.

$$S_c = \Delta H = \frac{a_v}{1 + e_o} H \Delta \sigma' \tag{7.40}$$

식 7.40에 체적압축계수 $m_v = \dfrac{a_v}{1 + e_o}$의 관계를 이용하면 1차압밀침하량은 식 7.41과 같이 나타내진다. 이와 같은 침하량 계산법을 체적압축계수(m_v)법이라 하며 과압밀 영역에서는 m_v의 분산 정도가 높아 오차가 많으나 정규압밀 영역에서는 비교적 정도가 좋은 것으로 알려져 있다.

$$S_c = \Delta H = m_v H \Delta \sigma' \tag{7.41}$$

$\sigma_o' + \Delta \sigma' < \sigma_c'$인 과압밀점토에 대한 1차압밀침하는 압축지수 C_c 대신 재압축지수 C_r을 이용하여 다음 식으로 계산한다(그림 7.19b).

$$S_c = \frac{C_r}{1 + e_0} H \log \frac{\sigma_o + \Delta \sigma'}{\sigma_o'} \tag{7.42}$$

$\sigma_o' < \sigma_c' < \sigma_o' + \Delta \sigma'$로 과압밀점토와 정규압밀점토의 범위를 모두 포함하는 경우에는(그림 7.18c) 현장토의 유효수직압력(σ_o')이 선행압밀압력(σ_c')보다 작은 범위에서는 재압축지수 C_r을 사용하고 유효수직압력(σ_o')이 선행압밀압력(σ_c')보다 큰 범위에서는 압축지수 C_c를 사용하여 식

7.43과 같이 구한다.

$$S_c = \frac{C_r}{1+e_o} H \log \frac{\sigma_c'}{\sigma_o'} + \frac{C_c}{1+e_o} H \log \frac{\sigma_o' + \Delta \sigma'}{\sigma_c'} \tag{7.43}$$

수직압력증가량 $\Delta \sigma'$의 계산은 점토층의 상부, 중앙, 하부에서 유효응력증가분을 Boussinesq 공식이나 도표(5.3.5, 5.3.7절 참조)를 이용하여 구한 식 7.44를 이용하여 계산한다.

$$\Delta \sigma' = \frac{1}{6}(\Delta \sigma_u' + 4\Delta \sigma_m' + \Delta \sigma_l') \tag{7.44}$$

여기서 $\Delta \sigma_u'$, $\Delta \sigma_m'$, $\Delta \sigma_l'$은 상·중·하부의 유효응력증가분을 나타낸다. 때로는 압밀층을 수 개 층(4~6층 정도)으로 나눈 후 각 토층의 중간점(mid-point)에서 e_o, σ_o', σ_c', $\Delta \sigma'$, C_c, C_r을 구하여 각각의 침하량을 계산하여 더하는 방법을 사용하기도 한다.

다음 그림과 같이 상하 모래층 사이에 5m 두께의 점토층이 있는 지반이 있다. 지표에 상재하중 50kN/m^{2}이 작용한다고 할 때 다음에 답하여라. 단 점토층의 간극비 e =1.6, 압축계수 C_c =0.6, 압밀계수 C_v =4×10^{-3}cm^2/sec이다.
1) 최종침하량을 계산하여라.
2) 90% 압밀에 소요되는 시간은 얼마인가?

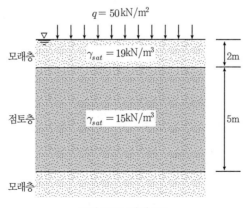

그림 7.20 예제 7.7

풀 이

1) 점토층 중심부에서 수직응력 : $\sigma_0' = 9 \times 2 + 5 \times 2.5 = 30.5\,\text{kN/m}^2$

   최종침하량은 식 7.39로부터

   $$S = \frac{C_C}{1+e}\,H\,\log_{10}\frac{\sigma' + \Delta\sigma'}{\sigma'} = \frac{0.6}{1+1.6}(5)\log_{10}\frac{30.5+50}{30.5} = 0.48\,\text{m}$$

2) 식 7.28을 변환하면 $t_{90} = \dfrac{T_v H^2}{C_v} = \dfrac{0.848 \times 250^2}{4.0 \times 10^{-3}} = 13{,}250{,}000\,\text{sec} = 153.4\,\text{days}$

예제 7.9

다음 그림과 같이 모래층 사이에 10m의 점토층이 있는 지반이 있다. 지하수면은 원래 지표면에 위치하다가 4m 저하하였다. 점토층의 압축지수는 0.5, 간극비는 0.75, 압밀계수는 $c_v = 4.0 \times 10^{-4}\,\text{cm}^2/\text{sec}$ 이라고 할 때 다음에 답하시오.

1) 지하수 저하로 인한 최종침하량을 계산하여라.

2) 지하수 저하 후 1년이 경과하였을 때의 침하량을 계산하여라.

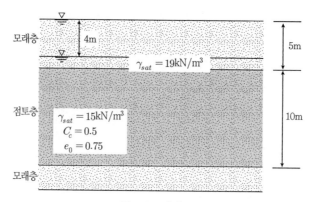

그림 7.21 예제 7.8

풀 이

1) 점토층 중심부에서 수직응력 : $\sigma_0' = 19 \times 5 + 15 \times 5 - 9.81 \times 10 = 71.9\,\text{kN/m}^2$

   지하수 4m 저하 시 증가하는 유효수직응력은 $\Delta\sigma' = -\Delta u = -(-\gamma_w h_w) = 9.81 \times 4 = 39.2\,\text{kN/m}^2$

   $$S_c = \frac{C_C}{1+e}\,H\,\log_{10}\frac{\sigma_o' + \Delta\sigma'}{\sigma_o'} = \frac{0.5}{1+0.75} \times 10 \times \log_{10}\frac{71.9+39.2}{71.9} = 0.54\,\text{m}$$

2) $T_v = \dfrac{c_v t}{H^2} = \dfrac{4 \times 10^{-4} \times 365 \times 24 \times 60 \times 60}{500^2} = 0.05$

   그림 7.7에서 시간계수 0.05에 대한 평균압밀도는 24.5%이다.

   $S_{\overline{U}=25\%} = S \times 0.25 = 0.54 \times 0.25 = 0.135\,\text{m} = 13.5\,\text{cm}$이다.

예제 7.10

다음 그림에 나타난 바와 같이 폭 $B=10\text{m}$의 띠기초에 단위면적당 50kN/m^2의 하중이 작용하고 있는 경우와 무한등분포하중 $q=50\text{kN/m}^2$이 작용하는 경우의 최종침하량을 계산하여라. 지하수는 지표에 위치한다(기초가 있는 경우의 지중응력분포는 $2:1$ 분포법(식 5.27a 응용).

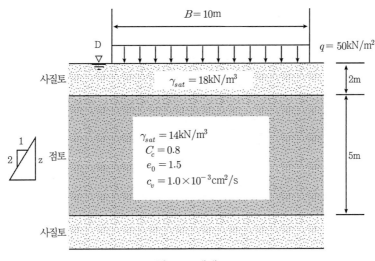

그림 7.22 예제 7.9

풀 이

점토층 중심에서의 유효수직응력 : $\sigma'_0 = 8 \times 2 + 4 \times 2.5 = 26\,\text{kN/m}^2$

1) 기초에 작용하는 하중으로 인한 점토층 중심에서의 추가응력 :

$$\Delta\sigma'_z = \frac{qB}{(B+z)} = \frac{50 \times 10}{(10+4.5)} = 34.5\,\text{kN/m}^2$$

$$S_c = \frac{C_C}{1+e}\,H\,\log_{10}\frac{\sigma_o' + \Delta\sigma'}{\sigma_o'} = \frac{0.8}{1+1.5} \times 5 \times \log_{10}\frac{26+34.5}{26} = 0.586\,\text{m} = 58.6\,\text{cm}$$

2) 무한등분포하중 $q=50\,\text{kN/m}^2$이 작용하는 경우(점토층 표면에 $B=\infty$로 작용하는 경우로 점토 중앙부에 작용하는 유효응력은 $\Delta\sigma'=50\,\text{kN/m}^2$)

$$S_c = \frac{C_C}{1+e}\,H\,\log_{10}\frac{\sigma_o' + \Delta\sigma'}{\sigma_o'} = \frac{0.8}{1+1.5} \times 5 \times \log_{10}\frac{26+50}{26} = 0.745\,\text{m} = 74.5\,\text{cm}$$

그림과 같은 4m 두께 점토층의 지표면에 등분포상재하중 40kN/m²이 작용하고 있다. 이 점토층 중앙에서의 선행압밀응력이 70kN/m²이라고 할 때 이 점토층의 압밀침하량을 구하라.

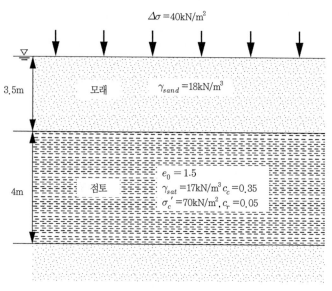

그림 7.23 예제 7.10

점토층 중심부에서 수직응력 : $\sigma_0' = 8 \times 3.5 + 7 \times 2 = 42 \text{kN/m}^2$이므로 선행압밀응력이 70kN/m²까지는 과압밀영역이었다가 그 이상의 하중에 대해서는 정규압밀영역이다. 최종침하량은 식 7.43으로부터 다음과 같이 구한다.

$$S_c = \frac{C_r}{(1+e_o)} H \log\frac{\sigma_c'}{\sigma_o'} + \frac{C_c}{(1+e_o)} H \log\frac{\sigma_o' + \Delta\sigma'}{\sigma_c'}$$

$$= \frac{0.05}{1+1.5}(400) \log_{10}\left(\frac{70}{42}\right) + \frac{0.35}{1+1.5}(400) \log_{10}\left(\frac{42+40}{70}\right) = 1.77 + 3.85 = 5.62 \text{cm}$$

연 | 습 | 문 | 제

7.1 어떤 점토에 압밀실험을 하여 체적압축계수 $m_v = 4.0 \times 10^{-2} \text{cm}^2/\text{kg}$, 압밀계수 $C_v = 2.5 \times 10^{-2} \text{cm}^2/\text{sec}$를 얻었다. 이 점토의 투수계수를 구하여라.

7.2 양면배수 8m 두께의 점토층의 압밀계수가 $C_v = 0.008 \text{cm}^2/\text{sec}$이다. 압밀 개시 후 4개월 후의 압밀침하량이 7cm라고 할 때 최종압밀침하량을 계산하여라.

7.3 양면배수된 5m 두께의 포화점토에 하중을 재하하여 200일 후에 90% 압밀도에 도달하였다. 점토의 압밀계수 C_v를 계산하여라.

7.4 일면배수인 두께 4m의 점토층이 있다. 이 점토의 압축계수 $C_v = 1.8 \times 10^{-3} \text{cm}^2/\text{sec}$이라고 할 때 100일이 경과한 후 이 점토층의 평균압밀도를 계산하여라.

7.5 3m 두께의 포화점토에 하중을 재하하여 나타나는 최종압밀침하량이 30cm라고 할 때 초기 10cm의 침하가 발생하는 데 걸린 시간이 100일이라면 초기 5cm의 침하가 발생하는 데 소요되는 시간을 계산하여라.

7.6 예제 7.5에서 나타난 압밀 특성을 가진 점토층의 두께가 2m이고, 점토층의 중심에서 초기 5.0kg/cm^2의 유효응력을 받고 있다고 한다. 상재하중으로 유효응력이 1.0kg/cm^2늘면 압밀 침하량은 얼마가 발생하는가?

7.7 압밀시험을 실시하여 하중증가 1~2kg/m² 구간에서 다음과 같은 데이터를 얻었다.

시료의 두께(mm)	누적침하량(mm)	시간(min)
12.20	0.0	0
12.14	0.05	1/4
12.10	0.10	1
12.07	0.13	$2_{1/4}$
12.04	0.16	4
11.98	0.22	9
11.92	0.28	16
11.86	0.34	25
11.82	0.38	36
11.80	0.4	49
11.80	0.4	64

1) 이 흙의 압밀계수를 $\sqrt{t}$ 법으로 구하라.

2) 10m 두께의 점성토가 일면배수조건으로 80% 압밀에 도달하는 시간은?

3) 시료의 간극비가 0.90에서 0.79로 변화되었다면 대상 시료의 투수계수는?

    (단 $a_v = 0.18\,\mathrm{cm}^2/\mathrm{kg}$)

7.8 점토시험의 압밀을 행하여, 하중강도 $1.6\mathrm{kg/cm}^2$일 때의 압밀시간과 압밀침하량을 측정한 결과 다음 표의 결과를 얻었다. 이 값으로부터 $\sqrt{t}$, $\log t$법에 의하여 압밀계수 C_v를 구하라. 단, 시료의 두께는 $2H = 1.851$이다.

압축시간	다이얼게이지
0초	216.1
8초	218.3
15초	219.0
30초	221.4
1분	227.0
2분	240.0
4분	250.9
8분	268.4

압축시간	다이얼게이지
15분	292.1
30분	305.2
1시간	308.9
2시간	310.4
4시간	311.9
8시간	313.8
12시간	314.6
24시간	331.4

7.9 고속도로 건설을 위한 두께 2m의 성토를 점성토 위에 실시하였다. 점성토는 상부는 연약점토와 중간점토로, 하부는 밀한모래로 구성되었다. 다음 그림은 초기 및 성토의 흙의 단면도를 보이고 있다. 지하수위가 침하가 발생한 이후 원지반의 지표면에 있다고 가정하고 다음을 계산하여라.

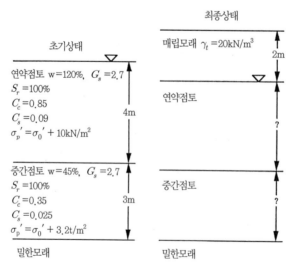

그림 7.24 연습문제 7.9

1) 연약점토와 중간점토의 가운데 점에서의 $e - \log\sigma_z{'}$를 도시하여라. 각 도시한 도표에 e_o, $\sigma_{zo}{'}$, $\sigma_p{'}$, e_f, $\sigma_{zf}{'}$, Δe를 표시하여라.

2) 각 점토단면의 중앙부에서 평균압밀계수를 이용하여 전체 침하량을 계산하여라.

3) 상부 점성토를 3등분하여 전체 침하량을 다시 계산하여라.

7.10 $\Delta\sigma = 60\text{kN/m}^2$의 균일하중이 다음과 같은 흙의 단면에 놓여 있다. 점토층 중간부의 변형이 점토 전체의 평균변형과 같다고 가정하고 다음을 계산하여라.

1) 6.0kN/m^2 하중에 의하여 1차압밀 후 나타나는 최종침하량을 계산하여라.

2) 90% 1차압밀이 발생하는 시간은?

3) 1차압밀 종료 후 30년 이후 발생할 전침하(1차 및 2차압밀의 합)를 계산하여라(1차 압밀 종료시간 $t_c = t_{90}$으로 가정).

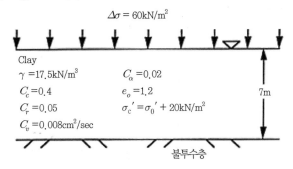

그림 7.25 연습문제 7.10

7.11 간극수압계가 다음 흙단면 A점에 설치되었다. 200kPa의 균일하중이 작용하여 30일 후 간극수압계의 간극수압은 $u = 174.6\text{kPa}$이었다. 이때 지반의 침하량은 0.44m이었다(양면 배수로 가정).

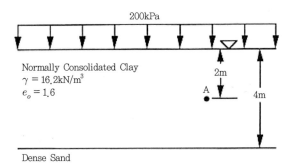

그림 7.26 연습문제 7.11

1) 균일하중 200kPa가 가해지기 전 측정된 간극수압은? 이때 과잉간극수압은 얼마인가?

2) 200kPa의 하중이 가해진 직후의 과잉간극수압계에 나타난 간극수압은 얼마인가?

3) 이 흙의 단면에서 30일에 상응하는 시간계수 T는 얼마인가?

4) 이 흙의 압밀계수 C_v를 계산하여라.

5) 90% 압밀에 걸리는 시간을 계산하여라.

6) 1차압밀에 의하여 나타난 최종침하량을 계산하여라.

7.12 다음 그림에 보인 바와 같은 3×3m 기초가 놓인 점토지반이 있다. 이 점토층의 포화단위 중량이 18.4kN/m³이고 지하수면은 지표에 위치한다고 할 때 기초중심의 압밀침하량을 다음과 같이 층을 나누어 계산하여라.

1) 한 층으로 점토층의 중심에서 계산하여라.

2) 3개 층으로 나누어 계산하여라.

3) 위의 계산으로 알 수 있는 사항을 설명하여라.

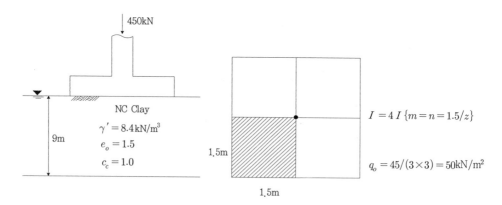

그림 7.27 연습문제 7.12

7.13 연습문제 7.12를 수직압력증가량 $\Delta \sigma'$의 계산을 점토층의 상부·중앙·하부에서 유효응력 증가분을 영향계수도표(그림 5.12)로부터 구한 후 식 7.42를 이용하여 압밀침하량을 계산하여라.

참고문헌

1. 권호진, 박준범, 송영우, 이영생(2008), 토질역학, 구미서관.
2. 김상규(1991), 토질역학, 동명사.
3. 한국지반공학회(2009), 구조물 기초기준해설.
4. Casagrande, A.(1936), "Determination of the Preconsolidation Load and its Practical Significance", *Proceedings of First International Conference on Soil Mechanics and Foundation Engineering, Cambridge, Mass.*, Vol.3, pp.60-64.
5. Casagrande, A. and Fadum, R.E.(1940), Notes on Soil Testing for Engineering Purposes, Harvard University Graduate Engineering Publication No.8.
6. Craig, R.F.(1983) Soil Mechanics 3rd Edition, *Van Nostrand Reinhold Co.*
7. Das, B. M.(1990), Principles of Foundation Engineering, 2nd Ed., *PWS-KENT Publisher Company, Boston*, pp.289-290.
8. Das B.M.,(2006) Principles of Geotechnical Engineering, 6th Editions, PWS, MA.
9. Mesri, G.(1973), Coefficient of Secondary Compression, *Journal of Soil Mechanics and Foundation Division*, ASCE, Vol.99, No.SM1, pp.123-137.
10. NAVFAC(1971), Design Manual-Soil Mechanics, Foundations, and Earth Structures, *NAVFAVC DM-7*, US Dapartment of Navy, Washington D.C.
11. Rendon-Herrero, O.(1980), "Universal Compression Index Equation", *Journal of the Geotechnical Engineering Division*, ASCE, Vol.106, No.GT11, pp.1179-1200.
12. Schmertmann, J.H.(1953), The Undisturbed Consolidation Behavior of Clay, *Transactions*, ASCE, Vol.120, p.1201.
13. Taylor, D.W.(1948), Fundamentals of Soil Mechanics, *John Wiley and Sons, New York.*
14. Terzaghi, K.(1943), Theoretical Soil Mechanics, *John Wiley and Sons, New York.*
15. Terzaghi, K, and Peck, R.B.(1948), Soil Mechanics in Engineering Practice, *John Wiley and Sons, New York.*
16. Terzaghi and Peck(1967), Soil Mechanics and Engineering Practice, 2nd Ed., *John Wiley and Sons, New York.*

08 흙의 전단강도

08 | 흙의 전단강도

8.1 개 설

흙은 하중을 받으면 내부에 전단력(shear force)이 발생되어 일정한 면에 대하여 활동하며 파괴에 이르는데, 이를 활동면(sliding surface) 또는 파괴면(failure surface)이라고 한다. 그림 8.1에는 흙으로 구성된 사면의 내부와 얕은기초 하부의 파괴면을 보인 것이다. 파괴면 상부에는 토괴(soil mass)의 자중이나 상부하중(surface force)으로 인하여 나타나는 전단응력을 보였다. 흙이 전단응력을 받아 나타나는 활동면에서의 저항력을 전단저항력(shear resistance)이라 한다. 흙의 전단강도(shear strength)란 흙 내부의 임의면을 따라 활동을 일으키는 전단응력에 저항하는 단위면적당 최대저항력을 말한다.

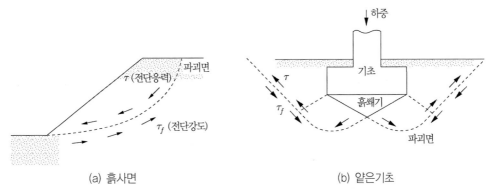

(a) 흙사면   (b) 얕은기초

그림 8.1 흙구조물에 나타나는 전단응력과 파괴면

8.1.1 응력과 Mohr원

그림 8.2a, 8.2b에는 2·3차원 흙요소에 작용하는 응력을 나타내었다. 각 면에 작용하는 응력 중 작용면에 직각방향으로 작용하는 응력을 수직응력(normal stress, σ)이라고 하며 평행한 방향으로 작용하는 응력을 전단응력(shear stress, τ)이라고 한다.

재료역학에서는 인장력이 (+)가 되며 반시계방향(counterclockwise)의 전단력을 (+)로 본다. 그러나 토질역학에서는 대부분의 하중이 압축력으로 나타나므로 압축력을 (+), 반시계방향의 전단력을 (+)로 정의한다(그림 8.2c).

이들 중 전단응력이 0(zero)이 되는 평면이 존재하는데 이를 주응력면(principal area)이라고 하고 이 면에 작용하는 응력을 주응력(principal stress)이라고 한다. 이 응력 중에서 값이 최대인 주응력을 최대주응력(σ_1), 최소인 주응력을 최소주응력(σ_3), 중간인 주응력을 중간주응력(σ_2)이라고 한다(그림 8.3a). 흙에서는 일반적으로 지표면에 수직한 방향으로 작용하는 응력이 최대주응력이며 이에 수직한, 즉 수평방형에서 작용하는 응력이 최소주응력이 된다. 그러나 수평방향의 응력은 방향에 관계없이 일정하다는 가정하에 $\sigma_2 = \sigma_3$로 나타내기도 한다.

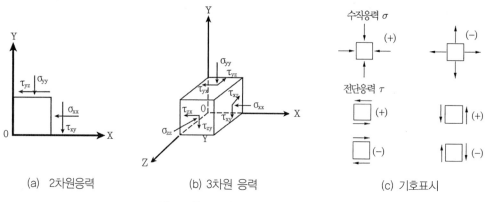

(a) 2차원응력   (b) 3차원 응력   (c) 기호표시

그림 8.2 흙요소에 작용하는 응력의 종류

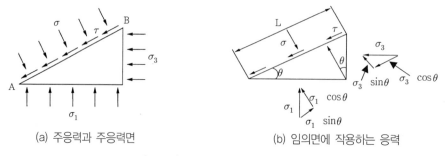

(a) 주응력과 주응력면   (b) 임의면에 작용하는 응력

그림 8.3 임의면에 작용하는 응력

그림 8.3b에는 흙의 한 요소를 최대주응력면과 최소주응력면으로 자르고 다시 최대주응력면에서 θ만큼 기울어진 각도로 잘라 나타나는 임의면에서의 응력을 표시하였다.

각 방향에서의 힘의 평형을 고려하여 수직응력(σ)과 전단응력(τ)을 유도하면 식 8.1, 식 8.2와 같다(유도는 부록 3-1 참조).

$$\text{수직응력} : \sigma = \sigma_1 \frac{1 + \cos 2\theta}{2} + \sigma_3 \frac{1 - \cos 2\theta}{2}$$

$$= \frac{\sigma_1 + \sigma_3}{2} + \frac{\sigma_1 - \sigma_3}{2} \cos 2\theta \tag{8.1}$$

$$\text{전단응력} : \tau = (\sigma_1 - \sigma_3) \sin\theta \cos\theta = \frac{\sigma_1 - \sigma_3}{2} \sin 2\theta \tag{8.2}$$

식 8.1과 8.2로부터 $\sigma - \frac{\sigma_1 + \sigma_3}{2}$와 τ를 제곱하여 합치면

$$\left(\sigma - \frac{\sigma_1 + \sigma_3}{2} \right)^2 + \tau^2 = \left(\frac{\sigma_1 - \sigma_3}{2} \right)^2 \cos^2 2\theta + \left(\frac{\sigma_1 - \sigma_3}{2} \right)^2 \sin^2 2\theta$$

이고 식 8.3과 같은 원의 방정식이 유도된다.

$$\left(\sigma - \frac{\sigma_1 + \sigma_3}{2} \right)^2 + \tau^2 = \left(\frac{\sigma_1 - \sigma_3}{2} \right)^2 \tag{8.3}$$

식 8.3의 원을 수직응력(σ)을 x축으로 전단응력(τ)을 y축으로 하여 도시하면 그림 8.4와 같이 중심이 $\left(\frac{\sigma_1 + \sigma_3}{2}, \ 0 \right)$이고 반경이 $\frac{\sigma_1 - \sigma_3}{2}$인 원이 그려지는데 이를 Mohr원이라고 한다.

흙의 요소의 수직 및 수평응력(σ_y, σ_x)에 전단응력(τ_{xy})이 포함되어 작용하는 경우에 대한 유도는 부록 3-2에 소개하였다.

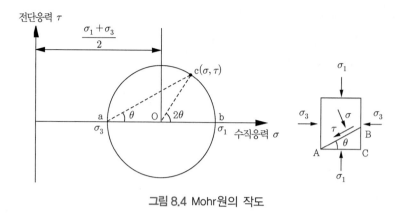

그림 8.4 Mohr원의 작도

8.1.2 평면기점(또는 극점)

평면기점(origin of plane) 또는 극점(origin of pole)이란 응력과 응력작용면의 방향을 아는데 필요하며 O_p로 표시한다. 평면기점은 다음과 같은 특성이 있다.

(1) 최소주응력이 표시되는 좌표에서 최소주응력이 작용하는 면과 평행하게 그은 선이 Mohr원과 만나는 점이 평면기점(O_p)이다.

(2) 평면기점(O_p)으로부터 임의의 평면에 평행하게 그은 선이 Mohr원과 교차하는 점의 좌표는 그 임의 평면에 작용하는 응력의 크기(σ, τ)를 나타낸다.

(2)의 특성을 역으로 해석하면 (σ, τ)를 아는 임의 평면으로부터 평면기점을 역으로 추적할 수 있다. 즉 Mohr원상에 (σ, τ)을 표시한 후 그 힘이 작용하는 임의평면에 평행하게 직선을 그어 Mohr원과 만나는 점이 평면기점이다.

그림 8.4의 경우를 예로 들어보자. 그림에 나타난 수직면과 수평면에는 최소 및 최대주응력이 작용하고 있으며 그림 8.4의 Mohr원상의 a, b점이다. 평면기점의 제1특성을 적용하면 a점은 최소주응력이 작용하는 좌표이고 최소주응력면은 수직하게 작용하고 있으므로 이 점에서 수직하게 선을 작도하면 최소주응력점 a가 평면기점이 되는 것을 알 수 있다. a점으로부터 최대주응력면에서 θ만큼 기울어진 각도로 잘라 나타나는 임의면에 평행하게 선을 그어 나타난 Mohr원상의 점 c의 좌표인 (σ, τ)는 그 임의면에 작용하는 수직 및 수평응력이며 이는 식 8.1, 8.2에서 구한 값과 일치한다.

예제 8.1

다음 그림과 같이 주응력 $\sigma_1 = 40kN/m^2$, $\sigma_3 = 20kN/m^2$이 작용하고 있다. 수직면에서 30° 시계반 대방향으로 기울어진 면 B–B′에 작용하는 응력을 계산하여라.

1) 극점 이용
2) 공식 이용

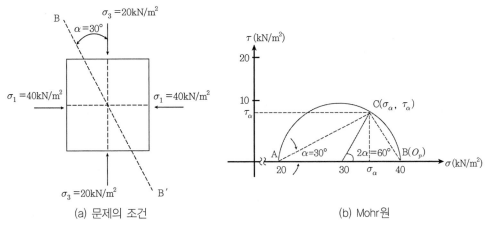

(a) 문제의 조건   (b) Mohr원

그림 8.5 예제 8.1

풀 이

1) 극점 이용

본 문제의 최소주응력이 작용하는 면은 수평이며 최소주응력 $\sigma_3 = 20kN/m^2$에 해당하는 점은 A 이다. A에서 최소주응력이 작용하는 면과 수평한 선을 작도하면 Mohr원과 만나는 점은 B이며 이점은 평면기점 O_p이다. 평면기점으로부터 수평 B–B′선에 작용하는 응력면은 BC이고 C점은 면 B–B′에 작용하는 응력점이다.

$$\sigma = 35\,kN/m^2, \ \tau = 8.7\,kN/m^2$$

2) 공식 이용

식 8.1과 8.2를 이용하여 계산하면

$$\sigma_\alpha = \frac{\sigma_1 + \sigma_3}{2} + \frac{\sigma_1 - \sigma_3}{2}\cos2\alpha = \frac{40+20}{2} + \frac{40-20}{2}\cos60° = 35\,kN/m^2$$

$$\tau_\alpha = \frac{\sigma_1 - \sigma_3}{2}\sin2\alpha = \frac{40-20}{2}\sin60° = 8.7\,kN/m^2$$

다음 그림과 같이 연직응력 $\sigma_y = 10\,\text{kN/m}^2$, 수평응력 $\sigma_x = 5\,\text{kN/m}^2$이 작용하고 있으며 상하좌우면에 전단응력 $\tau_{xy} = 2\,\text{kN/m}^2$이 작용한다. 수평면에서 50° 시계방향으로 기울어진 면 B-B'에 작용하는 응력을 계산하여라(부록 3-2의 식 이용).

1) 극점 이용

2) 공식 이용

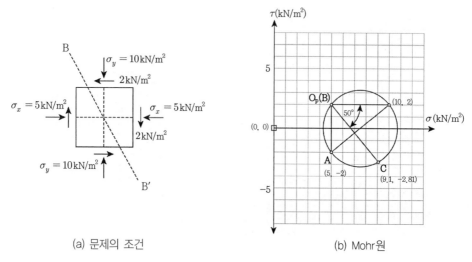

(a) 문제의 조건   (b) Mohr원

그림 8.8 예제 8.2

풀 이

1) 극점 이용

본 문제의 응력 $\sigma = 5\,\text{kN/m}^2$, $\tau = -2\,\text{kN/m}^2$이 작용하는 면은 수직이며 이에 해당하는 Mohr 응력원 상의 점은 A이다. A에서 응력이 작용하는 면과 평행한 선을 작도하여 Mohr원과 만나는 점은 B이며 이점은 평면기점 O_p이다. 평면기점으로부터 수평 B-B'선에 작용하는 응력면은 BC이고 C점은 면 B-B'에 작용하는 응력점이다.

$$\sigma_n = 9.1\,\text{kN/m}^2, \quad \tau_n = 2.81\,\text{kN/m}^2$$

2) 공식 이용

식 A8.7과 A8.8을 이용하여 계산하면

$$\sigma_n = \frac{\sigma_y + \sigma_x}{2} + \frac{\sigma_y - \sigma_x}{2}\cos 2\theta + \tau_{xy}\sin 2\theta$$

$$= \frac{10+5}{2} + \frac{10-5}{2}\cos\{2\times(-50)\} + (-2)\times\sin\{2\times(-50)\}$$

$$= 7.5 + 2.5\times(-0.17) - 2\times(-0.985) = 9.1\,\text{kN/m}^2$$

$$\tau_n = \frac{\sigma_y - \sigma_x}{2}\sin 2\theta - \tau_{xy}\cos 2\theta$$

$$= \frac{10-5}{2}\sin(2\times(-50)) - [(-2)\times\cos(2\times(-50))]$$

$$= 2.5\times(-0.985) + 2\times(-0.174)$$

$$= -2.46 - 0.35 = -2.81\,\text{kN/m}^2$$

8.2 Mohr-Coulomb 파괴이론

흙의 전단강도는 이미 소개한 바와 같이 흙 내부의 임의의 면을 따라 활동을 일으키려 하는 전단응력에 저항하는 단위면적당 최대저항력이다. Mohr는 파괴 시 활동면에서 나타나는 전단응력이 파괴면상의 수직응력의 어떤 함수식에 도달할 때 파괴에 이른다는 사실로부터 다음과 같은 식을 제안하였다.

$$\tau_f = f(\sigma) \tag{8.4}$$

Mohr가 제안한 함수는 그림 8.7에 보인 바와 같은 곡선형태의 파괴포락선(failure envelope)으로 나타나며 파괴포락선상의 모든 점은 주어진 수직응력에 대하여 전단응력이 도달할 수 있는 한계를 의미한다. Coulomb(1776)은 Mohr가 제안한 파괴포락선이 실제 공학적 활용을 위해서는 이를 근사화한 직선으로 표시하는 것이 훨씬 편리하다고 주장하여 그림 8.7의 점선과 같이 직선화하고 그 직선의 수직축 절편과 기울기를 점착력(cohesion, c)과 내부마찰각(internal friction angle) 또는 전단저항각(angle of shearing resistance, ϕ)으로 정의하였다.

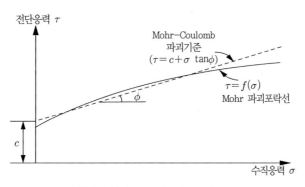

그림 8.9 Mohr-Coulomb 파괴포락선

이 직선은 다음과 같은 식으로 표시할 수 있으며 이를 Mohr–Coulomb 파괴기준(failure criterion)이라고 부른다.

$$\tau_f = c + \sigma \tan\phi \qquad (8.5)$$

여기서 τ_f : 흙의 전단강도, σ : 수직응력, c : 점착력, ϕ : 내부마찰각이다. 점착력과 내부마찰각은 흙의 전단강도를 결정하는 데 매우 중요한 값으로 강도정수(strength parameter)라고 부른다.

5장에서 설명한 바와 같이 포화토 내 간극수압이 작용하는 경우 흙의 전단강도는 흙입자 사이에 전달되는 유효응력에 의해서 발휘되므로 유효응력에 의한 항으로 다음과 같이 표시할 수 있다.

$$\tau_f = c' + \sigma' \tan\phi' = c' + (\sigma - u)\tan\phi' \qquad (8.6)$$

여기서 c', ϕ'은 유효응력으로 표시한 점착력과 내부마찰각, σ'은 유효수직응력이다. 모래와 실트, 정규압밀점토는 점착력 $c \approx 0$이며 과압밀점토는 $c(>0)$인 값을 갖는다.

그림 8.8에는 전단파괴면의 경사(θ)를 구하기 위한 Mohr원을 수록하였다. D점은 Mohr–Coulomb 파괴포락선과 접하는 점으로 그림 8.8b의 시료 파괴 시 전단파괴면의 $(\sigma_f,\ \tau_f)$를 나타낸다. 그림 8.8b와 같이 최대 및 최소주응력이 작용하는 상태에서는 최소주응력이 작용하는 면과 최소주응력점이 만나는 A가 평면기점(O_p)이다(그림 8.8a). 따라서 평면기점과 파괴면의 좌표 D점을 연결하는 직선 AD가 전단파괴면이다.

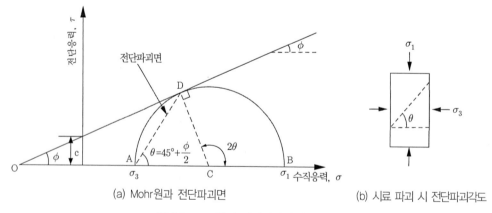

(a) Mohr원과 전단파괴면   (b) 시료 파괴 시 전단파괴각도

그림 8.8 Mohr원과 전단파괴면의 경사

그림의 삼각형 OCD에서 $\angle DOC = \phi$, $\angle ODC = 90°$이고 $\angle OCD = 180° - 2\theta$이다. 따라서 계산된 삼각형 내각의 합은 식 8.7과 같다.

$$\phi + 90° + (180° - 2\theta) = 180° \qquad (8.7)$$

θ에 대하여 정리하면 내부마찰각 ϕ에 대한 전단파괴면의 경사 θ의 관계는 다음과 같다.

$$\theta = \frac{90° + \phi}{2} = 45° + \frac{\phi}{2} \qquad (8.8)$$

8.3 흙의 전단강도를 구하는 시험

흙의 전단강도를 구하는 방법은 실내시험(laboratory test)과 현장시험(field test), 또는 원위치시험(in-situ test)으로 구하는 직접적인 방법과 경험적으로 추정하는 간접적인 방법이 있다.

보편적인 실내시험은 직접전단시험(direct shear test), 일축압축시험(uniaxial compression test), 삼축압축시험(triaxial compression test)이 있다. 현장시험은 표준관입시험, 콘관입시험, 베인시험, 공내재하시험 등이 있는데 이는 제9장에서 상세히 설명하였다.

8.3.1 직접전단시험

직접전단시험은 상하로 분할된 철제상자 내에 흙시료를 넣고 1개의 전단면에 따라 전단하는 시험이다(그림 8.9). 시료의 상하부에는 다공질판을 놓는다. 전단상자의 형태는 정사각형 또는 원형이며 크기는 시험하려는 흙의 입경에 따라 달라진다. 대체로 6×6cm, 높이는 2cm 규격을 사용한다.

이 시험은 전단상자 위쪽에 그림에 보인 바와 같이 수직하중을 가한 다음 수평방향에서 전단력을 가하여 시료를 전단파괴시킨다. 전단 중에 발생하는 시료의 수직변형과 수평변위는 장착된 다이얼게이지를 통하여 측정된다. 같은 시료에 대하여 수직력을 변화시켜가며 2~3회 반복시험을 하여 전단강도정수를 구한다.

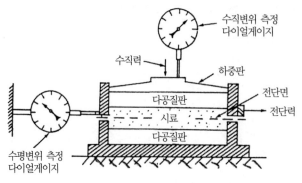

그림 8.9 직접전단시험 장치의 개요

그림 8.10a에는 직접전단시험을 하여 구한 조밀한모래(dense sand)에 대한 수평변위와 전단응력의 관계를 보인 것이다. 수직력이 증가함에 따라($p_1 < p_2 < p_3$) 전단력(T)이 증가하므로 그림에 보인 바와 같이 $\tau_1 < \tau_2 < \tau_3$의 관계를 보이게 된다.

그림 8.10b는 수평변위($\epsilon = \Delta L / L$, 여기서 L은 전단박스의 길이)가 진행됨에 따른 수직변위(ΔH)의 변화를 보인 것이다.

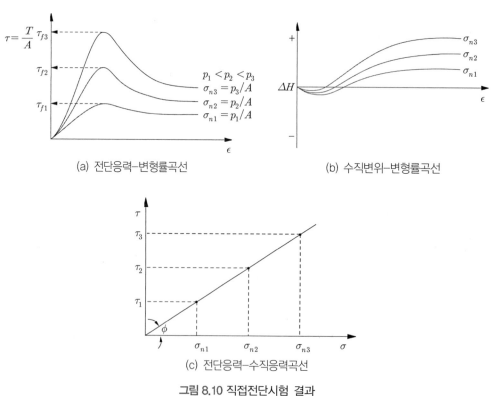

(a) 전단응력–변형률곡선

(b) 수직변위–변형률곡선

(c) 전단응력–수직응력곡선

그림 8.10 직접전단시험 결과

그림 8.10b에 의하면 조밀한 모래는 전단 초기에 약간 수축하다가 다시 팽창하는 모습을 보이게 되는데, 이는 모래가 전단되는 과정에서 흙입자 상호 간에 엇물려 있는 상태가 풀리면서 입자가 회전 활동하며 다른 입자를 넘어 전단변위가 일어나면서 발생하는 현상이다. 반면 느슨한 모래는 전단되면서 변형률이 증가됨에 따라 체적이 감소되어 곡선이 가로축 아래에 그려지게 된다(그림 8.22b 참조). 그림 8.10c는 그림 8.10a의 3개 곡선으로부터 수직응력과 최대전단응력점(τ_{f1}, τ_{f2}, τ_{f3})을 취하여 점을 찍은 것이다. 이 선의 세로축의 절편과 각도를 재면 점착력(c)과 내부마찰각(ϕ)이 구해진다.

직접전단시험은 조작이 간단하고 경제적이지만 다음과 같은 문제점이 있다.

(1) 전단면에 응력분포가 불균일하며 최대전단면이 아닌 임의 면에서 강제로 전단되는 단점이 있다.
(2) 시험을 시작할 때 주응력의 방향은 수직과 수평이지만 전단 시에는 이 방향이 틀어지는 문제점이 발생한다(그림 8.11).
(3) 시험을 수행하는 동안 간극수압의 측정이 곤란하기 때문에 유효응력으로의 변환이 어렵고 상하 다공질판을 불투수판으로 교체하여 비배수시험을 할 수 있으나 삼축압축시험에서처럼 배수조건을 철저하게 조절할 수 없다.

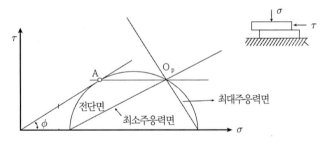

그림 8.11 직접전단시험으로 파괴될 때의 주응력방향의 변화

예제 8.3

건조한 사질토에 대하여 직접전단시험을 실시하여 다음과 같은 결과를 얻었다. 전단박스의 크기는 6×6×2cm이다.

수직력(kN)	파괴 시 전단력(kN)
0.18	0.14
0.72	0.51
1.08	0.75

1) 이 흙의 전단강도정수를 구하여라.
2) 이 모래 내부에 전단응력이 120kN/m²이고 수직응력이 225kN/m²인 점에서 파괴발생 여부를 검토하여라.

풀　이

1) 수직응력과 파괴 시 전단응력으로 환산하면

수직력(kN)	수직응력 σ(kN/m²)	파괴 시 전단력(kN)	파괴 시 전단응력 τ_f(kN/m²)
0.18	50	0.14	38
0.72	200	0.51	142
1.08	300	0.75	208

　　계산결과를 그림 8.12에 나타내었으며 여기에서 점착력 0, 내부마찰각 ϕ=35°를 구할 수 있다.
2) σ=225kN/m², τ=120kN/m²인 점(A)은 파괴포락선 아래에 작도되므로 파괴는 발생하지 않는다.

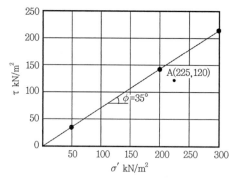

그림 8.12 예제 8.3

예제 8.4

어떤 느슨한 모래질 실트에 대하여 수직응력 σ=10.0kN/m²을 가하고 직접전단시험을 실시한 결과 파괴 시 전단응력은 τ_f=4.0kN/m²이었다. 다음을 계산하여라.
1) 대상 흙의 내부마찰각 Φ
2) 시료 파괴면의 각도 θ
3) 최대 및 최소주응력

풀　이

수직응력–전단응력 좌표계에 파괴 시 수직응력과 전단응력점을 찍어 D라 한다(그림 8.13 참조). D점을 통과하는 파괴포락선을 긋고 파괴면 OD의 D점으로부터 수선 CD를 작도한다. 수평축과의 교점 C로부터 CD를 반지름으로 Mohr원을 작도한다. D점에서 Mohr원은 파괴포락선에 접한다. D점에서 수직응력좌표계에 수선을 그어 E점을 잡는다.

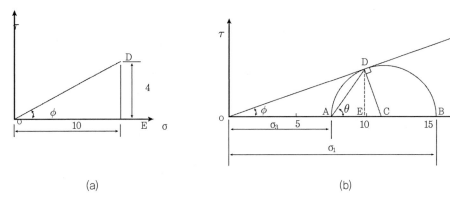

(a)   (b)

그림 8.13 예제 8.4

1) 흙의 내부마찰각은 $\tan\phi = \dfrac{\mathrm{DE}}{\mathrm{OE}}$ 의 관계로부터

$$\tan\phi = \frac{4}{10} = 0.4 \qquad \therefore \ \phi = 21.8°$$

$$x\tan\theta = 4, \ \ x = \frac{4}{\tan\theta}$$

2) 시료파괴면 각도 θ는 θ와 Φ의 관계(식 8.8)로부터

$$\theta = 45° + \frac{\phi}{2} = 55.9°$$

3) 그림 8.13의 Mohr원과 수평축의 교점 A, B점의 값이 최소 및 최대주응력이다.
도해법으로부터 최소주응력 OA=$\sigma_3 = 7.1\,\mathrm{kN/m^2}$ 최대주응력 OB=$\sigma_1 = 16.0\,\mathrm{kN/m^2}$
계산에 의하면

$$\mathrm{OA=OE-EA}= 10 - 4/\tan 55.9° = 7.1\,\mathrm{kN/m^2}$$

$$\mathrm{OC=OE+EC}= 10 + 4/\tan 68.2° = 11.6\,\mathrm{kN/m^2}$$

$$\mathrm{OB=OC+BC}= 11.6 + (11.6 - 7.1) = 16.1\,\mathrm{kN/m^2}$$

8.3.2 삼축압축시험

1) 시험방법

삼축압축시험(triaxial compression test)은 흙의 전단강도정수를 측정하는 실내시험 중 가장 정밀하고 신뢰성 있는 시험 중의 하나이다. 그림 8.14에는 삼축압축시험장치의 개요를 보였는데 시료를 넣어 압력을 가하는 압축실과 가압장치, 간극수압 및 체적변화를 측정하는 주변장치로 구성된다.

보통 직경 38mm, 높이 76mm의 시료를 얇은 멤브레인으로 싸서 원통형의 압축실에 안치하고 구속압(confining pressure, cell pressure)을 가한다. 일반적으로 시료의 높이는 직경의 두 배 이상

$(H \geq 2D)$으로 하여, 재하판의 구속에 의한 영향을 최소화한다. 전통적인 표준삼축압축시험장치는 구속응력을 최소주응력(σ_3)과 중간주응력(σ_2)이 같은 것으로 보고 $\sigma_2 = \sigma_3$가 되도록 가한다. 이 시험법은 원통형 압축실에 수압을 이용하여 시료에 일정한 구속압을 가한 후에 수직재하 램을 통하여 축차응력(deviator stress)을 가하면서 전단파괴를 일으켜 흙의 강도를 측정한다. 축차응력은 축응력인 최대주응력(σ_1)에서 구속압인 최소주응력(σ_3)을 뺀 $\sigma_1 - \sigma_3$을 말한다. 최근에는 최소주응력(σ_3)과 중간주응력(σ_2)을 구분하여 가할 수 있는 진삼축압축시험장치(true triaxial compression tester)를 사용하기도 한다(Bhudu, 2007).

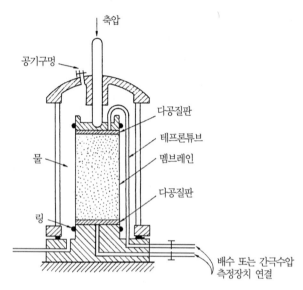

그림 8.14 삼축압축시험 장치의 개요

삼축압축시험을 수행하는 구체적인 순서는 다음과 같다.

(1) 구속응력(σ_3)을 가하고 24시간 압밀시킨다.
(2) 축차응력$(\sigma_1 - \sigma_3)$을 가하여 시료를 파괴시킨다. 시료에 압력을 가하면 시료는 축방향으로 수축되면서 횡방향단면적이 증가한다. 따라서 축차응력을 계산할 때 다음 식을 이용하여 단면적을 보정하여야 한다.

$$A_c = A_o \frac{(1 - \Delta V / V_o)}{(1 - \Delta l / L_o)} \tag{8.9}$$

여기서 A_c : 수정단면적, A_o : 원단면적, ΔV : 전단 시 체적 변화량(뷰렛의 수두변화량으로부터 측정), Δl : 전단 시 시료길이 변화량, V_o : 시료 원체적, L_o : 시료 원길이이다.

(3) 간극수압(u)을 측정한다.

(4) 최대주응력(σ_1), 최소주응력(σ_3)을 알아 Mohr원을 작도한다(그림 8.4). 이후 구속응력을 3, 4회 변화시키면서 추가 Mohr원을 작도한 후 파괴포락선을 작도하여 강도정수(c, ϕ)를 구한다.

삼축압축시험의 특징은 전단파괴면이 대각선 또는 부푸는 형태(bulging)로 형성되며 시료의 응력조건을 조정하여 실제지반이 받는 응력상태나, 현장의 시료가 받는 배수조건도 실험실에서 재현이 가능하다. 그러나 실험장치조작과 시험방법이 복잡하여 시험이 어렵고 고비용인 단점이 있다.

2) 배수조건에 따른 시험방법의 분류

삼축압축시험은 배수조건에 따라 압밀배수시험(CD), 압밀비배수시험(CU 또는 $\overline{CU}$), 비압밀비배수(UU)시험으로 분류할 수 있다.

(1) 압밀배수시험(consolidated drained test, CD test)

시료에 구속압을 가하여 충분히 압밀시킨 다음 과잉간극수압이 발생하지 않도록 축차응력을 서서히 가하여 배수조건에서 시료를 파괴시키는 시험이다. 주로 사질토나 점성토 위에 축조된 구조물의 장기 안정성을 파악하는 데 적용하는 시험이다. 구체적인 시험과정은 다음과 같다.

흙시료에 구속압(σ_3)을 가하면 과잉간극수압(u_c)이 발생한다. 배수장치를 열어 24시간 과잉간극수압을 소산시켜 압밀한 후($u_c = 0$) 간극수압의 변화가 $0(\Delta u_d = 0)$이 되도록 한 상태에서 천천히 축차응력($\sigma_1 - \sigma_3$)을 가하여 시험한다(그림 8.15). 이 시험에서는 시료 내에 간극수압을 발생시키지 않으므로 유효응력과 전응력은 일치한다(식 8.10).

$$\text{파괴 시 구속압} : \sigma_3 = \sigma_3' \tag{8.10a}$$

$$\text{파괴 시 축응력} : \sigma_1 = \sigma_1' = \sigma_3 + \Delta \sigma' \tag{8.10b}$$

CD 시험은 축차응력을 가하는 동안 배수장치를 열어 배수를 허용하며 간극수압의 변화를 일으키지 않도록 축차응력의 재하속도가 매우 느려 시험수행에 수일 또는 수주가 소요된다. 이러한 이유로 간극수압을 측정하여 유효응력강도정수를 구할 수 있는 압밀비배수시험($\overline{CU}$ 시험)으로 대체하기도 한다.

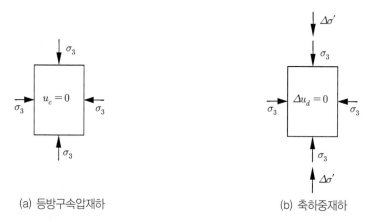

(a) 등방구속압재하   (b) 축하중재하

그림 8.15 압밀배수시험(CD test)

(2) 압밀비배수시험(consolidated undrained test, CU 또는 $\overline{CU}$ test)

시료에 구속압을 가하여 충분히 압밀시킨 다음 물의 배출을 허용하지 않는 비배수상태로 축차응력을 가하여 시료를 전단시키는 시험이다. 이는 성토한지 오랜 시간이 경과하여 이미 성토하중에 대한 압밀이 완료된 상태에서 상부에 추가성토가 급속히 일어나는 경우(즉 추가성토 기간 동안 압밀이 충분히 이루어지지 못할 정도로) 성토 구조물의 안정성을 평가하는 데 사용한다. 따라서 연약지반 상에 도로를 조성할 때 단계 성토하중증가에 따른 제체의 안정성 여부를 판단할 때 주로 사용한다.

그림 8.17a에 보인 바와 같이 간극수압이 0이 될 때($u_c = 0$)까지 구속압 σ_3를 가하여 충분히 압밀을 시킨다. 압밀이 완료된 후 배수장치를 잠가 축하중 재기간 동안 배수가 일어나지 않는 상태, 즉 비배수상태로 두고 축차응력($\sigma_1 - \sigma_3$)을 가한다. 따라서 시료전단이 발생하는 동안 시료 내에서는 과잉간극수압이 발생하게 된다($\Delta u_d \neq 0$). 축차응력을 가하는 동안 과잉간극수압(Δu_d)을 측정하므로 파괴 시의 응력은 다음과 같이 나타낼 수 있다.

$$\text{파괴 시 구속압(전응력)} : \sigma_3 \tag{8.11a}$$

$$\text{파괴 시 유효구속압} \quad : \sigma_3{}' = \sigma_3 - \Delta u_d \tag{8.11b}$$

$$\text{파괴 시 축응력(전응력)} : \sigma_1 = \sigma_3 + \Delta\sigma \tag{8.11c}$$

파괴 시 유효축응력 $: \sigma_1' = \sigma_1 - \Delta u_d$ (8.11d)

여기서 $\Delta \sigma$: 축차응력, Δu_d : 축응력 재하기간 동안 과잉간극수압이다.

파괴 시의 구속압과 축응력을 전응력으로 보아 강도정수를 구하는 시험을 CU(전응력 강도정수) 시험, 시험 시 간극수압을 측정하여 구속압과 축응력을 유효응력으로 보아 강도정수를 구하는 시험을 $\overline{CU}$(유효응력강도정수) 시험으로 부른다. $\overline{CU}$ 시험으로 구한 강도정수는 CD 시험에 의한 값과 대략 같기 때문에 장시간을 요하는 CD 시험 대신에 이 시험을 하는 경우가 많다.

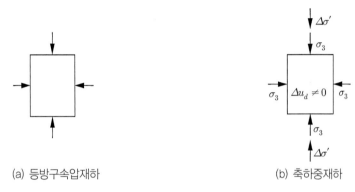

(a) 등방구속압재하   (b) 축하중재하

그림 8.16 압밀비배수시험(CU test)

(3) 비압밀비배수시험(unconsolidated undrained test, UU test)

점성토지반에 성토나 구조물 기초를 급속시공하면 시공 완료 시까지 과잉간극수압이 충분히 소산되지 못해서 원지반의 압밀이 필요한 만큼 일어나지 않은 상태가 된다. 이러한 구조물의 시공 직후의 안정성 해석, 다시 말하면 구조물의 시공속도가 과잉간극수압의 소산속도보다 빠른 단기 안정성 해석에 사용하는 시험이다. 이 시험방법의 원리는 마치 주사기의 바늘이 아주 가늘기 때문에 여기에 적절한 힘을 줘서 주사액이 흘러 들어가도록 해야 하는데, 갑자기 큰 힘으로 주사기에 힘을 가하게 되면 주사기 바늘을 통해 빠져나가야 할 주사액이 주사기 출구 부분을 깨뜨리고서 빠져나가게 된다. 이러한 현상을 건설현장에 비교하면 연약지반에서 성토하중의 급속시공에 따른 전단파괴 (shear failure)의 원리가 된다.

시료를 삼축실에 안치한 후 시료에서 물이 배수되지 않도록 배수장치를 닫고 구속압을 가하여 시료를 파괴하는 시험이다. 시료장착 후 압밀을 시키는 과정을 생략하고 시료 파괴 시에도 배수를 허용하지 않으므로 비압밀비배수시험이라 부른다. 이 시험은 전응력을 Mohr원으로 표시하여 그린 파괴포락선으로부터 비배수전단강도(c_u 또는 s_u) 값을 구한다(8.5.3절 그림 8.36 참조). 시료에 축압을 가하기 전 각각 다른 구속압에 의한 압밀과정이 없기 때문에 포화지반에서는 마찰각(ϕ)이 0으로 나타나므로 $\phi = 0$ 해석이라고도 한다.

그림 8.17에는 비압밀비배수시험 시 시료 내 간극수압의 변화를 나타내었다.

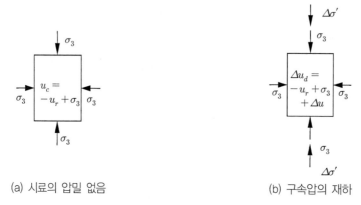

(a) 시료의 압밀 없음   (b) 구속압의 재하

그림 8.17 비압밀비배수시험(UU test) (u_r: 현장에서 채취된 시료의 잔류간극수압)

8.3.3 일축압축시험

일축압축시험(unconfined compression test)은 비압밀비배수시험(UU test)에서 구속응력 σ_3를 0으로 놓고 축응력을 가해 강도를 측정하는 시험이다(그림 8.18). 주로 불교란 점성토에 적용하는 것이며, 사질토와 같이 공시체로 자립할 수 없는 시료에는 적용할 수 없다.

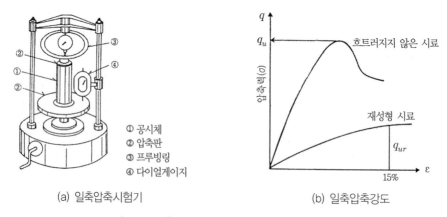

① 공시체
② 압축판
③ 프루빙링
④ 다이얼게이지

(a) 일축압축시험기   (b) 일축압축강도

그림 8.18 일축압축시험기 및 일축압축강도의 측정

일축압축시험으로부터 구한 흙의 최대압축강도를 일축압축강도라 하며, q_u로 표시한다. 또 $\phi = 0$ 인 경우 비배수전단강도 c_u는 다음과 같이 나타낼 수 있다. 그림 8.19는 일축압축시험 결과를 Mohr원 상에 도시한 것이다.

$$c_u = \frac{q_u}{2} \tag{8.12}$$

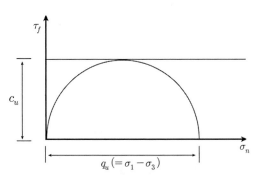

그림 8.19 Mohr원으로 나타낸 일축압축시험 결과

자연퇴적점토를 함수비 변화 없이 재성형(remolding)하였을 시 일축압축강도는 감소한다. 이때 불교란시료의 일축압축강도(q_u)와 교란시료(재성형시료의 일축압축강도(q_{ur})와의 비를 예민비 (sensitivity, S_t)라 한다(식 8.13). 예민비는 교란 시 흙입자의 배열이 변화하여 발생하는 강도의 차이를 알 수 있다.

$$S_t = \frac{q_u}{q_{ur}} \tag{8.13}$$

예민비는 보통 1.5~100의 범위의 값을 가지는데 4~8이면 예민점토, 8~16이면 초예민점토라고 부른다. 스칸디나비아 삼국에는 예민비가 16~80 정도인 초예민점토가 있는데 이를 Quick clay라 고 부른다. Quick clay의 형성과정을 보면 다음과 같다.

(1) 빙하기에 점토층이 해저에서 형성된다. 형성된 점토는 염도가 있는 해수의 영향으로 면모 구 조상태가 된다.
(2) 빙하기가 지나고 간빙기가 도래함에 따라 바다를 덮고 있던 빙하가 녹아 없어짐에 따라 빙하

의 무게로 인해 눌려 있던 해저지반이 상승하여 육지화가 된다.

(3) 육지로 노출된 면모구조의 점토층은 강우로 인한 담수의 침투로 염분이 점토로 부터 빠져나가 면모구조는 유지하고 있으나 매우 불안정한 상태로 변하게 되는데 이 상태의 점토를 Quick clay라고 한다.

Quick clay의 불안정성은 그림 8.20에 보인 바와 같이 시료가 불교란 시의 강도와 교란되었을 경우 액체상태로 변화되는 상태의 강도로 확인할 수 있다.

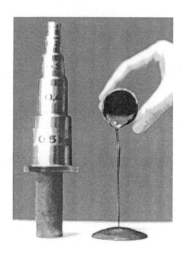

그림 8.20 초예민점토의 교란 여부에 따른 강도 비교(Mitchell and Soga, 2004)

재성형된 점토는 이후 함수비 변화 없이 오랜 시간 방치하면 시간경과에 따라 강도가 회복되는 현상이 나타나는데 이를 틱소트로피현상(Thixotropy phenomenon)이라고 한다. 틱소트로피현상 으로 인한 강도 증가는 원래의 점토강도까지는 형성되지 않는데 이는 원점토의 강도 형성기간은 지질학적인 오랜 기간 동안에 형성된 것임에 비하여 틱소트로피현상으로 인한 강도증가는 수개월이 나 수년 동안 이루어진 것이기 때문이다. 틱소트로피현상에 의한 강도 증가의 원인은 교란으로부터 이산구조화된 점토가 면모화하려는 경향에 기인한다. 대체로 물을 많이 흡수하는 몬트모리로나이 트(Montmorillonite)가 카올리나이트(Kaolinite)보다 틱소트로피효과가 크다.

예제 8.5

불교란(intact) 포화점토와 이를 재성형(remold)한 시료에 대하여 일축압축강도시험을 수행한 결과 각각 q_u =124kPa, 27kPa로 나타났다. 다음에 답하여라.

1) 이 점토의 예민비를 계산하고 예민점토 여부를 평가하여라.
2) 불교란시료에 대하여 일축압축시험 시 최대 및 최소주응력은?
3) 불교란시료의 비배수전단강도는?

풀   이

1) 식 8.12를 이용하여 계산한 결과

$$S_t = \frac{q_u}{q_{ur}} = \frac{124}{27} = 4.6$$

이다. 예민비가 4와 8 사이에 있으므로 예민점토이다.

2) 그림 8.19에 의하면 일축압축강도가 최대주응력, 즉 $\sigma_1 = q_u$ =124kPa이다. 구속응력이 0이므로 최소주응력 σ_3 =0kPa이다.

3) 불교란시료의 비배수전단강도는 식 8.12에 의하여

$$c_u = \frac{q_u}{2} = \frac{124}{2} = 62\,\text{kPa}$$

이다.

8.4 사질토의 전단강도

8.4.1 입자의 거동

모래와 자갈과 같은 사질토의 전단강도는 입자 상호 간의 활동(sliding)과 회전(rolling)으로 생기는 마찰저항(frictional resistance)과 엇물림(interlocking)으로 인하여 발현된다. 사질토의 전단이 이루어질 때 입자의 변위모습을 나타내면 그림 8.21과 같다. 느슨한 모래의 경우는 전단발생시 입자의 변위는 활동에 의하여 주로 나타난다. 그러나 촘촘한 모래의 경우는 입자가 활동과 회전이 모두 일어나면서 전단발생 시 입자를 타고 넘는 작용이 일어나 상하 간의 변위(부풀림, dilatancy)가 나타나게 된다. 일부 입자는 상호 엇물려 있는 관계로 이들에 대한 변위가 발생하면 입자의 파쇄(crushing)가 발생하기도 한다.

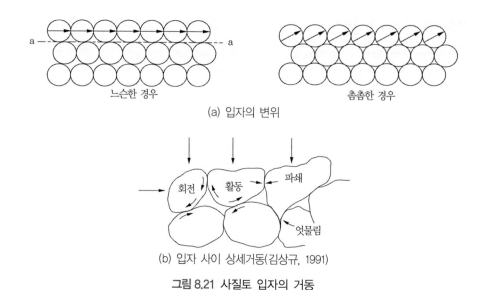

(a) 입자의 변위

(b) 입자 사이 상세거동(김상규, 1991)

그림 8.21 사질토 입자의 거동

느슨한 모래와 촘촘한 모래의 전단시험에서 얻은 전단응력과 변위, 체적변화에 대한 관계를 그림 8.22에 도시하였다.

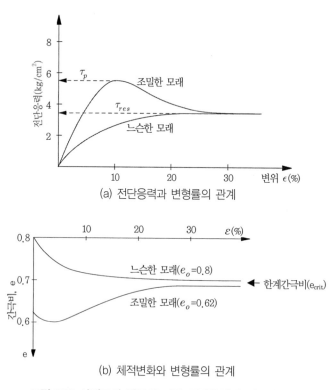

(a) 전단응력과 변형률의 관계

(b) 체적변화와 변형률의 관계

그림 8.22 사질토의 밀도에 따른 전단응력과 간극의 변화

시험결과에 의하면 느슨한 모래에서는 전단응력이 파괴점에 도달할 때까지 전단변위의 증가에 따라 계속에서 증가한 후 일정한 값에 수렴한다. 촘촘한 모래에서는 전단변위의 증가에 따라 전단응력이 첨두전단강도(peak shear strength, τ_p)에 도달한 후 감소하여 일정한 값에 수렴한다. 느슨한 모래나 촘촘한 모래 모두 전단변위 후 수렴한 전단강도는 매우 유사한 값을 갖게 되는데 이때의 전단강도를 극한전단강도(ultimate shear strength) 또는 잔류전단강도(residual shear strength, τ_{res})라고 한다. 또한 이렇게 전단변위가 증가하나 전단강도는 더 이상 증가하지 않고 일정한 상태를 나타낼 때 이를 한계상태(critical state)라고 하고 이때의 간극비를 한계간극비(critical void ratio, e_{crit})라고도 부른다(그림 8.22 참조).

체적변화(간극비)와 변형률의 관계를 보면(그림 8.22b) 촘촘한 모래는 초기에는 약간 체적이 감소하나 이후 팽창하여 첨두전단강도 부근의 전단변위부터는 일정한 값으로 수렴하여 간다. 이렇게 전단 시 시료의 팽창이 일어나는 이유는 시료가 촘촘함으로 인하여 엇물려 있는 입자가 상호 타고 넘으며 변위가 일어나는 과정에서 부풀어 오르는 현상이 나타나는데 이를 다일러탄시(dilatancy)현상이라 한다. 느슨한 사질토의 경우는 전단변위가 일어남에 따라 지속적으로 감소하다가 일정한 값에 수렴하는 현상을 보인다.

Bhudu(2007)는 위에서 소개한 첨두전단강도(peak shear strength, τ_p) 발현 시 나타나는 마찰각으로 입자고유의 활동저항, 다일러탄시, 입자파쇄, 입자재배열 등의 거동이 마찰각의 값에 미치는 영향을 그림 8.23에 표시하고 다음과 같은 식을 제시하였다.

$$\text{잔류강도 또는 극한 상태 시 전단강도}: \tau_{cs} = (\sigma'_n)_f \tan\phi'_{cs} \qquad (8.14a)$$
$$\text{팽창 또는 첨두전단강도}: \tau_p = (\sigma_n')_f \tan(\phi_{cs}' + \alpha_p) = (\sigma_n')_f \tan\phi_p' \qquad (8.14b)$$

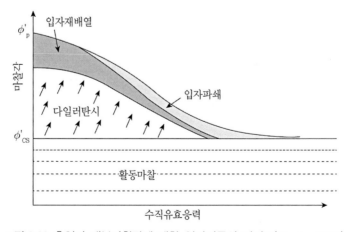

그림 8.23 흙입자 내부마찰각에 대한 입자거동의 기여도(Bhudu, 2007)

여기서 $(\sigma_n')_f$: 파괴상태에서의 유효수직응력, ϕ_p' : 첨두내부마찰각(peak friction angle), ϕ_{cs}' : 입자고유활동저항에 의한 한계상태내부마찰각(critical state friction angle), α_p : ϕ_p'와 ϕ_{cs}'의 차이 마찰각이며 그림 8.23의 수직축 ϕ_{cs}'를 초과하는 값이다. α_p는 $(\sigma_n')_f$이 증가함에 따라 그 영향력이 감소하는 것으로 나타난다(그림 8.23 참조).

예제 8.6

어느 조밀한 모래시료에 3회의 CD 삼축시험을 실시하여 다음과 같은 최대, 최소주응력값을 얻었다. 실험시료에 대하여 다음에 답하시오.

시험횟수	σ_3' (kN/m²)	σ_1' (kN/m²)	
		첨두전단 시	극한전단 시
1	200	810	510
2	300	1,230	780
3	400	1,600	1,100

1) 극한전단 시 Mohr원과 파괴포락선, 한계상태내부마찰각(ϕ_{cs}')을 구하여라.
2) 첨두전단 시 Mohr원과 파괴포락선, 첨두내부마찰각(ϕ_p')을 구하여라.
3) 이 시료의 다일러탄시현상에 의하여 증가된 마찰각의 차(α_p)는 얼마인가?

풀 이

1) 극한전단 시의 Mohr원과 파괴포락선을 그림 8.24에 실선으로 도시하였다. 그 결과 극한전단 시의 한계상태내부마찰각(ϕ_{cs}')은 28°로 나타났다.

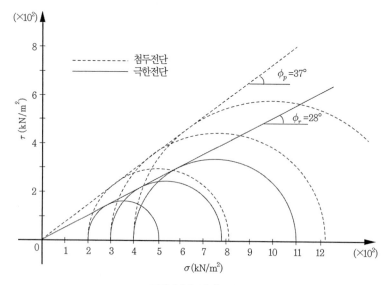

그림 8.24 예제 8.6

2) 첨두전단 시의 Mohr원과 파괴포락선을 그림 8.24에 점선으로 도시하였다.
   그 결과 첨두전단 시의 첨두내부마찰각($\phi_p{}'$)은 37°로 나타났다.
3) 증가된 마찰각의 차는 $\alpha_p = \phi_p{}' - \phi_{cs}{}'$이므로(식 8.14b 참조)
   $\alpha_p = \phi_p{}' - \phi_{cs}{}' = 37° - 28° = 9°$이다.

8.4.2 영향요소

모래의 전단강도에 영향을 미치는 요소는 여러 가지가 있으나 그중 가장 큰 영향을 미치는 것은 상대밀도이다. 상대밀도가 큰 흙일수록 촘촘하여 내부마찰각이 커지게 된다. 표 8.1은 Lee and Seed(1967)에 의해 발표된 캘리포니아 Sacramento 모래의 상대밀도에 대한 간극비와 내부마찰각의 값을 나타낸 것이다.

표 8.1 상대밀도와 간극비, 내부마찰각의 관계(Lee and Seed, 1967)

상대밀도(%)	간극비	내부마찰각(°)
38	0.87	34
60	0.78	37
78	0.71	39
100	0.61	41

그림 8.25에는 미 해군성(NAVFAC, 1971)에서 제시한 사질토의 간극비, 단위중량, 상대밀도에 대한 내부마찰각의 변화를 도시하였다. 사질토의 단위중량이 커질수록 그리고 상대밀도가 증가할수록 내부마찰각도 증가함을 알 수 있다.

Ladd et al.(1977)은 중간주응력을 고려하여 전단강도를 연구하였는데 전단되는 동안 중간주응력(σ_2)방향의 변위(ϵ_2)가 0(zero)인 상태로 수행하는 평면변형전단시험(plane shear test) 결과 내부마찰각(ϕ)은 $\sigma_2 = \sigma_3$로 수행하는 표준삼축압축시험의 값에 비하여 2~3° 크다고 보고하고 있다. 평면변형상태의 응력이 나타나는 구조물의 예를 들면 제방이나 옹벽, 터널 등 한 방향으로 긴 구조물이다.

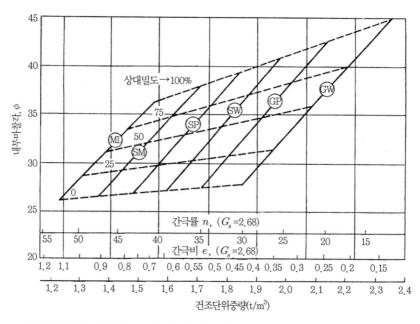

그림 8.25 사질토의 간극비, 단위중량, 상대밀도, 내부마찰각의 관계(NAVFAC, 1971)

8.4.3 액상화현상

액상화현상(liquefaction phenomenon)은 포화된 느슨하게 퇴적된 사질토지반에 갑자기 충격하중을 가하면 지반의 전단강도가 현격히 감소하여 원래의 지지력을 상실해 액체처럼 유동하게 되는 현상을 말한다. 즉 지하수로 포화되어 있는 느슨한 가는 모래나 실트질 토질에 진동을 가하면 흙알갱이 입자 간의 접점을 통하여 상부 퇴적토의 하중을 전달하던 흙의 구조가 일시적으로 붕괴되면서 지하수에 흙이 떠 있는 상태로 액체처럼 거동하는 현상이다. 이러한 현상은 점착력이 없고 진동으로 인한 흙의 붕괴 시 발생하는 간극수압이 단시간에 충분히 소산될 수 없는 투수성이 적은 토질에서 발생한다. 점토는 투수계수가 적으나 흙 자체의 점착력이 있어 발생하지 않는다. 액상화가 일어나는 일반적인 조건은 다음과 같다.

(1) 모래입자가 둥글고 실트질 입자가 포함되어 있다.
(2) 유효경이 0.1mm보다 작고 균등계수가 5보다 작다.
(3) 간극률이 최소 44% 이상이다.
(4) 지하수로 포화되어 있다.

액상화가 발생하면 그림 8.26a, 8.26b에 나타난 바와 같이 액상화가 발생한 토층의 상부에 있는 물체가 토층에 가라앉는 현상이 발생하기도 한다. 액상화가 발생한 흙에서 발생한 과잉간극수압으로 인하여 토층 사이의 물이 지표로 솟아오르는 현상이 발생하기도 한다. 그림 8.26c는 1990년 샌프란시스코 지역에 발생한 노마프리에이터 지진 시 느슨한 입상토 퇴적지역에 발생한 액상화로 인하여 물이 지표부로 솟아나와 형성된 지표부의 모습을 보인 것이다. 그림 8.27에는 1964년 일본 니가타현에 발생한 지진으로 인한 지반의 액상화로 인하여 아파트단지가 기울어진 모습을 보였다.

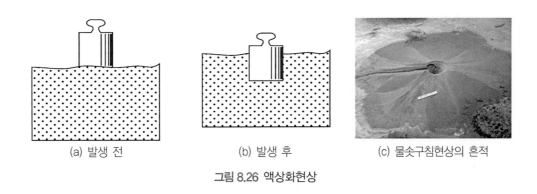

|(a) 발생 전|(b) 발생 후|(c) 물솟구침현상의 흔적|

그림 8.26 액상화현상

그림 8.27 지진 발생 시 나타난 액상화현상에 의한 아파트 건물의 기움

액상화현상을 방지하려면 자연퇴적된 지층의 간극비가 한계간극비보다 적도록 개선할 필요가 있다. 일반적으로 해안가에 단지조성을 하는 경우 준설매립으로 해사를 이용하여 시공하는 경우가 많은데 준설퇴적토를 해수가 있는 상태에서 느슨하게 수중 퇴적시킨다. 이로 인하여 형성된 느슨한 지층은 지진 발생 시 액상화를 발생시켜 피해를 입는 경우가 있다. 액상화에 의한 사질토의 피해를

방지하기 위해서는 사질토의 밀도를 높이는 데 효과적인 진동을 주어 개량하는 공법을 이용하는 것이 일반적이다(14장 참조).

8.5 점성토의 전단강도

점성토는 투수계수가 작으므로 배수가 불량하여 하중작용 시 과잉간극수압을 유발하게 된다. 유발된 과잉간극수압은 시간이 경과하면서 소산되며 강도가 증가하게 된다. 본 절에는 점성토의 배수조건에 따라 삼축시험을 수행하여 얻는 전단강도정수에 대하여 소개한다.

8.5.1 압밀배수(CD) 전단강도

압밀배수시험은 현장조건과 유사한 구속압을 가하여 압밀시킨 다음 배수상태를 유지하며 축차응력을 가하여 전단강도정수를 구하는 시험이다.

그림 8.28에는 압밀배수시험 결과 나타나는 정규압밀점토와 과압밀점토의 축차응력–변형률곡선과 체적–변형률곡선을 각각 나타내었다. 그림 8.28a에 의하면 과압밀점토가 받을 수 있는 축차응력의 크기는 정규압밀점토보다 크며 조밀한 사질토에서 나타나는 것과 유사한 첨두전단강도의 특성을 보인다. 정규압밀점토는 느슨한 사질토의 것과 유사한 거동을 보인다. 체적변화의 경우도 과압밀점토는 시험 시의 구속압이 현장에서의 구속압보다 작아 변형이 진행됨에 따라 팽창하는 특성을 보인 반면 정규압밀점토는 지속적으로 감소한다(그림 8.28b).

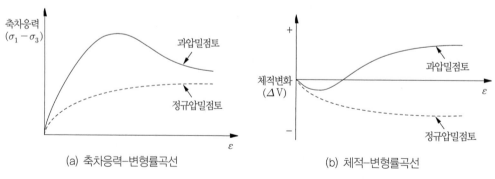

(a) 축차응력–변형률곡선   (b) 체적–변형률곡선

그림 8.28 압밀배수시험 결과 나타나는 응력–변형률 및 체적–변형률곡선

그림 8.29에는 CD 시험을 구속압의 크기를 달리하여 수행하여 작성한 Mohr-Coulomb 파괴포락선을 정규압밀점토와 과압밀점토로 나누어 나타내었다. 그림에 나타난 바와 같이 두 가지 경우 모두 구속압의 크기가 증가함에 따라 시료의 압밀이 이루어져 Mohr원이 커지는 것을 알 수 있으며 파괴포락선도 내부마찰각 ϕ의 각도로 증가함을 알 수 있다. 정규압밀점토의 경우는 전단강도축(수직축)의 절편인 점착력이 0(zero)인 반면 과압밀점토는 현장수직응력보다 큰 응력으로 사전압밀이 이루어졌던 관계로 점착력이 0이 아님을 나타내고 있다. 점토에 대한 삼축압축시험의 결과를 식으로 나타내면 다음과 같다.

$$정규압밀점토의 \ 경우 : \tau_{nc} = \sigma \tan\phi \tag{8.15a}$$

$$과압밀점토의 \ 경우 : \tau_{oc} = c + \sigma \tan\phi \tag{8.15b}$$

여기서 τ_{nc}는 정규압밀점토의 전단강도, τ_{oc}는 과압밀점토의 전단강도이다.

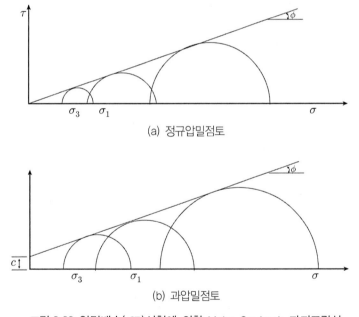

(a) 정규압밀점토

(b) 과압밀점토

그림 8.29 압밀배수(CD)시험에 의한 Mohr-Coulomb 파괴포락선

그림 8.30에는 점토를 처음에 등방의 구속압($\sigma_c = \sigma'_p$)으로 압밀시킨 다음 구속압을 $\sigma_c = \sigma'_3$로 감소시켜 과압밀을 일으킨 상태에서 CD 시험을 실시하고 Mohr 원과 파괴포락선을 그린 것이다. 이 경우 삼축시험으로부터 구한 파괴포락선은 2개의 직선으로 이루어진다(그림 8.30의 ac, ab). 그

림에서 o-a의 경로에서는 정규압밀점토가 압밀되는 과정으로 이에 대한 전단강도 파괴포락선은 점착력이 0으로 원점을 지나는 것을 보여준다. 반면 a-b 과정은 압력을 제거하여 시료가 과압밀상태에 있으며 구속압력(σ_c)을 선행압밀압력(σ_p)보다 작게 하여(그림 8.30 참조) CD 시험을 한 전단강도는 정규압밀점토보다 크고 강도 축에 절편(점착력) $c \neq 0$인 상태가 됨을 알 수 있다. 이러한 점토는 $\sigma_c = \sigma'_p$가 선행압밀압력이 되고 이보다 작은 경우는 삼축압축시험 시 과압밀점토의 특성을 나타내고 이보다 큰 경우는 정규압밀점토의 특성을 가지게 된다.

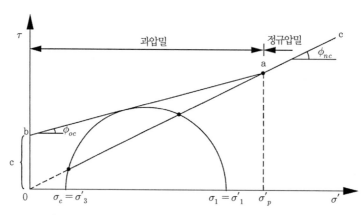

그림 8.30 NC 및 OC 점성토의 Mohr원과 파괴포락선의 관계

예제 8.7

정규압밀점토에 대하여 압밀배수(CD) 삼축압축시험을 실시하였다. 시험결과 파괴 시 $\sigma_{3f} = 300\text{kN/m}^2$, 축차응력 $\Delta\sigma_f = \sigma_{1f} - \sigma_{3f} = 300\text{kN/m}^2$이었다. 다음에 답하여라.

1) Mohr원과 파괴포락선을 작도하여라.
2) 이 점토의 강도정수는 얼마인가?
3) 파괴면이 최대주응력면과 이루는 각은?
4) 파괴면에서의 수직응력, σ_f과 전단응력 τ_f은 얼마인가?

풀 이

1) 파괴 시 최대주응력은 $\sigma_{1f} = \sigma_{3f} + \Delta\sigma_f = 300 + 300 = 600\text{kN/m}^2$이다.

$\sigma_{3f} = 300\text{kN/m}^2$, $\sigma_{1f} = 600\text{kN/m}^2$을 지름으로 하여 Mohr원을 작도한다. 정규압밀점토이므로 좌표 원점으로부터 Mohr원에 접하도록 파괴포락선을 작도하면 그림 8.31과 같다.

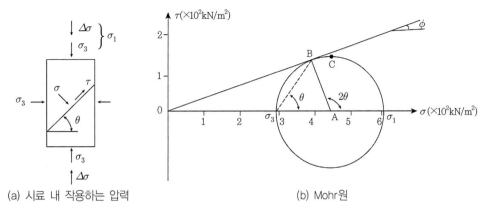

| (a) 시료 내 작용하는 압력 | (b) Mohr원 |

그림 8.31 예제 8.7

2) 그림 8.31로부터 내부마찰각을 직접 측정하면 $\phi = 19°$이다.

$$또는 \quad \sin\phi = \frac{AB}{OA} = \frac{\dfrac{\sigma_{1f} - \sigma_{3f}}{2}}{\dfrac{\sigma_{1f} + \sigma_{3f}}{2}} = \frac{\sigma_{1f} - \sigma_{3f}}{\sigma_{1f} + \sigma_{3f}} = \frac{600 - 300}{600 + 300} = 0.33 이므로$$

$$\phi = \sin^{-1}\left(\frac{1}{3}\right) = 19.5°$$

3) 식 8.8로부터 $\theta = 45° + \dfrac{\phi}{2} = 45° + \dfrac{19.5°}{2} = 54.8°$

4) 식 8.1로부터 수직응력은

$$\sigma_f = \frac{\sigma_1 + \sigma_3}{2} + \frac{\sigma_1 - \sigma_3}{2}\cos2\theta$$
$$= \frac{600 + 300}{2} + \frac{600 - 300}{2}\cos(2 \times 54.8°) = 450 - 50 = 400\,\text{kN/m}^2$$

식 8.1로부터 전단응력은

$$\tau_f = \frac{\sigma_1 - \sigma_3}{2}\sin2\theta = \frac{600 - 300}{2}\sin(2 \times 54.8°) = 141\,\text{kN/m}^2$$

이 계산으로부터 알 수 있는 것은 시료가 받을 수 있는 최대전단응력은 그림의 C점에서 $\tau_{\max} = 150\,\text{kN/m}^2$로 수직응력 $\sigma_1 = 450\,\text{kN/m}^2$(주응력면과 이루는 각 $\theta = 45°$)에서 나타나나 실제는 이보다 작은 σ_f와 τ_f에서 파괴됨을 알 수 있다.

8.5.2 압밀비배수(CU 또는 $\overline{CU}$) 강도정수

압밀비배수 삼축압축시험은 시료를 배수상태로 두고 압밀한 후 비배수상태에서 시료를 전단하여 강도정수를 구하는 시험이다. 축하중 재하단계에서 과잉간극수압을 유발하므로 이를 적용하여 유효강도정수(c', ϕ')를 구하는데($\overline{CU}$ 시험) 압밀배수(CD) 삼축압축시험에서 구한 강도정수(그림 8.29b)와 근사한 값을 주므로 시간소요가 많은 CD 시험을 대체하여 많이 사용된다.

그림 8.32에는 CU 시험에 의한 응력–변형률, 간극수압–변형률곡선을 도시하였다. CU 시험에 의한 응력–변형률 변화추이를 보면 과압밀점토는 촘촘한 사질토의 거동을 나타내고, 정규압밀점토는 느슨한 사질토의 거동과 유사하였다. 간극수압–변형률곡선(그림 8.32b)의 경우 과압밀점토는 변형이 진행되면서 초기보다 간극수압이 감소한 반면, 정규압밀점토는 초기보다 간극수압이 증가하는 모습을 보였다. 이는 CD 시험의 체적변화에서도 알 수 있는 바와 같이 과압밀점토는 변형이 진행되면서 체적이 팽창함으로 인하여 증가한 공극을 간극수가 채워주지 못하므로 간극수압이 감소하며, 정규압밀점토는 변형이 진행되면서 체적이 감소하므로 공극도 감소하여 간극수압이 증가하는 것을 알 수 있다.

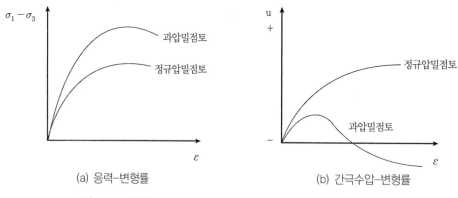

그림 8.32 압밀비배수시험에 의한 응력–변형률, 간극수압–변형률곡선

그림 8.33에는 압밀비배수시험에 의해 구한 정규압밀점토와 과압밀점토의 Mohr–Coulomb 파괴포락선을 도시하였는데 CD 시험의 경우와 같이 정규압밀점토는 원점을 통과하고 과압밀점토는 점착력을 가져 절편이 있음을 알 수 있다. 또한 정규압밀점토의 경우 정(+)의 간극수압이 발생하여 이를 고려하여 파괴포락선을 작도한 결과 유효응력전단강도정수(c', ϕ')가 전응력전단강도정수(c, ϕ)보다 크게 나타났다(Mohr원이 좌측으로 이동). 과압밀점토의 경우 부(−)의 간극수압이 나타나므로 전응력과 유효응력으로 구한 Mohr원의 위치가 정규압밀점토의 경우와 반대로 이동하는 것으로 나타난다(우측으로 이동).

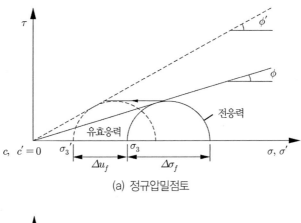

(a) 정규압밀점토

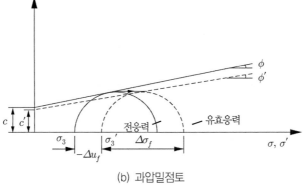

(b) 과압밀점토

그림 8.33 압밀비배수시험에 의한 Mohr-Coulomb 파괴포락선 작도(전응력원과 유효응력원의 위치 주목)

전응력강도정수(c, ϕ)는 지반이 외력의 작용으로 압밀되어 평형을 유지하다 외력이 추가 작용될 때 적용할 수 있다. 일례로 제방에 수위가 급강하하였을 때 흙댐 심벽의 안정성 해석이나 연약지반상의 제방에 추가 제방을 건설할 때 안정성 해석 등이다. 간극수압측정을 병행한 $\overline{CU}$에서 유효응력 강도정수는 CD 시험의 강도정수와 동일하므로 유효응력 안정해석 시 사용할 수 있다.

예제 8.8

정규압밀된 불교란 점성토에 대하여 $\overline{CU}$ 실험을 실시하여 다음과 같은 결과를 얻었다. 표에 나타낸 시험결과로부터 다음의 경우에 대하여 파괴포락선, Mohr원, 마찰각을 구하여라.

셀압 σ_3(kN/m²)	축응력 σ_1(kN/m²)	파괴 시 축차응력 $\sigma_1 - \sigma_3$(kN/m²)	파괴 시 간극수압계수 u_f(kN/m²)
200	350	150	102
400	680	280	210
600	1,010	410	320

1) 전응력의 경우
2) 유효응력의 경우

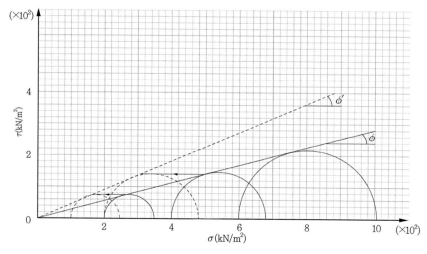

그림 8.34 예제 8.8

풀 이

1) 전응력으로 구한 축응력과 셀압을 이용하여 그린 Mohr원과 파괴포락선을 실선으로 그림 8.34에 나타내었다. 전응력의 경우 내부마찰각은 그림으로부터 직접 측정하거나 기하학적인 관계식으로부터 다음과 같이 구할 수 있다.

$$\sin\phi = \frac{\sigma_1 - \sigma_3}{\sigma_1 + \sigma_3} = \frac{150}{350 + 200} = 0.273 \qquad \text{따라서} \ \phi' = \sin^{-1}0.273 = 15.8°$$

2) Mohr원과 파괴포락선을 그림에 점선으로 나타내었다. 유효응력의 경우도 내부마찰각은 그림으로부터 직접 측정하거나 기하학적인 관계식으로부터 다음과 같이 구할 수 있다. 유효응력으로 구한 셀압과 축응력은 다음과 같이

$$\sigma_3' = \sigma_3 - u_f = 200 - 102 = 98\,\text{kN/m}^2$$
$$\sigma_1' = \sigma_1 - u_f = 350 - 102 = 248\,\text{kN/m}^2$$

으로 계산된다. 따라서

$$\sin\phi' = \frac{\sigma_1' - \sigma_3'}{\sigma_1' + \sigma_3'} = \frac{150}{248 + 98} = 0.43 \qquad \text{따라서} \ \phi' = \sin^{-1}0.43 = 25.6° \ \text{이다.}$$

8.5.3 비압밀비배수(UU) 강도정수

비압밀비배수 삼축압축시험에서는 시료의 사전압밀과정을 거치지 않고 비배수 상태에서 전응력
으로 파괴하여 파괴포락선을 작도한다(그림 8.35). 이 경우 배수를 허용하지 않으므로 구속압의 증
가량만큼 간극수압이 증가하고 시료가 압밀이 되지 않아 포락선은 수평선으로 도시된다. 이때의 절
편은 비배수전단강도(undrained shear strength, S_u) 또는 비배수점착력(undrained cohesion,
C_u)이라고 하며 다음 식과 같이 쓸 수 있다.

$$S_u \, (= c_u) = \frac{1}{2}(\sigma_{1f} - \sigma_{3f}) \tag{8.16}$$

여기서 σ_{3f}, σ_{1f}는 파괴 시의 전응력으로 구한 구속압 및 축응력을 나타낸다.

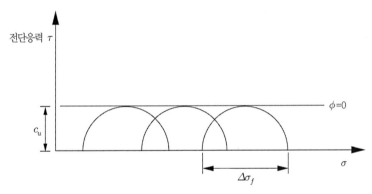

그림 8.35 비압밀비배수 삼축압축시험의 Mohr원과 파괴포락선

비배수전단강도의 현장유효응력($\sigma_o{'}$)과의 비는 Skempton과 Ladd에 의하여 다음과 같은 관계가
제안되어 있다.

$$정규압밀점토(Skempton) : \frac{C_u}{\sigma_o{'}} = 0.11 + 0.0037PI \tag{8.17a}$$

$$과압밀점토(Ladd) : \frac{C_u}{\sigma_o{'}} = 0.11 + 0.0037PI(OCR)^{0.8} \tag{8.17b}$$

여기서 PI는 소성지수, OCR은 과압밀비이다.

부분포화점토(partially saturated clay 또는 불포화토)에 대하여 비압밀비배수 전단시험을 실시할 경우 파괴 시 축차응력이 구속압의 증가에 따라 증가하므로 그림 8.36과 같이 초기구속압 부근에서 곡선으로 나타난다. 이는 시료 내에 공기가 있어 구속압을 간극수가 아닌 흙이 일부 부담하기 때문이다. 구속압이 커지면 공기가 간극수 속으로 녹아들어 포화상태($S=1$)에 도달하며 파괴포락선은 수평하게 된다.

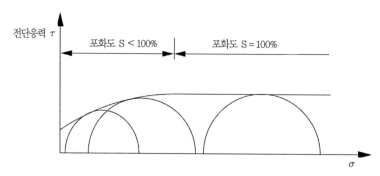

그림 8.36 불포화토의 비압밀비배수시험의 Mohr원과 파괴포락선

예제 8.9

포화된 점토시료를 직경 3.8cm, 길이 7.6cm로 성형하여 CD 및 UU 삼축압축시험을 실시하였다. 시험결과가 다음 표와 같을 때 각 시험에 대한 강도정수를 구하여라.

시험방법	구속압, σ_3(kg/cm²)	축하중(kg)	축방향 변형 Δl(mm)	부피변화, ΔV(cm³)
UU	2.0	22.8	9.85	–
	4.0	23.7	9.54	–
	6.0	24.1	9.79	–
CD	2.0	46.7	10.81	6.6
	4.0	84.8	12.26	8.2
	6.0	126.5	14.17	9.5

풀　이

파괴 시의 축차응력은 축하중을 파괴 시의 단면적으로 나누어 구한다. 파괴 시의 단면적은 식 8.9를 이용하여 구한다. 시험 전의 점토길이 L_o는 7.6cm, 시료의 단면적 $A_o=11.34$cm², 시료의 체적 $V_o=86$cm³이었다.

$$A_c = A_o \frac{(1-\Delta V/V_o)}{(1-\Delta l/L_o)} \tag{8.9}$$

수정된 단면적 A_c를 구하고 축차응력과 주응력을 다음 표와 같이 구하였다.

시험방법	σ_3(kg/cm²)	$\Delta l/L_o$	$\Delta V/V_o$	A_c(cm²)	$\sigma_1-\sigma_3$(kg/cm²)	σ_1(kg/cm²)
UU	2.0	0.130	–	13.03	1.75	3.75
	4.0	0.126	–	12.93	1.83	5.83
	6.0	0.129	–	13.02	1.85	7.85
CD	2.0	0.142	0.077	12.20	3.83	5.83
	4.0	0.161	0.095	12.23	6.93	10.93
	6.0	0.186	0.110	12.40	10.20	16.20

이 결과를 이용하여 파괴 시의 Mohr원과 파괴포락선을 그려 그림 8.37에 나타내었다.

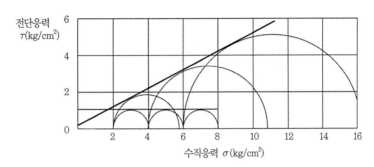

그림 8.37 예제 8.9

이 그림으로부터 UU 시험의 강도정수 $c_u = 0.93\text{kg/cm}^2$, $\phi_u = 0°$
CD 시험의 강도정수 $c' = 0.2\text{kg/cm}^2$, $\phi' = 25°$
이다.

8.5.4 배압

포화점토는 시료채취과정이나 운반과정에서 응력이완이나 수분이 증발하게 되면 불포화토의 상태가 될 수 있다. 이 경우 실험실에서 흙시료를 100% 포화시키기 위하여 흙시료 속으로 수압을 가하여 기포를 제거하는 것을 배압(back pressure)이라고 한다.

삼축압축시험에서 배압을 주는 목적은 시료를 완전 포화시켜 현장의 포화된 간극수압조건을 재현하기 위함이다. 배압을 적용할 때는 시료에 손상을 주지 않기 위하여 배압(σ_B)을 가한 만큼 구속압(σ_3)도 동시에 증가하여 $\sigma_3 > \sigma_B$ 상태가 유지되어야 한다는 점이다.

8.6 간극수압계수

삼축압축시험에 있어 점토시료에 압력이 작용하면 간극수압이 증가하게 되며, 그 증가한 만큼의 간극수압을 과잉간극수압이라 한다. 이때 가해진 전응력증가량($\Delta\sigma$)에 대한 간극수압증가량(Δu)의 비(= $\Delta u/\Delta\sigma$)를 간극수압계수(pore water pressure parameter)라고 한다. 간극수압계수의 종류에는 등방압에 대한 간극수압계수 B, 축차응력에 대한 간극수압계수 D, 이들을 조합한 3축응력에 대한 간극수압계수 $A(= D/B)$가 있다.

8.6.1 등방압축으로 생기는 간극수압

흙시료에 등방삼축응력이 $\Delta\sigma_3$ 만큼 증가하면 이로 인한 유효응력증가분 $\Delta\sigma_3{}'$ 는 식 8.18로 계산된다.

$$\Delta\sigma_3{}' = \Delta\sigma_3 - \Delta u \tag{8.18}$$

유효응력변화에 의한 시료의 체적변화(ΔV_v)는 다음 식으로 나타내어진다.

$$\Delta V_v = m_v V_0 (\Delta\sigma_3 - \Delta u) \tag{8.19}$$

여기서 m_v는 흙시료의 체적 압축계수, V_0는 흙시료의 초기체적이다.

식 8.19는 식 7.41($\Delta H = H_0 m_v \Delta\sigma'$)로부터 시료의 단면적을 곱하여 부피로 변환한 식 $\Delta V_v = m_v V_0 \Delta\sigma'$ 을 이용한 것이다. 이를 m_v에 대해 정리하면

$$m_v = \frac{\Delta V_v}{V_0} \cdot \frac{1}{\Delta\sigma'} \tag{8.20}$$

간극 속에 포함된 물과 공기의 체적변화계수를 m_f라고 하면 다음 식과 같이 쓸 수 있다.

$$m_f = \frac{\Delta V_f}{n \cdot V_0} \cdot \frac{1}{\Delta u} \tag{8.21}$$

여기서 n은 간극률, ΔV_f는 간극 속 물과 공기의 부피, Δu는 간극수압의 변화분이다. ΔV_f에 대하여 풀면 식 8.22와 같다.

$$\Delta V_f = m_f n V_0 \Delta u \qquad (8.22)$$

물과 공기가 배출되는 것이 방지되어 있다면 식 8.19와 식 8.20은 같으므로(즉, $\Delta V_v = \Delta V_f$) 이를 간극수압변화 Δu에 대하여 정리하면 식 8.23과 같다.

$$m_v V_0(\Delta\sigma_3 - \Delta u) = m_f n V_0 \Delta u$$
$$\Delta u(m_f n + m_v) = m_v \Delta\sigma_3$$
$$\Delta u = \frac{m_v}{m_v + n \cdot m_f} \cdot \Delta\sigma_3 = \frac{1}{1 + n \cdot \dfrac{m_f}{m_v}} \cdot \Delta\sigma_3 = B\Delta\sigma_3 \qquad (8.23)$$

여기서 $B = \dfrac{1}{1 + n \cdot \dfrac{m_f}{m_v}}$ 로 하여 식 8.23을 B에 대하여 정리하면

$$B = \frac{1}{1 + n\dfrac{m_f}{m_v}} = \frac{\Delta u}{\Delta\sigma_3} \qquad (8.24)$$

로 쓸 수 있고 계수 B는 등방구속압($\Delta\sigma_3$)이 작용한 상태에서 생긴 간극수압계수이다. 간극수압계수는 완전포화 시는 $1.0(\because m_f = 0)$, 완전건조 시는 $0(\text{zero})(\because \Delta u = 0)$이다. 불포화토의 간극압계수 B와 포화도 S의 관계를 그림 8.38에 나타내었다. 대체로 B계수가 0.9 이상이면 시료가 포화되었다고 본다.

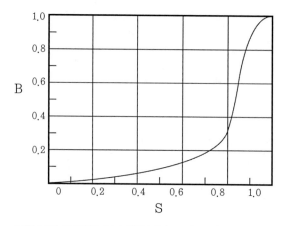

그림 8.38 불포화토의 간극압계수 B와 포화도 S의 관계

8.6.2 일축압축으로 인한 간극수압

횡방향 구속 없이 일축압축증가가 $\Delta \sigma_1$로 가해질 때 횡방향 응력변화는

$$\sigma_2' = \sigma_3' = -\Delta u \tag{8.25}$$

이고 이는 팽창 시 간극수압변화를 나타낸다. 일축압축증가로 인한 체적변화는 식 8.26이다.

$$\Delta V_v = m_v V_0 (\Delta \sigma_1 - \Delta u) + 2m_e V_0 (-\Delta u) \tag{8.26}$$

여기서 m_e는 체적팽창계수이다. 간극수압의 변화에 의한 간극수부피의 변화는

$$\Delta V_f = n V_0 m_f \Delta u \tag{8.27}$$

일축압축으로 인한 흙의 체적변화와 내부 공기와 물의 변화는 같으므로($\Delta V_v = \Delta V_f$) 식 8.26과 식 8.27을 같게 놓으면

$$m_v(\Delta\sigma_1 - \Delta u) + 2m_e V_0(-\Delta u) = n\, V_0\, m_f\, \Delta u$$

$$\Delta u\,(n\,m_f + m_v + 2m_e) = m_v\Delta\sigma_1$$

$$\Delta u = \frac{m_v}{n\,m_f + m_v + 2m_e}\cdot\Delta\sigma_1 = \frac{1}{n\cdot\dfrac{m_f}{m_v} + 1 + 2\dfrac{m_e}{m_v}}\cdot\Delta\sigma_1 \qquad (8.28)$$

여기서 $D = \dfrac{1}{n\cdot\dfrac{m_f}{m_v} + 1 + 2\dfrac{m_e}{m_v}}$ 로 놓으면

$$D = \frac{\Delta u}{\Delta\sigma_1} \qquad (8.29)$$

이며 D는 일축압축 시 간극수압계수이다.

8.6.3 삼축압축 시 간극수압

위의 두 조건 작용 시 간극수압의 합은 다음 식과 같이 쓸 수 있다.

$$\begin{aligned}\Delta u &= B\Delta\sigma_3 + D(\Delta\sigma_1 - \Delta\sigma_3)\\ &= B[\Delta\sigma_3 + A(\Delta\sigma_1 - \Delta\sigma_3)]\end{aligned} \qquad (8.30)$$

여기서 $A = \dfrac{D}{B}$ 로 놓고 이는 삼축압축 작용 시 간극수압계수이다.

만일 포화된 흙의 $B = 1$이라고 하여 식 8.30을 변형하면

$$\Delta u - \Delta\sigma_3 = A(\Delta\sigma_1 - \Delta\sigma_3) \qquad (8.31)$$

$$\text{즉 } A = \frac{\Delta u - \Delta\sigma_3}{\Delta\sigma_1 - \Delta\sigma_3} \qquad (8.32)$$

이다. 그런데 삼축압축시험에서는 구속응력을 일정하게 하므로 $\Delta\sigma_3 = 0$이다.

따라서

$$A = \frac{\Delta u}{\Delta \sigma_1}$$ (8.33)

로 쓸 수 있다. 흙의 종류에 따른 간극수압계수 A의 변화율은 표 8.2에 나타내었다.

표 8.2 흙의 종류에 따른 간극수압계수 A의 변화

흙의 종류	A값
예민점토	1.5~2.5
정규압밀점토	0.7~1.3
약간 과압밀점토	0.3~0.7
심한 과압밀점토	−0.5~0
매우 느슨한 모래	2~3

예제 8.10

포화된 불교란 과압밀시료에 대하여 $\overline{CU}$ 시험을 수행하여 다음과 같은 결과를 얻었다.

셀압력, σ_3(kN/m²)	파괴 시 축차응력, $(\sigma_{1f}-\sigma_3)$(kN/m²)	파괴 시 간극수압 u_f(kN/m²)
100	410	−65
200	510	−10
400	730	80
600	970	180

1) Mohr–Coulomb 파괴포락선을 전응력과 유효응력에 대하여 작도하여라.
2) 전응력과 유효응력에 대한 강도정수는?
3) 대상 점성토의 선행압밀하중이 600kN/m²이라고 할 때, OCR 대비 간극수압계수의 변화를 도시하여라.

풀 이

1) 위의 표로부터 전응력과 유효응력에 의한 최대 및 최소주응력을 다음 표와 같이 구한다. 이를 이용하여 Mohr원과 파괴포락선을 작성하여 그림 8.39에 나타내었다.

σ_3(kN/m²)	σ_{1f}(kN/m²)	$\sigma'_{3f}(=\sigma_3 - u_f)$(kN/m²)	$\sigma'_{1f}(=\sigma_{1f} - u_f)$(kN/m²)
100	510	165	575
200	710	210	720
400	1,130	320	1,050
600	1,570	420	1,390

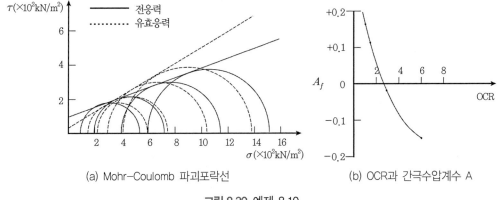

(a) Mohr-Coulomb 파괴포락선   (b) OCR과 간극수압계수 A

그림 8.39 예제 8.10

2) 전응력과 유효응력에 대한 강도정수는 그림 8.39로부터

전응력의 경우 : $c_u = 110 \text{kN/m}^2$, $\phi_u = 19°$

유효응력의 경우 : $c' = 20 \text{kN/m}^2$, $\phi' = 25.5°$

이다.

3) 포화점토이므로 $B = 1.0$이다. 삼축압축시험을 하는 동안 셀압의 변화가 없으므로 $\Delta\sigma_3 = 0$이다. 따라서 $\Delta\sigma_1 = \sigma_{1f} - \sigma_3$로 쓸 수 있다. $\Delta u_d = u_f$로 쓸 수 있으므로 OCR과 간극수압계수 A의 관계는 다음 표와 같이 계산된다.

$\sigma_3 (\text{kN/m}^2)$	$\sigma_c'(\text{kN/m}^2)$	$\text{OCR}\left(=\dfrac{\sigma_c'}{\sigma_3}\right)$	$A = \dfrac{\Delta u_d}{\Delta\sigma_1 - \Delta\sigma_3}$
100		6	−0.159(=−65/410)
200	600	3	−0.02
400		1.5	0.110
600		1.0	0.185

OCR과 간극수압계수 A의 관계를 그림으로 나타내면 그림 8.39b와 같으며 표 8.2에 의하면 실험토는 심한 과압밀점토임을 알 수 있다.

8.7 응력경로

8.7.1 응력경로의 정의

그림 8.40에 나타낸 바와 같이 최대전단응력을 나타내는 Mohr원의 1점의 좌표를 (p, q)라고 하

면 이는 다음 식과 같이 쓸 수 있다.

$$p = \frac{\sigma_1 + \sigma_3}{2} \tag{8.34a}$$

$$q = \frac{\sigma_1 - \sigma_3}{2} \tag{8.34b}$$

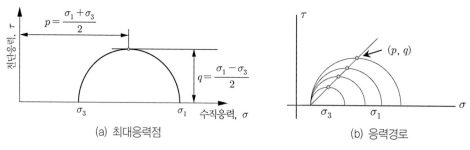

(a) 최대응력점   (b) 응력경로

그림 8.40 최대응력점과 응력경로

지반 내에 응력이 변하는 동안의 응력상태에 대해 p, q점을 연결하는 선을 그어 응력변화이력을 표시한 것을 응력경로(stress path)라고 한다(그림 8.40b).

응력경로는 유효응력경로(ESP, Effective Stress Pass: p', q')와 전응력경로(TSP, Total Stress Pass: p, q)로 구분할 수 있으며 유효응력경로는 다음 식과 같이 쓸 수 있다.

$$p' = \frac{1}{2}[(\sigma_1 - u) + (\sigma_3 - u)] (= p - u) \tag{8.35a}$$

$$q' = \frac{1}{2}[(\sigma_1 - u) - (\sigma_3 - u)] (= q - u) \tag{8.35b}$$

8.7.2 K_f선

그림 8.41a는 구속압을 달리하여 그린 Mohr원의 최대전단응력점(p, q)을 이은 것이다. 이 선을 K_f선 또는 수정파괴포락선이라고 하는데 K_f선의 수직절편을 a, 기울기를 α로 놓아 Mohr–Coulomb 파괴포락선으로부터 얻은 전단강도정수 c, ϕ와 구분하여 다음과 같이 표현한다.

$$q_f = a + p_f \tan\alpha \tag{8.36}$$

여기서 a : q축의 절편, p_f : 최대전단응력, α : K_f선의 기울기이다.

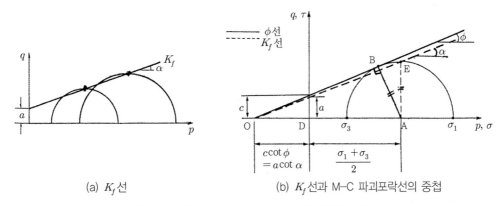

(a) K_f선

(b) K_f선과 M–C 파괴포락선의 중첩

그림 8.41 K_f선과 Mohr–Coulomb 파괴포락선의 관계

K_f선을 Mohr–Coulomb 파괴포락선과 중첩하여 그림 8.41b에 나타내었다. 그림으로부터 OAsinϕ와 OAtanα는 Mohr원의 반지름과 같아 동일하므로 다음의 관계가 성립한다.

$$\sin\phi = \tan\alpha \tag{8.37a}$$

또한 p축의 음의 부분 OD는 K_f선과 Mohr–Coulomb 파괴포락선의 절편으로부터 다음과 같이 표현된다.

$$c\cot\phi = a\cot\alpha \tag{8.37b}$$

식 8.37b에 식 8.37a를 대입하면 다음과 같은 관계가 성립한다.

$$c = \frac{a}{\cos\phi} \tag{8.37c}$$

포화점토시료에 대하여 압밀비배수시험을 실시하여 다음과 같은 결과를 얻었다.
K_f 선을 이용하여 유효응력강도정수를 구하라.

셀압력, σ_3(kN/m²)	파괴 시 축차응력, $(\sigma_{1f} - \sigma_3)$(kN/m²)	파괴 시 간극수압 u_f(kN/m²)
150	172	70
300	321	134
450	484	192

풀 이

주어진 시험자료로부터 파괴 시의 응력경로점$(p',\ q')$을 다음과 같이 계산하였다.

σ_3(kN/m²)	σ_{1f}(kN/m²)	$\sigma'_{3f}(=\sigma_3 - u_f)$ (kN/m²)	$\sigma'_{1f}(=\sigma_{1f} - u_f)$ (kN/m²)	$p' = \dfrac{\sigma'_{1f} + \sigma'_{3f}}{2}$	$q' = \dfrac{\sigma'_{1f} - \sigma'_{3f}}{2}$
150	322	80	252	166	86
300	621	166	487	327	161
450	934	258	742	500	242

응력경로점$(p',\ q')$을 이용하여 수정파괴포락선을 구하면 그림 8.42와 같다.

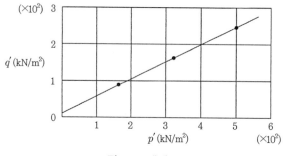

그림 8.42 예제 8.11

그림으로부터 절편을 구하면 $a' = 15\,\text{kN/m}^2$, 기울기 $\alpha' = 24.5°$ 이다. 식 8.37a, 8.37c를 이용하여
전단강도정수를 구하면

$$\phi' = \sin^{-1}(\tan\alpha') = \sin^{-1}(0.445) = 26.4°$$

$$c = \frac{a}{\cos\phi} = \frac{15}{\cos 26.4°} = 17\,\text{kN/m}^2$$

이다.

8.7.3 압밀시험의 응력경로

그림 8.43은 압밀시험에서 하중을 증가시켜 압밀이 진행되는 동안의 전응력경로와 유효응력경로를 나타낸 것이다. 처음 이전하중에서 시료에 가해진 응력상태는 Mohr원 I로 표현된다. 이미 이전 하중단계의 압밀이 완료되었으므로 과잉간극수압은 0이다. 다음 단계의 하중이 가해지는 순간 실선의 Mohr원 1로 이동하고(응력경로는 $X \to Y$로 이동) 이후 압밀이 진행되면서 Mohr원 4로 이동하여 가해진 하중단계의 압밀이 완료된다(응력경로는 $Y \to Z$로 이동). 실선으로 된 Mohr원의 응력경로는 전응력경로이다. 점선으로 된 Mohr원은 압밀이 진행되는 동안의 유효응력원의 변화를 나타내는데 초기 Mohr원 I로부터 II, III을 거쳐 IV에서 완료되고 Mohr원 IV는 Mohr원 4와 동일하다. 점선으로 된 Mohr원의 응력경로는 유효응력경로이다.

압밀과정 중 Mohr원 2와 II, 3과 III는 그 크기가 동일하다. 즉 전응력 Mohr원 2와 유효응력 Mohr원 II의 최대주응력의 차이는 과잉간극수압 Δu를 나타낸다.

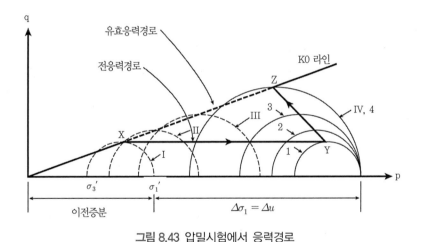

그림 8.43 압밀시험에서 응력경로

8.7.4 삼축압축시험의 응력경로

삼축압축시험에서 점토를 등방압밀시킨 후 비배수조건에서 전단시키는 $\overline{CU}$ 시험을 실시하면 압밀이 완료될 때의 응력경로는 $\sigma_1 - \sigma_3 = 0$이므로

$$p = p' = \frac{\sigma_1 + \sigma_3}{2} \tag{8.38a}$$

$$q = \frac{\sigma_1 - \sigma_3}{2} = 0 \tag{8.38b}$$

이고 p-q도의 가로축상에 있다. 이후 식 8.34a, 8.34b를 이용하여 축차응력이 증가할 때의 (p, q)를 계산하여 점을 찍으면 그림 8.44a에 보인 바와 같이 수평선과 45°를 이루는 경로상에 직선으로 도시된다. 45° 경로상에 찍히는 이유는 삼축압축시험은 셀압(σ_3)이 일정하여 (p, q) 모두 최대주응력 σ_1만이 증가하기 때문이다. 이와 같이 간극수압을 고려하지 않고 도시한 (p, q) 응력경로를 전응력경로(total stress path, TSP)라고 한다.

$\overline{CU}$ 시험에서는 간극수압 u를 측정한다. 식 8.35a, 8.35b를 이용하여 (p', q')를 계산하여 유효응력경로(effective stress path, ESP)를 구할 수 있는데 정규압밀점토의 경우 정의 간극수압이 발생하므로 TSP의 좌측에 그림 8.44a의 곡선과 같이 나타난다. 그림 8.44b는 과압밀점토의 TSP와 ESP를 도시한 것이다. TSP는 정규압밀점토와 마찬가지로 45°의 직선으로 나타나나 ESP는 과압밀점토의 경우 간극수압의 발생 정도가 정규압밀점토보다 매우 적은 관계로 TSP와 같은 방향의 경로를 따라 이동하는 곡선이 된다.

점토를 압밀배수(CD) 시험으로 전단시킨 경우를 그림 8.44c에 나타내었는데 간극수압이 발생하지 않게($u = 0$) 시료를 전단시키는 관계로 TSP와 ESP는 일치하며 오른쪽 상향으로 45° 각도로 증가한다.

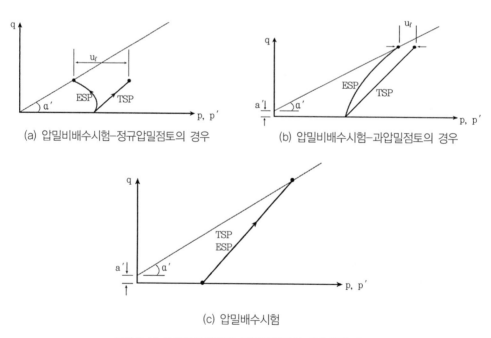

(a) 압밀비배수시험-정규압밀점토의 경우

(b) 압밀비배수시험-과압밀점토의 경우

(c) 압밀배수시험

그림 8.44 삼축압축시험의 전응력경로와 유효응력경로

예제 8.12

구속응력(σ_3)을 2kg/cm^2으로 두고 압밀비배수 삼축압축시험($\overline{CU}$)을 실시하여 다음과 같은 자료를 얻었다.

시편변형률($\Delta l/L$)	0	0.01	0.02	0.04	0.08	0.12
$(\sigma_1 - \sigma_3)(\text{kg/cm}^2)$	0	1.38	2.40	3.12	3.68	4.10
$u(\text{kg/cm}^2)$	0	0.52	0.80	0.88	0.92	0.87

1) 전응력경로(TSP)와 유효응력경로(ESP)를 도시하여라.
2) 시편변형률에 대한 A계수 변화를 그림으로 도시하여라.
3) A계수의 변화에 따른 시료의 과압밀 여부를 판단하여라.

풀 이

1) 시편변형률에 대한 p, p', q값을 계산하여 표로 나타내면 다음과 같다.

시편변형률 ($\Delta l/L$)	0	0.01	0.02	0.04	0.08	0.12
$\sigma_1(\text{kg/cm}^2)$	2.0	3.38	4.40	5.12	5.68	6.10
p	2.0	2.69	3.20	3.56	3.84	4.05
$p'(=p-u)$	2.0	2.17	2.40	2.68	2.92	3.18
$q(=q')$	0	0.69	1.20	1.56	1.84	2.05

전응력경로(TSP)와 유효응력경로(ESP)를 각각 $(p,\ q)$, $(p',\ q)$를 이용하여 시편변형률의 증가에 따라 도시하면 그림 8.45a와 같이 나타난다.

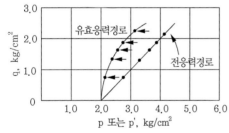

(a) 전응력경로(TSP)와 유효응력경로(ESP)

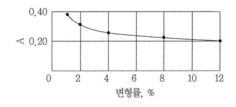

(b) A계수 변화

그림 8.45 예제 8.12

2) 시편변형률에 대한 A계수 변화는 삼축압축시험에서 A계수식 8.31을 이용하면

$$\Delta l/L = 0.01\,\text{일 때}\ A = \frac{\Delta u}{\Delta \sigma_1} = \frac{0.52}{1.38} = 0.37$$

$$\Delta l/L = 0.02\,\text{일 때}\ A = \frac{\Delta u}{\Delta \sigma_1} = \frac{0.80}{2.40} = 0.33\,\text{으로 구할 수 있다.}$$

나머지 부분에 대해서도 같은 계산을 반복하여 나타내면

시편변형률 ($\Delta l/L$)	0	0.01	0.02	0.04	0.08	0.12
A	0	0.37	0.33	0.28	0.25	0.21

시편변형률에 대하여 A계수 변화를 그림 8.45b에 나타내었다.

3) 표 8.2에 의거하여 A계수는 0.2~0.4의 범위에 속하므로 약간 과압밀점토이다.

8.1 다음 그림에 보인 요소에 작용하는 응력에 대하여 다음에 답하여라.

1) Mohr원을 작도하고 평면기점을 표시하여라.

2) 최대 및 최소주응력을 구하여라. 평면기점을 이용하여 그림에 보인 요소에 주응력면과 작용하는 주응력을 표시하여라.

3) 요소에 나타난 바와 같은 수평면에 35° 기울어진 평면에 작용하는 수직응력 σ 및 전단응력 τ를 결정하여라.

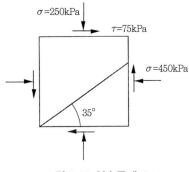

그림 8.46 연습문제 8.1

8.2 어느 점의 최대주응력이 30kN/m^2, 최소주응력이 7.5kN/m^2이며 최대주응력은 수평면에 작용하고 있다. 다음에 답하여라.

1) Mohr원을 작도하고 평면기점을 표시하여라.

2) 최대전단응력점을 표시하고 이때의 수직응력과 전단응력, 수평면에 대한 기울기를 구하여라.

3) 수평면에 대하여 시계반대방향으로 20° 기울어진 평면에서의 수직응력 σ 및 전단응력 τ를 결정하여라.

8.3 어느 수평면에 수직응력 $\sigma = 150\text{kN/m}^2$, 전단응력 $\tau = 50\text{kN/m}^2$이 작용하고 있다. 이 수평면과 수직이 아닌 수직응력 $\sigma = 40\text{kN/m}^2$, 전단응력 $\tau = -5\text{kN/m}^2$이 작용하는 다른 평면이 있다고 할 때 다음에 답하여라. (힌트 : Mohr원의 중심은 두 점으로부터 같은 거리)

1) Mohr원을 작도하고 평면기점을 표시하여라.

2) 최대 및 최소주응력점과 주응력면을 작도하여라. 최대 및 최소주응력은 얼마인가?

3) 수직응력 $\sigma = 40\text{kN/m}^2$, 전단응력 $\tau = -5\text{kN/m}^2$이 작용하는 평면이 수평면에 대한 기울기는 얼마인가?

8.4 시료가 파괴점에 도달하였을 때의 수직응력과 전단응력을 그림에 보인 요소에 나타내었다. 다음 물음에 답하여라.

1) Mohr원을 작도하고 평면기점을 표시하여라.

2) 최대 및 최소주응력을 구하여라. 최대주응력면이 수평면에 대하여 가지는 기울기를 계산하여라.

3) 이 흙의 내부마찰각을 계산하여라. (점착력 $c = 0\text{kN/m}^2$으로 가정)

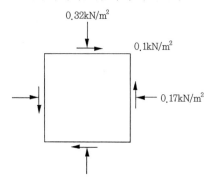

그림 8.47 연습문제 8.4

8.5 다음 그림에서 $\sigma_1 = 3\text{kg/cm}^2$, $\sigma_3 = 1\text{kg/cm}^2$일 때, $\theta = 30°$의 단면에 작용하는 수직응력 σ과 전단응력 τ를 Mohr원을 이용하여 구하라.

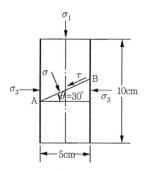

그림 8.48 연습문제 8.5

8.6 점착력 15kN/m^2 내부마찰각 32°인 흙 속의 어느 한 면에 작용하는 수직응력이 180kN/m^2, 간극수압 30kN/m^2이라고 할 때 이 면에서 흙의 전단강도를 계산하여라.

8.7 어떤 흙시료의 직접전단시험 결과, 다음 표의 값을 얻었다. 시료의 전단면 면적은 19.63cm^2이다. 다음에 답하여라.

1) 전단강도 τ를 구하라.

2) 점착력 $c = 0$으로 하여, 이 흙의 내부마찰각 ϕ을 구하라.

수평변위	수직하중 $P=40$kg								
	0	2	22	50	95	109	120	139	168
전단력	0	4.4	12.6	18.5	23.6	24.0	24.2	23.2	21.6

8.8 해안 점성토를 채취하여 직접전단시험을 실시한 결과 다음과 같은 결과를 얻었다. 사용한 전단박스의 크기는 5cm×5cm, 높이는 2.5cm이다. 수직응력에 대한 파괴 시의 전단응력의 관계를 도시하고 점토시료의 마찰각을 산출하여라.

시험번호	수직력(kg)	파괴 시 전단력(kg)
1	0.025	0.014
2	0.040	0.022
3	0.050	0.028
4	0.055	0.031

8.9 모래에 대하여 직접전단강도시험을 수행하여 수직응력 $\sigma=244$kN/m², 전단응력 $\tau=140$ kN/m²에서 파괴에 도달하였다.

  1) 이 시료의 건조상태에서의 내부마찰각을 계산하여라.

  2) 파괴면이 수평면인 상태에서 파괴 시 최대주응력을 계산하여라.

  3) 최대주응력면의 수평면에 대한 기울기를 계산하여라. (힌트 : 평면기점을 찾아 최대주응력점과 연결)

8.10 현장에서 채취한 포화점성토에 대하여 일축압축시험을 실시하여 다음과 같은 결과를 얻었다.

응력(kN/m²)	변형률
0	0
100	0.004
200	0.008
300	0.017
350	0.027
320	0.070

  1) 응력변형률곡선을 그리고 일축압축강도 q_u와 점착력 c를 계산하여라.

  2) 도시된 곡선의 기울기로부터 파괴응력의 50%에 대한 탄성계수 E를 계산하여라. 여기서 압축응력 ϵ와 변형률 σ은 $\sigma=E\cdot\epsilon$의 관계가 있다.

8.11 사질토의 내부마찰각이 32°이고 점성은 없다고 할 때 다음에 답하여라.

  1) 수직응력 350kN/m²를 가하고 직접전단강도시험을 한다고 할 때 이 시료가 파괴되기 위하여 요구되는 전단응력은?

2) 동일 시료에 대하여 구속압 $350kN/m^2$를 가하고 CD 삼축압축시험을 하였다. 시료가 파괴되기 위하여 소요되는 축차응력 $\sigma_1 - \sigma_3$을 계산하여라. 만일 시료의 직경이 5cm이면 파괴 시 시료에 가해진 축하중은?

8.12 어떤 시료 흙에 관하여 CD 삼축압축시험을 한 결과 다음 값을 얻었다.

$\sigma_3 = 0.5kg/cm^2$		$\sigma_3 = 1.5kg/cm^2$		$\sigma_3 = 2.5kg/cm^2$	
ϵ(%)	$\sigma_1 - \sigma_3$(kg/cm²)	ϵ(%)	$\sigma_1 - \sigma_3$(kg/cm²)	ϵ(%)	$\sigma_1 - \sigma_3$(kg/cm²)
0.2	0.74	0.2	1.08	0.2	1.32
0.4	1.61	0.4	2.22	0.4	2.71
0.6	2.36	0.6	3.25	0.6	4.01
0.8	3.20	0.8	4.40	0.8	5.49
1.0	3.82	1.0	5.42	1.0	6.73
1.2	4.71	1.2	6.09	1.2	7.35
1.4	5.44	1.4	6.43	1.4	7.71
1.6	5.79	1.6	6.59	1.6	7.97
1.8	6.00	1.8	6.77	1.8	8.22
2.0	5.81	2.0	6.87	2.0	8.30
2.2	5.49	2.2	7.05	2.2	8.42
		2.4	6.92	2.4	8.50
		2.6	6.73	2.6	8.13
		2.8	6.51	2.8	7.92
				3.0	7.76

1) 변형률에 대한 축차응력의 관계곡선을 구하여라.
2) 파괴 시의 Mohr원과 파괴포락선을 작도하여라.
3) 내부마찰각 ϕ와 점착력을 구하라.
4) K_f선을 그린 후 p-q 도상에 이 흙의 응력경로를 그려라.

8.13 Kaolinite 시료에 대하여 CD 삼축압축시험을 하여 다음과 같은 결과를 얻었다. 시료는 재성형시료이고 정규압밀점토이다. 초기등방압축을 한 후 건조상태에서 전단을 수행하였다.
1) Mohr원과 파괴포락선을 작도하여라.
2) 전단강도정수 c', ϕ'을 구하여라.

시험횟수	셀압(kN/m²)	축차응력, $\sigma_1 - \sigma_3$(kN/m²)
1	70	140
2	140	245
3	280	455
4	420	665
5	560	840

8.14 포화점토에 대하여 압밀비배수($\overline{CU}$) 삼축압축시험을 행한 다음과 같은 결과를 얻었다.

횟수	측압 σ_3(kN/m²)	파괴 시 축차응력 $\sigma_1 - \sigma_3$(kN/m²)	파괴 시 간극수압 u(kN/m²)
1	50	53.7	1
2	100	72.0	7
3	150	81.0	12

1) 전응력상태와 유효응력상태에서 Mohr원과 파괴포락선을 구하여라.

2) 전응력에 의한 강도정수 c, ϕ를 구하여라.

3) 유효응력에 의한 강도정수 c, ϕ를 구하여라.

8.15 모래샘플에 대하여 3개의 $\overline{CU}$ 시험을 수행하여 다음과 같은 결과를 얻었다.

셀압 σ_3(kN/m²)	파괴 시 축차응력, $\sigma_1 - \sigma_3$(kN/m²)	파괴 시 간극수압 u_f(kN/m²)
25	100	−5
100	317	0
250	634	29

1) 파괴 시 유효응력에 대한 Mohr원과 파괴포락선을 작도하여라.

2) 이 시료의 내부마찰각은?

3) 이 시료에 셀압 $\sigma_3 = 25$kN/m²를 가하여 CD 삼축압축시험을 실시하였다. 파괴에 도달하기 위하여 필요한 축차응력을 계산하여라.

8.16 3.5cm 직경의 모래시료에 대하여 $\overline{CU}$ 시험을 수행하였다. 구속압 2.0kg/cm²를 가하고 파괴 축하중은 45kg, 이때의 간극수압은 $u = 1.0$kg/cm²이었다.

1) 이 시료의 유효내부마찰각은?

2) 실험시료의 느슨/밀한(loose/dense) 여부를 평가하여라. 그 이유는?

3) 이 시료에 구속압을 1.0kg/cm²를 가하고 $\overline{CU}$ 시험을 반복하여 나타날 시료의 느슨/밀한 (loose/dense)거동 여부를 평가하고 그 근거를 설명하여라(이때 간극수압 $u = 0.0$kg/cm²).

8.17 불교란 점토시료에 대하여 $\overline{CU}$ 시험을 수행하여 다음 결과를 얻었다. (단위 : kN/m²)

	1회	2회
구속압(σ_3)	100	200
파괴 시 축차응력($\sigma_1 - \sigma_3$)	220	375
파괴 시 간극수압(u_f)	−30	−24

1) 파괴 시 유효응력에 대한 Mohr원과 파괴포락선을 작도하여라.

2) 이 시료의 점착력과 내부마찰각은?

3) 이 시료에 셀압 $\sigma_3 = 100$kN/m²를 가하여 CD 삼축압축시험을 실시하였다. 파괴에 도달하기 위하여 필요한 축차응력을 계산하여라.

8.18 1) 문제 8.17의 시료에 대하여 수정파괴포락선(K_f)을 구하여라.

2) 수정파괴포락선을 이용하여 이 시료의 점착력과 내부마찰각을 계산하여라.

8.19 흙의 전체단위중량 16kN/m^3, 포화단위중량 18kN/m^{3}인 점토지반이 있다. 이 점토의 소성지수를 35%라고 할 때 지반의 깊이 5m, 10m, 15m에서의 비배수점착력을 계산하여라 (지하수위는 지표하 3m에 있는 것으로 가정, 식 8.17a 이용).

8.20 문제 8.19를 점토의 OCR=2.5에 대하여 다시 계산하여라(식 8.17b 이용).

참고문헌

1. 권호진, 박준범, 송영우, 이영생(2008), 토질역학, 구미서관.
2. 김상규(1991), 토질역학, 동명사.
3. Bhudu, M.(2007), Soil Mechanics and Foundations, 2nd Ed., John Wiley and Sons, New York.
4. Coulomb, C.A.(1776) "Essais Sur une application des regles des maxims etminimas a quelques problemes de statique relatifs a l'architecture", Mem. Acad. Roy. Pres. Divers, Sav.5, 7, Paris.
5. Lamb, T.W. and Whitman, R.V.(1969), Soil Mechanics, John Wiley and Sons, New York.
6. Lee, K.L. and Seed, H.B.(1967), "Drained Strength Characteristics of Sands", *Journal of Soil Mechanics and Foundation Division*, ASCE, Vol.93, No.SM6, pp.117-141.
7. NAVFAC(1971), Design Manual-Soil Mechanics, Foundations, and Earth Structures, *NAVFAVC DM-7*, US Dapartment of Navy, Washington D.C.
8. Skempton, A.W.(1948) "The $\phi=0$ Analysis for Stability and its Theoretical Basis", *Proceedings of 2nd International Conf., Soil Mechanics and Foundation Engineering*, Rotterdam, Vol.1, p.72.
9. Skempton, A.W.(1954), "The Pore Water Coefficients A and B", *Geotechnique*, Vol.4, pp.143-147.
10. Taylor, D.W.(1948), Fundamentals of Soil Mechanics, John Wiley and Sons, New York.
11. Terzaghi, K.(1943), Theoretical Soil Mechanics, John Wiley and Sons, New York.
12. Terzaghi and Peck(1967), Soil Mechanics and Engineering Practice, 2nd Ed., John Wiley and Sons, New York.

09 지반조사

09 | 지반조사

9.1 개 설

기초를 설계하기 위한 기초지반의 특성을 파악하기 위하여 지반조사(geotechnical investigation, subsurface exploration)를 실시한다. 지반조사는 공사계획입안자, 설계자, 시공자 등에게 지반정보를 제공하여 안전하고 경제적인 공사를 수행할 수 있게 하여준다. 지반조사를 소홀히 하는 경우 공사비 증가나 공기의 지연 등을 초래하므로 충실한 지반조사가 요구된다.

지반조사자료로부터 얻게 되는 자료는

- 토층종류, 두께, 암반의 위치, 토층의 횡방향 분포
- 토질의 물리적, 역학적 특성 등

이며 건설 분야에 사용되는 용도는 다음과 같다(서울특별시, 2006).

- 구조물 위치선정 및 설계계산
- 지하구조물을 포함한 기초 혹은 토공설계
- 가설구조물 설계
- 시공계획, 관리 및 확인
- 지반사고 및 그 대책 수립

- 재료의 적합성, 매장량 결정
- 주위환경 영향 평가(인접구조물, 지반조건 및 환경변화 등)
- 장기성능 확인, 안전진단 및 평가(구조물, 자연사면 관측)

9.2 지반조사의 단계

9.2.1 자료조사

자료조사(data survey)는 현장관련 기존의 자료를 사업계획지역의 개략적인 여건과 지형·지반 정보를 얻기 위하여 수집하는데 다음과 같은 것이 있다.

- 현장 지형도, 지질도, 기후, 수리 수문 조사자료
- 인근 지질 및 지반조사 보고서, 고지형도, 지질도, 토양도, 지하매설물도, 항공사진 조사

지형도, 지질도, 항공사진 등을 이용하여 반복적 사면파괴지형, 테일러스, 단층지형 등 문제 지형과 토지이용 상황 및 기타 광역적인 지질구조선 등을 확인할 수 있다. 항공사진은 1 대 10,000 이상의 축척으로 촬영된 항공사진을 이용하는 것이 적당하다.

9.2.2 현지답사

현지답사(field reconnaissance)는 현장경험이 있는 토목기술자와 사업시행 및 감독 관계자들이 함께 하는 것이 바람직하다. 현지답사 중 계획된 기초 및 구조물의 위치를 확인하여 불량한 지반에 위치하였을 경우 이를 양호한 지반으로 이동시키거나 설계자로 하여금 구조물의 형태 및 규모 등을 조정할 수 있도록 한다.

지표지반의 성질을 삽, 핸드오거 등 간단한 굴착기구를 사용하여 조사함으로써 지역 전반에 걸친 지반조건을 개략 관찰할 수 있으며 실내에서 작성된 시추계획이 타당한 것인가를 확인할 수 있다.

현장답사 시 얻는 구체적인 정보는 다음과 같다.

- 현장의 지형 및 지질상태 파악
- 굴착부에서의 암반 노두 관찰, 식생 관찰
- 교대부에서의 최대 수위 흔적 조사
- 인근 우물에서의 지하수위 조사
- 인접 건축물의 벽 균열 조사, 지자체 등 관청자료 조사

9.2.3 현장조사

현장조사(site investigation)는 자료조사와 현지답사에서 얻은 개략적인 지질 및 토질조건을 기반으로 시추, 시료 채취, 원위치시험, 물리탐사 등을 실시하는 것이다. 교란 및 불교란된 시료를 채취하여 실내시험을 실시하거나 현장시험을 실시하여 기초지반의 역학적 특성을 확정한다.

예비조사(preliminary investigation)와 정밀조사(detailed investigation)로 구분하기도 한다. 예비조사에서 지층상태의 변화를 확인한 후 지층의 변화가 심한 지역이나 구조물 기초가 놓일 지역 등 정밀자료가 요구되는 지점에서 조사항목을 추가하거나 조사빈도를 늘려 정밀조사를 실시한다.

9.3 시추조사

시추조사(boring)는 지반상태를 직접 관찰할 수 있으며 시료채취 및 시추공을 이용하여 다양한 현장시험을 수행할 수 있어 많이 사용한다. 시추조사 시 채취되는 시료는 흐트러진 시료(교란시료, disturbed sample) 및 흐트러지지 않은 시료(불교란시료, undisturbed sample)로 구분되며, 일반적으로 흐트러진 시료는 토질의 물리적 특성을 파악하는 데 그리고 흐트러지지 않은 시료는 역학적 특성을 파악하는 데 사용된다.

9.3.1 시추조사간격과 깊이

시추조사간격은 구조물의 형태와 기능, 지층상태를 보아 결정한다. 각 조사대상별 시추조사간격의 예를 표 9.1에 나타내었다. 조사위치는 주변지형과 지반상태를 잘 대표할 수 있는 곳으로 하고 필요한 경우 조사과정에서 미세한 조정도 가능하다.

표 9.1 시추조사간격(한국지반공학회, 2008)

조사대상	배치간격
단지조성, 매립지, 공항 등 광역부지	• 절토 : 100~200m 간격 • 성토 : 200~300m 간격 • 호안, 방파제 등 : 100m 간격 • 구조물 : 해당 구조물 배치기준에 따른다.
지하철	• 개착구간 : 100m 간격 • 터널구간 : 50~100m 간격 • 고가, 교량 등 : 교대 및 교각에 1개소씩
고속전철, 도로	• 절토 : 절토고 20m 이상에 대해 150~200m 간격 • 성토 : 100~200m 간격 • 교량 : 교대 및 교각에 1개소씩 • 산악터널 : 갱구부 2개소씩으로 1개 터널에 4개소 실시하며 필요시 중간부분도 설치함, 갱구부 보링 간격은 30~50m 중간부분은 100~200m
건축물, 정차장, 하수처리장 등	사방 30~50m 간격, 최소한 2~3개소

※ 1. 지층상태가 복잡한 경우는 기준을 1/2 축소하여 실시토록 하고 기준에 없는 경우는 유사한 경우를 참조하여 판단한다.
  2. 토피가 얕은 터널, 충적층과 암반의 경계부분을 지나는 터널, 연약지반에서 과거에 수로였던 지점, 사면에서 단층이나 파쇄대 주변은 필요에 따라 추가하여 계획한다.

시추깊이는 구조물의 종류와 특성을 고려하여 결정하나 대체로 구조물의 하중에 의한 응력 증가가 작은 값이 되는 깊이까지 실시한다. 권호진 등(2006)에 의하면 다음과 같은 방법을 사용하기도 한다.

(1) 구조물하중 q에 의한 기초지반에서 유효응력 증가량 $\Delta\sigma$를 구한다.

(2) 기초를 세우기 전의 깊이에 따른 유효수직응력 σ_v'을 구한다.

(3) $\dfrac{\Delta\sigma}{q} = 0.1$이 되는 깊이 D_1을 구한다.

(4) $\dfrac{\Delta\sigma}{\sigma_v'} = 0.05$가 되는 깊이 D_2를 구한다.

(5) D_1, D_2 중 작은 값을 최소시추깊이로 한다.

최근 작성된 구조물 설계기준(한국지반공학회, 2008)에 의하면 절토(지반깎기) 시에는 지반계획 아래 2m까지, 성토(지반쌓기) 시에는 연약지반 확인 후 견고한 지반 3~5m까지, 교량은 기반암 아래 2m까지로 권고하고 있다(표 9.2).

표 9.2 시추조사공의 심도(한국지반공학회, 2008)

조사대상	깊이	비고
단지조성, 매립지, 공항 등 광역부지	• 절토 : 계획고하 2m까지 • 성토 : 연약지반 확인 후 견고한 지반 3~5m까지 • 호안, 방파제 등 : 풍화암 3~5m • 구조물 : 해당 구조물 깊이 기준에 따른다.	절토에서 기반암 확인이 안 된 경우는 기반암 2m 확인, 조사공수 및 배치에 따라 부분적으로 계획고 도달 전이라도 기반암 2m 확인하고 종료할 수 있음
지하철	• 개착구간 : 계획고하 2m까지 • 터널구간 : 계획고하 0.5~1.0D(D는 터널지름) • 고가, 교량 등 : 기반암하 2m까지	개착, 터널구간에서 기반암이 확인이 안 된 경우는 기반암 2m 확인
고속전철, 도로	• 절토 : 계획고하 2m까지 • 성토 : 연약지반 확인 후 견고한 지반 3~5m까지 • 교량 : 기반암하 2m까지 • 터널(산악) : 계획고하 0.5~1.0D	절토, 터널에서 기반암이 확인이 안 된 경우는 기반암 2m 확인
건축물, 정차장, 하수처리장 등	지지층 및 터파기 심도하 2m까지	터파기 심도하 2m까지 기반암이 확인 안 된 경우는 일부 조사공에 대해 기반암 2m 확인

※ 1. 별도의 조사목적이 있는 경우는 기술자 판단에 따라 깊이를 조정하여 실시토록 하여야 한다.
   2. 기반암은 연암 또는 경암을 의미한다.

9.3.2 시추조사방법

시추조사에 사용되는 조사법은 시험굴(test pit) 조사, 오거조사(auger boring), 충격식 시추(percussion boring), 수세식 시추(wash boring), 회전식 시추(rotary boring) 등이 있다.

1) 시험굴 조사

시험굴 조사는 백호(back hoe)와 같은 굴착기계를 이용하여 구덩이를 파고 굴착된 구덩이에서 토층을 직접 관찰하는 조사이다(그림 9.1 참조). 비용이 많이 드는 작업이나 정확한 지반정보를 얻을 수 있으며 교란시료와 불교란시료를 쉽게 얻을 수 있다. 굴착단면은 1~1.8m 정도이고 최대 4~5m까지 굴착 가능하다. 붕괴성 지반 및 지하수위면 아래에서는 흙막이공이 필요하기도 한다.

그림 9.1 시험굴 조사

2) 오거조사

  그림 9.2에 보인 것과 같은 다양한 모양의 오거를 회전하면서 지중에 압입하여 지반을 천공하고 굴착토를 지상으로 배출한다. 오거조사는 신속하고 저렴하게 시추를 수행할 수 있고 교란시료를 얻을 수 있다. 그림 9.2a는 쌍주걱오거로 점토 교란시료를 천공 샘플링하는 데 사용한다. 그림 9.2b, 9.2c는 나사모양으로 생긴 수동식 또는 기계굴착식 오거로서 지반을 연속적으로 천공굴착한다. 그림 9.2d의 중공오거는 로드의 내부가 비어 있어 천공 시에는 선단플러그를 장착하여 굴착한 후 필요한 지층에서는 샘플러를 장착하여 시료를 채취한다.

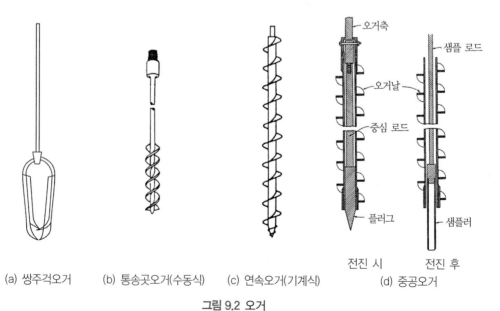

(a) 쌍주걱오거 (b) 통송곳오거(수동식) (c) 연속오거(기계식) (d) 중공오거

그림 9.2 오거

수동식 오거(hand auger)는 인력회전식이나 동력회전식이 있으며 굴착가능깊이는 3~5m이다. 기계식 오거(machine auger)는 동력회전에 의하여 압입하며 그림과 같이 강관 전체에 나선형 날이 있는 연속오거(flight auger)를 많이 사용하고 굴착깊이는 7~9m이다. 수동식 오거는 얕은기초지반의 조사용으로 기계식 오거는 대구경시추나 현장타설말뚝과 같은 깊은기초나 흙막이 공사용으로 사용한다.

3) 수세식 시추

수세식 시추(wash boring)는 그림 9.3에 보인 바와 같이 로드 내부를 통하여 분사된 압력수의 작용에 의하여 지반을 느슨하게 하면서 비트의 상하작용에 의하여 흙을 굴착한다. 굴착된 흙입자(슬라임, slime)는 굴착이수 또는 자연수의 순환에 의하여 케이싱을 통하여 공외로 배출되며, 배출된 시추수는 침전조를 거쳐 이수조로 돌아가서 다시 펌프, 호스, 로드, 비트를 경유하여 굴진위치로 순환된다. 이 방법은 간단하고 경제적이며 연약한 점토 및 세립사질토에 적합하다.

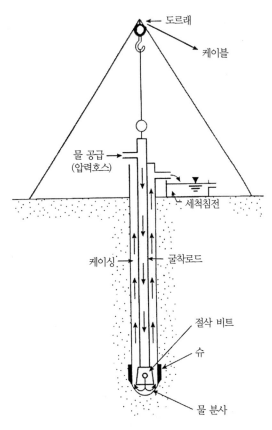

그림 9.3 수세식 시추조사

4) 타격식 시추조사

타격식 시추조사(percussion boring)는 드릴을 상하로 반복하여 시추공 바닥에 충격을 가함으로써 지반을 파쇄하면서 천공한다(그림 9.4). 충격식 시추기의 종류는 충격전달기구에 따라 케이블을 사용하는 방법과 로드를 사용하는 방법으로 분류된다. 시추공의 붕괴위험이 있으면 측면지지를 위하여 케이싱(casing)을 삽입한다.

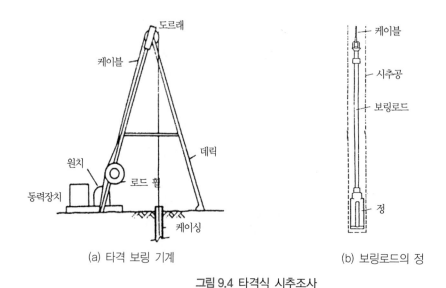

(a) 타격 보링 기계   (b) 보링로드의 정

그림 9.4 타격식 시추조사

시추공의 직경은 15~30cm 정도이고 50~60m까지 굴착 가능하다. 견고한 암반층이나 자갈층을 통과할 수 있으나 연약점토나 느슨한 사질토에는 부적합하다. 바닥면 아래의 흙이 충격으로 인하여 교란되는 단점이 있다.

5) 회전식 시추조사

회전식 시추조사(rotary boring)는 로드의 선단에 장착된 비트를 고속으로 회전하면서 가압함으로써 지반을 절삭분쇄하며 굴진하는 방법이다(그림 9.5).

일반적으로 수세식과 병행하여 회전수세식으로 지반조사에 가장 널리 적용하는 방법이다. 회전수세식 시추는 토사에서 경암까지 적용 지질의 범위가 넓고, 굴진성능이 우수하다. 바닥면 아래 흙의 교란이 적으므로 시료채취 및 공내 원위치시험에 적합하며, 특히 암석코아를 채취할 수 있으므로 암반조사에 널리 적용된다. 회전수세식 시추 중 지반조사용으로 수동레버식이 많이 사용되고 있으나, 최근 샘플링의 품질을 중요시하게 되면서 유압식의 사용이 증가되고 있다.

표 9.3에는 시추 시 사용되는 케이싱 및 비트의 규격을 소개하였다. 일반적으로 시료채취를 하여 지반물성시험을 하기 위해서는 NX 사이즈의 코아를 채취하는 것이 선호된다. 그림 9.6에는 시추공의 선단에서 직접 지층을 천공하는 비트의 종류를 소개하였는데 연암에는 금속비트(metal bit)를 그리고 경암에는 다이아몬드비트(diamond bit)를 사용한다. 암석시료를 채취할 때에는 채취용 비트(coring bit)를 암석시료채취가 필요 없는 경우에는 비채취용 비트(non-coring bit)를 이용한다(권호진, 2009). 연약점토지반에는 칼날비트(blade bit)를 사용한다.

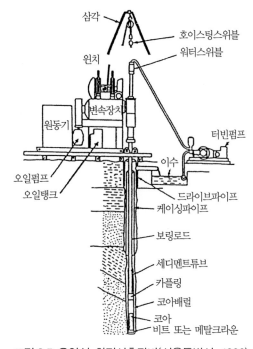

그림 9.5 유압식 회전시추장비(서울특별시, 1996)

(a) 채취용 텅스텐(금속)비트

(b) 비채취용 다이아몬드비트

(c) 채취용 다이아몬드비트

(d) 연약지반용 칼날비트

그림 9.6 드릴비트의 종류

표 9.3 케이싱 및 비트의 종류와 규격(한국지반공학회, 2009)

구분	비트 규격(mm)		케이싱 규격(mm)		코아직경 (mm)
	내경	외경	내경	외경	
EX	21.5	37.7	41.3	46.0	22.2
AX	30.0	48.0	50.8	57.2	28.5
BX	42.0	59.9	65.1	73.0	41.2
NX	54.7	75.7	81.0	83.9	53.9
HX	68.3	98.4	104.8	114.3	67.5

천공 후 시추공 내에서의 지하수위는 시추 종료 후 24시간 이상 경과하여 지하수위가 안정되었을 때 측정하며, 모든 시험이 종료된 후에는 시멘트페이스트나 모르터로 시추공을 메워 폐쇄시킨다.

9.4 시료채취

지반특성 파악을 위한 실내시험용 시료를 얻기 위하여 시료채취(soil sampling)를 실시한다.

9.4.1 흙시료

흙시료 중 교란시료는 원래의 흙입자 배열 및 구조가 흐트러진 생태로 채취된 시료로서 흙의 물리적 특성 파악에 적합하다. 흙의 비중, 함수비, 액소성 한계, 입도분석 등의 시료로 사용된다. 교란시료는 오거조사나 표준관입시험 과정(9.5.1절 참조)에서 분리형 원통샘플러(split spoon sampler)로 채취하게 된다(그림 9.7a).

분리형 원통샘플러는 내경이 34.9mm이며 표준관입시험 시 해머에 의하여 가해지는 충격력으로 지반에 관입시킨다. 지반에 관입할 때 샘플러의 상부에 있는 밸브가 열려 통 속의 공기를 배출시키고 관입이 끝나 샘플러를 들어 올릴 때는 밸브가 닫혀 통 속의 시료가 밖으로 빠져나가는 것을 억제한다. 시료채취가 끝나 지상에 샘플러를 들어 올려 분리된 샘플러의 시료를 수집하여 채취된 시료의 특징을 보링로그(boring log)에 기록한다. 채취된 시료는 비닐봉지에 넣어 시추공번과 깊이 등을 표시하여 기본물성시험을 위한 시료로 보관한다.

흐트러지지 않은 시료는 흙입자의 배열과 구조가 존속된 상태에서 채취되는 시료로서 강도 및 압밀특성 등 역학적 특성 파악에 사용된다. 예를 들어 흙의 단위중량, 투수성, 압축성, 전단강도 특성 등을 파악하는 데 사용한다. 불교란시료를 채취하기 위해서는 얇은관 샘플러(thin walled tube sampler), 피스톤 샘플러(piston sampler) 등을 사용한다.

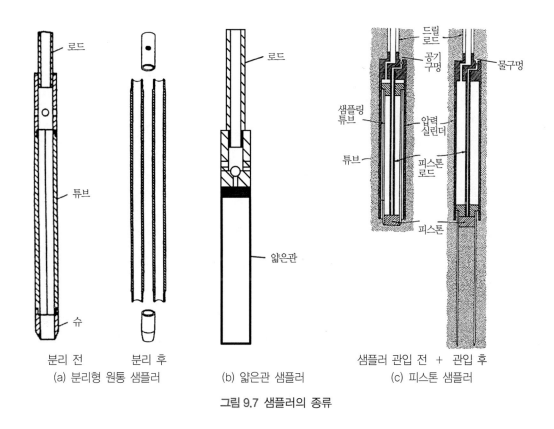

그림 9.7 샘플러의 종류

얇은관 샘플러는 그림 9.7b와 같은 끝이 개방된 얇은관을 점성토에 조심스럽게 밀어 넣어 불교란 시료를 얻는 샘플러이다. 약간 굳은 점토나 단단한 점토에서는 사용 가능하나 연약한 점토층에서 시료가 흘러나가 채취가 어렵다. 관의 두께는 0.16~0.32cm이다.

피스톤 샘플러는 그림 9.7c와 같이 얇은 관 속에 피스톤을 삽입하여 굴착로드 속으로 지상까지 연장된 다른 로드에 고정시킨 구조이다. 샘플러를 밀어 넣기 전에 피스톤으로 막아 교란된 시료가 들어오지 않도록 막고 얇은관 샘플러를 밀어 넣고 시료가 샘플러에 찬 이후에 피스톤을 끌어올리면 피스톤과 샘플러 사이에 부압이 발생하여 시료를 잘 회수할 수 있다. 연약한 점토나 약간 굳은 점토 에서도 불교란시료를 채취할 수 있다.

시료의 흐트러진 정도 파악을 위해서는 채취된 흙의 단면적에 대한 샘플러의 단면적의 비인 면적 비(A_r)로 나타낸다. 면적이 10% 정도이면 불교란시료 채취가 가능한 것으로 본다.

$$A_r = \frac{D_o^2 - D_i^2}{D_i^2} \times 100\,(\%) \tag{9.1}$$

여기서 D_o, D_i : 각각 샘플러의 외경 및 내경이다(그림 9.8).

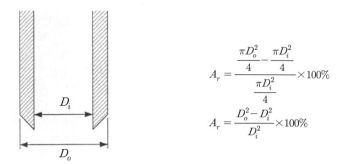

$$A_r = \frac{\frac{\pi D_o^2}{4} - \frac{\pi D_i^2}{4}}{\frac{\pi D_i^2}{4}} \times 100\%$$

$$A_r = \frac{D_o^2 - D_i^2}{D_i^2} \times 100\%$$

그림 9.8 샘플러의 면적비 계산

예제 9.1

분리형 원통샘플러의 외경은 50.8mm, 내경은 34.9mm이고 얇은관 샘플러의 외경은 51mm, 내경은 47.6mm이다. 각 샘플러의 면적비를 구하시오.

풀   이

분리형 원통샘플러 : $A_r = \dfrac{D_o^2 - D_i^2}{D_i^2} \times 100 = \dfrac{50.8^2 - 34.9^2}{34.9^2} \times 100 = 111.9\,(\%)$

얇은관 샘플러 : $A_r = \dfrac{D_o^2 - D_i^2}{D_i^2} \times 100 = \dfrac{50.8^2 - 47.6^2}{47.6^2} \times 100 = 13.9\,(\%)$

9.4.2 암석시료

주로 경암과 같은 굳은 암석층 채취시료를 말한다. 그림 9.9에는 암석시료채취용 샘플러를 소개하였는데 단관코아배럴과 이중관코아배럴로 나눈다. 이중관코아배럴은 코아채취용 관과 굴착회전용 관이 분리되어 있어 굴착 중 암석코아의 교란이 최소화되는 장점이 있다. 연암이나 풍화암시료는 흙시료 채취법에 따라 채취하기도 한다. 암석시료 샘플러는 단부에 비트를 장착하여 회전굴착으로 진행하는데 토층별 적합한 비트는 그림 9.6에 이미 소개하였다.

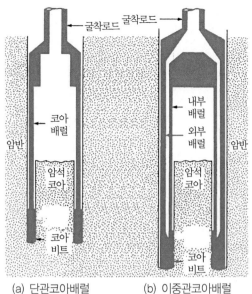

| (a) 단관코아배럴 | (b) 이중관코아배럴 |

그림 9.9 암석시료 샘플러

시료채취에서 얻어진 암석시료의 길이로부터 암석에 대한 풍화된 정도와 시료의 질을 파악하기 위한 지표로서 암석코아회수율(rock core recovery, R_r)과 RQD(rock quality designation)를 사용한다. 암석코아회수율이란 시추한 암석시료 길이대비 실제 채취된 시료의 길이를 백분율로 표시한 것으로 다음 식과 같다.

$$R_r = \frac{\text{채취된 암편길이의 합}}{\text{시추한 암석시료의 길이}} \times 100(\%) \tag{9.2}$$

RQD란 시추한 암석시료 길이대비 실제 채취된 10cm 이상 암편의 길이를 백분율로 표시한 것으로 다음 식과 같이 표시된다.

$$RQD = \frac{\text{10cm 이상 암편길이의 합}}{\text{시추한 암석시료의 길이}} \times 100(\%) \tag{9.3}$$

지표산출 시 본래부터 있던 균열과 시추나 시료 채취과정에서 생긴 균열은 구분되어야 하며 신선하고 불규칙하게 깨진 틈은 무시하고 지수계산에 반영한다. RQD를 결정하기 위하여 국제암반역학회(ISRM)는 더블튜브와 다이아몬드비트를 사용한 NX 크기의 코아배럴을 추천하고 있다. 표 9.4

에는 ISRM(1978)에서 발표한 RQD별 암질 특성을 나타내었다.

표 9.4 RQD와 암질분류

$RQD(\%)$	암질
90~100	매우 우수
75~90	양호
50~75	보통
25~50	불량
0~25	매우 불량

예제 9.2

총 시추길이 1m의 암석시료를 채취하여 나타난 암편의 길이가 그림 9.10과 같다. 이 시료의 암석코아회
수율과 RQD를 계산하여라.

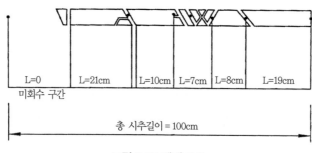

그림 9.10 예제 9.2

풀 이

식 9.2와 9.3에 의하여 암석코아회수율(R_r)과 RQD를 계산하면

$$R_r = \frac{\text{채취된 암편길이의 합}}{\text{시추한 암석시료의 길이}} \times 100(\%) = \frac{21+10+7+8+19}{100} \times 100 = 65\%$$

$$RQD = \frac{\text{10cm 이상 암편길이의 합}}{\text{시추한 암석시료의 길이}} \times 100(\%) = \frac{21+10+19}{100} \times 100 = 50\%$$

이다.

9.5 원위치시험

원위치시험은 로드 하단에 저항체를 부착하여 지반에 관입, 회전할 때의 저항에 의하여 지층의 특성을 파악하는 시험으로 사운딩(sounding)이라고도 한다. 원위치시험으로 대표적인 것은 표준관입시험(standard penetration test, SPT), 콘관입시험(cone penetration test, CPT), 베인시험(vane test, VT) 등이 있으며 최근에는 공내재하시험(pressuremeter test)도 많이 사용한다. 시험 결과로부터 얻어진 자료는 경험식을 이용하여 상대밀도, 내부마찰각 등 주요 지반정수를 평가하는 데 사용한다(표 9.5).

최근에는 포화된 연약점토층에서는 간극수압과 콘저항을 동시에 측정할 수 있는 피에조콘(Piezo-Cone) 관입시험을 수행하여 유효응력에 의한 관입저항치를 산출하여 사용하고 있다. 자갈층, 호박돌 또는 전석층에서는 사운딩의 신뢰성이 없으므로 보링 또는 시험굴에 의한 조사가 필요하다.

일반적으로 지반조사의 정확도 및 신뢰성을 향상시키기 위하여 두 가지 이상의 사운딩자료를 종합하여 판단하는 것이 바람직하며, 동일지층에서 채취된 시료에 대해서는 실내시험결과와 비교·검토하는 것이 좋다.

표 9.5 원위치시험방법에 대한 토질측정정수와 평가(서울특별시, 2006)

구분	시험방법	측정정수	시험성과 평가
원위치 강도 시험	베인전단시험	S_u 직접시험	비배수강도 측정. 토층이방성에 영향을 받음
	표준관입시험	ϕ', S_u 간접시험	관입저항치로 상대밀도추정. 입도분포와 대비하여 ϕ 추정 관입저항치로 연경도 판단과 소성특성과 대비하여 U_c 추정
	콘관입시험	ϕ', S_u 간접시험	q_c와 ϕ 관계에 대한 이론식이나 경험식이 다수 발표된 바 있음. 간극수압 u는 Piezocone으로 측정
	Pressuremeter	S_u	지반의 이방성에 영향을 받음

9.5.1 표준관입시험

표준관입시험은 원통형 분리샘플러(그림 9.7a, 그림 9.11)를 부착하여 굴착 로드 상단을 중량 63.5kg 해머를 이용 75cm 높이에서 낙하하여 타격한 횟수인 관입저항치(N치)를 측정한다. 시험결과로부터 지반을 분류하거나 연경도를 평가하고 나아가 지반강도, 상대밀도, 내부마찰각 등 지반정수를 추정하며, 또한 흐트러진 상태의 시료를 얻어 육안으로 확인한다. 시험과 동시에 흙시료 채취가 가능하며 시험이 간편하고 경제적이므로 지반조사 중 가장 보편적으로 사용하는 사운딩법이다.

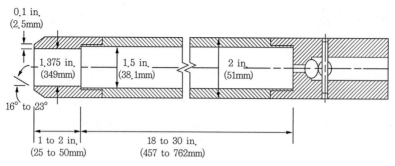

그림 9.11 SPT 스플리트 샘플러의 제원(ASTM D1586)

1) 시험방법

표준관입시험은 다음과 같은 과정으로 실시한다.

⑴ 소정 깊이까지 시추공 굴착하여 굴착기를 제거하고 공내가 무너지지 않도록 케이싱을 시공한다.

⑵ 굴착된 시추공에 로드 하단에 원통형 분리샘플러(스플리트 스푼 샘플러)를 부착하여 삽입한다.

⑶ 굴착로드 상단을 중량 63.5kg 해머를 이용 75cm 높이에서 낙하하여 타격한다.

⑷ 샘플러가 45cm 관입한 후 후반 30cm 관입에서 산출된 타격횟수를 표준관입시험치 또는 N치 라고 한다. 표준관입시험의 개념도를 그림 9.12에 보였다.

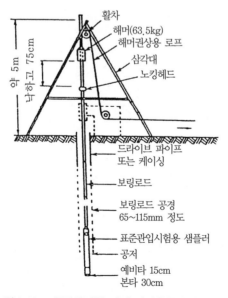

그림 9.12 표준관입시험 개념도(서울특별시, 1996)

표준관입시험은 지층이 변할 때마다 또는 동일층이라도 1m 깊이마다 1회씩 실시한다. 관입깊이가 300mm 미만이더라도 타격횟수가 50회에 도달하는 단단한 층에서의 관입은 50회 낙하에 관입한 길이를 표시한다(예 : 50회 타격에 7cm 관입 ; 50/7로 표시). 표준관입시험은 다음과 같은 단점이 있으므로 주의하여야 한다.

(1) 입경 1cm 이상의 자갈질 흙에서는 N값이 크게 측정될 수 있다.
(2) 지하수위 아래에서는 N치가 감소한다.
(3) 자체 하중만으로 관입되는 연약지반에서는 변별력이 감소한다.

2) 관입저항치(N치)의 보정

N치의 보정은 국내표준관입시험기 해머효율에 대한 결과를 이용하여 표준관입시험 결과를 국제표준규격인 해머효율 60%(N_{60})로 결과를 보정함으로써 일관성 확보 및 경험식 유도배경에 맞는 N치를 사용하여야 한다. 또한 관입저항치는 지반상태, 상재압, 로드의 길이, 시추공 숙련도 등 여러 요인에 의하여도 달라지기 때문에 적절한 보정을 실시한 후에 활용한다. N치의 보정에 사용하는 식을 식 9.4에 나타내었다.

$$N_{60} = N \times C_N \times \eta_H \times \eta_R \times \eta_S \times \eta_D \tag{9.4}$$

여기서 N_{60} : 해머효율 60%로 보정한 표준관입시험 결과, N : 각 장비별 표준관입시험치, C_N : 유효응력에 대한 보정, $\eta_H\left(=\dfrac{ER_r}{60}\right)$: 해머효율보정계수, η_R : 로드길이 보정계수, η_S : 시료채취기에 대한 보정계수(지반보정계수), η_D : 공경에 대한 보정계수, ER_r : 해머효율(표 9.6 참조)이다.

(1) 해머의 효율

에너지 효율은 그림 9.13에 제시된 해머의 종류와 낙하방식에 따라 다르다. 제안된 기준 에너지 효율은 일반적으로 60%이며 해머 종류별 효율을 표 9.6에 수록하였다. η_H는 ER_r을 60으로 나누어 산출한다.

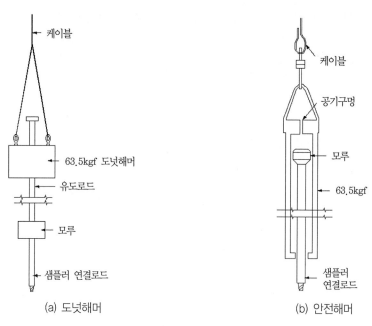

(a) 도넛해머   (b) 안전해머

그림 9.13 해머의 종류

표 9.6 해머 종류별 효율(ER_r)

해머 종류	도넛형	안전형
효율	46%	65%

(2) 유효응력(C_N)에 대한 보정

사질토지반에서 수행한 표준관입시험의 N값은 유효수직응력에 의해 좌우되기 때문에 이에 대한 보정을 실시하여야 한다. 즉 같은 지반이라도 시험 깊이가 깊을수록 N값이 크게 나오기 때문에 상재하중보정계수를 사용하여 유효수직응력이 100kPa일 때를 기준으로 보정을 실시한다. Liao and Whitman(1986)이 제안한 식은 다음과 같다.

$$C_N = \left(\frac{p_a}{\overline{\sigma_v}}\right)^{0.5} \leq 2 \tag{9.5}$$

여기서 p_a=100kPa, $\overline{\sigma_v}$: 시험위치에서의 유효수직응력이다.

Skempton(1986)은 흙의 응력이력과 입경에 따라 식 9.6과 같이 보정계수 C_N을 제안하였다.

$$\text{정규압밀된 세립질 모래} \quad C_N = \frac{2}{1 + \sigma_v{'}/\sigma_r} \qquad (9.6a)$$

$$\text{정규압밀된 조립질 모래} \quad C_N = \frac{3}{2 + \sigma_v{'}/\sigma_r} \qquad (9.6b)$$

$$\text{과압밀된 모래} \quad C_N = \frac{1.7}{0.7 + \sigma_v{'}/\sigma_r} \qquad (9.6c)$$

여기서 σ_v : 시험 깊이에서의 유효수직응력이고 σ_r : 100kPa이다.

(3) 로드길이에 대한 보정

로드가 길어지면 래머와 로드 중량의 불균형 및 로드 변위 등으로 래머타격 효율이 저하되는 점을 고려하여 다음과 같이 수정한다. 로드길이는 엔빌(anvil) 아래의 길이를 나타내며 표 9.7에 따라 보정한다.

표 9.7 로드길이에 따른 에너지효율(η_R)

로드길이(m)	3~4	4~6	6~10	>10
효율	0.75	0.85	0.95	1.00

(4) 시료채취기에 의한 보정

Das(2004)는 적용지반에 따른 시료채취기의 보정계수(η_S)를 다음과 같이 제시하고 있다.

표 9.8 시료채취기에 따른 보정(η_S)

변화요인	η_S
표준시료채취기	1.0
조밀한 모래와 점토지반에 적용	0.8
느슨한 모래지반에 적용	0.9

(5) 시추공의 직경에 따른 보정

Skempton(1986)은 시추공의 직경에 따라 표 9.9와 같이 보정하도록 제안하였다.

표 9.9 시추공 직경에 따른 효율(η_D)

시추공 직경(mm)	65~115	150	200
효율	1.00	1.05	1.15

N치가 100 이상인 지반, 풍화암 또는 연암에 대한 표준관입시험치나 10타를 계속 타입하여도 샘플러가 관입되지 않는 경우에는 보정 대상에서 제외한다.

3) 표준관입시험결과(N값)의 이용

표준관입시험에서 얻은 N값은 경험적 상관관계로부터 지반정수를 추정하거나, 계산식에 직접 입력하는 방식으로 지반공학적 설계 및 해석에 필요한 설계정수를 산정할 수 있다

Dunham(1954)는 식 N치로부터 내부마찰각 ϕ를 추정하는 경험식을 다음과 같이 제안하였다.

$$\phi = \sqrt{12N} + 15 \quad : \quad \text{입자가 둥글고 입도 불량} \tag{9.7a}$$

$$\phi = \sqrt{12N} + 20 \quad : \quad \text{입자가 둥글고 입도 양호} \tag{9.7b}$$

$$\phi = \sqrt{12N} + 20 \quad : \quad \text{입자가 거칠고 입도 불량} \tag{9.7c}$$

$$\phi = \sqrt{12N} + 25 \quad : \quad \text{입자가 거칠고 입도 양호} \tag{9.7d}$$

구조물기초기준해설(한국지반공학회, 2008)은 사질토에 대한 N치의 내부마찰각, 상대밀도와의 관계를 표 9.10, 점성토의 N값과 연경도(consistency), 일축압축강도와의 관계를 표 9.11과 같이 나타내고 있다.

표 9.10 사질토의 N값과 상대밀도, 내부마찰각과의 관계

N값	상대밀도 $Dr = \dfrac{e_{max} - e}{e_{max} - e_{min}} x\ 100$		내부마찰각(ϕ)	
			Peck	Meyerhof
$N < 4$	매우 느슨(very loose)	0.0~0.2	$< 28.5°$	$< 30°$
4~10	느슨(loose)	0.2~0.4	28.5~30.0°	30~35°
10~30	보통(medium)	0.4~0.6	30~36°	35~40°
30~50	조밀(dense)	0.6~0.8	36~41°	40~45°
$N < 50$	매우 조밀(very dense)	0.8~1.0	41.0° <	45° <

표 9.11 점성토의 N값과 컨시스턴시, 일축압축강도와의 관계

N값	컨시스턴시(Consistency)	일축압축강도, q_u(kg/cm^2)
$N < 2$	매우 연약(very soft)	< 0.25
2~4	연약(soft)	0.25~0.5
4~8	보통(medium)	0.5~1.0
8~15	견고(stiff)	1.0~2.0
15~30	매우 견고(very stiff)	2.0~4.0
$N > 30$	고결(hard)	> 4.0

Schmertmann(1978)은 N값으로부터 지반변형계수(E_s)를 추정하는 관계식을 식 9.8과 같이 제안하였다.

$$E_s(\text{kg/cm}^2) = \alpha N \tag{9.8}$$

여기서 실트 또는 모래질 실트 $\alpha = 4$, 세립 또는 중립모래 $\alpha = 7$, 조립모래 $\alpha = 10$, 자갈질 모래 또는 자갈 $\alpha = 12$~15로 한다.

건설교통부(2006)는 지반변형계수(E_s) 적용값은 현장재하시험 결과의 적용을 원칙으로 하나 N치를 토대로 지반변형계수를 추정할 경우 표 9.12를 추천하였다.

표 9.12 지층상태별 N치로부터 지반변형계수의 평가

지층상태	E_s(MPa)
	NAVFAC DM 6.1~220
실트, 모래질 실트	$0.4N$
가는 내지 중간모래	$0.6N$
좋은 모래(자갈이 약간 함유된 모래)	$1N$
모래질 자갈, 자갈	$1.2N$

Terzaghi-Peck(1948)는 N값과 점토의 일축압축강도(q_u)의 상관관계에 대하여 다음과 같은 식을 제안하였다.

$$q_u(\text{kg/cm}^2) = N/8 \tag{9.9}$$

9.5.2 콘관입시험

1) 개요

콘관입시험은 원추모양의 콘프로브(cone probe)를 지반에 일정한 속도로 관입하면서 발생하는 콘선단저항(q_c), 주면마찰(f_s)을 측정하여 지반의 공학적 성질을 추정한다. 표준형콘의 선단면적은 10cm², 주면의 표면적 150cm², 선단각 60°로 지반 내로 1~2cm/sec의 속도로 관입하면서 지반의 선단 콘지지력(q_c)과 주면마찰력(f_s)을 측정한다.

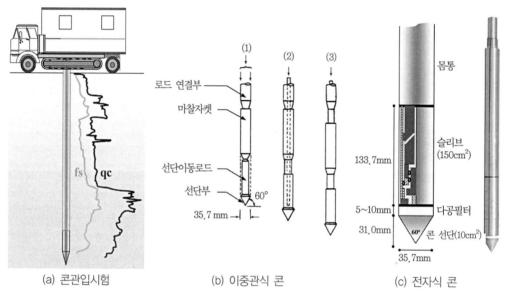

그림 9.14 콘관입시험 장치(한국지반공학회, 2004)

콘관입시험은 지반의 저항력을 측정하여 연속적 데이터를 구성하여주는 장점이 있으며 주로 연약점성토나 실트층 또는 세립 사질토지반에 사용된다. 시험기는 과거에는 인력에 의하여 작용하는 수동시험장치를 사용하였으나 최근에는 효율적인 이동을 위해 트럭 등에 이러한 시험장치를 탑재하여 실험을 수행한다(그림 9.14a).

콘관입시험기는 크게 기계식과 전자식으로 나눌 수 있다. 기계식 콘은 일반적으로 마찰맨틀콘이라고 불리는 것으로 원추와 마찰슬리브가 이중관으로 분리되어 있다(그림 9.14b). 기계식 콘은 경제적인 점에서는 유리하지만 단속적으로 측정이 되고, 내부관의 마찰 등 시험 시 오차 유발요인이 많다. 그림 9.14c와 같은 전자식 콘은 연속적 자동측정이 가능하고 측정오차를 최소화할 수 있을 뿐만 아니라 간극수압을 측정할 수 있는 장점(피에조콘 참조) 때문에 현재 가장 널리 사용되고 있다. 최근에는 수소이온농도 및 산화환원전위를 측정할 수 있는 환경콘(environmental cone), 수진기(geophone)를 내장하여 탄성파를 감지하는 탄성파콘(seismic cone), 소형 카메라를 내장한 영상콘(visual cone) 등도 사용한다(한국지반공학회, 2008).

2) 피에조콘

최근에는 흙의 관입저항치에 간극수압을 측정할 수 있는 피에조콘(CPTu)이 주로 사용되고 있다. 간극수압을 측정하기 위한 필터의 위치는 피에조콘의 선단과 선단면, 선단 위 또는 주면에 위치하는 네 가지가 있으나 필터가 콘의 선단 바로 위에 위치하는 콘이 가장 일반적으로 사용되고 있다. 간극수압의 정확한 측정을 위해서 다공질 필터와 간극수압 측정센서를 시험 전에 반드시 포화시켜야 한다. 콘관입 도중 간극수압소산시험을 실시할 수도 있다.

피에조콘관입시험에서는 피에조콘 선단에서의 저항력인 원추관입저항력(q_c), 마찰슬리브에서의 저항력인 주면마찰력(f_s) 그리고 콘이 관입될 때의 간극수압(u_{bT})을 측정한다. 피에조콘의 경우 시험기 내부로 관입된 필터의 사용으로 인하여 원추관입저항력이 영향을 받기 때문에 식 9.10을 이용하여 측정된 값을 보정한 원추관입저항력(q_T)을 사용하여야 한다.

$$q_T = q_c + (1-a)\ u_{bT} \tag{9.10}$$

여기서 a는 로드의 단면적을 원추저면적으로 나눈 값이며, 일반적으로 0.15~0.30 정도의 값을 갖는다. 단, 필터가 없는 일반 콘의 경우 a가 1이므로 q_T는 측정치 q_c와 같다.

3) 콘관입시험에 의한 경험식

(1) 점성토의 비배수전단강도(s_u)

Schmertmann(1978)은 피에조콘관입시험으로부터 점성토의 비배수전단강도(s_u)를 산정하기 위한 피에조콘계수 N_{kT}를 토대로 한 식 9.11을 제시하였다.

$$s_u = (q_T - \sigma_{vo})/N_{kT} \tag{9.11}$$

여기서 N_{kT}는 흙의 특성에 따라 다르게 나타나며, 대략 5~30의 값을 가진다. 대표적인 값들은 표 9.13에 제시되어 있다.

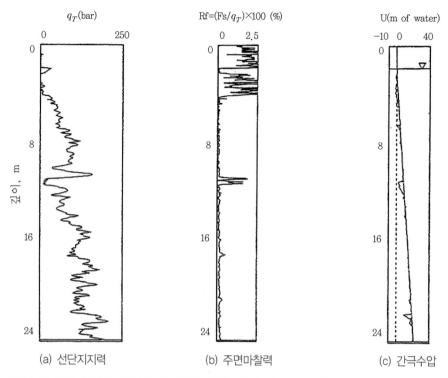

그림 9.15 흙의 선단지지력과 주면마찰력, 간극수압의 변화를 측정한 CPTU 사운딩 프로파일의 예

표 9.13 경험적 방법에 의한 피에조콘계수(한국지반공학회, 2008)

지역	기준 s_u 측정방법	피에조콘계수	비고
북해	CIUC	$N_{kT}=17$	Kjekstad et al.(1978)
영국 북부	CIUC	$N_{kT}=12 \sim 20$	Nash and Duffin(1982)
노르웨이 일부 지역	FVT	$N_{kT}=12 \sim 19$	Lacasse and Lunne(1982)
이탈리아	FVT	$N_{kT}=8 \sim 16$	Jamiolkovski et al.(1982)
	CKoUC	$N_{kT}=8 \sim 10$	
캐나다 밴쿠버	FVT	$N_{kT}=8 \sim 10$	Konrad et al.(1985)
	SBPT		
브라질 전역	FVT CIUC	$N_{kT}=13.5 \sim 15.5$	Rocha-Filho and Alencar(1985)
호주 뉴캐슬	FVT	$N_{kT}=13.7$	Jones(1995)
일본	UCT	$N_{kT}=8 \sim 16$	Tanaka(1995)
	FVT	$N_{kT}=9 \sim 14$	Tanaka(1995)

* FVT : 현장베인전단시험, CIUC : 등방압밀 비배수삼축압축시험, PLT : 평판재하시험, CAUC : 이방압밀 비배수삼축압축시험,
  SBPT : 자가굴착식 공내재하시험, UCT : 일축압축시험, UU : 비압밀 비배수삼축압축시험, CKOUC : K0압밀 비배수삼축압축시험.

(2) 사질토의 내부마찰각

Skempton(1986)은 조밀도에 따른 사질토의 내부마찰각과 원추관입저항력과의 근사적 상관관계를 지반의 수직응력(σ_{v0}) 영향을 고려하여 표 9.14와 같이 제시하였다.

표 9.14 콘관입저항력과 사질토의 내부마찰각의 관계(Skempton, 1986)

q_T/σ_{v0}'	조밀한 상태	근사적 ϕ'
< 20	매우 느슨	< 30
20~40	느슨	30~35
40~120	중간	35~40
120~200	조밀	40~45
> 200	매우 조밀	> 45

유효내부마찰각 ϕ' 은 Robertson and Campanella(1983)가 제안한 식 9.12를 이용하여 평가할 수도 있다.

$$\phi' = \tan^{-1}\left[0.1 + 0.38\log\left(\frac{q_T}{\sigma_{v0}'}\right)\right] \tag{9.12}$$

(3) 기타

콘관입시험의 결과는 위의 사항 이외에도 압밀계수과압밀비, 변형계수, 점성토의 예민비를 구하는 데 사용할 수 있으며 액상화 가능성이나 얕은기초, 깊은기초의 지지력을 구하는 데도 이용될 수 있다.

N값과 정적 콘관입저항 q_c와의 상관관계도 Meyerhof(1956)와 Robertson et al.(1986)에 의해서 제안된 바 있다.

$$\text{Meyerhof(1956)} \; : \; q_c(\text{kg/cm}^2) = (2.5\sim5.5)N = 4N \tag{9.13a}$$

$$\text{Robertson et al.(1986)} \; : \; q_c(\text{kg/cm}^2) = (1\sim9)N \tag{9.13b}$$

9.5.3 베인시험

베인시험이란 그림 9.16에 보인 바와 같은 직경(D) 5cm, 높이(H) 10cm의 십자형 베인을 지중에 압입 후 중심축을 회전하여 모멘트(토오크)를 구한 후 비배수전단강도를 산출하는 시험이다. 비배수전단강도(c_u 또는 S_u)를 식 9.14를 사용하여 계산한다.

$$c_u = \frac{T_{\max}}{\pi D^2 \left(\dfrac{H}{2} + \dfrac{D}{6} \right)} \tag{9.14}$$

여기서 $T_{\max}$: 베인시험에서 구한 최대회전모멘트(Torque), D : 베인의 직경, H : 높이이다.

시험 시 베인의 회전속도는 2~3°/분의 속도로 회전시켜 5분 이내에 최대저항력의 측정이 가능하다. 시험간격은 1m 간격의 깊이로 전단강도 변화를 파악하는 것이 일반적이다. 그림 9.16b는 예민점토에 대하여 베인시험을 실시하였을 때 교란 전과 후의 토크(Torque, T)-회전각(°)의 관계를 예시한 것이다.

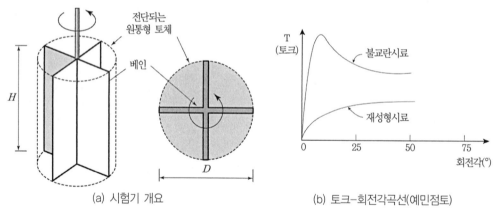

| (a) 시험기 개요 | (b) 토크-회전각곡선(예민점토) |

그림 9.16 베인시험 장치

베인시험에 의하여 구한 비배수전단강도는 현장의 실제 비배수전단강도를 가장 반영하는 시험이다. 설계에서 사용하는 베인에 의한 수정비배수전단강도($c_u{'}$)는 현장 점토의 소성지수(PI)값을 반영하여 식 9.15를 사용하여 보정한다.

$$c_u{'} = \lambda\ c_u \tag{9.15}$$

여기서 $c_u{'}$: 수정비배수전단강도, c_u : 식 9.14에서 계산한 비배수전단강도이다. λ는 수정계수로 그림 9.17에 의거하여 구한다.

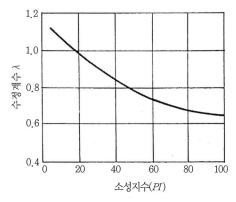

그림 9.17 수정계수 λ의 소성지수(PI)에 대한 변화

예제 9.3

포화점토에 대하여 베인시험을 실시한 결과 최대회전 모멘트가 150kg-cm이었다. 베인의 높이와 직경을 각각 10cm, 5cm라고 한다.
1) 이 점토의 비배수전단강도는?
2) 실험점토의 소성지수가 40%라고 할 때 수정비배수전단강도는?

풀 이

1) 식 9.14에 의하여

$$c_u = \frac{T}{\pi D^2 \left(\dfrac{H}{2} + \dfrac{D}{6} \right)} = \frac{150}{\pi \times 5^2 \left(\dfrac{10}{2} + \dfrac{5}{6} \right)} = 0.33\,\mathrm{kg/cm^2}$$

2) 식 9.15를 이용한다. 소성지수 40%에 대한 수정계수 $\lambda = 0.85$이므로(그림 9.17)
$$c_u{'} = \lambda c_u = 0.85 \times 0.33 = 0.28\,\mathrm{kg/cm^2}\text{이다.}$$

9.5.4 프레셔미터시험

1) 개요

프레셔미터시험(공내재하시험)은 토사지반과 암반을 대상으로 굴착공벽에 수평방향으로 하중을 가할 때 일어나는 변위를 측정하여 원지반 응력−변형특성을 직접 파악할 수 있는 현장시험법이다.

장비의 종류는 선굴착식 프레셔미터(pre-bored pressuremeter, PBP), 시험기구의 선단에 굴삭기계가 장착되어 스스로 시험공을 천공한 후 시험을 수행하는 자가굴착식 프레셔미터(self-boring pressuremeter, SBP) 그리고 시험기구를 시험위치에 압입한 후 시험을 수행하는 압입식 프레셔미터(Push-In Pressuremeter, PIP)의 3종류가 있다.

시험장치의 기본구성은 프로브, 압력-변형률 제어장치 및 재하장치, 관입장치, 유압식 모터, 질소 공급장치, 데이터 기록장치 등으로 되어 있다(그림 9.18).

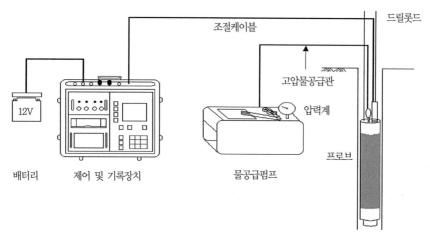

그림 9.18 공내수평재하시험 기본장치(한국지반공학회, 2009)

프레셔미터시험은 고무 멤브레인으로 둘러싸인 프레셔미터 프로브를 지반 내 임의 깊이에 수직으로 설치하고 지상의 압력조절장치를 통해 멤브레인을 팽창시켜 지반에 수평방향의 압력을 가함으로써 이루어진다(그림 9.19a). 압력재하방식은 일반적으로 사이클재하와 급속단계 재하방식이 있으며 주로 하중을 제어하게 된다. 재하단계는 예상파괴하중의 $\frac{1}{15}$ 정도 이상이 되도록 설정한다. 1단계 재하시간은 2분간이 표준이다. 프로브 팽창 시 유입된 유체의 압력과 부피(또는 방사방향 변위)를 측정하여 압력-부피변형률 관계를 나타내는 프레셔미터곡선을 얻을 수 있으며(그림 9.19b) 지반의 지반반력계수(11.7.2절), 변형계수(탄성계수), 정지토압계수(10.2절 참조) 등 여러 가지 공학적 성질을 추정할 수 있다.

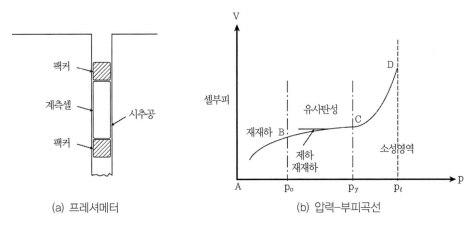

(a) 프레셔메터   (b) 압력-부피곡선

그림 9.19 프레셔메터시험 및 결과(Marchetti, 1980)

2) 결과의 정리와 이용

그림 9.19b의 압력과 체적변화의 곡선에서 크리프곡선의 절곡점 압력으로 p_o, p_y, p_l 등이 표시되어 있다. A점으로부터 p_o까지의 압력은 시추공굴진 시 발생된 변형이 시추 전의 원상태로 회복된 상태의 압력을 나타내며 따라서 p_o는 흙의 정지토압(초기토압)이 된다. 이 곡선이 B-C 구간에서는 탄성적으로 변하는 선형구간이며 C점에서 p_y(항복압)에 도달하게 된다. C-D 구간은 소성영역으로 이 영역을 지나 한계압력 p_l(D점)에 도달하면 파괴상태가 된다.

프레셔메터의 초기, 즉 곡선의 곡률이 최대가 되는 점으로부터 현장수평응력을 구하여 정지토압 계수를 식 9.16으로부터 구할 수 있다.

$$K_0 = \frac{p_{oh} - u_0}{p_{ov} - u_0} \tag{9.16}$$

여기서 p_{oh} : $p-V$ 곡선에서 읽은 값이며, p_o, p_{ov} : 측정위치에서의 수직응력, u_o : 측정위치에 서의 간극수압이다.

지반의 변형계수(pressuremeter modulus, E_m)는 공벽 주변지반의 변형특성을 일정한 계수로서 나타낸 값으로 시험곡선의 직선부의 기울기로부터 구한다(식 9.17).

$$E_m = 2(1+\mu)(V_o + V_m)\left(\frac{\Delta p}{\Delta V}\right) \tag{9.17}$$

여기서 $\Delta p(= p_y - p_o)$: 항복점(C점)과 초기압(B점)의 압력차(그림 9.19b 참조), $\Delta V(= V_y - V_o)$: 항복점체적(V_y)과 초기점체적(V_o)의 체적차, $V_m\left(= \dfrac{V_y + V_o}{2}\right)$: 항복점체적(V_y)과 초기점체적(V_o)의 평균, μ : 포아송비이다.

9.6 지반조사 보고서 및 시추주상도 작성

시추조사로 회수한 토질시료나 코아 관찰 결과, 굴진과정 중 특이사항, 지하수 분포상태를 종합하여 시추주상도를 작성한다. 시추주상도에 반드시 들어가야 할 사항은 다음과 같다.

(1) 시추회사명과 시추자 이름

(2) 시추번호 및 시추종류

(3) 시추날짜

(4) 지층의 특성과 이에 대한 관찰기록

(5) 표고와 지하수위

(6) 투수계수 또는 표준관입시험치(N치) 변화

시추주상도는 지반상태를 분석하고 설계를 실시하는 데 근간이 되는 자료이므로 조사과정에서 얻은 모든 결과를 분명하고 정확하게 기재하여야 한다. 그림 9.20에는 서울지역 지반조사자료로부터 작성된 시추주상도를 나타내었다(서울특별시, 2006)

시 추 주 상 도
BOREHOLE LOG

조 사 명 PROJECT	서울 ○○지역 시설공사 지반조사			시추번호 HOLE NO.	D 60504
위 치 LOCATION	15K 070	좌 표 COORDINATES	X = 449.474 Y = 194.155	표 고 ELEVATION	EL(+) 116.70m
시추각도 ANGLE	수직	시추구경 HOLE DIA.	NX	지하수위 G.W.L	GL(-) 3.40m
사용장비 DRILL	YK-75형	시 추 자 DRILLER	이 춘 섭	조 사 자 INSPECTOR	엄 기 영

심도 / 표고	층후	케이싱	주상도	지반명	색조	현장관찰기록 DESCRIPTION OF MATERIAL	FRACTURE	코아 회수율 (RQD /TCR)	시료 형태 및 번호	Cm/sec / BLOWS /30Cm	투수계수 PERMEABILITY (10^{-10} 10^{-8} 10^{-6} 10^{-4} 10^{-2}) / 표준관입시험 S.P.T (0 10 20 30 40 50)
1 / 2	2.00 (2.00)			ML	담갈색	매립토 * 심도 0.00-2.00 M 매우느슨. 습윤. 담갈색. 소량의 모래섞인 실트층(ML)			1 ⊠	6/30	
3 / 4	2.00 (4.00)			SP	황갈색	잔류토층 * 심도 2.00-4.00 M 느슨. 습윤. 황갈색. 소량의 실트섞인 모래(SP)			2 ⊠	10/30	
5 / 6	2.00 (6.00)			GP	암갈색	* 심도 4.00-6.00 M 보통조밀. 습윤. 암갈색. 실트 및 모래섞인 자갈층(GP)			3 ⊠	15/30	
7 / 8	2.00 (8.00)			RS	황갈색	풍화토 * 심도 6.00-8.00 M 조밀함. 습윤. 황갈색. 모암이 실트질 모래로 분해(RS)			4 ⊠ 5 ⊠	26/30 50/10	
9 / 10	2.00 (10.00)			WR	암갈색	풍화암(WR) * 심도 8.00-10.00 M 매우조밀. 습윤. 암갈색. 모암이 실트질 세립내지 조립모래(화강암)			6 ⊠	50/5	
11 / 12	2.00 (12.00)			SR	청회색	연암(SR) * 심도 10.00-12.00 M 약간강함. 청회색. 균열 및 절리 발달 (화강 편마암)		11/100			
13 / 14	2.00 (14.00)			MR	회백색	보통암(MR) * 심도 12.00-14.00 M 강함. 회백색. 균열 및 절리 발달 (화강 편마암)		34/100			
15 / 16	2.00 (16.00)			HR	암회색	경암(HR) * 심도 14.00-16.00 M 매우강함. 암회색. 약간풍화 (화강 편마암)		72/100			

범 례 LEGEND
- 자연시료 UNDISTURBED SAMPLE
- 관입저항치 N-VALUE
- ⊠ 흐트러진 시료 DISTURBED SAMPLE
- 시료없음 LOST SAMPLE
- ● 코아시료 CORE SAMPLE
- 투수계수 PERMEABILITY COEFF

그림 9.20 시추주상도의 예(서울특별시, 2006)

9.1 다음과 같은 지반조사 장비를 구비한 업체가 있다.

A. 30m 깊이까지 연장하여 굴착할 수 있는 트럭에 장착된 직경이 15cm인 연속오거(장비 높이 1.2m)

B. 130m 깊이까지 연장하여 굴착할 수 있는 수세식 보링기(장비높이 7m)

C. 10m 깊이까지 연장하여 굴착 가능한 직경 5cm 핸드오거

다음과 같은 3가지 프로젝트에 대하여 어떤 장비를 가지고 지반조사를 할 것인지 선택하고 그 이유를 쓰시오.

1) 7m 깊이 보링 20공, 지반은 굳은 점토이며 경사는 없는 평지임. 지하수위는 깊음

2) 25m 깊이의 보링 2공, 지반은 깨끗한 모래이며 평지임. 지표 가까운 지하수위

3) 8m 깊이의 보링 4공, 중간 정도 굳은 점토로 드릴 후 주택의 지하실에서 지하수위 상부까지 굴착

9.2 외경이 5cm와 75cm인 2개의 얇은벽 튜브샘플러가 있다. 이들의 벽두께는 1.6mm라고 할 때 이들의 면적비를 구하시오.

9.3 시험굴이 시추보링에 비교하여 갖는 장단점을 말하시오.

9.4 어떤 점성토지반에 있어, 깊이 8m의 위치에서 베인시험을 실시하여 최대회전 모멘트 $T_{max} = 155\,\text{kg} \cdot \text{cm}$를 얻었다. 이 흙의 비배수전단강도 C_u를 구하여라(단 베인의 높이 $H = 10\text{cm}$, 직경 D=5cm로 한다).

참고문헌

1. 건설교통부(2006), 국도건설공사 설계 실무요령.
2. 서울특별시(2006), 지반조사 편람.
3. 장연수, 이광렬(2000), 지반환경공학, 구미서관.
4. 한국지반공학회(2009), 국토해양부제정, 구조물 기초설계기준 해설.
5. 환경부(2008), 토양환경보전법 시행규칙.
6. ASTM(1997), Annual book of ASTM standards. American Society for Testing and Materials, Philadelphia, Penn.
7. American Association of State Highway and Transportation Officials(AASHTO)(1988), Manual on Subsurface Investigations, Developed by the Subcommittee on Materials, Washington D.C.
8. Dunham, J.W.(1954), Pile Foundation for Buildings, Proc. ASCE, Soil Mechanics and Foundations Division, Vol.80, No.285.
9. Liao, S. and Whitman, R.V.(1986), "Overburden Correction Factor for SPT in Sand", Journal of Geotechnical Engineering, ASCE, Vol.112, No.3, pp.373-377.
10. Marchetti, S.(1980), In Situ Tests by Flat Dilatometer, Journal of Geotechnical Engineering, ASCE, Vol.106, pp.299-321.
11. Meyerhof, G.C(1956), "Penetration Tests and Bearing Capacity of Cohesionless Soils", *Journal of Soil Mechanics and Foundation Engineering*, ASCE, Vol.82, SM1, pp.1-9.
12. NAVFAC(1982), Design Manual : Soil Mechanics, Foundations and Earth Structures, DM-7, U.S. Department of the Navy, Washington D.C.
13. Robertson, P.K. and Campanella, R.G.(1983), "Interpretation of Cone Penetration Tests, Part I : Sand", Canadian Geotechncial Journal Vol.20, No.4, pp.718-733.
14. Robertson, P.K. and Campanella, R.G.(1983), "Interpretation of Cone Penetration Tests. Part II : Clay", Canadian Geotechnical Journal, Vol.20, pp.734-745.
15. Robertson, P.K., Campanella, R.G., Gillespie, D., and Greig, J.(1986), Use of Piezomenter Cone Data, Use of In-Situ Tests in Geotechnical Engineering. *ASCE Geotechnical Special Publication* No.6, pp.1263-1280.
16. Schmertmann, J.H.(1978), Guidelines for using CPT, CPTu and 14, Marchetti DMT for Geotechnical Design, U.S. Department of Transportation, Federal Highway Administration, Office of Research and Special Studies, Report No.FHWA-PA-87-023+24, Vol.3-4.
17. Skempton, A.W.(1986), Standard Penetration Test, Precedures and Effects in Sands of Overburden, Relative Density, Particle Size, Aging and Over-consolidation, Geotechnique, Vol.36, No.3, pp.425-427.
18. Terzaghi, Karl, and Peck, Ralph B.(1948), Soil Mechanics in Engineering Practice, John Wiley and Sons, New York.

10 횡방향토압

10 | 횡방향토압

10.1 개 설

옹벽, 지하실 벽체, 널말뚝 등은 자연상태의 지반을 수직으로 깎아 만든 토류구조물(earth re-taining structure)이다. 이 경우 구조물은 횡방향에서 오는 지반의 압력, 즉 횡방향토압에 저항할 수 있도록 설계·시공되어야 한다. 그림 10.1에는 횡방향토압을 받는 구조물과 구조물별 변위, 토압분포를 소개하였다(김상규, 1991). 그림 10.1a의 옹벽구조물의 하부는 흙에 의하여 활동이 저지되고 있어 상부 변위가 크게 나타나지만, 토압분포는 하부로 갈수록 커지는 삼각형 분포를 보인다. 그림 10.1b는 스트럿(strut)으로 지지된 흙막이벽을 예로 보인 것이다. 이 구조물은 일정 간격으로 지지되어 변위가 전 깊이에 걸쳐 일정하게 나타나고 토압분포는 중간 부분이 큰 타원 형태를 나타낸다. 그림 10.1c는 교대구조물(abutment)인데 구속력이 적은 하부에서 상대적으로 많은 변위가 나타난다. 그림 10.1d는 앵커가 부착된 널말뚝구조물이며 주로 항만의 피어구조물에 많다. 앵커가 설치된 부분은 흙이 널말뚝을 미는 주동토압을 나타내는데 비하여 지반에 근입된 부분은 구조물의 변위를 흙이 지지하는 수동토압을 나타낸다. 본 장에서는 횡방향토압의 계산에 필요한 토압이론을 소개하고 옹벽의 안정계산과 다양한 흙막이벽의 토압계산 방법에 대하여 설명한다.

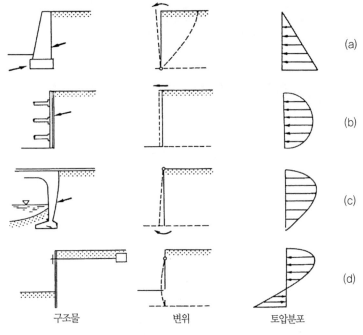

구조물	변위	토압분포

그림 10.1 횡방향토압을 받는 구조물의 예(김상규, 1991)

10.2 정지토압

그림 10.2에는 자연상태의 흙에서 받는 수직토압과 이로부터 발생하는 횡방향토압을 나타낸 것이다. 이와 같이 좌우양측에서 받는 횡방향토압은 상호균형을 이루고 있으므로 횡방향변형률(ϵ_h)은 0이다. 이 경우의 토압을 정지토압(static earth pressure)이라 하고, 이때의 수평토압계수를 정지토압계수(coefficient of earth pressure at rest, K_o)라고 한다. 정지토압을 수직응력 σ_v의 항으로 표시하면(식 5.9 참조) 식 10.1과 같다.

$$\sigma_h = K_o\sigma_v = K_o\gamma z \tag{10.1}$$

$$K_o = \frac{\sigma_h}{\sigma_v} \tag{10.2}$$

여기서 γ : 흙의 단위중량, z : 토압을 계산하는 지점까지의 깊이다.

사질토 또는 정규압밀점토의 정지토압계수는 식 10.3과 같이 Jacky의 공식을 만족한다.

$$K_o = 1 - \sin\phi' \tag{10.3}$$

여기서 ϕ' : 유효응력으로 표시한 흙의 마찰각이다. 과압밀점토의 정지토압계수는 식 10.4와 같이 과압밀비(OCR)의 제곱근에 비례하여 증가한다.

$$K_o = (1 - \sin\phi')\sqrt{OCR} \tag{10.4}$$

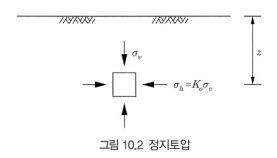

그림 10.2 정지토압

그림 10.3에는 깊이 z인 벽체에 작용하는 수직토압과 수평토압을 표시한 것이다.

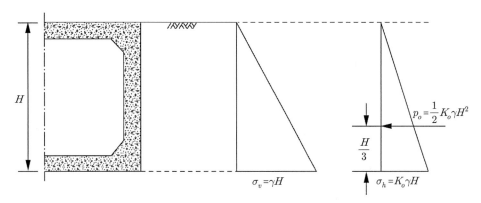

그림 10.3 벽체에 작용하는 수직응력과 수평응력의 분포

두 가지 토압 모두 지표면에서는 0이고 하단에서는 각각 γz와 $K_o\gamma z$인 삼각형 분포를 보인다. 따라서 깊이 z에서 단위길이당 전체 정지토압은 다음 식으로 나타낼 수 있다.

$$P_o = \frac{1}{2}K_o\gamma z^2 \tag{10.5}$$

전체 정지토압은 삼각형의 도심에 작용하므로 지중구조물의 깊이 H 하단으로부터 $\dfrac{H}{3}$ 의 높이에 작용한다(그림 10.3). 정지토압은 지표면이 수평인 자연지반의 수평토압이므로 지하실, 지하배수시설, 암거(box culvert)와 같은 벽체의 변위가 미미한 구조물의 수평토압을 계산하는 데 쓰인다. 그림 10.4에는 광양항 제3단계 항만시공현장의 배후단지 유틸리티 박스컬버트의 그림을 보였다.

그림 10.4 상수도 등 유틸리티 라인을 위한 박스컬버트 시공 예

예제 10.1

다음 그림에 보인 바와 같은 높이 4.5m의 박스컬버트가 있다. 뒤채움 모래의 단위중량이 17.5kN/m³, 흙의 내부마찰각 $\phi = 30°$라고 할 때 이 벽체에 작용하는 수직 및 수평토압분포, 전수평토압과 그 작용점을 구하여라.

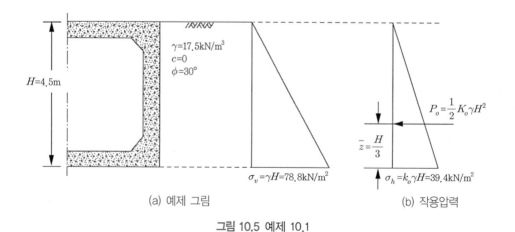

(a) 예제 그림   (b) 작용압력

그림 10.5 예제 10.1

뒤채움재가 모래이므로 정지토압계수는 식 10.3을 이용하여

$$K_o = 1 - \sin\phi' = 1 - \sin30° = 1 - 0.5 = 0.5$$

박스 상부: $z = 0$m이므로, $\sigma_v = \gamma z = 17.5 \times 0.0 = 0.0\,\mathrm{kN/m^2}$

$$\sigma_h = K_o\gamma z = 0.5 \times 17.5 \times 0.0 = 0.0\,\mathrm{kN/m^2} \quad \sigma_h = 0.0\,\mathrm{kN/m^2}$$

박스 하부: $z = 4.5$m

$$\sigma_v = \gamma z = 17.5 \times 4.5 = 78.8\,\mathrm{kN/m^2}$$

$$\sigma_h = K_o\gamma z = 0.5 \times 17.5 \times 4.5 = 39.4\,\mathrm{kN/m^2}$$

전체 정지토압은 식 10.5를 이용하여

$$P_o = \frac{1}{2}K_o\gamma z^2 = \frac{1}{2} \times 0.5 \times 17.5 \times 4.5^2 = 88.6\,\mathrm{kN/m}$$

작용점 $\bar{z} = \dfrac{H}{3} = \dfrac{4.5}{3} = 1.5\,\mathrm{m}$이다.

예제 10.2

예제 10.1의 박스 구조물에 토피 2m를 추가 포설하였다(예제 그림 10.6a 참조). 이 경우에 박스에 작용하는 토압분포를 계산하고 그림에 도시하여라. 뒤채움 모래의 단위중량이 $\gamma = 17.5\,\mathrm{kN/m^3}$, 흙의 내부마찰각 $\phi = 30°$, 콘크리트 벽체의 단위중량 $\gamma_{conc} = 25\,\mathrm{kN/m^3}$이다.

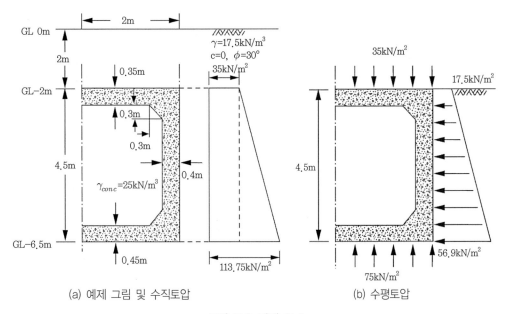

(a) 예제 그림 및 수직토압   (b) 수평토압

그림 10.6 예제 10.2

풀 이

GL -2m에서 $\sigma_v = \gamma z = 17.5 \times 2.0 = 35 \,\text{kN/m}^2$

$\quad\quad K_o = 1 - \sin 30° = 0.5$를 식 10.1에 대입하면

$\quad\quad\quad \sigma_h = K_o \gamma z = 0.5 \times 17.5 \times 2.0 = 17.5 \,\text{kN/m}^2$

박스의 자중을 계산하면 $W_B = (4.5 \times 2.0 - 3.7 \times 1.6 + 0.3^2)(25) = 3.17(25) = 79 \,\text{kN/m}$

GL -6.5m에서 박스 저판에서 단위폭당 등분포하중(저판지반반력)

$\quad\quad\quad \sigma_v = $ 토피하중 $+ W_B/2 = 35 + 79/2 = 75 \,\text{kN/m}^2$

수평토압은 $\sigma_h = K_o \gamma z = 0.5 \times 17.5 \times 6.5 = 56.9 \,\text{kN/m}^2$이다.

컬버트 측면에 작용하는 압력은 그림 10.6b에 도시하였다.

10.3 주동 및 수동토압

옹벽과 같은 구조물의 배면에 흙을 채워 넣게 되면 옹벽은 흙 하중에 의한 압력으로 인하여 구조물이 있는 방향으로 변위가 발생하게 된다(그림 10.7a). 역으로 구조물이 배면 흙에 압력을 가하여 반대방향의 변위를 일으키는 경우를 생각할 수 있는데(그림 10.7b) 이러한 압력이 발생하는 예는 옹벽이나 널말뚝이 지반에 근입된 부분의 앞부리(그림 10.33, 그림 10.43)나 건물을 지지하고 있는 기초하부지반에서 나타난다(그림 11.3의 DE, DF 참조).

전자의 경우와 같이 옹벽이 횡방향의 압력으로 반시계방향의 회전변위를 일으켜 파괴에 이르는 경우의 토압을 주동토압(active earth pressure), 옹벽의 배면 쪽으로 시계방향의 변위를 일으켜 배면토사가 그 압력에 의하여 파괴를 일으키는 순간의 토압을 수동토압(passive earth pressure)이라 한다.

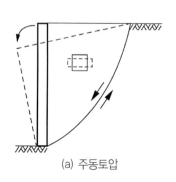

(a) 주동토압

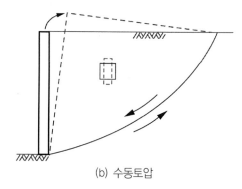

(b) 수동토압

그림 10.7 벽체에 가해지는 주동토압과 수동토압

높이가 H인 옹벽이 있다면 그 벽체에 작용하는 주동토압과 수동토압은 배면 토층의 깊이가 증가할수록 커지며 수직응력에 대한 함수로 표시할 수 있다. 이 경우 수직응력에 대한 주동토압의 비를 주동토압계수(coefficient of active earth pressure, K_a), 수직응력에 대한 수동토압의 비를 수동토압계수(coefficient of passive earth pressure, K_p)라고 한다. 옹벽배면에서의 주동토압 및 수동토압 모두 지표면에서는 0이고 하단에서는 각각 $K_a \gamma z$와 $K_p \gamma z$인 삼각형분포의 토압을 보인다.

그림 10.8에는 사질토에서의 벽체 구조물의 변위가 0인 상태에서 좌우측으로 각각 y의 변위가 발생할 때 토압계수 K의 변화를 보인 것이다. 토압계수의 변화는 그림에 나타난 바와 같이 좌측 주동상태로의 변위가 발생하는 경우 감소하다가 파괴에 이르는 극한 평형상태(limit state of equilibrium)일 때 최솟값이 되며, 이때의 토압계수를 주동토압계수 K_a라 한다. 역으로 우측 수동상태로의 변위가 발생하면 벽체에 작용하는 토압이 증가하여 파괴에 이르러 최댓값이 되며, 이때의 토압계수를 수동토압계수 K_p라 한다.

사질토지반에서 주동상태에서의 토압계수는 느슨한 사질토에 비하여 촘촘한 사질토가 현저히 감소하다 느슨한 사질토의 토압계수에 수렴하는 경향을 보인다. 반면 수동상태에서의 토압계수는 촘촘한 사질토가 받는 토압이 느슨한 사질토의 경우보다 매우 큰 것을 알 수 있다.

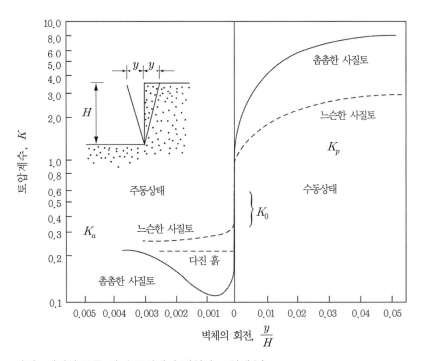

그림 10.8 사질토에서의 주동 및 수동상태의 변위와 토압계수(Canadian Geotechnical Society, 1985)

표 10.1에는 파괴상태 도달 시 벽체의 변위를 흙의 종류별로 나타낸 것이다. 수동토압상태에 도달하는 벽체의 변위가 주동토압상태에 도달하는 벽체의 변위보다 훨씬 큰 것을 알 수 있다. 각 파괴상태에 도달하는 벽체의 회전변위는 느슨한 사질토가 촘촘한 사질토에 비하여 크며, 연약한 점성토가 견고한 점성토보다 큰 것을 알 수 있다. 또한 토질상태로 보면 점성토가 사질토보다 더 큰 변위를 일으킨 뒤 파괴상태에 도달함을 알 수 있다.

표 10.1 흙의 종류에 따른 파괴상태 도달 시 벽체의 변위

흙의 종류	벽체의 회전변위(y/H)	
	주동토압	수동토압
촘촘한 사질토	0.001	0.02
느슨한 사질토	0.004	0.06
견고한 점성토	0.010	0.02
연약한 점성토	0.020	0.04

※ Y=수평변위, H=벽체높이

10.4 Rankine의 토압이론

Rankine은 마찰력이 없는 미끄러운 수직한 벽체가 변위를 일으켜 배면의 흙 전체가 극한평형상태(즉 소성파괴)에 도달하게 된 때의 응력상태를 생각하여 주동 및 수동토압을 구하는 이론을 제시하였다.

그림 10.9a에는 정지토압상태의 Mohr원으로부터 주동 및 수동의 Mohr-Coulomb(M-C)의 파괴포락선에 도달하는 상태를 보인 것이다. 정지토압을 나타내는 Mohr원의 최대주응력은 σ_v로서 지반 내 특정 흙요소에 작용하는 수직응력이며 최소주응력점은 $K_o \sigma_v$로 그 흙요소에 작용하는 수평토압이다. 정지토압 작용 시의 Mohr원은 파괴상태에 도달하지 않은 모습을 나타내고 있다.

정지토압상태에 있는 벽체가 배면토사로부터 압력을 받으면(주동상태) Mohr원은 좌측으로 팽창하는 변위가 발생하여 M-C 파괴포락선에 접하게 된다(B점). 주동토압을 나타내는 Mohr원에서 최소주응력점은 σ_{ha}이며 8.1.2절의 (1)항의 원리에 의하여 σ_{ha}는 주동상태의 배면토사파괴면의 각도를 알 수 있는 평면기점(O_p)이 된다. 이 점으로부터 Mohr원에 M-C 파괴포락선에 접하는 B점에 직선을 그으면 수평축과 그 직선의 사이각은 $\theta_a = 45° + \dfrac{\phi}{2}$ (여기서 ϕ는 흙의 내부마찰각)이 된다.

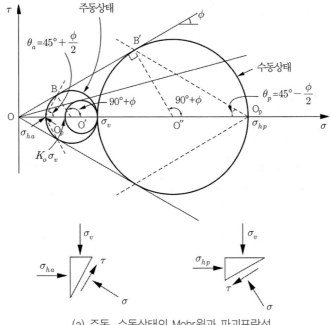

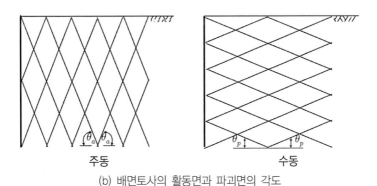

(a) 주동, 수동상태의 Mohr원과 파괴포락선

(b) 배면토사의 활동면과 파괴면의 각도

그림 10.9 Rankine의 주동 및 수동토압상태

    동일한 방법으로 벽체가 배면토사에 압력을 가하게 되면(수동상태) Mohr원은 수직응력이 작용하는 점 σ_v로부터 우측으로 수평토압이 커지는 상태의 변위가 발생하여 M-C 파괴포락선에 점 B'에서 접하게 된다. 이때 점 σ_v는 수동상태에서 최소주응력점이고 수평토압 σ_{hp}가 최대주응력점이다. 최소주응력이 표시되는 좌표(σ_v)에서 최소주응력면과 평행하게 그은 선이 Mohr원과 만나는 점이 평면기점(O_p)이므로(8.1.2절(2)) 수동상태의 Mohr원에서 평면기점은 σ_{hp}이다. 이 점으로부터 Mohr원에 M-C 파괴포락선이 접하는 점 B'에 직선을 그으면 수평축과 그 직선의 사이각은 $\theta_p = \theta_p = 45° - \dfrac{\phi}{2}$이 된다.

그림 10.9b에는 주동토압과 수동토압상태에 도달하였을 때의 벽체 배면토사의 활동면과 배면토사 안에 소성파괴면을 나타낸 것이다. 그림에 나타난 소성파괴면이 평면과 이루는 각도는 벽체 배면에 있는 토사활동면의 각도와 같으며 주동 및 수동상태에서 그림 10.9a의 수평축과 파괴포락선의 접선에 그은 직선의 사이각 θ_a, θ_p와도 동일한 것을 알 수 있다.

10.4.1 Rankine의 주동토압

지표면이 수평인 경우 벽체가 뒤채움흙의 바깥쪽으로 변위를 일으켜(그림 10.7a) Mohr원이 M-C 파괴포락선에 도달하는 상태를 주동토압상태라 하며 그림 10.10에 나타내었다.

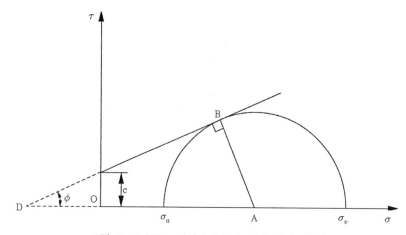

그림 10.10 주동토압상태의 Mohr원과 파괴포락선

그림 10.10으로부터 주동토압(σ_a)을 나타내는 식을 다음과 같이 유도할 수 있다.

$$\sin\phi = \frac{AB}{AD} = \frac{AB}{DO + OA} = \frac{\dfrac{\sigma_v - \sigma_a}{2}}{c\,\cot\phi + \dfrac{\sigma_v + \sigma_a}{2}} \tag{10.6}$$

식 10.6의 우측항 분모를 좌측항으로 이동하면

$$c\cos\phi + \frac{\sigma_v + \sigma_a}{2}\sin\phi = \frac{\sigma_v - \sigma_a}{2} \tag{10.7}$$

식 10.7의 좌측 sin이 포함된 항을 우측으로 이동 정리하면

$$2c\cos\phi = \sigma_v(1-\sin\phi) - \sigma_a(1+\sin\phi) \tag{10.8}$$

주동토압 σ_a에 대하여 풀면

$$
\begin{aligned}
\sigma_a &= \sigma_v \frac{1-\sin\phi}{1+\sin\phi} - \frac{2c\cos\phi}{1+\sin\phi}\ ^{1)} \\
&= \sigma_v \frac{1-\sin\phi}{1+\sin\phi} - 2c\frac{\sqrt{1-\sin^2\phi}}{1+\sin\phi} \\
&= \sigma_v \frac{1-\sin\phi}{1+\sin\phi} - 2c\sqrt{\frac{1-\sin\phi}{1+\sin\phi}}
\end{aligned}
\tag{10.9}
$$

식 10.9는 다음 식과 같이 다시 쓸 수 있다.

$$\sigma_a = \sigma_v \tan^2\left(45° - \frac{\phi}{2}\right) - 2c\tan\left(45° - \frac{\phi}{2}\right) \tag{10.10}$$

여기서 주동토압계수 $K_a = \dfrac{1-\sin\phi}{1+\sin\phi} = \tan^2\left(45° - \dfrac{\phi}{2}\right)$로 정의하면 주동토압공식은 식 10.11과 같이 정리된다.

$$\sigma_a = K_a\sigma_v - 2c\sqrt{K_a} \tag{10.11}$$

주동토압계수 $K_a = \dfrac{1-\sin\phi}{1+\sin\phi} = \tan^2\left(45° - \dfrac{\phi}{2}\right)$의 관계는 다음과 같이 유도된다.

$$K_a = \tan^2\left(45° - \frac{\phi}{2}\right) = \left[\frac{\sin\left(45 - \frac{\phi}{2}\right)}{\cos\left(45 - \frac{\phi}{2}\right)}\right]^2 = \left(\frac{0.707\cos\frac{\phi}{2} - 0.707\sin\frac{\phi}{2}}{0.707\cos\frac{\phi}{2} + 0.707\sin\frac{\phi}{2}}\right)^2$$

---

1) $\cos^2\phi = 1 - \sin\phi$이고 $\cos\phi = \sqrt{1-\sin^2\phi}$ 이므로

$$= \frac{\cos^2\frac{\phi}{2} - 2\cos\frac{\phi}{2}\sin\frac{\phi}{2} + \sin^2\frac{\phi}{2}}{\cos^2\frac{\phi}{2} + 2\cos\frac{\phi}{2}\sin\frac{\phi}{2} + \sin^2\frac{\phi}{2}} = \frac{1 - 2\cos\frac{\phi}{2}\sin\frac{\phi}{2}}{1 + 2\cos\frac{\phi}{2}\sin\frac{\phi}{2}}$$

$$= \frac{1 - \sin\phi}{1 + \sin\phi}$$

10.4.2 Rankine의 수동토압

지표면이 수평인 경우 벽체가 뒤채움흙의 안쪽으로 변위를 일으켜(그림 10.7b) Mohr원이 M-C 파괴포락선에 도달하는 상태를 수동토압상태라 하며 그림 10.11에 나타내었다.

수동토압의 경우 뒤채움흙의 중량으로 인한 수직응력 σ_v는 일정하나 수평토압 σ_h가 증가하여 응력원이 M-C 파괴포락선에 도달·파괴에 이르며 이때의 수동토압 σ_p를 다음과 같이 유도하였다.

$$\sin\phi = \frac{AB}{AD} = \frac{AB}{AO + OD} = \frac{\dfrac{\sigma_p - \sigma_v}{2}}{c\,\cot\phi + \dfrac{\sigma_p + \sigma_v}{2}} \tag{10.12}$$

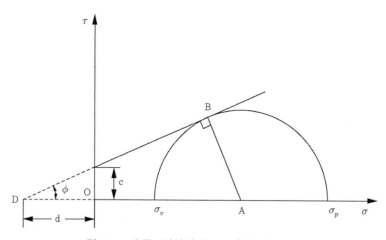

그림 10.11 수동토압상태의 Mohr원과 파괴포락선

식 10.12를 $\sigma_p - \sigma_v$에 대하여 푼 후 σ_p로 정리하면 식 10.14와 같다.

$$\sigma_p - \sigma_v = (\sigma_p + \sigma_v)\sin\phi + 2c\cos\phi \tag{10.13a}$$

$$\sigma_p(1 - \sin\phi) = \sigma_v(1 + \sin\phi) + 2c\cos\phi \tag{10.13b}$$

$$\begin{aligned}
\sigma_p &= \sigma_v \frac{1 + \sin\phi}{1 - \sin\phi} + \frac{2c\cos\phi}{1 + \sin\phi} \\
&= \sigma_v \frac{1 + \sin\phi}{1 - \sin\phi} + 2c\frac{\sqrt{1 - \sin^2\phi}}{1 - \sin\phi} \\
&= \sigma_v \frac{1 + \sin\phi}{1 - \sin\phi} + 2c\sqrt{\frac{1 + \sin\phi}{1 - \sin\phi}}
\end{aligned} \tag{10.14}$$

수동토압은 식 10.15와 같이 다시 쓸 수 있다.

$$\sigma_p = \sigma_v \tan^2\left(45° + \frac{\phi}{2}\right) + 2c\tan\left(45° + \frac{\phi}{2}\right) \tag{10.15}$$

여기서 수동토압계수를 $K_p = \dfrac{1 + \sin\phi}{1 - \sin\phi} = \tan^2\left(45° + \dfrac{\phi}{2}\right) = \dfrac{1}{K_a}$ 로 정의하면 수동토압공식은 식 10.16과 같이 쓸 수 있다.

$$\sigma_p = K_p\sigma_v + 2c\sqrt{K_p} \tag{10.16}$$

10.4.3 사질토에서의 Rankine 토압

뒤채움흙을 사질토로 한 옹벽에 주동 및 수동토압이 작용하는 경우를 그림 10.12에 나타내었다. 사질토에서는 점착력 $c = 0$이므로 이 흙의 단위중량을 γ, 내부마찰각을 ϕ라 할 때 깊이 z에서의 주동토압은 식 10.11로부터 식 10.17과 같다.

$$\sigma_a = K_a\sigma_v = K_a\gamma z \tag{10.17}$$

따라서 옹벽의 높이를 H라 하면 옹벽하부에서의 주동토압은 식 10.18과 같다.

$$\sigma_a = K_a\gamma H \tag{10.18}$$

단위길이당 옹벽에 작용하는 전체주동토압 P_a는 그림 10.12의 배면 토압삼각형의 면적과 같으므로 식 10.19와 같이 쓸 수 있다.

$$P_a = \frac{1}{2} K_a \gamma H^2 \tag{10.19}$$

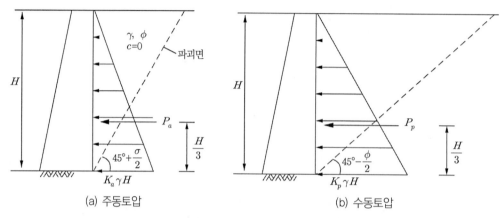

(a) 주동토압　　　　　　　　　　　(b) 수동토압

그림 10.12 사질토($c = 0$) 뒤채움옹벽에서 Rankine 토압

수동토압의 경우도 주동토압과 같은 원리에 의하여 토압계수만을 수동토압계수 K_p로 바꾸어 다음과 같이 쓸 수 있다. 깊이 z에서의 주동토압은

$$\sigma_p = K_p \sigma_v = K_p \gamma z \tag{10.20}$$

옹벽의 높이가 H인 옹벽하부에서의 수동토압은

$$\sigma_p = K_p \gamma H \tag{10.21}$$

단위길이당 옹벽에 작용하는 전체수동토압 P_p는

$$P_p = \frac{1}{2} K_p \gamma H^2 \tag{10.22}$$

이다.

예제 10.3

다음 그림과 같은 높이 6m의 옹벽에 작용하는 전체주동토압과 작용점의 위치를 구하여라(뒤채움흙의 전체단위중량 $\gamma_t = 18\,\text{kN/m}^3$, $\phi = 30°$, $c = 0.0\,\text{kN/m}^2$).

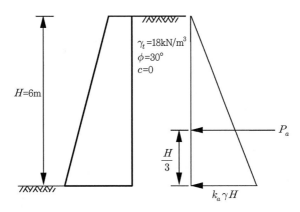

그림 10.13 예제 10.3

풀 이

주동토압계수 $K_a = \tan^2\left(45 - \dfrac{\phi}{2}\right) = \tan^2\left(45 - \dfrac{30°}{2}\right) = \dfrac{1}{3}$

$z = 0\,\text{m}$ $\sigma_a = K_a \gamma z = \dfrac{1}{3} \times 18 \times 0 = 0.0\,\text{kN/m}^2$

$z = 6\,\text{m}$ $\sigma_a = K_a \gamma z = \dfrac{1}{3} \times 18 \times 6 = 36\,\text{kN/m}^2$

전체주동토압을 토압면적으로부터 구하면 $P_a = \dfrac{1}{2} \times 36 \times 6 = 108\,\text{kN/m}$

식 10.19를 이용하면 $P_a = \dfrac{1}{2} K_a \gamma H^2 = \dfrac{1}{2} \times \dfrac{1}{3} \times 18 \times 6^2 = 108\,\text{kN/m}$

전체주동토압의 작용점 위치 $\bar{z} = \dfrac{H}{3} = 2\,\text{m}$이다.

1) 상재하중이 있는 경우

그림 10.14에는 단위면적당 q의 상재하중이 있는 경우의 옹벽을 나타낸 것이다.
지표면($z = 0$)에서의 수직토압과 주동토압은

$$\sigma_v = q \tag{10.23}$$

$$\sigma_a = K_a q \tag{10.24}$$

옹벽하부($z=H$)에서 수직토압과 주동토압은

$$\sigma_v = q + \gamma H \tag{10.25a}$$

$$\sigma_a = K_a(q + \gamma H) \tag{10.25b}$$

옹벽의 단위길이당 전체주동토압은 횡방향 압력분포의 면적이므로 이를 계산하면 식 10.26과 같다.

$$P_a = K_a qH + \frac{1}{2} K_a \gamma H^2 \tag{10.26}$$

전 주동토압 P_a의 작용위치 $\overline{y}$는 중첩의 원리를 이용하여 구할 수 있다.

$$P_a \times \overline{y} = (qHK_a) \cdot \frac{H}{2} + \left(\frac{1}{2} \gamma H^2 K_a\right) \times \frac{H}{3}$$

$$\therefore \ \overline{y} = \frac{H}{3} \cdot \frac{3q + \gamma H}{2q + \gamma H} \tag{10.27}$$

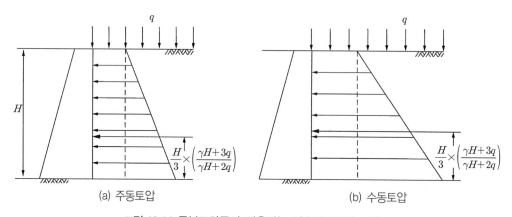

(a) 주동토압   (b) 수동토압

그림 10.14 등분포하중이 작용하는 경우의 토압($c = 0$)

수동토압의 경우도 주동토압과 같은 원리로 횡토압을 수동토압계수 K_p로 변경하여 적용하면 지표면($z = 0$)에서의 수동토압은

$$\sigma_p = K_p q \tag{10.28}$$

옹벽하부($z = H$)에서 수동토압은

$$\sigma_p = K_p(q + \gamma H) \tag{10.29}$$

옹벽의 단위길이당 전체수동토압은 횡방향 압력분포의 면적이므로 이를 계산하면 식 10.30과 같다.

$$P_p = K_p q H + \frac{1}{2} K_p \gamma H^2 \tag{10.30}$$

예제 10.4

다음 그림에 보인 것과 같은 높이 6m의 옹벽에 등분포하중 20kN/m²이 작용하고 있다. 작용하는 전체주
동토압과 작용점의 위치를 구하여라(뒤채움흙의 전체단위중량 $\gamma_t = 18\,\mathrm{kN/m^3}$, $\phi = 30°$, $c = 0.0\,\mathrm{kN/m^2}$).

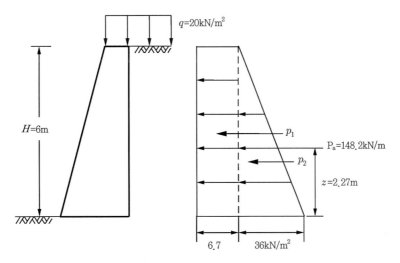

그림 10.15 예제 10.4

풀 이

주동토압계수 $K_a = \tan^2\left(45 - \dfrac{\phi}{2}\right) = \tan^2\left(45 - \dfrac{30°}{2}\right) = \dfrac{1}{3}$

$z = 0\mathrm{m}$　$\sigma_a = K_a(q + \gamma z) = \dfrac{1}{3}(20 + 18 \times 0) = 6.7\,\mathrm{kN/m^2}$

$z = 6\mathrm{m}$　$\sigma_a = K_a(q + \gamma z) = \dfrac{1}{3}(20 + 18 \times 6) = 42.7\,\mathrm{kN/m^2}$

전체주동토압 계산은 토압면적에 의하여 구하면

$$P_a = 6.7 \times 6 + \frac{1}{2} \times (42.7 - 6.7) \times 6 = 40.2 + 108 = 148.2 \, \text{kN/m}$$

식 10.30을 이용하면 $P_a = K_a q H + \frac{1}{2} K_a \gamma H^2 = \frac{1}{3} \times 20 \times 6 + \frac{1}{2} \times \frac{1}{3} \times 18 \times 6^2 = 148 \, \text{kN/m}^2$

전체주동토압의 작용점 위치는 $\bar{z} = \dfrac{40.2 \times 3 + 108 \times 2}{148.2} = 2.27 \, \text{m}$이다.

2) 지하수위가 있는 경우

그림 10.16은 옹벽의 뒤채움 사질토에 지하수가 있는 경우의 주동토압분포를 나타낸 것이다. 지표면으로부터 지하수위면까지의 거리를 H_1, 지하수위 아래 옹벽의 길이를 H_2라고 하면 지하수위면 H_1에서의 수직토압과 주동토압은

$$\sigma_v = \gamma H_1 \tag{10.31}$$

$$\sigma_a = K_a \gamma H_1 \tag{10.32}$$

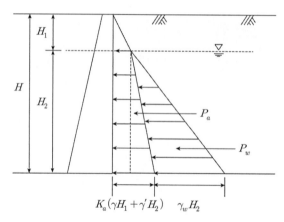

그림 10.16 사질토 뒤채움옹벽에서 주동토압의 분포(지하수위가 있는 경우)

지하수위면 아래 H_2에서의 수직토압과 주동토압은 전응력과 유효응력을 구분하여 적용한다.

유효수직응력 $\quad \sigma_v' = \gamma H_1 + \gamma' H_2 \tag{10.33}$

유효주동토압 $\quad \sigma_a = K_a(\gamma H_1 + \gamma' H_2) \tag{10.34}$

여기서 $\gamma' (= \gamma_{sat} - \gamma_w)$로서 수중단위중량이다.

간극수압 u는 H_1으로부터 직선적으로 증가하므로 $z = H$에서의 간극수압은

$$u = \gamma_w H_2 \tag{10.35}$$

옹벽의 단위길이당 전체주동토압은 흙에 의한 횡방향 압력분포의 면적에 지하수에 의한 수압을 합한 것이다. 이를 계산하면 식 10.36과 같다.

$$P_a = \frac{1}{2}K_a\gamma H_1^2 + K_a\gamma H_1 H_2 + \frac{1}{2}(K_a\gamma' + \gamma_w)H_2^2 \tag{10.36}$$

수동토압의 경우는 토압계수를 수동토압계수로 적용하여 동일한 과정을 적용한다.
이 경우 옹벽의 단위길이당 전체수동토압은 식 10.37과 같다.

$$P_p = \frac{1}{2}K_p\gamma H_1^2 + K_p\gamma H_1 H_2 + \frac{1}{2}(K_p\gamma' + \gamma_w)H_2^2 \tag{10.37}$$

예제 10.5

다음 그림에 보인 것과 같은 높이 6m의 옹벽에 지하수위가 뒤채움재 지표면 아래 2m 깊이에 작용하고 있다. 이 옹벽의 전체주동토압과 작용점의 위치를 구하여라. 뒤채움흙의 전체단위중량은 지하수위 상부 $\gamma_t = 16\text{kN/m}^3$, 지하수위 아래 $\gamma_{sat} = 18\text{kN/m}^3$이며 흙의 전단강도는 $\phi = 30°$, $c = 0.0\text{kN/m}^2$이다.

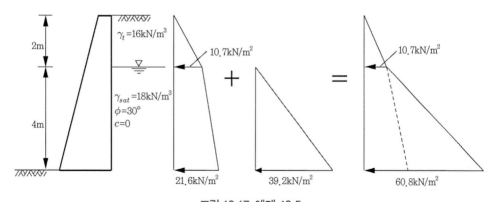

그림 10.17 예제 10.5

주동토압계수 $K_a = \tan^2\left(45 - \dfrac{\phi}{2}\right) = \tan^2\left(45 - \dfrac{30°}{2}\right) = \dfrac{1}{3}$

지하수위가 있으므로 유효응력에 의한 수평토압과 간극수압을 계산하여 더한다.

$$z = 0\,\text{m} \qquad \sigma_v{}' = 0 \quad \sigma_a{}' = 0$$

$$z = 2\,\text{m} \qquad \sigma_v{}' = \gamma z = 16 \times 2 = 32\,\text{kN/m}^2$$

$$\sigma_a{}' = K_a \sigma_v{}' = \frac{1}{3} \times 32 = 10.7\,\text{kN/m}^2$$

$$z = 6\,\text{m} \qquad \sigma_v{}' = 32 + (18 - 9.81) \times 4 = 64.76\,\text{kN/m}^2$$

$$\sigma_a{}' = K_a \sigma'_v = \frac{1}{3} \times 64.76 = 21.59\,\text{kN/m}^2$$

이다. 간극수압은

$$z = 0 \sim 2\,\text{m} \qquad\qquad u = 0\,\text{kN/m}^2$$

$$z = 6\,\text{m} \qquad\qquad u = 9.81\,\text{kN/m}^3 \times 4\,\text{m} = 39.24\,\text{kN/m}^2\text{이다}.$$

전체주동토압은 각 부분별 토압면적을 계산하여 합한다.

$$P = P_1 + P_2 + P_3 + P_4$$
$$= \frac{1}{2}(10.7)(2) + (10.7)(4) + \frac{1}{2}(10.9)(4) + \frac{1}{2}(9.81)(4)^2$$
$$= 10.7 + 42.8 + 21.8 + 76.5 = 153.5\,\text{kN/m}^2$$

전체주동토압의 작용점 위치는

$$\bar{z} = \frac{10.7\left(4 + \dfrac{2}{3}\right) + 42.8\left(\dfrac{4}{2}\right) + 21.8\left(\dfrac{4}{3}\right) + 76.5\left(\dfrac{4}{3}\right)}{149.7}$$
$$= \frac{50 + 85.6 + 29 + 101.7}{153.5}$$
$$= \frac{266.3}{153.5} = 1.7\,\text{m}$$

그림 10.16의 지하수위가 있으면서 상재하중 q가 작용하는 경우에는 옹벽의 단위길이당 전체주동토압은 식 10.37에 상재하중에 의한 수평토압의 항($K_a qH$)만을 더하여 식 10.38과 같이 쓸 수 있다.

$$P_a = K_a qH + \frac{1}{2} K_a \gamma H_1^2 + K_a \gamma H_1 H_2 + \frac{1}{2}(K_a \gamma' + \gamma_w)H_2^2 \tag{10.38}$$

3) 뒤채움흙이 서로 다른 경우

수직벽에 지표면이 수평인 뒤채움이 서로 다른 사질토의 경우 주동토압계수도 $K_{a1} \neq K_{a2}$로 달라진다. 이러한 경우의 횡방향토압을 그림 10.18에 나타내었는데 위층보다 아래층의 횡방향토압계수가 작은 경우는 톱니형태, 큰 경우는 계단형태의 횡방향토압이 작용하게 된다.

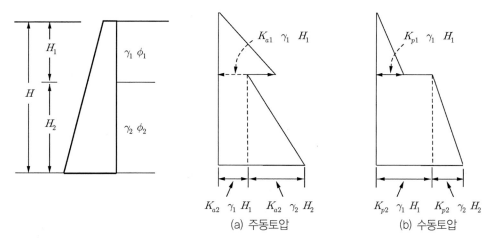

그림 10.18 뒤채움이 서로 다른 사질토의 경우 주동 및 수동토압의 분포

예제 10.6

그림에 보인 것과 같이 높이 6m의 옹벽에 지표 아래 2m를 경계로 서로 다른 뒤채움재가 포설되었다. 이 옹벽의 전체주동토압과 작용점의 위치를 구하여라. 상부 뒤채움흙의 전체단위중량은 $\gamma_t = $ 16kN/m³, 흙의 전단강도정수는 $\phi = 30°$, $c = 0.0$kN/m², 하부 뒤채움흙의 전체단위중량은 지하수위 아래에 있으며 $\gamma_{sat} = 19$kN/m³, 전단강도정수는 $\phi = 35°$, $c = 0.0$kN/m²이다.

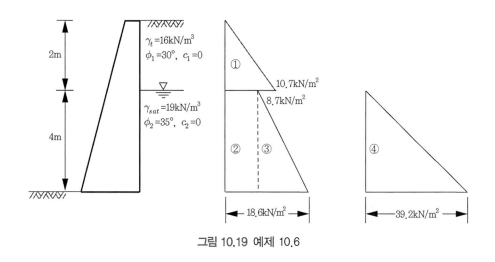

그림 10.19 예제 10.6

풀 이

상부토층의 주동토압계수 $K_{a1} = \tan^2\left(45 - \dfrac{\phi}{2}\right) = \tan^2\left(45 - \dfrac{30°}{2}\right) = \dfrac{1}{3}$

하부토층의 주동토압계수 $K_{a2} = \tan^2\left(45° - \dfrac{35}{2}\right) = 0.271$

$$z = 0\,\text{m} \quad \text{상재하중이 없으므로 } \sigma_v' = 0, \ \sigma_h' = 0$$

$$z = 2\,\text{m} \quad \sigma_v' = \gamma_t z = 16 \times 2 = 32\,\text{kN/m}^2$$

수평토압은 상부토층 $\sigma_a' = K_a \sigma_v' = \dfrac{1}{3}(32) = 10.7\,\text{kN/m}^2$

하부토층 $\sigma_a' = K_a \sigma_v' = 0.271(32) = 8.7\,\text{kN/m}^2$

$$z = 6\,\text{m} \qquad \sigma_v' = 16 \times 2 + (19 - 9.81) \times 4 = 68.8\,\text{kN/m}^2$$

수평토압은 $\sigma_a' = 8.7 + 0.27(9.19)(4) = 18.6\,\text{kN/m}^2$

간극수압은 $u = 9.81\,\text{kN/m}^3 \times 4\,\text{m} = 39.2\,\text{kN/m}^2$

전체 $P = P_1 + P_2 + P_3 + P_4$

$$= \frac{1}{2}(10.7)(2) + (8.7)(4) + \frac{1}{2}(0.271)(19 - 9.81)(4)^2 + \frac{1}{2}(9.81)(4)^2$$

$$= 10.7 + 34.8 + 19.9 + 78.5 = 143.9\,\text{kN/m}$$

전체주동토압의 작용점 위치는

$$\bar{z} = \frac{10.7\left(4 + \dfrac{2}{3}\right) + 34.8\left(\dfrac{4}{2}\right) + 19.9\left(\dfrac{4}{3}\right) + 78.5\left(\dfrac{4}{3}\right)}{144.9}$$

$$= \frac{50 + 69.6 + 26.5 + 104.4}{143.9} = \frac{250.5}{143.9}$$

$$= 1.7\,\text{m}$$

이다.

10.4.4 점성토에서의 Rankine 토압과 한계깊이

1) 주동토압

점성토로 뒤채움한 벽마찰이 없는 옹벽을 그림 10.20a에 나타내었다. 이 경우 지표면 임의깊이 z에서 옹벽에 작용하는 주동토압은 식 10.11에 의하여 다음과 같이 쓸 수 있다.

$$\sigma_a = K_a \sigma_v - 2c\sqrt{K_a} = K_a \gamma z - 2c\sqrt{K_a} \tag{10.39}$$

그림 10.20b는 수직하중에 의한 횡토압($K_a \gamma z$)을 그림 10.20c는 점착력에 의한 변화를 그림 10.20d에는 이를 중첩한 점성토에 의한 주동토압의 분포를 보인 것이다.

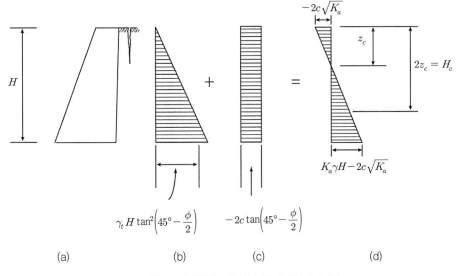

그림 10.20 점성토에서의 한계깊이의 계산

주동토압은 점착력에 의한 인장효과로 옹벽 윗부분에서 음(−)의 값을 가지게 된다. 그러나 실제 흙은 다공질 입자로 구성되어 인장력을 받을 수 없어 결국 인장균열이 발생하게 된다. 이때 인장균 열이 발생하는 깊이인 한계깊이(critical depth) z_c는 주동토압 $\sigma_a = 0$이 되는 점까지의 깊이로 보고 식 10.40으로 구한다.

$$\sigma_a = K_a \gamma z_c - 2c\sqrt{K_a} = 0 \tag{10.40}$$

식 10.40을 z_c에 대하여 풀면 한계깊이 z_c를 구하는 식은 10.41과 같다.

$$z_c = \frac{2c}{\gamma} \frac{1}{\sqrt{K_a}} = \frac{2c}{\gamma}\sqrt{K_p} \tag{10.41}$$

그런데 토압은 삼각형분포를 하므로 $2z_c$ 깊이(그림 10.20의 H_c)까지는 부의 토압과 정의 토압이 같아져서 전토압의 합계는 0이다. 따라서 이론상으로는 이보다 작은 깊이까지는 흙이 인장을 받고 있어 지지가 없는 상태로 굴착면을 유지할 수 있다. 이러한 지반에서는 흙막이 없이 연직굴착이 가 능한 깊이 H_c를 식 10.42로 구할 수 있다.

$$H_c = 2\,z_c = \frac{4c}{\gamma}\frac{1}{\sqrt{K_a}} = \frac{4c}{\gamma}\sqrt{K_p} \tag{10.42}$$

이식으로부터 만약에 건조한 모래의 경우는 점착력 $c = 0$이기 때문에 흙막이 벽이 없이는 연직 굴착이 불가능하지만($H_c = 0$), 수분을 포함하고 있는 촉촉한 모래의 경우는 겉보기점착력이 있어 연직굴착이 가능하다. 또한 점성토로 뒤채움된 옹벽의 인장균열 발생 전의 전체주동토압은 식 10.43과 같이 쓸 수 있을 것이다.

$$P_a = \frac{1}{2}K_a\gamma H^2 - 2c\sqrt{K_a}\,H \tag{10.43}$$

그러나 실제 점성토 뒤채움옹벽의 작용 주동토압은 대부분 인장균열 발생 후의 주동토압일 것이므로 이때의 주동토압계산 공식은 식 10.44를 이용할 수 있다.

식 10.44는 지표면에서 깊이 z_c 사이에 있는 흙은 상재하중으로 보고 이로 인한 주동토압을 더한 것이다.

$$P_a = K_a\gamma z_c(H - z_c) \;+\; \frac{1}{2}K_a\gamma(H - z_c)^2 \tag{10.44}$$

예제 10.7

높이 8m의 옹벽에 점토 뒤재움재가 포설되었다. 뒤채움점토의 전체단위중량은 $\gamma_t = 16\,\mathrm{kN/m^3}$, 흙의 전단강도는 $\phi = 20°$, $c = 12\,\mathrm{kN/m^2}$이라고 할 때 인장균열이 발생하기 전과 후 이 옹벽의 전체주동토압과 작용점의 위치를 구하여라.

풀 이

점성토의 주동토압계수는 $\phi = 20°$ $K_a = \tan^2\!\left(45° - \dfrac{\phi}{2}\right) = \tan^2(35) = 0.49$

주동토압 식 10.40 $\sigma_a = K_a\sigma_v - 2c\sqrt{K_a}$ 를 이용한다.

$z = 0\,\mathrm{m}$ $\sigma_a = 0.49(16) \times 0 - 2(12)\sqrt{0.49} = -16.8\,\mathrm{kN/m^2}$

$z = 8\,\mathrm{m}$ $\sigma_a = 0.49(16) \times 8 - 2(12)\sqrt{0.49} = 45.9\,\mathrm{kN/m^2}$

1) 인장균열이 발생하기 전(그림 10.21a 참조)
   전체주동토압은 식 10.42로부터

$$P_a = \frac{1}{2}K_a\gamma H^2 - 2c\sqrt{K_a}\,H = \frac{1}{2}(62.7)(8) - 16.8 \times 8$$

$$= 250.8 - 134.4 = 116.5\,\text{kN/m}$$

전체주동토압의 작용점 위치는

$$\bar{z} = \frac{250.8\left(\dfrac{8}{3}\right) - 134.4\left(\dfrac{8}{2}\right)}{116.5} = \frac{131.2}{116.5} = 1.13\,\text{m이다}.$$

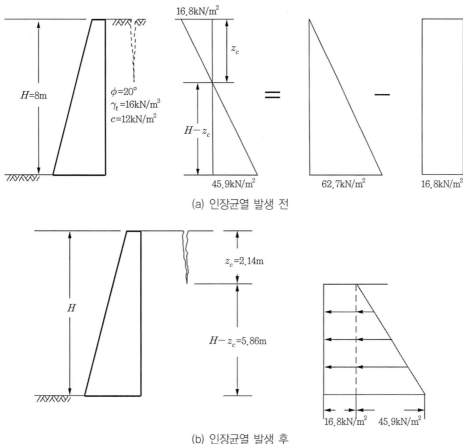

(a) 인장균열 발생 전

(b) 인장균열 발생 후

그림 10.21 예제 10.7

2) 인장균열 발생 후(그림 10.21b 참조)

인장균열깊이를 식 10.41을 이용하여 계산하면

$$z_c = \frac{2c}{\gamma}\sqrt{K_p} = \frac{2 \times 12}{16}\tan 55° = 2.14\,\text{m}$$

인장균열 상부토층은 상재하중으로 보아 계산하면

$$q = \gamma z_c = 16(2.14) = 34.2\,\text{kN/m}^2$$

$z_c = 2.14\,\mathrm{m}$에서의 수평토압을 계산하면

$\sigma_a = 0.49(34.2) = 16.8\,\mathrm{kN/m^2}$

$z = 8\,\mathrm{m}$에서 수평 및 수직토압을 계산한다.

$\sigma_v' = 16(8) = 128\,\mathrm{kN/m^2}$

$\sigma_a' = K_a(q + \gamma(H - z_c)) = 0.49(34.2 + 93.8) = 62.7\,\mathrm{kN/m^2}$

전체주동토압은 그림 10.21b로부터 토압면적을 계산한다.

$$P_a = P_1 + P_2 = 16.8(5.86) + \frac{1}{2}(0.49)(16)(5.86)^2$$

$$= 98.4 + 134.6 = 233\,\mathrm{kN/m}$$

전체주동토압의 작용점 위치는

$$\bar{z} = \frac{98.4\left(\dfrac{5.86}{2}\right) + 134.6\left(\dfrac{5.86}{3}\right)}{233} = \frac{288 + 262.9}{233} = 2.4\,\mathrm{m}\text{이다.}$$

2) 수동토압

점성토 뒤채움한 벽마찰이 없는 옹벽의 깊이 z에서의 수동토압은 식 10.16을 이용하여 다음과 같이 쓸 수 있다.

$$\sigma_p = K_p \sigma_v + 2c\sqrt{K_p} = K_p \gamma z + 2c\sqrt{K_p} \tag{10.45}$$

수동상태에서는 옹벽으로부터 벽에 압력이 작용하여 인장균열을 고려할 필요가 없다. 따라서 높이가 H인 옹벽의 단위길이당 전체 작용수동토압은 식 10.45를 깊이 z에 대하여 적분하여 구하면 식 10.46과 같다.

$$P_p = \frac{1}{2} K_p \gamma H^2 + 2c\sqrt{K_p}\,H \tag{10.46}$$

10.4.5 뒤채움이 경사진 경우의 Rankine 토압

옹벽의 뒤채움이 사질토로 형성되어 경사 α로 경사진 경우의 Rankine의 토압은 Rankine 이론을 적용하여 주동 및 수동토압을 구할 수 있다. 이 경우 주동토압과 수동토압은 지표면에 평행한 방향으로 작용한다고 가정한다. 뒤채움이 경사진 경우의 옹벽과 주동상태의 Mohr원을 그림 10.22에 나타내었다. 그림 10.22a에 나타낸 것과 같이 지표면에서 깊이 z에 있는 흙의 평행사변형 요소를

가정하면 수직토압과 주동 및 수동토압은 작용면에 대하여 α만큼 기울어져 작용한다.

지표면에 평행한 면에 작용하는 수직토압 σ_v는 그림 10.22a에 보인 바와 같이 지표면의 길이방향으로 b가 되는 길이에 다음 식과 같이 작용한다.

$$\sigma_v = \frac{\gamma z b \cos\alpha}{b} = \gamma z \cos\alpha \tag{10.47}$$

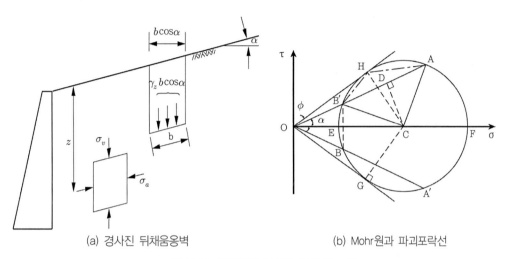

(a) 경사진 뒤채움옹벽   (b) Mohr원과 파괴포락선

그림 10.22 뒤채움이 경사진 경우의 토압

그림 10.22b에서 $\sigma_v = OA$가 되게 수평면과 α의 기울기로 직선을 그어 A점을 찍으면 Mohr원은 A점을 통과하고 M-C 파괴포락선에 접하게 된다. 이 경우 평면기점(O_p)은 B'이므로 O_p로부터 수직으로 그어 Mohr원과 만난 B점의 좌표가 수직면에 작용하는 응력이다. 즉 OB의 길이가 σ_a이다. 따라서 주동토압(σ_a)과 수직토압(σ_v)의 비는 배면토가 경사진 옹벽에서의 횡방향토압 K_a이며 다음과 같이 나타낼 수 있다.

$$K_a = \frac{OB}{OA} = \frac{OB'}{OA} = \frac{OD - AD}{OD + AD} \tag{10.48}$$

$$OD = OC\cos\alpha \tag{10.49}$$

이고 AD는 식 10.50과 같이 유도할 수 있다.

$$AD = \sqrt{CH^2 - CD^2} = \sqrt{OC^2 \sin^2\phi - OC^2 \sin^2\alpha}$$
$$= OC\sqrt{\cos^2\alpha - \cos^2\phi} \tag{10.50}$$

식 10.49, 10.50을 식 10.48에 대입하면 경사진 옹벽에서의 횡방향토압 K_a는

$$K_a = \frac{\sigma_a}{\sigma_v} = \frac{\cos\alpha - \sqrt{\cos^2\alpha - \cos^2\phi}}{\cos\alpha + \sqrt{\cos^2\alpha - \cos^2\phi}} \tag{10.51}$$

경사진 방향으로 주동토압 σ_a는

$$\sigma_a = K_a\sigma_v = K_a\gamma z \cos\alpha \tag{10.52}$$

이다. 전주동토압은 지표면과 평행하게 작용하며 식 10.53과 같다.

$$P_a = \frac{1}{2}K_a\gamma H^2 \cos\alpha \tag{10.53}$$

수동토압인 경우에는 수직토압 σ_v는 그림 10.22b에서 OB'으로 표시되며 지표면과 평행하게 연장하여 만난 A점은 수동상태에서의 평면기점이다. 평면기점에서 수직으로 그은 점이 A'이며 OA'이 수직면에 작용하는 수동토압 σ_p이다. $OA' = OA$이므로 수동토압계수 K_p는

$$K_p = \frac{OA'}{OB'} = \frac{OA}{OB'} = \frac{OD + AD}{OD - AD} \tag{10.54}$$

주동토압의 경우와 같은 방식으로 유도하면

$$K_p = \frac{\sigma_p}{\sigma_v} = \frac{\cos\alpha + \sqrt{\cos^2\alpha - \cos^2\phi}}{\cos\alpha - \sqrt{\cos^2\alpha - \cos^2\phi}} \tag{10.55}$$

이는 주동토압계수인 식 10.48의 역수이다. 경사진 방향으로 수동토압 σ_p는

$$\sigma_p = K_p\sigma_v = K_p\gamma z \cos\alpha \tag{10.56}$$

이다. 전수동토압은 지표면과 평행하게 작용하며 식 10.57과 같다.

$$P_p = \frac{1}{2} K_p \gamma H^2 \cos\alpha \qquad (10.57)$$

예제 10.8

다음 그림에 보인 바와 같은 뒤채움 사면의 경사가 10°인 높이 6m의 옹벽이 있다. 뒤채움흙의 전체 단위
중량 $\gamma_t = 18\text{kN/m}^3$, $\phi = 30°$, $c = 0.0\text{kN/m}^2$이라고 할 때 전체주동토압과 작용점 위치를 계산하여라.

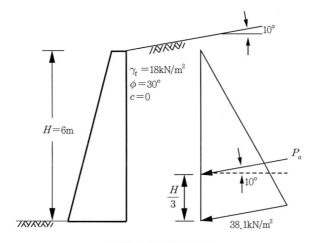

그림 10.23 예제 10.8

풀 이

식 10.50으로부터 주동토압계수를 계산하면

$$K_a = \frac{\cos\alpha - \sqrt{\cos^2\alpha - \cos^2\phi}}{\cos\alpha + \sqrt{\cos^2\alpha - \cos^2\phi}} = \frac{\cos 10° - \sqrt{\cos^2 10° - \cos^2 30°}}{\cos 10° + \sqrt{\cos^2 10° - \cos^2 30°}} = 0.36$$

$z = 0\text{m}$ $\sigma_a = K_a \gamma z \cos\alpha = 0.36 \times 18 \times 0 \times 0.98 = 0\text{kN/m}^2$

$z = 6\text{m}$ $\sigma_a = K_a \gamma z \cos\alpha = 0.36 \times 18 \times 6 \times 0.98 = 38.1\text{kN/m}^2$

전체주동토압을 토압의 면적으로부터 구하면

$$P_a = \frac{1}{2} \times 38.1 \times 6 = 114.3\text{kN/m}$$

식 10.52로부터 구하면

$$P_\alpha = \frac{1}{2} K_a \gamma H^2 \cos\alpha = \frac{1}{2}(0.36)(18)(6^2)\cos 10° = 114.9\text{kN/m}$$

전체주동토압 작용점 위치는

$$\bar{z} = \frac{H}{3} = \frac{6}{3} = 2\text{m}$$이다.

10.5 Coulomb 토압이론

Coulomb은 1773년 지지벽체와 가상파괴면 사이 흙쐐기의 안정관계에서 토압을 유도하는 쐐기법(trial wedge method)을 제안하였다. 이 방법에 의하면 흙쐐기와 벽면 사이의 작용력은 흙쐐기가 활동면을 따라 움직이려는 순간의 극한 평형조건(limit equilibrium condition)에서 결정된다. Rankine의 토압이론이 벽체와 뒤채움흙 사이의 마찰을 고려하지 않은 반면 Coulomb의 방법은 벽체와 주변 흙 사이의 마찰, 벽체의 기울기, 뒤채움재의 기울기를 고려할 수 있다.

10.5.1 주동토압

그림 10.24a에는 뒷면 벽체의 기울기가 θ이고, 뒤채움재의 기울기가 α인 흙쐐기 ABC를 나타내었다. 주동상태일 때 흙쐐기 ABC에 작용하는 힘은 흙쐐기의 무게 W, 파괴면 BC에 파괴면과 ϕ만큼 기울어져 작용하는 힘 F, 뒷면벽체 AB의 수직선에 대하여 벽체와 주변 흙 사이의 마찰 δ만큼 기울어져 작용하는 주동토압 P_a이다.

흙쐐기의 W는 크기와 방향을 알고, 힘 P_a와 F는 방향만을 알고 크기는 모르는 힘이다. 그러나 이들을 조합하여 그림 10.24b와 같은 힘의 다각형을 그리면 이들 힘의 크기도 알 수 있다. 힘의 다각형에 대하여 삼각함수의 sine 법칙을 적용하면 다음 식이 성립된다.

$$\frac{W}{\sin\left(90°+\theta+\delta-\beta+\phi\right)}=\frac{P_a}{\sin\left(\beta-\phi\right)} \tag{10.58}$$

P_a에 대하여 정리하면

$$P_a=\frac{\sin\left(\beta-\phi\right)\ W}{\sin\left(90°+\theta+\delta-\beta+\phi\right)} \tag{10.59}$$

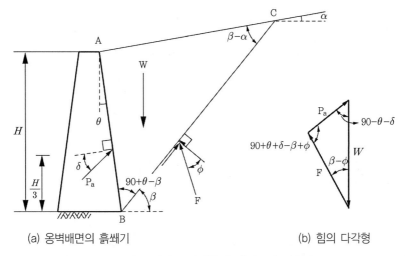

(a) 옹벽배면의 흙쐐기   (b) 힘의 다각형

그림 10.24 벽면과 지표면이 경사지고 뒤채움이 사질토인 경우의 Coulomb 주동토압

θ, ϕ, δ는 상수이고 가상파괴면 BC의 기울기 β만이 변수이므로 P_a를 β에 대하여 미분하여 0이
되는 β값을 구하고(식 10.60) 이를 식 10.59에 대입하여 최대 P_a를 구할 수 있다.

$$\frac{dP_a}{d\beta} = 0 \qquad (10.60)$$

최댓값을 갖는 P_a를 다음 형태로 정리하면

$$P_a = \frac{1}{2}K_a\gamma H^2 \qquad (10.61)$$

여기서 K_a는 Coulomb의 주동토압계수이며 다음과 같다.

$$K_a = \frac{\cos^2(\phi-\theta)}{\cos^2\theta \cdot \cos(\theta+\delta) \cdot \left[1 + \sqrt{\dfrac{\sin(\phi+\delta)\times\sin(\phi-\alpha)}{\cos(\theta+\delta)\times\cos(\theta-\alpha)}}\right]^2} \qquad (10.62)$$

Coulomb 공식에 의한 토압계산은 복잡하므로 실제 문제에 적용할 수 있도록 표가 제시되어 있
다. 뒷면 벽체의 기울기와 배면 뒤채움재의 경사가 모두 0(즉, $\theta = 0°$, $\alpha = 0°$)인 벽체의 마찰각
δ에 대한 주동토압계수값을 표 10.2에 나타내었다. 이 표에 의하면 벽마찰은 주동토압계수를 감소
시킴을 알 수 있다.

표 10.2 $\theta = 0°$, $\alpha = 0°$ 일 때의 Coulomb 주동토압계수, K_a

$\phi(°)$	벽체마찰각, $\delta(°)$					
	0	5	10	15	20	25
28	0.361	0.345	0.333	0.325	0.320	0.319
30	0.333	0.319	0.309	0.301	0.297	0.296
32	0.307	0.295	0.285	0.279	0.276	0.275
34	0.283	0.271	0.263	0.258	0.255	0.254
36	0.260	0.250	0.243	0.238	0.235	0.235
38	0.238	0.229	0.223	0.219	0.217	0.217
40	0.217	0.209	0.205	0.201	0.199	0.200
42	0.198	0.192	0.187	0.184	0.183	0.183

표 10.3에는 벽체의 마찰각 $\delta = \dfrac{2}{3}\phi$ 인 경우에 대하여 벽체의 기울기와 배면 뒤채움재의 경사가 모두 0이 아닌 경우의 Coulomb 주동토압계수 K_a를 계산하여 나타내었다.

표 10.3 벽체의 마찰각 $\delta = \dfrac{2}{3}\phi$ 인 경우 Coulomb 주동토압계수, K_a

$\alpha(°)$	$\phi(°)$	$\theta(°)$					
		0	5	10	15	20	25
0	28	0.321	0.359	0.401	0.448	0.503	0.566
	30	0.297	0.335	0.377	0.425	0.479	0.544
	32	0.275	0.313	0.355	0.403	0.457	0.522
	34	0.254	0.292	0.334	0.381	0.437	0.502
	36	0.235	0.272	0.314	0.362	0.417	0.482
	38	0.217	0.254	0.295	0.343	0.398	0.464
	40	0.200	0.236	0.277	0.325	0.381	0.447
	42	0.184	0.220	0.261	0.308	0.364	0.430
5	28	0.343	0.385	0.431	0.484	0.546	0.619
	30	0.317	0.358	0.404	0.458	0.519	0.593
	32	0.292	0.333	0.379	0.432	0.494	0.568
	34	0.269	0.310	0.356	0.409	0.471	0.544
	36	0.248	0.288	0.334	0.387	0.448	0.522
	38	0.228	0.268	0.313	0.366	0.427	0.501
	40	0.210	0.249	0.294	0.346	0.407	0.481
	42	0.193	0.231	0.275	0.327	0.388	0.463
10	28	0.370	0.416	0.469	0.529	0.599	0.683
	30	0.340	0.386	0.438	0.497	0.568	0.652
	32	0.312	0.358	0.409	0.468	0.538	0.622
	34	0.287	0.331	0.382	0.441	0.511	0.594
	36	0.263	0.307	0.357	0.416	0.485	0.568
	38	0.242	0.285	0.334	0.392	0.461	0.544
	40	0.221	0.264	0.313	0.370	0.438	0.521
	42	0.203	0.244	0.292	0.349	0.416	0.499

* α : 뒤채움재 기울기, θ : 옹벽배면 기울기

예제 10.9

예제 10.8의 옹벽에 대한 전체주동토압을 Coulomb의 방법으로 구하라. 벽마찰각은 $\delta = \frac{2}{3}\phi$, 점착력 $c = 0$으로 본다. 전체주동토압의 작용점은?

풀 이

K_a는 Coulomb의 주동토압계수 K_a를 식 10.61이나 표 10.3에 의하여 구한다.
표 10.3에서에서 $\alpha = 10°$, $\theta = 0$, $\phi = 30°$, $\delta = 20°$인 경우 $K_a = 0.34$이다.
따라서 전체주동토압은 식 10.19에 의하여

$$P_a = \frac{1}{2}K_a\gamma H^2 = \frac{1}{2}\times 0.34 \times 18 \times 6^2 = 110.2 \text{ kN/m이다.}$$

전체주동토압의 작용점은 $\bar{z} = \frac{H}{3} = \frac{6}{3} = 2\text{m이다.}$

10.5.2 수동토압

수동토압의 경우는 그림 10.25a에 보인 바와 같이 토압의 합력 P_p는 수직방향에서 위로 δ만큼 기울어져 작용한다. 반력 F도 파괴면 BC의 수직면에서 ϕ만큼 위로 기울어져서 작용한다. 이를 이용하여 힘의 다각형을 그리면 그림 10.25b와 같다.

주동토압의 경우와 유사한 방법으로 최소압력을 구하면 이것이 수동토압 P_p이고 다음과 같은 형식으로 쓸 수 있다.

$$P_p = \frac{1}{2}K_p\gamma H^2 \tag{10.63}$$

여기서 K_p는 Coulomb의 수동토압계수이며 다음과 같다.

$$K_p = \frac{\cos^2(\phi+\theta)}{\cos^2\theta \cdot \cos(\theta-\delta)\cdot \left[1 - \sqrt{\frac{\sin(\phi+\delta)\times\sin(\phi+\alpha)}{\cos(\theta-\delta)\times\cos(\theta-\alpha)}}\right]^2} \tag{10.64}$$

단, K_p를 구할 때는 $\delta \leq \frac{1}{3}\phi$ 값으로 적용하는 것이 안전측이다.

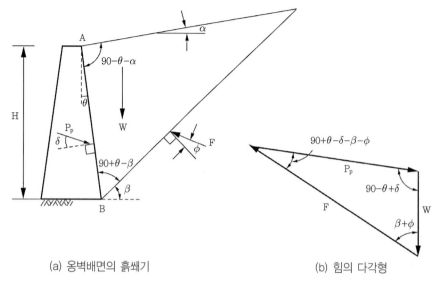

(a) 옹벽배면의 흙쐐기　　　　　　　　(b) 힘의 다각형

그림 10.25 벽면과 지표면이 경사지고 뒤채움이 사질토인 경우의 Coulomb 수동토압

뒷면 벽체의 기울기가 $\theta = 0$인 벽체에 대한 수동토압계수값을 표 10.4에 나타내었다. 이 표에 의하면 벽마찰은 수동토압계수를 증가시킴을 알 수 있다.

표 10.4 $\theta = 0°$, $\alpha = 0°$일 때 Coulomb 수동토압계수, K_p

$\phi(°)$	벽체마찰각, $\delta(°)$				
	0	5	10	15	20
15	1.698	1.900	2.130	2.405	2.735
20	2.040	2.313	2.636	3.030	3.525
25	2.464	2.830	3.286	3.855	4.597
30	3.000	3.506	4.143	4.977	6.105
35	3.690	4.390	5.310	6.854	8.824
40	4.600	5.590	6.946	8.870	11.772

10.6 지진발생 시 옹벽의 토압

10.6.1 주동토압

지진하중으로 인한 주동토압은 지반가속도에 의한 힘을 추가하여 Coulomb 이론에 근거하여 구한다. 그림 10.26a에 보인 바와 같은 사질토로 뒤채움한 옹벽에서 흙쐐기 ABC에 작용하는 힘들은 흙쐐기 무게 W, 파괴면 작용반력 F, 주동토압 P_{ae}, 수평관성력 $k_h W$, 수직관성력 $k_v W$로 구성된다. 여기서 수평 및 수직가속도계수 k_h와 k_v는 다음과 같이 정의된다.

$$k_h = \frac{\text{지진가속도 수평성분}}{\text{실중력가속도}} \,,\; k_v = \frac{\text{지진가속도 수직성분}}{\text{중력가속도}}$$

국내의 경우 수직가속도계수는 k_v는 0으로 보고 수평가속도계수 k_h에 대해서 지진구역을 구분하여 구역계수와 구조물별 위험도계수를 곱하여 적용한다(부록 5).

즉, 지진가속도계수 A = 위험도계수 × 지진구역계수

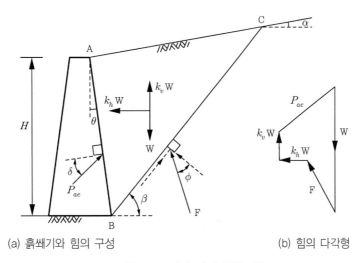

(a) 흙쐐기와 힘의 구성   (b) 힘의 다각형

그림 10.26 지진 시의 주동토압

Mononobe–Okabe는 그림 10.26b에 보인 바와 같은 힘의 다각형에서 지진 시의 주동토압 P_{ae}를 식 10.65와 같이 유도하였다(건설교통부, 2006).

$$P_{ae} = \frac{1}{2} K_{ae} \gamma H^2 (1 - k_v) \tag{10.65}$$

여기서 $K_a{}'$는 지진 시 주동토압계수로 식 10.66과 같다.

$$K_{ae} = \frac{\cos^2(\phi - \theta - \overline{\beta})}{\cos^2\theta \cos\overline{\beta} \cos(\theta + \delta + \overline{\beta}) \left[1 + \sqrt{\dfrac{\sin(\phi + \delta)\sin(\phi - \alpha - \overline{\beta})}{\cos(\theta + \delta + \overline{\beta})\cos(\theta - \alpha)}}\right]^2} \tag{10.66a}$$

$$\overline{\beta} = \tan^{-1}\left(\frac{k_h}{1 - k_v}\right) \tag{10.66b}$$

식 10.66a, 10.66b에 의하여 계산된 지진 시 주동토압계수 K_{ae}를 표 10.5에 나타내었다. 지진 시 주동토압 P_{ae}의 작용점은 다음과 같은 순서에 의하여 구한다.

(1) 식 10.61을 이용하여 주동토압 P_a를 계산한다.

(2) 식 10.65를 이용하여 지진 시 주동토압 P_{ae}를 계산한다.

(3) $\Delta P_{ae} = P_{ae} - P_a$를 계산한다.

(4) 주동토압 P_a는 옹벽하부에서 $\dfrac{H}{3}$ 지점에 작용하고 ΔP_{ae}는 $0.6H$ 지점에 작용한다(그림 10.27 참조).

(5) 옹벽하부에서 P_{ae} 작용점까지의 높이를 z'이라고 하면 식 10.67과 같이 쓸 수 있다.

$$z' = \frac{\dfrac{P_a H}{3} + \Delta P_{ae}(0.6H)}{P_{ae}} \tag{10.67}$$

표 10.5 $\theta = 0$, $k_v = 0$인 경우 지진 시 주동토압계수, K_{ae}

k_h	$\delta(°)$	$\alpha(°)$	$\phi(°)$				
			28	30	35	40	45
0.1	0	0	0.427	0.397	0.328	0.268	0.217
0.2			0.508	0.473	0.396	0.382	0.270
0.3			0.611	0.569	0.478	0.400	0.334
0.4			0.753	0.697	0.581	0.488	0.409
0.5			1.001	0.890	0.716	0.596	0.500

표 10.5 $\theta = 0$, $k_v = 0$인 경우 지진 시 주동토압계수, K_{ae} (계속)

k_h	$\delta(°)$	$\alpha(°)$	$\phi(°)$				
			28	30	35	40	45
0.1	0	5	0.457	0.423	0.347	0.282	0.227
0.2			0.554	0.514	0.424	0.349	0.285
0.3			0.690	0.635	0.522	0.431	0.356
0.4			0.942	0.825	0.653	0.535	0.442
0.5			−	−	0.855	0.673	0.551
0.1	0	10	0.497	0.457	0.371	0.299	0.238
0.2			0.623	0.570	0.461	0.375	0.303
0.3			0.856	0.748	0.585	0.472	0.383
0.4			−	−	0.780	0.604	0.486
0.5			−	−	−	0.809	0.624
0.1	$\dfrac{\phi}{2}$	0	0.396	0.368	0.306	0.253	0.207
0.2			0.485	0.452	0.380	0.319	0.267
0.3			0.604	0.563	0.474	0.402	0.340
0.4			0.778	0.718	0.599	0.508	0.433
0.5			0.115	0.972	0.774	0.648	0.552
0.1	$\dfrac{\phi}{2}$	5	0.428	0.396	0.326	0.268	0.218
0.2			0.537	0.497	0.412	0.342	0.283
0.3			0.699	0.640	0.526	0.438	0.367
0.4			1.025	0.881	0.690	0.568	0.475
0.5			−	−	0.962	0.752	0.620
0.1	$\dfrac{\phi}{2}$	10	0.472	0.433	0.352	0.285	0.230
0.2			0.616	0.562	0.454	0.371	0.303
0.3			0.908	0.780	0.602	0.487	0.400
0.4			−	−	0.857	0.656	0.531
0.5			−	−	−	0.944	0.722
0.1	$\dfrac{2}{3}\phi$	0	0.393	0.366	0.306	0.256	0.212
0.2			0.486	0.454	0.384	0.326	0.276
0.3			0.612	0.572	0.486	0.416	0.357
0.4			0.801	0.740	0.622	0.533	0.462
0.5			0.177	1.023	0.819	0.693	0.600
0.1	$\dfrac{2}{3}\phi$	5	0.427	0.395	0.327	0.271	0.224
0.2			0.541	0.501	0.418	0.350	0.294
0.3			0.714	0.655	0.541	0.455	0.386
0.4			1.073	0.921	0.722	0.600	0.509
0.5			−	−	1.034	0.812	0.679
0.1	$\dfrac{2}{3}\phi$	10	0.472	0.434	0.354	0.290	0.237
0.2			0.625	0.570	0.463	0.381	0.317
0.3			0.942	0.807	0.624	0.509	0.423
0.4			−	−	0.909	0.699	0.573
0.5			−	−	−	1.037	0.800

* δ: 벽체의 마찰각, α: 뒤채움재 기울기

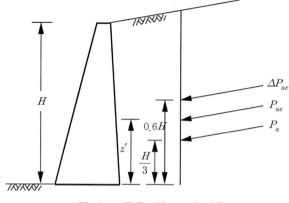

그림 10.27 주동토압 P_{ae}의 작용점

다음 그림에 작용하는 주동토압 P_{ae}의 크기와 작용점의 위치를 구하라. 뒤채움재의 특성은 $\gamma = 18\,kN/m^3$, $\phi = 30°$, $c = 0\,kN/m^2$이고 옹벽의 높이 $6\,m$, 벽마찰각, 벽체경사, 뒤채움재경사 $\delta = 20°$, $\theta = 0°$, $\alpha = 10°$, 지진가속도계수 $k_h = 0.2$, $k_v = 0$이다.

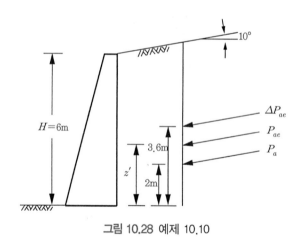

그림 10.28 예제 10.10

풀 이

먼저 주동토압 P_a의 크기를 구하면 표 10.3에서 $\alpha = 10°$ $\theta = 0°$ $\phi = 30°$ $\delta = 20°$
또는 식 10.61에서 $K_a = 0.34$이다.

전체주동토압은 식 10.19에 의하여 $P_a = \dfrac{1}{2}K_a\gamma H^2 = \dfrac{1}{2}\times 0.34 \times 18 \times 6^2 = 110.2\,kN/m$

전체주동토압의 작용점은 $\overline{z_a} = \dfrac{H}{3} = \dfrac{6}{3} = 2\,m$

$\theta = 0°$ $\alpha = 10°$이고 수평지진가속도계수 $k_h = 0.2$인 경우 K_{ae}는 식 10.65a,b나 표 10.5로부터 구

한다. $K_{ae} = 0.57$

지진을 고려한 전체주동토압을 구하면

$$P_{ae} = \frac{1}{2} K_{ae} \gamma H^2 (1 - k_v) = \frac{1}{2} (0.57)(18)(6^2)(1 - 0) = 184.7 \, \text{kN/m}$$

$$\Delta P_{ae} = P_{ae} - P_a = 184.7 - 110.2 = 74.5 \, \text{kN/m}$$

ΔP_{ae} 는 $0.6H$ 지점에 작용하므로 $\overline{z}_{\Delta P_{ae}} = 0.6 \times H = 3.6 \, \text{m}$이다.

따라서 지진을 고려한 전체주동토압 작용위치는

$$z' = \frac{P_a \dfrac{H}{3} + \Delta P_{ae}(0.6H)}{P_{ae}} = \frac{110.2 \left(\dfrac{6}{3} \right) + 74.5(3.6)}{184.7} = 2.65 \, \text{m}$$이다.

10.6.2 수동토압

그림 10.29와 같은 흙쐐기와 힘의 구성을 이용하여 구한 지진으로 인한 수동토압과 그 계수는 다음과 같다.

$$P_{pe} = \frac{1}{2} K_{pe} \gamma H^2 (1 - k_v) \tag{10.68}$$

$$K_{pe} = \frac{\cos^2(\phi + \theta - \overline{\beta})}{\cos^2\theta \cos\overline{\beta} \cos(\theta - \delta + \overline{\beta}) \left[1 - \sqrt{\dfrac{\sin(\phi + \delta)\sin(\phi + \alpha - \overline{\beta})}{\cos(\theta - \delta + \overline{\beta})\cos(\alpha - \theta)}} \right]^2} \tag{10.69}$$

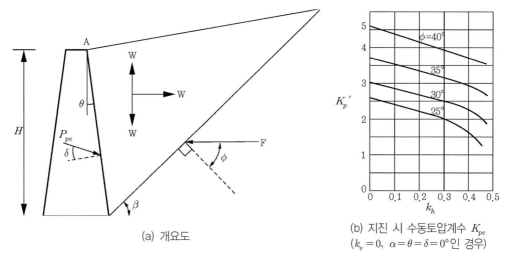

(a) 개요도

(b) 지진 시 수동토압계수 K_{pe}
($k_v = 0$, $\alpha = \theta = \delta = 0°$인 경우)

그림 10.29 지진 시 수동토압

10.7 옹벽의 안정

10.7.1 옹벽의 종류

횡토압을 지탱하기 위하여 사용하는 옹벽은 그림 10.30에 보인 것과 같은 중력식(gravity type), 캔틸레버식(cantilever type), 부벽식(counterfort type) 등이 있다. 중력식 옹벽은 횡방향토압을 자중에 의하여 지탱하는 옹벽으로 기초지반이 양호한 경우에 사용하며 재료가 많이 소모된다. 따라서 옹벽의 높이가 커지면 캔틸레버식이나 부벽식을 선호한다. 캔틸레버식 옹벽은 저판 위에 있는 성토가 자중으로 간주되므로 중력식보다 경제적이다.

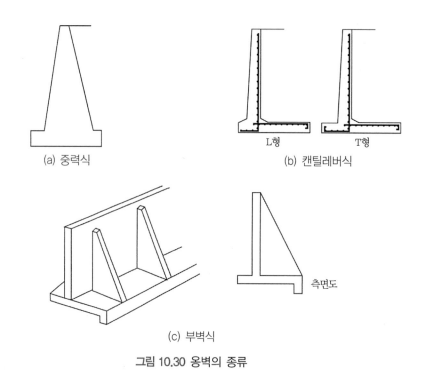

(a) 중력식

L형   T형

(b) 캔틸레버식

측면도

(c) 부벽식

그림 10.30 옹벽의 종류

옹벽의 높이가 7~8m까지는 캔틸레버식 옹벽을 사용할 수 있지만, 그 이상으로 되면 전면벽 하단에서의 휨모멘트가 크게 증가하고, 전도모멘트가 증가하여 경제적인 설계가 되지 못하므로 중간부분에 옹벽높이의 $\frac{1}{2} \sim \frac{1}{3}$ 간격으로 부벽을 설치해서 보강한다. 이때 부벽 사이의 벽체나 저판은 2방향 연속슬래브로 설계한다.

10.7.2 옹벽의 안정계산

옹벽을 설계하는 데는 이전의 Rankine 토압이나 Coulomb 토압이론을 이용하여 토압을 먼저 구하고 이들을 수평 및 수직분력으로 나누어 옹벽의 안정성을 검토하여야 한다. 그림 10.31a에는 Rankine 토압공식을 적용한 배면토압과 이로 인하여 발생한 저면토압을 보인 것이다. 캔틸레버식 옹벽의 경우에는 저판 위에 놓인 토사를 옹벽의 일부로 보고 그림에 나타난 바와 같이 저판 뒷굽으로부터 수선을 상향으로 작도하여 배면토압의 작용면으로 가정한다. 그림 10.31b에는 Coulomb 토압공식을 적용한 배면토압과 이로 인하여 발생한 저면토압을 보인 것이다. Coulomb 토압공식을 적용하므로 중력식 옹벽의 기울기와 벽체와 뒤채움재 사이의 마찰각, 뒤채움재의 경사를 모두 고려할 수 있다.

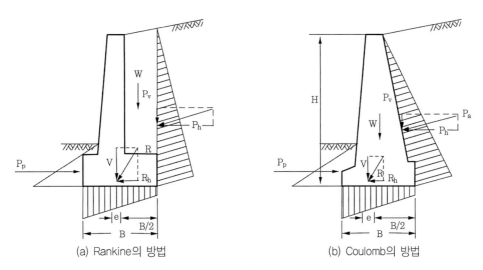

(a) Rankine의 방법   (b) Coulomb의 방법

그림 10.31 옹벽에 작용하는 토압계산방법

옹벽의 안정검토에는 다음의 네 가지 사항을 분석한다.

- 전도(overturning)에 대한 안정
- 활동(sliding)에 대한 안정
- 지지력(bearing capacity)에 대한 안정
- 전체적 안정성(overall stability)

1) 전도에 대한 안정

옹벽은 횡방향토압으로 인해 저판의 앞굽(toe)을 중심으로 회전하려는 경향을 갖는데 이에 대한 저항이 충분치 못하면 전도에 의해 옹벽이 붕괴될 수 있다. 따라서 옹벽은 전도에 대해 안정하여야 한다. 그림 10.32에 근거하여 전도에 대한 안전율은 다음과 같이 구한다.

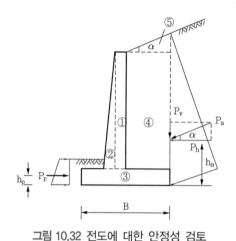

그림 10.32 전도에 대한 안정성 검토

(1) 저항모멘트의 합계(M_r)를 식 10.70을 이용하여 계산한다.

$$M_r = \sum W_i \ell_i \tag{10.70}$$

여기서 W_i : 옹벽의 부분별 무게, ℓ_i : 옹벽 앞굽으로부터 W_i의 무게중심까지의 거리이다.

(2) 전도모멘트의 합계(M_o)를 식 10.71을 이용하여 계산한다.

$$M_o = h_a P_a \cos\alpha - h_p P_p - B P_a \sin\alpha \tag{10.71}$$

(3) 전도에 대한 안전율은 저항모멘트의 합계(M_r)를 전도모멘트의 합계(M_o)로 나누어 식 10.72로 계산한다.

$$F_s = \frac{M_r}{M_o} = \frac{\sum W_i \ell_i + B P_a \sin\alpha}{h_a P_a \cos\alpha - h_p P_p} \tag{10.72}$$

전도에 대한 안전율은 $F_s > 2.0$ 이상이면 안정하다.

2) 활동에 대한 안정

옹벽은 작용하는 토압의 수평성분에 의해서 수평방향으로 활동하려는 특성이 있다. 이 경우 옹벽 바닥면에서의 저항력이 충분하지 못하면 옹벽이 활동하여 파괴에 이를 수 있으므로 옹벽은 활동에 대해 안전해야 한다. 그림 10.33에 의하여 활동에 대한 안전율은 식 10.73으로 구한다.

$$F_s = \frac{F_r}{F_d} = \frac{V\tan\delta + c_a B + P_p}{P_a \cos\alpha} \tag{10.73}$$

여기서 $F_d (= P_a \cos\alpha)$는 토압의 수평성분으로 옹벽을 미는 힘의 합, $F_r (= V\tan\phi_2 + c_2 B + P_p)$는 옹벽 바닥면에서의 저항력으로 V는 옹벽의 중량 합, δ, c_a는 옹벽저판과 하부토사 사이의 마찰각과 점착력(표 10.6, 10.7 참조), B는 옹벽저판의 폭, P_p는 옹벽 앞부리에 근입부에서 작용하는 수동토압이다.

활동에 대한 안전율은 $F_s > 1.5$ 이상이면 안정하다.

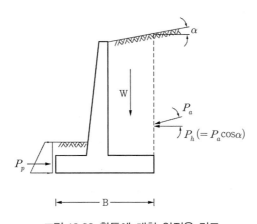

그림 10.33 활동에 대한 안전율 검토

표 10.6 흙의 종류에 따른 옹벽저판과 지지지반 사이의 마찰각과 마찰계수

흙의 종류	저면마찰각(δ)	마찰계수($\tan\delta$)
실트와 점토를 함유하지 않은 조립토	29°	0.55
실트를 함유한 조립토	24°	0.45
점토를 함유한 조립토	19°	0.35

표 10.7 점토의 종류에 따른 옹벽저판과 지지지반 사이의 부착력(Ca)

점토의 종류	점착력(c)(kgf/cm^2)	부착력(Ca)(kgf/cm^2)
매우 연약한 점성토	0~0.12	0~0.12
약한 점성토	0.12~0.24	0.12~0.24
중간 정도의 견고한 점성토	0.24~0.49	0.24~0.37
견고한 점성토	0.49~0.98	0.37~0.46
매우 견고한 점성토	0.98~1.96	0.46~0.64

구조물기초기준(국토해양부, 2008)에 의하면 옹벽저판은 동결심도 아래에 설치되는 것이 원칙이며 동결심도가 얕은 지반이라 하더라도 지표면 아래로 최소한 1m 이상의 깊이에 설치하도록 하고 있다. 비록 저판이 소요깊이를 확보하더라도 다음과 같은 이유에서 수동토압에 의한 저항을 무시하는 것을 안전측으로 보았다.

- 수동토압이 발생하기 위해서는 상당한 옹벽의 변위가 필요하다.
- 우수나 유수에 의해 옹벽앞굽 주변의 흙이 세굴될 수 있다.
- 옹벽앞굽 주변은 되메움한 흙으로 초기에는 충분한 강도를 기대하기 곤란하다.

만일에 옹벽기초부의 흙이 충분한 활동지지력을 발휘하지 못할 경우에는 옹벽저판 밑의 흙을 두께 10cm의 모래나 자갈로 치환하는 것이 좋다. 또한 저판과 흙 사이의 마찰력이나 부착력에 의한 저항만으로 활동에 대한 안정이 제대로 얻어지지 못할 경우에는 그림 10.34a, 10.34b와 같이 저판 바닥면에 돌출된 활동방지벽(key)을 설치하거나 그림 10.34c와 같이 말뚝을 박아 활동에 대한 저항력을 증대시킬 수 있다.

(a) 활동방지벽(중간부)　　　(b) 활동방지벽(뒷굽)　　　(c) 인장 및 압축말뚝

그림 10.34 옹벽의 활동에 대한 저항력의 증가 방안(한국지반공학회, 2009)

3) 지지력에 대한 안정

기초지반에 작용하는 최대압축응력(σ_{max})이 기초지반의 허용지지력(σ_a)을 초과한다면 기초지반의 지지력에 대한 안정을 유지할 수 없다. 즉, 지지력에 대한 안정은 다음과 같이 계산한다.

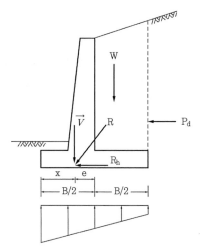

그림 10.35 지지력에 대한 안정성 검토

그림 10.35에서 옹벽저판에 작용하는 합력 $\vec{R}$은 수직력의 합 $\vec{V}$와 수평력의 합 $\vec{R_h}$를 합한 벡터이다.

$$\vec{R} = \vec{V} + \vec{R_h} \tag{10.74}$$

만일 저항모멘트 합계와 전도모멘트의 합계(옹벽 앞굽 또는 뒷굽에 대한 모든 힘들의 1차모멘트)를 $M'(= M_r - M_o)$이라고 하면 옹벽의 선단으로부터 합력 $\vec{R}$의 작용점은 다음과 같다.

$$x = \frac{M'}{V} = \frac{M_r - M_o}{V} \tag{10.75}$$

따라서 합력 $\vec{R}$의 옹벽바닥의 중심에 대한 편심거리 e는 식 10.76이다.

$$e = \frac{B}{2} - x \tag{10.76}$$

저판 아래의 압력분포를 계산하면

$$q = \frac{V}{A} \pm \frac{M'}{I}y = \frac{V}{A} \pm \frac{Ve}{I}y \tag{10.77}$$

여기서 $I\left(= \frac{1 \cdot B^3}{12}\right)$ 는 폭이 B인 기초의 관성모멘트, $M'(= Ve)$ 는 기초중심부에서 모멘트로 $M'(= M_r - M_o)$ 와 동일하다. $y = \frac{B}{2}$ 를 대입하여 기초의 단부에 작용하는 최대 및 최소수직응력을 계산하면 식 10.78a, 10.78b와 같다.

$$q_{\max} = \frac{V}{B}\left(1 + \frac{6e}{B}\right) \tag{10.78a}$$

$$q_{\min} = \frac{V}{B}\left(1 - \frac{6e}{B}\right) \tag{10.78b}$$

이때 합력 $\vec{V}$ 의 편심거리 $e < \frac{B}{6}$ 이면 저판하부 중심에서 $\frac{1}{3}$ 범위에 합력 $\vec{R}$ 이 작용하게 된다. 옹벽의 지지력에 대한 안전율은 다음과 같다.

$$F_s = \frac{q_{all}}{q_{\max}} > 1.0 \tag{10.79a}$$

$$F_s = \frac{q_{ult}}{q_{\max}} > 3.0 \tag{10.79b}$$

여기서 q_{all}, q_{ult} 는 기초하부지반의 허용지지력과 극한 지지력(11장 '지지력 계산' 부분 참조)이며 $q_{\max}$ 는 식 10.79a로부터 계산한 기초하부에 작용하는 최대압축응력이다. 안전율은 허용지지력에 대해서는 1.0, 극한지지력에 대해서는 3.0 이상을 적용하도록 한다. 기초지반의 허용지지력(σ_{all})은 일반적으로 극한지지력(q_{ult})을 안전율 3.0으로 나눈 값을 사용한다(식 11.2 참조).

예제 10.11

그림과 같이 단위중량 $\gamma = 18 \, \text{kN/m}^3$인 사질토에 놓인 높이 5m 옹벽의 안정성을 검토하여라. 뒤채움흙의 마찰각 $\phi = 30°$, 저판 아래의 흙과 저판의 마찰각 $\delta = 35°$이고 지반의 허용지지력 $q_{all} = 200 \, \text{kN/m}^2$이고, 콘크리트의 단위중량 $\gamma_{conc} = 24 \, \text{kN/m}^3$으로 가정한다.

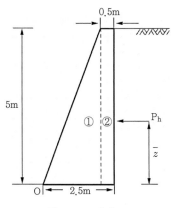

그림 10.36 예제 10.11

풀 이

1) Rankine 토압에 의하여 주동토압을 계산하면

$$K_a = \tan^2\left(45 - \frac{\phi}{2}\right) = \tan^2\left(45 - \frac{30}{2}\right) = \frac{1}{3}$$

$$P_a = \frac{1}{2} K_a \gamma H^2 = \frac{1}{2} \times \frac{1}{3} \times 18 \times 5^2 = 75 \, \text{kN/m}$$

주동토압의 작용점 위치는 $\bar{z} = \dfrac{H}{3} = \dfrac{5}{3} = 1.67 \, \text{m}$이다.

주동토압의 수평분력은 $P_h = P_a \cos\alpha = 75 \times \cos 0° = 75 \, \text{kN/m}$

수직분력은 $P_v = P_a \sin\alpha = 75 \times \sin 0° = 0 \, \text{kN/m}$이다.

2) 전도에 대한 검토

앞굽 0에 대한 전도모멘트 $M_o = P_h \dfrac{H}{3} = 75 \times 1.67 = 125 \, \text{kN} \cdot \text{m}$

옹벽의 자중 $W = \dfrac{(2.5 + 0.5) \times 5}{2} \times 24 = 180 \, \text{kN}$이다. 따라서 옹벽저판에 작용하는 수직력은 옹벽의 자중과 같으므로 $V = 180 \, \text{kN}$

옹벽에 의한 저항모멘트는

$$M_r = M_{r(1)} + M_{r(2)} = W_1 l_1 + W_2 l_2$$
$$= \frac{24 \times 5 \times 2}{2} \times 2\left(\frac{2}{3}\right) + 24 \times 5 \times 0.5 \times 2.25$$
$$= 160 + 135 = 295 \, \text{kN} \cdot \text{m}$$

전도에 대한 안전율은

$$F_s = \frac{M_r}{M_o} = \frac{295}{125} = 2.36 > 2.0$$

따라서 전도에 대한 안전율을 만족한다.

3) 활동에 대한 검토

옹벽을 활동시키려는 수평력은 $F_d(=P_h) = P_a\cos\alpha = 75\,\text{kN/m}$이다.

활동에 저항하는 저항력은(사질토이므로 $c_2 = 0$, 지표에 놓여 수동토압 $P_p = 0$이므로)

$$F_r = V\tan\phi_2 + c_2 B + P_p = 180 \times \tan35° + 0 + 0 = 126$$

활동에 대한 안전율은

$$FS = \frac{F_r}{F_d} = \frac{126}{75} = 1.68 \ > 1.5$$이므로

활동에 대한 안전율을 만족한다.

4) 지지력에 대한 검토

기초저판의 중심에 대한 편심거리를 구하면(식 10.75 참조)

$$e = \frac{B}{2} - \frac{M_r - M_o}{V} = \frac{2.5}{2} - \frac{295 - 125}{180} = 0.31\,\text{m} < \frac{B}{6} = 0.42\,\text{m}$$

식 10.77a에 의하여 지반의 최대반력 q_{max} 는

$$q_{max} = \frac{V}{B}\left(1 + \frac{6e}{B}\right) = \frac{180}{2.5}\left(1 + \frac{6 \times 0.31}{2.5}\right) = 125.6\,\text{kN/m}^2 \ < q_{all} = 200\,\text{kN/m}^2$$

지반의 최대반력 q_{max} 가 지반의 허용지지력 $q_{all} = 200\,\text{kN/m}^2$보다 작으므로 지지력에 대한 안전율을 만족한다.

4) 전체 안정성

전체 안정성이란 옹벽구조물뿐만 아니라 옹벽기초 아래 및 옹벽벽체 뒤의 지반이 포함된 전체의 안정성을 의미한다. 특히 연약지반상에 구조물이 축조되는 경우 전체 안정성이 문제될 수 있으며 이에 대한 평가를 위해서는 현장에 대한 토질조사시험 결과를 바탕으로 한 안정성 해석이 필요하다. 전체 안정성 해석에는 13장의 '사면안정 해석방법(예 : Bishop 간편법 등)'을 사용할 수 있다. 그림 10.37은 옹벽의 다양한 전체 파괴양상을 보인 것이다(한국지반공학회, 2009).

옹벽 전부를 포함하는 절취사면의 안전에 대하여 안전율이 1.5 이상이 얻어지지 않는 경우 전체 지반활동에 대한 안정대책으로 다음과 같은 방법이 있다.

(1) 기초슬래브 밑으로 활동방지벽(key)의 깊이를 증가시킨다.

(2) 기초슬래브 하부를 더 내린다.

(3) 말뚝기초를 사용한다.

위의 방법에 의해서도 안전성을 얻을 수 없는 경우에는 전도모멘트를 감소시키고 저항모멘트를 증가시킬 수 있도록 옹벽의 전체를 설계변경하여야 한다.

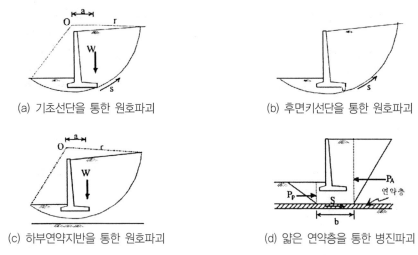

(a) 기초선단을 통한 원호파괴

(b) 후면키선단을 통한 원호파괴

(c) 하부연약지반을 통한 원호파괴

(d) 얇은 연약층을 통한 병진파괴

그림 10.37 옹벽의 여러 가지 파괴형태(13.1절 참조)

10.8 버팀대로 받친 흙막이벽의 토압

10.8.1 흙막이벽의 종류

지하철이나 고층건물의 지하층을 건설하기 위하여 지하굴착을 하는 일이 많다. 이 경우 주변지반으로부터 오는 토압을 지지하기 위하여 흙막이벽을 많이 사용하게 된다. 그림 10.38에는 흙막이벽으로 많이 사용되는 엄지말뚝(soldier beam)과 널말뚝(sheet pile)을 이용한 스트럿(strut)공법과 타이백앵커(tie-back anchor)공법의 단면을 보이고 그림 10.39에는 실제 사례를 든 것이다.

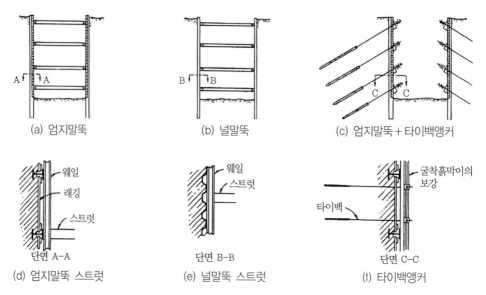

(a) 엄지말뚝

(b) 널말뚝

(c) 엄지말뚝 + 타이백앵커

단면 A-A

(d) 엄지말뚝 스트럿

단면 B-B

(e) 널말뚝 스트럿

단면 C-C

(f) 타이백앵커

웨일
래깅
스트럿

웨일
스트럿

굴착흙막이의
보강
타이백

그림 10.38 굴착 흙막이벽의 보강

(a) 엄지말뚝(토류벽)공법

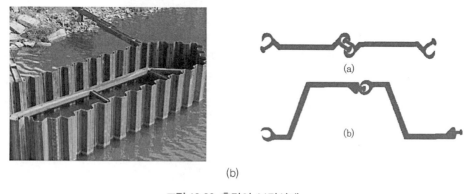

(a)

(b)

(b)

그림 10.39 흙막이 보강사례

(c) 타이백앵커(tie-back anchor)

그림 10.39 흙막이 보강사례(계속)

10.8.2 흙막이벽의 토압계산

옹벽의 경우 변형은 하부선단을 중심으로 지표부쪽이 큰 회전변형인 반면 흙막이벽의 경우에는 변형과 토압이 포물선모양으로 분포한다는 것이 현장에서의 토압계측 결과 알려졌다(그림 10.1b). Peck(1969)은 지지굴착부 토압에 대한 실측결과를 토대로 흙막이벽에 토압의 분포형태를 사각형, 사다리꼴 등으로 경험토압 분포를 제안하였다(그림 10.40).

Peck의 토압은 사질토의 경우 $p_a = 0.65 K_a \gamma H$로 직사각형 분포로 가정한다(그림 10.40a). 굳은 점토$\left(c > \dfrac{\gamma H}{4}\right)$의 경우 $p_a = 0.2\gamma H \sim 0.4\gamma H$의 토압을 이등변사다리꼴로 놓으며(그림 10.40b) 연약점토$\left(c < \dfrac{\gamma H}{4}\right)$의 경우 $p_a = \gamma H - 4c,\ 0.3\gamma H$ 중 큰 값을 일변사다리꼴의 형태로 놓아(그림 10.40c) 단면을 계산한다.

투수계수가 큰 사질토나 자갈층에서 차수를 겸한 기능을 하는 흙막이벽체인 경우에는 이들 토압 분포에 수압을 별도로 고려하여 흙막이벽의 단면을 결정한다.

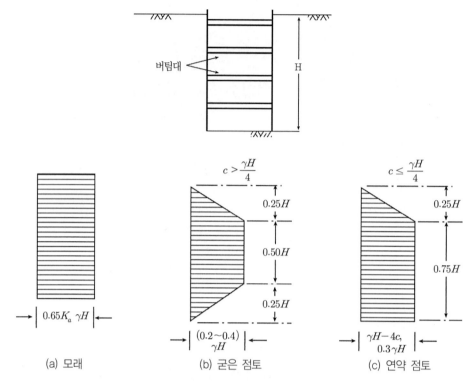

그림 10.40 지주로 받친 흙막이벽의 토압분포도(Peck, 1969)

(a) 모래   (b) 굳은 점토   (c) 연약 점토

예제 10.12

그림과 같이 단위중량 $\gamma = 17\text{kN/m}^3$, 마찰각 $\phi = 30°$인 사질토지반을 수직으로 굴착하여 스트럿(지주)을 댄 흙막이구조물을 만들려고 한다. 각 지주가 받게 되는 하중을 계산하여라. 단 평면에서 본 지주와 지주 사이의 수평거리 s는 2.5m이다.

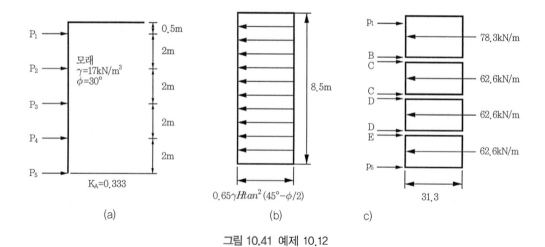

그림 10.41 예제 10.12

마찰각 $\phi = 30°$에 대한 Rankine의 주동토압계수는

$$K_A = \tan^2\left(45° - \frac{\phi}{2}\right) = \tan^2\left(45° - \frac{30°}{2}\right) = 0.333$$

그림 10.41에 보인 흙막이 벽체에 작용하는 최대응력은 사질토이므로 Peck의 토압분포 그림 10.40a에 의하여

$$0.65\gamma H K_A = 0.65 \times 17 \times 8.5 \times 0.33 = 31.3\,\mathrm{kN/m^2}$$

지주가 놓인 지점을 잘라 단순보로 만들고 이 응력이 보에 등분포하중으로 작용한다고 가정한다(그림 10.41c). 이 그림으로부터

$$p_1 = \frac{31.3 \times 2.5 \times 1.25}{2} \rightarrow p_1 = 48.9\,\mathrm{kN/m}$$

$$B = 31.3 \times 2.5 - 48.9 = 78.3 - 48.9 = 29.4\,\mathrm{kN/m}$$

$$C = D = 31.3\,\mathrm{kN/m}$$

$$p_5 \times 2 = 62.6 \times 1.0 \rightarrow p_5 = 31.3\,\mathrm{kN/m}$$

$$E = 62.6 - 31.3 = 31.3\,\mathrm{kN/m}\text{이다.}$$

따라서 버팀대에 가해지는 수평응력은

$$p_1 = 48.9\,\mathrm{kN/m}\,; \qquad\qquad p_2 = B + C = 29.4 + 31.3 = 60.7\,\mathrm{kN/m}$$

$$p_3 = C + D = 31.3 + 31.3 = 62.6\,\mathrm{kN/m}\,; \quad p_4 = D + E = 31.3 + 31.3 = 62.6\,\mathrm{kN/m}$$

$$p_5 = 31.3\,\mathrm{kN/m}$$

지주에 가해지는 하중을 계산하려면 수평응력에 설치간격 $s = 2.5\,\mathrm{m}$를 곱하여 하중을 계산한다. 따라서

$$P_1 = p_1 s = 48.9 \times 2.5 = 122.3\,\mathrm{kN}\,; \qquad P_2 = p_2 s = 60.7 \times 2.5 = 151.8\,\mathrm{kN}$$

$$P_3 = p_3 s = 62.6 \times 2.5 = 156.5\,\mathrm{kN}; \qquad P_4 = p_4 s = 62.6 \times 2.5 = 156.5\,\mathrm{kN}$$

$$P_5 = p_5 s = 31.3 \times 2.5 = 78.3\,\mathrm{kN}\text{이다.}$$

10.9 널말뚝에 작용하는 토압

널말뚝(sheet pile)을 흙막이벽으로 이용하는 방법은 널말뚝을 지반에 박아 지반의 수동토압만으로 지지하는 캔틸레버식 널말뚝(cantilever sheet pile)과 널말뚝 상단부근을 앵커로 정착시켜 지지하는 앵커식 널말뚝(anchored bulkhead)이 있다. 그림 10.42는 널말뚝을 지지하는 다양한 앵커의 형태를 보인 것인데 앵커판(anchor plate), 앵커 파일(anchor pile) 등 다양한 종류가 있다.

캔틸레버식 널말뚝은 깊이가 10m 이하의 굴착이나 준설 시에 효과적인 반면 그 이상에는 앵커식이 더 경제적이다.

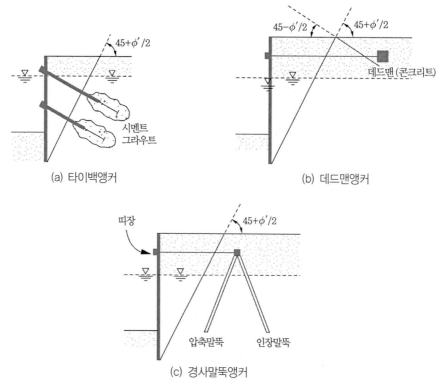

그림 10.42 널말뚝을 지지하는 다양한 앵커의 형태

널말뚝에 작용하는 토압과 지지형태를 그림 10.43a, 10.43b에 나타내었다. 널말뚝 배면에 가해지는 주동토압은 널말뚝의 상단부는 앵커에 의해, 널말뚝의 하단부는 지반에 근입된 널말뚝에 가해지는 수동토압에 의해 지지된다. 널말뚝의 근입깊이(embedment depth)가 얕을 때는 널말뚝의 가장 아래 지점과 앵커점에 힌지가 형성되어 변형이 일어나는데 이러한 지지방식을 자유단지지법(free earth support method)이라고 한다(그림 10.43a). 반면 근입깊이가 비교적 깊은 경우에는 그림 10.43b와 같이 널말뚝의 하부가 고정되어 이 지점에서는 회전이 없는 것으로 보는 지지방식을 고정단지지법(fixed earth support method)이라고 한다.

일반적으로 사질토지반에 설치한 널말뚝의 경우에는 근입깊이를 조정하여 고정단과 자유단지지방식 모두 사용 가능하다. 그러나 점토지반에 관입시키는 경우나 얕은 깊이에 암반이 있는 경우는 지반이 연약하거나 근입깊이가 충분하지 못하게 되므로 자유단지지법으로 설계하여야 한다. 자유단과 고정단지지법에 의한 구체적인 단면설계는 Das(2007)를 참고하기 바란다.

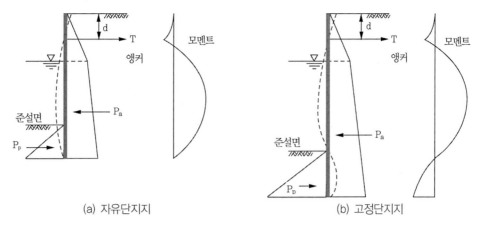

(a) 자유단지지   (b) 고정단지지

그림 10.43 널말뚝에 작용하는 토압과 지지법

10.10 옹벽의 배수설계

  빗물이 옹벽의 흙 속으로 직접 침투하는 경우나 근처의 빗물 또는 지하수가 옹벽으로 흘러 들어오게 되면 뒤채움흙의 함수비가 증가하거나 침수상태가 될 수 있다. 이 경우 흙의 단위중량이 증가함으로써 토압이 커지고 세립분이 많은 흙은 함수비 증가에 의해 전단강도가 저하되게 된다. 또한 옹벽 배면의 지하수위가 상승하면서 수압에 의한 하중이 발생하게 되므로 배수가 잘 되도록 설계하여야 한다.

  뒤채움흙의 종류별 배수대책을 구조물기초기준해설(한국지반공학회, 2009)은 다음과 같이 소개하고 있다.

1) 뒤채움흙이 조립토인 경우

  직경 6~10cm의 경질 염화비닐관이나 기타재료로 형성된 물구멍(weep hole)을 용이하게 배수할 수 있는 높이에서 배수공의 면적을 합하여 2~4m² 에 한 개씩 설치하거나(그림 10.44a) 다공파이프를 옹벽의 길이방향으로 매설하여 배수를 유도(그림 10.44b)한다. 부벽식 옹벽에서는 부벽 사이의 한 구간마다 1개 이상의 물구멍을 설치한다. 옹벽 뒷면의 물구멍 주변에는 필터역할을 할 수 있는 자갈 또는 쇄석을 부직포로 감싸고 채워서 토사가 물구멍을 막는 일이 없도록 한다.

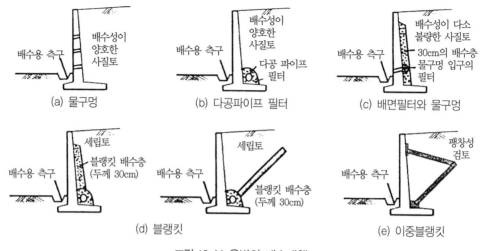

(a) 물구멍　　(b) 다공파이프 필터　　(c) 배면필터와 물구멍

(d) 블랭킷　　(e) 이중블랭킷

그림 10.44 옹벽의 배수대책

2) 뒤채움흙이 세립토를 함유한 경우

　배수시설과 더불어 옹벽의 뒷면에 필터재를 설치하여 배수층을 형성한다(그림 10.44c). 배수층으로는 통상 벽 안쪽 전면에 걸쳐 두께 30cm 정도의 자갈 또는 쇄석층을 두되 배면토에 대한 필터층으로서의 조건이 만족되도록 입도배합을 한다. 이와 같이 연속적인 배수층을 설치하면 이 층에 도달된 물은 가장 가까운 배수공으로 배출되지 않고 아래로 흘러서 최하단의 배수공으로 집중된다. 따라서 배수층 하단에 배수관을 설치하고 안전한 위치로 배수되도록 한다. 또한 유하된 물이 기초 슬래브 바닥에 정체되어 흙을 연화시키지 않도록 그 주변을 불투수층으로 차단하는 것이 좋다.

3) 뒤채움흙이 세립토인 경우

　필터 역할을 할 수 있는 자갈 또는 쇄석의 배수층을 30cm 두께로 옹벽 뒤의 전면을 따라 설치하거나 경사지게 설치한다(그림 10.44d). 이때 뒤채움흙에 대한 필터층으로서의 조건이 만족될 수 있도록 필터재 조성 시 입도분포에 유의한다. 침투된 물은 배수층을 타고 아래로 흘러내려서 하단 배수공으로 집수되도록 한다. 만약 흙이 팽창성 점토질인 경우에는 침투수는 흙의 팽창을 유발할 수 있으므로 이러한 흙은 뒤채움재로서 좋지 않으나 만약 부득이 사용할 경우 이중의 블랭킷 배수시설(blanket drain)을 설치한다(그림 10.44e).

10.11 보강토

보강토옹벽은 흙 속에 다른 재료를 넣어 보강하는 개념을 이론적으로 정립한 프랑스의 Henri Vidal(1966)에 의해 보강토공법이라는 명칭으로 처음 특허 등록되었다. 국내에서는 근래에 기존의 옹벽을 대체하여 보강토옹벽(reinforced earth retaining wall)이 옹벽, 교대, 도로 등의 여러 구조물의 공사에 적용이 증가되고 있다. 보강토옹벽은 현장에서 거푸집을 제작하여 콘크리트를 타설하는 기존의 옹벽과는 달리 사질토의 뒤채움흙에 인장력이 크고 마찰력이 좋은 보강재를 수평으로 삽입하여 흙의 횡방향 변위를 억제함으로써 토체의 안정을 기하도록 한 옹벽이다.

그림 10.45에 보인 바와 같이 보강재, 뒤채움용 사질토(sandy soil for backfill), 전면판(facing)으로 구성된다. 구조물은 전면판을 놓고 보강재와 연결한 후 뒤채움재를 다짐 포설하는 방식을 반복하여 시공한다.

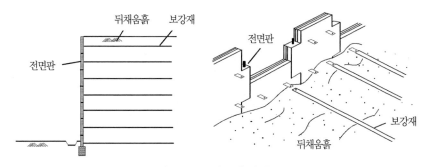

그림 10.45 보강토 옹벽의 구조

보강재는 일정 간격으로 수평배치하는 띠형(strip type)과 전체 면에 설치하는 평면형 보강재로 구분한다. 띠형 보강재로는 아연도강판, 알루미늄합금, 스테인리스강, 띠형섬유 등이 있으며 평면형으로는 격자형 토목섬유, PP 섬유, PET 섬유, 직포매트 등을 사용한다(그림 10.46).

보강토옹벽의 뒤채움 재료로 사용하는 흙은 다음과 같은 성질을 갖는 사질토를 사용하는 것이 좋다.

- 흙–보강재 사이의 마찰효과가 커야 한다.
- 배수성이 양호하고 함수비 변화에 따른 강도변화가 적어야 한다.
- 입도분포가 양호하여야 한다.
- 보강재의 내구성을 저하시키는 화학적 성분이 적어야 한다.

(a) 섬유 띠형보강재

(b) 철제 띠형보강재

(c) 일체형 지오그리드

(d) 직조형 지오그리드

그림 10.46 보강토에 사용하는 보강재의 종류

옹벽높이만으로 비교할 때 보강토옹벽의 경제성은 높이 3m까지는 기존의 철근콘크리트 옹벽이 경제적이나 높이가 9m 이상이면 보강토옹벽이 더 경제적이다. 그림 10.47은 보강토옹벽으로 가장 많이 사용되고 있는 패널식, 블록식과 토낭식 보강토옹벽의 예를 보인 것이다. 블록식 보강토옹벽은 1990년대 초 도입되어 다양한 색상 및 형태를 가진 높이 20cm의 몰탈블록을 사용하므로 미관이 우수하다.

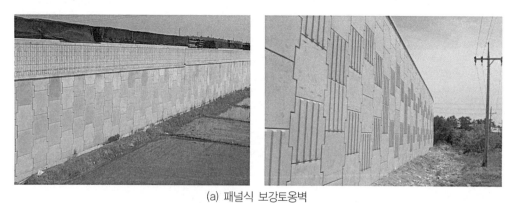

(a) 패널식 보강토옹벽

그림 10.47 보강토옹벽의 시공사례

(b) 블록식 보강토옹벽

(c) 토낭식 보강토옹벽

그림 10.47 보강토옹벽의 시공사례(계속)

보강토공법이 갖는 장점과 단점을 들면 다음과 같다.

1) 장점

(1) 시공이 간편하며, 기초지반의 부등침하에 대해 유연하여 안정적이다.

(2) 전면판, 보강재의 조립과 뒤채움재의 다짐의 반복으로 시공되므로 종래의 토류구조물보다 더 높은 구조물을 축조할 수 있다.

(3) 공사물량이 클수록 공기의 단축과 공사비의 절감효과가 상승한다.

(4) 외관상의 미적 감각이 훌륭하다.

2) 단점

(1) 뒤채움재를 배수가 양호한 사질토를 쓰게 되어 있어 보강토원리에 부합되는 뒤채움재의 공급

이 어려울 수 있다.

(2) 흙의 화학성분 등으로 보강재의 부식위험이 있다.

(3) 보강재의 근입길이가 충족되어야 하므로 산악지와 같은 급경사지역에서는 일반 구조물보다 더 많은 양의 절토가 요구된다.

10.1 예제 10.3과 같은 옹벽의 높이가 6m, 뒤채움흙의 전체단위중량 $\gamma = 17\text{kN/m}^3$, 내부마찰
각 $\phi = 35°$이다. 다음을 계산하여라.
　1) 옹벽의 변위가 전혀 발생하지 않을 때의 전체 토압과 작용점
　2) 옹벽 상부에 일부 변위가 발생하였을 경우 옹벽에 작용하는 전체주동토압과 작용점
　　(Rankine 토압을 사용)

10.2 문제 10.1의 옹벽에 지표로부터 2m 깊이까지 지하수위가 상승하였다. 뒤채움흙의 포화단
위중량을 $\gamma_{sat} = 19\text{t/m}^3$이라고 할 때 다음을 구하여라.
　1) 옹벽에 작용하는 Rankine 주동토압의 분포
　2) 옹벽에 작용하는 전체주동토압과 작용점

10.3 문제 10.1의 옹벽의 지표면에 등분포하중 $q = 30\text{kN/m}^2$이 작용한다. 주동토압의 분포도를
그리고 전체주동토압, 작용점을 계산하여라.

10.4 그림 10.48과 같이 수직한 벽면을 갖는 옹벽에 수평하게 사질토를 뒤채움하였다. 이 흙
의 단위중량 $\gamma = 17.5\text{kN/m}^3$, 내부마찰각 $\phi = 30°$로 할 때 이 옹벽의 주동토압과 그 작용
위치를 다음에 대하여 구하라.
　1) 지표면에 등분포하중이 없는 경우
　2) 지표면에 $q = 20\text{kN/m}^2$의 등분포하중이 있는 경우

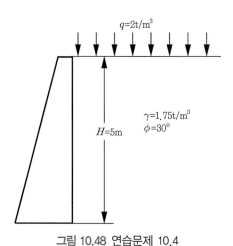

그림 10.48 연습문제 10.4

10.5 단위중량 $\gamma = 18\text{kN/m}^3$, 점착력 $c = 20\text{kN/m}^2$, 내부마찰각 $\phi = 25°$인 흙이 있다. 다음을 구하여라.

    1) 굴착하여 옹벽을 시공할 경우 발생할 수 있는 점토의 인장균열 깊이

    2) 옹벽의 지지 없이 굴착할 수 있는 이론상의 최대깊이

10.6 문제 10.5의 점토를 뒤채움으로 하여 뒷면이 수직인 8m의 옹벽을 시공하였다. 다음을 구하여라.

    1) 인장균열이 발생하기 전 Rankine 토압의 분포와 전체주동토압

    2) 인장균열이 발생한 후 Rankine 토압의 분포와 전체주동토압, 작용점

10.7 지표면이 수평이며 높이가 7m인 수직옹벽이 단위중량 $\gamma = 16.5\text{kN/m}^3$, 내부마찰각 $\phi = 30°$, 점착력 $c = 15\text{kN/m}^2$인 흙을 받치고 있다. 다음에 대하여 구하라.

    1) 인장균열이 발생하기 전 주동토압

    2) 인장균열이 발생한 후 주동토압과 작용점

10.8 그림 10.49에 나타난 배면토의 특성이 서로 다른 2층의 흙으로 될 때의 주동토압과 작용점을 구하라. 단, 벽면마찰각 $\delta = 0$으로 각 층의 단위중량 γ, 마찰각 ϕ는 다음과 같다.
$\gamma_1 = 17.5\text{kN/m}^3$, $\phi_1 = 30°$, $\gamma_2 = 19\text{t/m}^3$, $\phi_2 = 35°$

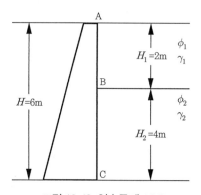

그림 10.49 연습문제 10.8

10.9 그림 10.50의 수직옹벽($\theta = 90°$)에 작용하는 주동토압과 작용점을 구하여라.
단, $\phi = 30°$, $\gamma = 17\text{kN/m}^3$으로 한다.

    1) 경사진 뒤채움재의 Rankine 토압과 작용점

    2) 경사진 뒤채움재의 Coulomb 토압과 작용점(단 $\delta = 10°$)

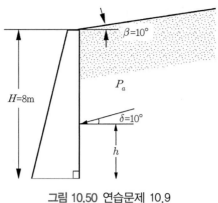

그림 10.50 연습문제 10.9

10.10 그림 10.51 옹벽의 주동토압과 작용점을 구하여라. 단, $\phi = 30°$, $\gamma = 18\text{kN/m}^3$, $\delta = 20°$로 한다(Coulomb 토압을 적용할 것).

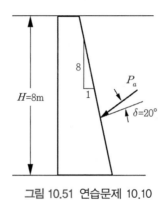

그림 10.51 연습문제 10.10

10.11 그림 10.51 옹벽의 수동토압과 작용점을 구하여라(Coulomb 토압 적용).

10.12 그림 10.51 옹벽에 작용하는 지진 시 주동토압 P_{ae}의 크기와 작용점의 위치를 구하여라. 수평 및 수직가속도계수 k_h와 k_v는 각각 0.2, 0.0으로 가정한다.

10.13 9m 깊이로 수평지반을 굴착하여 지하실을 시공하고 빌딩을 세우려고 한다.
  1) 배면지반의 단위중량 $\gamma = 18\text{kN/m}^3$, 점착력 $c = 0\text{kN/m}^2$, 내부마찰각 $\phi = 35°$이라고 할 때 지하실 벽체에 작용하는 토압분포도를 도시하여라.
  2) 지표면 아래 4m 깊이에 지하수위가 있다고 할 때 지하수위를 고려한 토압 분포도를 도시하여라. 이 흙의 포화단위중량은 $\gamma = 19.5\text{kN/m}^3$이다.

10.14 그림 10.52의 중력식 옹벽이 있다. 이 옹벽의 단위중량 $\gamma_{conc} = 24\,kN/m^3$, 뒤채움재의 단위중량 $\gamma = 18\,kN/m^3$, 점착력 $c = 0\,kN/m^2$, 내부마찰각 $\phi = 35°$이다. 벽과 뒤채움재 사이와 기초 흙과 벽체 사이에 작용하는 마찰각은 25°였다.

1) 옹벽에 작용하는 Coulomb 주동토압을 계산하여라.

2) 이 옹벽의 전도에 대한 안전율은 얼마인가?

3) 수동토압이 옹벽 전면에 1m 깊이에 작용한다. 활동에 대한 안전율을 구하여라.

4) 최대 및 최소바닥압력을 계산하여라. 이 옹벽의 지지력에 대한 안전율을 3.0으로 할 때 옹벽을 안전하게 지지할 수 있는 허용지지력을 구하여라.

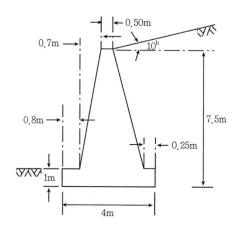

그림 10.52 연습문제 10.14

10.15 지하구조물 공사를 위해 개착식공법으로 8m까지 굴착하고 지주를 지표면으로부터 2, 4, 6m 지점에 각각 지지하였다. 지주 사이는 $s = 3m$ 간격으로 지주를 설치하였다고 할 때 다음 물음에 답하여라. 이 흙의 단위중량은 $\gamma = 17\,kN/m^3$, 비배수전단강도 $c_u = 256\,kN/m^2$ 인 점토이다.

1) 흙막이 벽에 작용하는 토압을 결정하여라.

2) 단위폭의 흙막이벽으로 보고 각 지지점에 작용하는 토압은 얼마인가?

3) 지지 사이 간격 s를 고려하였을 때 지주에 가해지는 하중을 계산하여라.

참고문헌

1. 건설교통부(2006), 국도 건설공사 설계 실무요령.
2. 권호진, 박준범, 송영우, 이영생(2008), 토질역학, 구미서관.
3. 김상규(1992), 토질역학, 청문각.
4. 한국지반공학회(2009), 국토해양부제정, 구조물 기초설계기준 해설.
5. Canadian Geotechnical Society(1985), Excavations and Retaining Structures, *Canadian Foundation Engineering Manual*, Part 4.
6. Coulomb, C.A.(1776), "Essai sur une Application des Regles de Maximis et Minimis a quequos Problems de Statique, relatifs a l'Architecture", *Mem. Roy. de Sciences*, Paris, Vol.3, p.38.
7. Das, B. M.(1990), Principles of Foundation Engineering, 2nd Ed., PWS- KENT Pub. Comp., Boston.
8. Das(2001), Principles of Foundation Engineering, 4th Ed., *Thomson Learning*, a Division of Thomson Asia Pte. Ltd.
9. Goldberg, D.T., Jaworski, W.E., and Gordon, M.D.(1976), "Lateral Support Systems and Underpinning, Vol.I, Design and Consruction(Summary)", FHWA-RD-75, Federal Highway Administration.
10. Jacky, J.(1944), "The Coefficient of Earth Pressure at Rest", *Journal of the Society of Hungarian Architects and Engineers*, Vol.7, pp.335-358.
11. NAVFAC(1982), "Soil Mechanics Design Manual", *Department of the Navy Naval Facilities Engineering Command.*, pp.7.2-59~7.2-85.
12. Okabe, S.(1926), "General Theory of Earth Pressure", *Journal of Janpanse Society of Civil Engineers*, Tokyo, Vol.12, No.1.
13. Peck, R.B.(1969), "Earth Pressure Measurements in Open Cuts, Chicago Subway", *Transactions*, ASCE, Vol.108, pp.1008-1058.
14. Rankine, W.M.J.(1857), "On Stability of Loose Earth", *Philosophic Transactions of Royal Society*, London, Part 1, pp.9-27.
15. Terzaghi, K.(1954), "Anchored Bulkheads", *Transaction*, ASCE. Paper No.2720, Vol.119.
16. Terzaghi, K. and Peck, R.B.(1967), "Soil mechanics in Engineering Practice", John Wiley & Sons, New York.

11 얕은기초의 지지력과 침하

11 | 얕은기초의 지지력과 침하

11.1 개 설

구조물을 지지하는 기초(foundation)는 얕은기초(shallow foundation)와 깊은기초(deep foundation)로 분류한다. 얕은기초는 하중을 지반으로 전달하기 위해 지표에 직접 놓이는 기초이며 직접기초라고도 한다. 견고한 지반이 얕은 곳에 위치할 때 설치하며 기초의 깊이(D_f)/폭(B)의 비가 1보다 작은 경우($D_f / B \leq 1.0$)가 대부분이나 3.0~4.0 이하인 경우에도 얕은기초의 범주에 속한다(그림 11.1).

깊은기초는 상부에 연약한 지층이 있어 직접기초를 할 수 없는 경우 말뚝이나 케이슨 등을 써서 상부하중을 지중의 견고한 지층에 전달하는 방식의 기초이다(12장 참조).

얕은기초의 종류로는 기둥이나 벽 하단의 확대기초(spread footing) 형태로 한 개의 기둥만을 지지하는 독립기초(footing foundation), 2개 이상의 기둥을 지지하는 복합기초(combined footing), 기둥 수가 한 줄로 많거나 또는 하중이 벽면의 벽을 통하여 전달되는 연속푸팅기초(continuous footing : 띠기초(strip footing)라고도 불림), 여러 개의 기둥을 하나의 슬래브로 지지하는 기초인 전면기초(mat foundation)가 있다(그림 11.1).

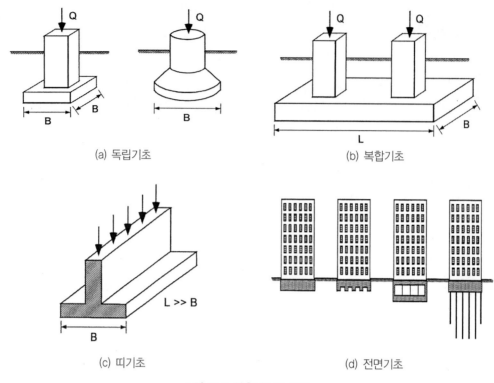

(a) 독립기초

(b) 복합기초

(c) 띠기초

(d) 전면기초

그림 11.1 얕은기초의 종류

기초구조물을 설계할 때에는 다음의 조건을 만족하여야 한다.

(1) 기초 하부지반이 상부하중을 지지할 수 있도록 지지력(bearing capacity)이 충분히 커야 한다. 지반에 기초로부터 가해지는 압력(q)은 기초지반의 강도정수 c, ϕ을 이용하여 계산한 허용지지력(q_{all})보다 작아야 한다($q < q_{all}$). 이를 만족하지 못할 경우 기초면적을 확대하거나 깊은기초를 고려하며 지반개량을 할 필요도 있다.
(2) 기초의 침하량(settlement)이 허용치(예 : 전침하(total settlement) < 2.5cm) 이내에 들어야 한다. 기초의 침하량이 크면 상부구조물이 기울어지거나 균열이 생기는 일이 발생한다.
(3) 기초의 위치가 동상(frost heave)의 피해를 받지 않는 깊이인 동결깊이(frozen depth) 아래에 위치해야 한다.

11.2 얕은기초의 전단파괴와 극한지지력

얕은기초 아래에 있는 흙이 파괴될 때는 상부하중으로 인하여 기초직하부의 흙은 아래로 가라앉고 주위에 있는 흙은 옆으로 밀려 부풀어 오르는 현상이 일어난다. 기초지반의 파괴형태는 기초지반을 구성하는 흙의 상대밀도에 따라 달라지는데 다음과 같은 세 가지 종류로 분류할 수 있다(그림 11.2).

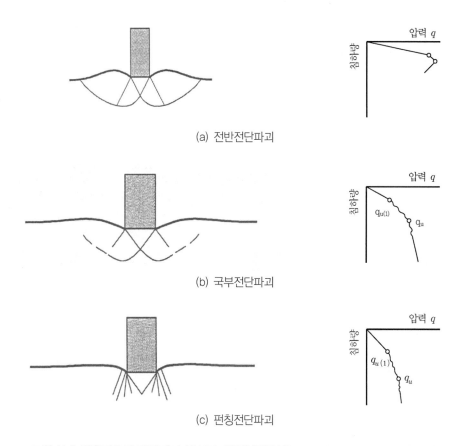

(a) 전반전단파괴

(b) 국부전단파괴

(c) 펀칭전단파괴

그림 11.2 얕은기초의 전단파괴 형식과 압력침하곡선($q_{u(1)}$: 1차파괴하중 ; q_u : 극한하중)

1) 전반전단파괴(general shear failure)

그림 11.2a의 좌측에 나타난 파괴형태로 주로 조밀한 모래, 단단한 점토 등의 압축성이 작은 흙에서 나타난다. 우측 그림은 기초에 가해진 압력으로 침하가 발생하는 양상을 보인 것인데 작용하중이 증가하면 기초의 침하도 증가하고 어느 하중단계에 도달하면 흙의 갑작스러운 붕괴가 일어나 기초

가 받는 압력이 급감하는 모습을 보인다. 이때 흙의 파괴면은 지표까지 확장되면서 하부지반으로부터 밀려난 흙이 기초주변에서 부풀어 오르는 형태의 파괴를 보인다.

2) 국부전단파괴(local shear failure)

그림 11.2b에 나타난 바와 같이 흙 위에 설치한 기초의 하중이 지속적으로 어느 정도까지 증가하여도 압력의 뚜렷한 파괴변곡점이 형성되지 않는다. 이 경우에는 기초의 침하량이 많아야 흙의 파괴면이 표면까지 확장되는 양상을 보인다. 중간 정도 다짐의 모래, 점성토에서 발생하는 파괴이다.

3) 관입전단파괴(punching shear failure)

그림 11.2c이 보인 기초의 압력-침하량곡선의 경사가 급하여 큰 압력을 받지 못함을 알 수 있다. 상대밀도가 작은 매우 느슨한 흙에서 발생하는 파괴로 기초가 가라앉기만 하고 흙이 지표면에 부풀어 오르는 현상은 나타나지 않는다.

흙기초가 받는 압력이 증가하다 파괴가 발생하기 시작할 때의 압력을 기초의 지지력으로 삼게 되는데 기초가 전단파괴가 발생할 때의 극한 상태의 압력을 극한지지력(ultimate bearing capacity)이라고 부른다. 극한지지력(q_{ult})은 식 11.1과 같이 쓸 수 있다.

$$q_{ult} = \frac{Q_{ult}}{A} \tag{11.1}$$

여기서 Q_{ult} : 기초가 받을 수 있는 최대하중(또는 극한하중), A : 기초의 단면적이다.

기초의 설계에서는 허용지지력(allowable bearing capacity)이라는 개념도 사용하는데 이는 극한지지력을 적절한 안전율로 나눈 값이다(식 11.2).

$$q_{all} = \frac{q_{ult}}{F_s} \tag{11.2}$$

여기서 F_s는 안전율이다. 안전율은 일반적으로 기초에 가해지는 사하중과 최대활하중에 대해서는 3을 적용하나 지진, 눈, 바람 등 활하중의 일부가 일시적으로 작용할 때는 2를 적용한다.

11.3 Terzaghi의 극한지지력공식

Terzaghi는 그림 11.3과 같이 전반전단파괴가 나타날 때의 파괴형태를 직선과 대수 나선의 결합으로 보고, 기초저면 위쪽 흙의 자중을 고려할 수 있는 극한지지력공식을 유도하였다. 기초 아래의 파괴영역은 주동상태인 기초 직하부의 흙쐐기 ADC와 횡방향 소성상태의 대수나선(log spiral) 파괴면인 DE, DF를 갖는 영역, 수동상태이며 직선부의 파괴면 EG, FH를 갖고 있는 영역으로 구성되어 있다. 흙쐐기 ADC를 이루는 각 $\angle CAD$, $\angle ACD$는 흙의 내부마찰각 ϕ와 같다($\alpha = \phi$)고 가정하며 기초바닥이 거칠면 흙쐐기 ADC는 기초의 일부분처럼 강체(rigid body)로 작용한다. 기초저면보다 위쪽에 있는 두께 D_f인 지반의 전단저항은 무시하고 단순히 상재하중($q = \gamma D_f$)으로 간주하였다.

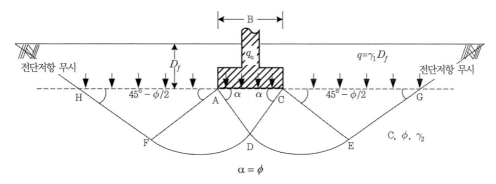

그림 11.3 Terzaghi의 전반전단파괴 모델

전반전단파괴 시 흙쐐기 ADC의 평형을 고려하여 구한 연속기초(strip footing)의 극한지지력공식은 다음과 같다.

$$q_u = cN_c + \frac{1}{2}\gamma BN_\gamma + qN_q \tag{11.3}$$

여기서 N_c, N_γ, N_q은 점착력, 기초폭, 기초깊이에 대한 지지력계수이며 c는 기초지반의 점착력, γ는 흙의 단위중량, B는 기초폭, q는 기초하부에 작용하는 상재하중이다. 지지력계수 N_c, N_γ, N_q는 식 11.4a, 11.4b, 11.4c로 구성된다.

$$N_c = \cot\phi \left(\frac{e^{2(3\pi/4 - \phi/2)\tan\phi}}{2\cos^2(45 + \phi/2)} - 1 \right)$$ (11.4a)

$$N_\gamma = \frac{1}{2} \left(\frac{K_p}{\cos^2\phi} - 1 \right) \tan\phi$$ (11.4b)

$$N_q = \frac{e^{2(3\pi/4 - \phi/2)\tan\phi}}{2\cos^2(45 + \phi/2)}$$ (11.4c)

상대밀도가 작은 흙에서 일어나는 그림 11.2b에 보인 바와 같은 국부전단파괴 시 지지력을 계산하는 경험적인 방법을 Terzaghi는 식 11.3, 11.4에 기초지반의 강도정수 c, $\tan\phi$의 $\frac{2}{3}$ 값을 사용하도록 제안하였다(식 11.5a, 11.5b).

$$c_l = \frac{2}{3}c$$ (11.5a)

$$\phi_l = \tan^{-1}\left(\frac{2}{3}\tan\phi \right)$$ (11.5b)

여기서 c_l, ϕ_l은 국부전단파괴 시 사용하는 점착력과 내부마찰각이다.

Terzaghi의 지지력공식은 매우 안전측이며 계산이나 도표 이용이 용이하므로 널리 이용되고 있다. 전반전단파괴와 국부전단파괴 시의 Terzaghi의 지지력계수 N_c, N_γ, N_q를 도표화하여 나타내면 그림 11.4 및 표 11.1과 같다.

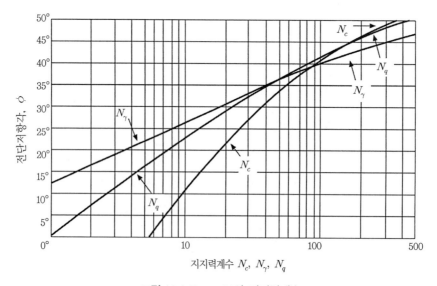

그림 11.4 Terzaghi의 지지력계수

표 11.1 Terzaghi의 지지력계수와 수정지지력계수

ϕ (°)	지지력계수(전반전단파괴 시)			수정지지력계수(국부전단파괴 시)		
	N_c	N_γ	N_q	N_c'	N_γ'	N_q'
0	5.70	0.00	1.00	5.07	0.00	1.00
1	6.00	0.01	1.10	5.90	0.005	1.07
2	6.30	0.04	1.22	6.10	0.02	1.14
3	6.62	0.06	1.35	6.30	0.04	1.22
4	6.97	0.10	1.49	6.51	0.06	1.30
5	7.34	0.14	1.64	6.74	0.07	1.39
6	7.73	0.20	1.81	6.97	0.10	1.49
7	8.15	0.27	2.00	7.22	0.13	1.59
8	8.60	0.35	2.21	7.47	0.16	1.70
9	9.09	0.44	2.44	7.74	0.20	1.82
10	9.61	0.56	2.69	8.02	0.24	1.94
11	10.16	0.69	2.98	8.32	0.30	2.08
12	10.76	0.85	3.29	8.63	0.35	2.22
13	11.41	1.04	3.63	8.96	0.42	2.38
14	12.11	1.26	4.02	9.31	0.48	2.55
15	12.86	1.52	4.45	9.67	0.57	2.73
16	13.68	1.82	4.92	10.06	0.67	2.92
17	14.60	2.18	5.45	10.47	0.76	3.13
18	15.12	2.59	6.04	10.90	0.88	3.36
19	16.56	3.07	6.70	11.36	1.03	3.61
20	17.69	3.64	7.44	11.85	1.12	3.88
21	18.92	4.31	8.26	12.37	1.35	4.17
22	20.27	5.09	9.19	12.92	1.55	4.48
23	21.75	6.00	10.23	13.51	1.74	4.82
24	23.36	7.08	11.40	14.14	1.97	5.20
25	25.13	8.34	12.72	14.80	2.25	5.60
26	27.09	9.84	14.21	15.53	2.59	6.05
27	29.24	11.60	15.90	16.30	2.88	6.54
28	31.61	13.70	17.81	17.13	3.29	7.07
29	34.24	16.18	19.98	18.03	3.76	7.66
30	37.16	19.13	22.46	18.99	4.39	8.31
31	40.41	22.65	25.28	20.03	4.83	9.03
32	44.04	26.87	28.52	21.16	5.51	9.82
33	48.09	31.94	32.23	22.39	6.32	10.69
34	52.64	38.04	36.50	23.72	7.22	11.67
35	57.75	45.41	41.44	25.18	8.35	12.75

표 11.1 Terzaghi의 지지력계수와 수정지지력계수(계속)

ϕ (°)	지지력계수(전반전단파괴 시)			수정지지력계수(국부전단파괴 시)		
	N_c	N_γ	N_q	$N_c{}'$	$N_\gamma{}'$	$N_q{}'$
36	63.53	54.36	47.16	26.77	9.41	13.97
37	70.01	65.27	53.80	28.51	10.90	15.32
38	77.50	78.61	61.55	30.43	12.75	16.85
39	85.97	95.03	70.61	32.53	14.71	18.56
40	95.66	115.31	81.27	34.87	17.22	20.50
41	106.81	140.51	93.85	37.45	19.75	22.70
42	119.67	171.99	108.75	40.33	22.50	25.21
43	134.58	211.56	126.50	43.54	26.25	28.06
44	151.95	261.60	147.74	47.12	30.40	31.34
45	172.28	325.34	173.28	51.17	36.00	35.11
46	196.22	407.11	204.19	55.73	41.70	39.48
47	224.55	521.84	241.80	60.91	49.30	44.54
48	258.28	650.67	287.85	66.80	59.25	50.46
49	298.71	831.99	344.63	73.55	71.45	57.41
50	347.50	1072.80	415.14	81.31	85.75	65.60

길이가 무한대인 연속기초는 2차원으로 해석하여 지지력을 유도할 수 있다. 그러나 정사각형, 원형 등의 다양한 형태를 갖는 기초는 파괴형상이 3차원이므로 연속기초에 대한 지지력공식을 기본으로 하여 Terzaghi는 경험공식을 제안하였다.

$$\text{정사각형 기초}: q_u = 1.3cN_c + 0.4\gamma BN_\gamma + qN_q \tag{11.6}$$

$$\text{원형기초}: q_u = 1.3cN_c + 0.3\gamma BN_\gamma + qN_q \tag{11.7}$$

예제 11.1

점착력 10kN/m^2, 내부마찰각 $\phi = 27°$, 단위중량 18kN/m^3인 지반에 기초폭 $B = 2\text{m}$, 기초깊이 $D_f = 1.5\text{m}$인 띠기초(strip footing)를 만들었다. 전반전단파괴를 가정하고 극한지지력을 계산하여라.

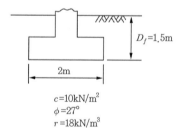

$$c = 10\text{kN/m}^2$$
$$\phi = 27°$$
$$r = 18\text{kN/m}^3$$

그림 11.5 예제 11.2

풀　이

내부마찰각이 $\phi = 27°$인 지반의 지지력계수는 그림 11.4 또는 표 11.1에서
$$N_c = 29.2, \quad N_q = 15.9, \quad N_\gamma = 11.6$$
식 11.4에 대입하여 극한지지력을 계산하면

$$q_{ult} = cN_c + \frac{1}{2}\gamma BN_\gamma + qN_q$$
$$= (10 \times 29.2) + \left(\frac{1}{2} \times 18 \times 2 \times 11.6\right) + (18 \times 1.5 \times 15.9)$$
$$= (10 \times 29.2) + \left(\frac{1}{2} \times 18 \times 2 \times 11.6\right) + (18 \times 1.5 \times 15.9)$$

예제 11.2

국부전단파괴를 가정하고 예제 11.1을 다시 풀어라.

풀　이

국부전단파괴의 경우 식 11.5a, 11.5b를 이용하여 점착력과 마찰력을 다시 계산하면
$$c' = \frac{2}{3}c = 6.7\,\text{kN/m}^2, \quad \phi' = \tan^{-1}\left(\frac{2}{3}\tan 27°\right) = 18.8° = 19°$$
그림 11.4 또는 표 11.1에서 구한 수정지지력계수는
$$N_c' = 16.56, \quad N_q' = 6.70, \quad N'_\gamma = 3.07$$
식 11.3에 대입하여 극한지지력을 계산하면

$$q_{ult} = cN_c + \frac{1}{2}\gamma BN_\gamma + qN_q$$
$$= 6.7 \times 16.56 + \frac{1}{2} \times 18 \times 2 \times 3.07 + 18 \times 1.5 \times 6.70$$
$$= 347.1\,\text{kN/m}^2$$

예제 11.3

직경이 2m, 기초깊이 1m의 원형기초를 내부마찰각 $\phi = 24°$, 점착력 $c = 20\,\text{kN/m}^2$, 단위중량 19kN/m³인 지반에 만들었다. 안전율 FS=3으로 하고 기초의 허용하중을 계산하여라(전반전단파괴로 가정).

풀　이

내부마찰각 $\phi = 24°$인 토질의 지지력계수는 $N_c = 23.36, \ N_\gamma = 7.08, \ N_q = 11.40$
극한지지력 $q_{ult} = 1.3cN_c + 0.3\gamma BN_\gamma + qN_q$
$$= 1.3(20) \times 23.36 + 0.3 \times 19 \times 2 \times 7.08 + 19(1) \times 11.40 = 607.4 + 80.7 + 216.6$$
$$= 904.7\,\text{kN/m}^2$$

허용지지력은 식 11.2로부터 $q_{all} = \dfrac{q_{ult}}{3} = \dfrac{904.7}{3} = 301.6\,\text{kN/m}^2$

허용하중은 기초의 단면적을 곱하여 $Q_{all} = q_{all}A = q_{all}\dfrac{\pi D^2}{4} = 301.6 \times 3.14 = 946.9\,\text{kN}$

11.4 Meyerhof의 지지력공식

Terzaghi 지지력공식은 경사하중이나 편심하중에 의하여 모멘트가 작용하는 기둥이나 기초 등에는 사용이 어렵다. Meyerhof는 Terzaghi의 파괴메커니즘과 유사하지만 파괴면이 대수나선과 직선이며 지표면까지 연장되는 파괴형상을 가정하여 극한지지력공식을 유도하였다(그림 11.6의 우측).

Meyerhof는 기초바닥 아래의 쐐기형 파괴체에 대해서 Terzaghi는 각도 $\alpha = \phi$로 하였으나 Meyerhof는 $\alpha = 45° + \phi/2$로 가정하였다. 그리고 Terzaghi는 기초저면보다 위쪽에 있는 지반의 전단저항을 무시하고 단순히 상재하중으로 처리하였으나, Meyerhof는 기초저면보다 위쪽에 있는 지반의 전단저항을 고려하였다. Meyerhof의 극한지지력계산식은 Terzaghi의 식과 같은 모양이며 다만 지지력계수 N_c, N_q, N_γ만 다르다.

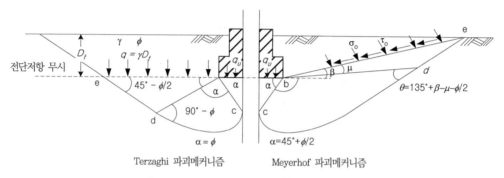

그림 11.6 Meyerhof의 전단파괴메커니즘의 비교

$$q_u = cN_c + \frac{1}{2}\gamma BN_\gamma + qN_q \tag{11.3}$$

Meyerhof의 지지력계수, N_c, N_q, N_γ는 식 11.8로 구할 수 있고, 지지력계수는 그림 11.7 및 표 11.2와 같다.

$$N_q = e^{\pi \tan\phi}\tan^2\left(45 + \frac{\phi}{2}\right) \tag{11.8a}$$

$$N_c = (N_q - 1)\cot\phi \tag{11.8b}$$

$$N_\gamma = (N_q - 1)\tan(1.4\phi) \tag{11.8c}$$

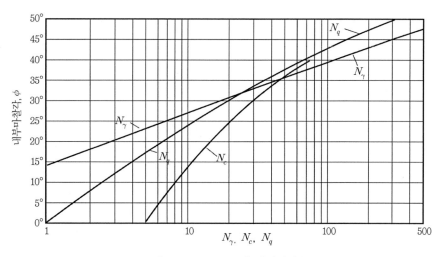

그림 11.7 Meyerhof의 지지력계수

표 11.2 Meyerhof식에 대한 지지력계수

ϕ (°)	N_c	N_γ	N_q	ϕ (°)	N_c	N_γ	N_q
0	5.14	0.00	1.00	26	22.25	8.00	11.85
1	5.38	0.002	1.09	27	23.94	9.46	13.20
2	5.63	0.01	1.20	28	25.80	11.19	14.72
3	5.90	0.02	1.31	29	27.86	13.24	16.44
4	6.19	0.04	1.43	30	30.14	15.67	18.40
5	6.49	0.07	1.57	31	32.67	18.56	20.63
6	6.81	0.11	1.72	32	35.49	22.02	23.18
7	7.16	0.15	1.88	33	38.64	26.17	26.09
8	7.53	0.21	2.03	34	42.16	31.15	29.44
9	7.92	0.28	2.25	35	46.12	37.15	33.30
10	8.35	0.37	2.47	36	50.59	44.43	37.75
11	8.80	0.47	2.71	37	55.63	53.27	42.92
12	9.28	0.60	2.97	38	61.35	64.07	48.93
13	9.81	0.74	3.26	39	67.87	77.32	55.96
14	10.37	0.92	3.59	40	75.31	93.69	64.20
15	10.98	1.13	3.94	41	83.86	113.99	73.90
16	11.63	1.38	4.34	42	93.71	139.32	85.38
17	12.34	1.66	4.77	43	105.11	171.14	99.02
18	13.10	2.00	5.26	44	118.37	211.41	115.31
19	13.93	2.40	5.80	45	133.88	262.74	134.88
20	14.83	2.87	6.40	46	152.10	328.73	158.51
21	15.82	3.42	7.07	47	173.64	414.32	187.21
22	16.88	4.07	7.82	48	199.26	526.44	222.31
23	18.05	4.82	8.66	49	229.93	674.91	265.51
24	19.32	5.72	9.60	50	266.89	873.84	319.07
25	20.72	6.77	10.66				

식 11.3, 11.4는 연속기초에 대한 것이므로 Meyerhof는 원형이나 직사각형의 다양한 형상이나 기초바닥의 깊이, 기초에 하중이 기울어져 작용하는 경우를 고려하여 다음과 같은 일반 지지력공식을 제안하였다.

$$q_u = cN_cF_{cs}, F_{cd}F_{ci} + \frac{1}{2}\gamma BN_\gamma F_{\gamma s}F_{\gamma d}F_{\gamma i} + qN_qF_{qs}F_{qd}F_{qi} \tag{11.9}$$

여기서 F_{cs}, $F_{\gamma s}$, F_{qs}는 형상계수(shape factor), F_{cd}, $F_{\gamma d}$, F_{qd}는 깊이계수(depth factor), F_{ci}, $F_{\gamma i}$, F_{qi}는 경사계수(inclination factor)이며 각 계수의 s, d, i는 각각 형상, 근입깊이, 하중 경사를 표시한다.

N_q, N_c, N_γ은 지지력계수로서 Meyerhof의 값을 사용한다.

형상계수, 깊이계수, 경사계수는 다음과 같이 구한다.

1) 형상계수

기초의 형상에 따라 달라지는 지지력계수를 다음과 같이 사용하였다.

$$F_{cs} = 1 + 0.2K_p\frac{B}{L} \tag{11.10}$$

$$F_{\gamma s} = F_{qs} = 1 + 0.1K_p\frac{B}{L} \tag{11.11}$$

여기서 L은 기초의 길이$(L > B)$이고 $K_p = \tan^2\left(45° + \frac{\phi}{2}\right)$이다.
$\phi = 0°$이면 $F_{\gamma s} = F_{qs} = 1$이다.

2) 깊이계수

기초의 깊이에 따라 달라지는 지지력계수를 다음과 같이 사용하였다.

$$F_{cd} = 1 + 0.2\sqrt{K_p}\frac{D_f}{B} \tag{11.12}$$

$$F_{\gamma d} = F_{qd} = 1 + 0.1\sqrt{K_p}\frac{D_f}{B} \tag{11.13}$$

이고 $\phi = 0°$ 이면 $F_{\gamma d} = F_{qd} = 1$ 이다.

3) 경사계수

하중이 수직으로 작용하지 않고 경사(α)가 있을 경우 기초의 지지력이 감소한다. 이를 고려하기 위한 경사계수를 다음과 같이 적용하였다.

$$F_{ci} = F_{qi} = \left(1 - \frac{\alpha}{90°}\right)^2 \tag{11.14}$$

$$F_{\gamma i} = \left(1 - \frac{\alpha}{\phi}\right)^2 \tag{11.15}$$

여기서 α는 기초에 작용한 하중의 수직방향에 대한 경사이다.
$\phi = 0°$ 이면 $F_{\gamma i} = 1$ 이다.

예제 11.4

그림 11.8과 같은 기초깊이 $D_f = 1.5\text{m}$이고 면적 2m×2m인 정사각형 기초에 하중이 20° 기울어져 작용하고 있다. 안전율 3.0을 적용하여 기초의 허용하중을 구하라. 흙의 단위중량은 18kN/m³, $c = 0\text{kN/m}^2$, $\phi = 32°$이다.

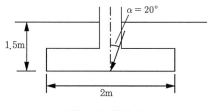

그림 11.8 예제 11.4

풀 이

기초지반의 점착력 $c = 0$이므로 극한지지력은 다음과 같다.

$$q_u = \frac{1}{2}\gamma B N_\gamma F_{\gamma s} F_{\gamma d} F_{\gamma i} + q N_q F_{qs} F_{qd} F_{qi}$$

기초저부까지 깊이를 상재하중으로 보아 $q = 18\text{kN/m}^3 \times 1.5\text{m} = 27\text{kN/m}^2$

흙의 내부마찰각 $\phi = 32°$에 대한 Meyerhof 지지력계수는 그림 11.7 또는 표 11.2에서 $N_\gamma = 22.02$, $N_q = 23.18$이다. 수동토압계수를 계산하면 $K_p = \tan^2\left(45° + \frac{\phi}{2}\right) = \tan^2\left(45° + \frac{32°}{2}\right) = 3.25$

형상계수 $F_{rs} = F_{qs} = 1 + 0.1 K_p \dfrac{B}{L} = 1 + 0.1 \times 3.25 \times 1 = 1.33$

깊이계수 $F_{rd} = F_{qd} = 1 + 0.1 \sqrt{K_p} \dfrac{D_f}{B} = 1 + 0.1 \times 1.8 \times \dfrac{1.5}{2} = 1.14$

경사계수 $F_{ri} = \left(1 - \dfrac{\alpha}{\phi}\right)^2 = \left(1 - \dfrac{20}{32}\right)^2 = 0.14$

$\qquad\qquad F_{qi} = \left(1 - \dfrac{\alpha°}{90°}\right)^2 = \left(1 - \dfrac{20°}{90°}\right)^2 = 0.60$

극한지지력 $q_u = 0.5 \times 18 \times 2 \times 22.02 \times 1.33 \times 1.14 \times 0.14 + 27 \times 23.18 \times 1.33 \times 1.14 \times 0.60$

$\qquad\qquad = 84.1 + 569.4 = 653 \,\text{kN/m}^2$

허용지지력 $q_a = \dfrac{653}{3} = 218 \,\text{kN/m}^2$

따라서 허용하중 $Q_a = q_{all} A = 218 \,\text{kN/m}^2 \times (2 \times 2\,\text{m}) = 872\,\text{kN}$이다.

11.5 지하수위의 영향(지지력 수정)

앞 절에 소개된 지지력공식에 사용하는 흙의 단위중량은 유효단위중량이다. 따라서 기초부근에 지하수가 있다면 지지력이 감소하게 될 것이므로 지하수위의 위치에 따라 적절하게 공식을 수정하여 사용하여야 한다(그림 11.9).

• 경우 1 : 지하수위가 기초바닥 위에 있는 경우($0 < D_2 < D_f$) :

　둘째 항의 단위중량 γ는 수중단위중량 γ'으로 셋째 항의 유효토피하중 $q(=\gamma D_f)$는 식 11.16으로 수정하여 사용한다.

$$q = \gamma D_1 + \gamma' D_2 \tag{11.16}$$

• 경우 2 : 지하수위가 기초바닥 아래에 있는 경우($0 < d < B$) :

　둘째 항 γ를 $\bar{\gamma}$로 수정하여 적용한다.

$$\bar{\gamma} = \gamma' + \dfrac{d}{B}(\gamma - \gamma') \tag{11.17}$$

• 경우 3 : 지하수위가 기초바닥 아래 기초폭보다 큰 깊이에 있을 때($d > B$) :
지하수위의 영향이 없다.

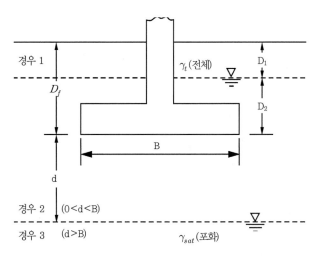

그림 11.9 지하수위에 의한 단위중량의 수정

예제 11.5

단면적 4m×4m인 정사각형기초가 단위중량 $\gamma_t = 17\text{kN/m}^3$, $\gamma_{sat} = 19\text{kN/m}^3$ 강도정수 $\phi = 24°$, $c = 30\text{kN/m}^2$인 지반에 설치되었다. 지하수위가 지표면에서 1m(경우 1), 3m(경우 2), 6m(경우 3)인 세 가지 경우의 극한지지력을 계산하여라(Terzaghi 공식을 이용할 것).

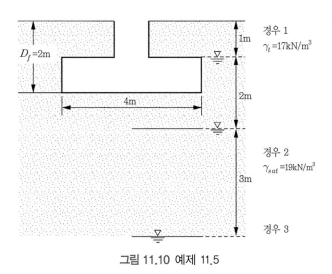

그림 11.10 예제 11.5

흙의 내부마찰각 $\phi = 24°$에 대한 지지력계수는 표 11.1로부터
$$N_c = 23.36, \quad N_\gamma = 7.08, \quad N_q = 11.40,$$
정사각형 기초이므로 극한지지력은 식 11.6을 적용한다.
$$q_{ult} = 1.3cN_c + 0.4\gamma BN_\gamma + qN_q$$

1) 1m 깊이에 있는 경우(식 11.16을 적용한다)
$$q = \gamma D_1 + (\gamma_{sat} - \gamma_w)D_2 = 17(1.0) + 9(1.0) = 26\,\text{kN/m}^2$$
$$q_{ult} = 1.3(30)(23.36) + 0.4(9)4(7.08) + 26(11.40) = 1309\,\text{kN/m}^2$$

2) 3m 깊이에 있는 경우(식 11.17을 적용한다)
$$\bar{\gamma} = \gamma' + \frac{d}{B}(\gamma - \gamma') = (19-10) + \frac{1}{4}(17-9) = 11\,\text{kN/m}^3$$
$$q_{ult} = 1.3(30)(23.36) + 0.4(11)4(7.08) + 17(2)(11.40) = 1423\,\text{kN/m}^2$$

3) 6m 깊이에 있는 경우(d가 기초폭 이상이므로 지하수위 영향 무시)
$$q_{ult} = 1.3cN_c + 0.4\gamma_t\ B\ N_\gamma + qN_q$$
$$= 1.3(30)(23.36) + 0.4(17)4(7.08) + (17 \times 2)(11.40) = 1491\,\text{kN/m}^2$$

11.6 편심하중을 받는 기초의 지지력

기초는 수직하중과 모멘트를 동시에 받을 때 접촉압력의 분포가 균등하지 않으므로 Mayerhof의 유효면적법을 이용하여 기초의 지지력을 다음과 같이 계산한다.

(1) 폭(B)과 길이(L)방향의 모멘트에 의한 편심을 식 11.18a, 11.18b와 같이 구한다.

$$e_B = \frac{M_B}{Q} \tag{11.18a}$$

$$e_L = \frac{M_L}{Q} \tag{11.18b}$$

여기서 e_B, e_L은 폭(B)과 길이(L)방향에서 편심(eccentricity), M_B, M_L은 폭(B)과 길이(L) 방향의 모멘트(moment), Q는 수직하중이다.

(2) 기초의 유효크기(B', L')를 식 11.18a, 11.18b와 같이 계산한다(그림 11.11).

$$B' = B - 2e_B \tag{11.19a}$$

$$L' = L - 2e_L \tag{11.19b}$$

(3) 극한지지력은 다음 식을 이용하여 계산한다.

$$q_u = cN_cF_{cs},F_{cd}F_{ci} + \frac{1}{2}\gamma B'N_\gamma F_{\gamma s}F_{\gamma d}F_{\gamma i} + qN_qF_{qs}F_{qd}F_{qi} \tag{11.20}$$

식 11.20은 식 11.9의 기초폭 B에 유효폭 B'을 적용한다. 또한 형상계수($F_{cs}\,F_{\gamma s}\,F_{qs}$) 계산 시는 B', L'를 사용하고, 깊이계수($F_{cd}\,F_{\gamma d}\,F_{qd}$) 계산 시에는 B, L을 사용한다. 기초가 부담할 수 있는 극한하중 Q는 다음과 같다.

$$Q_u = q_{ult}B'L' \tag{11.21}$$

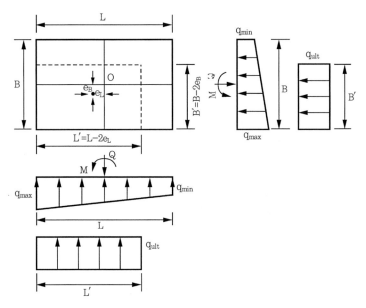

그림 11.11 편심하중을 받는 기초의 유효면적

단면적 3×3m의 정사각형기초에 200kN의 편심하중이 작용하고 있다. 편심거리가 $e_B = 0.3$, $e_L = 0.25$이며 지반의 단위중량이 $\gamma_t = 17\,\text{kN/m}^3$, 전단강도정수 $\phi = 30°$, $c = 20\,\text{kN/m}^2$이며 기초의 깊이는 $D_f = 2\,\text{m}$, 지하수위는 지표하 -5m라고 할 때, 기초의 극한지지력과 허용지지력을 계산하여라(지지력의 안전율은 3.0을 적용).

풀 이

유효기초폭과 길이를 계산하면 $B' = B - 2e_B = 3 - 2(0.3) = 2.4\,\text{m}$

$$L' = L - 2e_L = 3 - 2(0.25) = 2.5\,\text{m}\,(L' > B')$$

흙의 내부마찰각 $\phi = 30°$에 대한 Meyerhof 지지력계수는(표 11.2)

$$N_c = 30.14,\ N_\gamma = 15.67,\ N_q = 18.40$$

$$K_p = \tan^2\left(45 + \frac{\phi}{2}\right) = \tan^2\left(45 + \frac{30}{2}\right) = 3$$

형상계수 $F_{cs} = 1 + 0.2K_p\dfrac{B'}{L'} = 1 + 0.2 \times 3 \times \dfrac{2.4}{2.5} = 1.58$

$$F_{\gamma s} = F_{qs} = 1 + 0.1K_p\frac{B'}{L'} = 1 + 0.1 \times 3 \times \frac{2.4}{2.5} = 1.29$$

깊이계수 $F_{cd} = 1 + 0.2\sqrt{K_p}\dfrac{D_f}{B} = 1 + 0.2 \times \sqrt{3} \times \dfrac{2}{3} = 1.23$

$$F_{\gamma d} = F_{qd} = 1 + 0.1\sqrt{K_p}\frac{D_f}{B} = 1 + 0.1 \times \sqrt{3} \times \frac{2}{3} = 1.12$$

경사계수는 모두 1.0이다.

극한지지력을 식 11.20으로부터 계산하면

$$q_{ult} = cN_cF_{cs}F_{cd}F_{ci} + \frac{1}{2}\gamma B'N_\gamma F_{\gamma s}F_{\gamma d}F_{\gamma i} + qN_qF_{qs}F_{qd}F_{qi}$$

$$= 20 \times 30.14 \times 1.58 \times 1.23 \times 1.0 + 0.5 \times 17 \times 2.4 \times 15.67 \times 1.29 \times 1.12 \times 1.0 + (17 \times 2) \times 18.4 \times 1.29 \times 1.12 \times 1.0$$

$$= 1171.5 + 461.9 + 903.9 = 2537.3\,\text{kN/m}^2$$

허용지지력은

$$q_{all} = \frac{q_{ult}}{3} = \frac{2537.3}{3} = 845.8\,\text{kN/m}^2\text{이다.}$$

11.7 이질층이 있는 경우의 지지력의 산정

지금까지의 지지력공식은 기초 아래의 흙이 균질하여 흙의 단위중량, 점착력, 내부마찰각 등이 일정한 경우에 적용하였다. 만일 현장의 지반이 점착력과 내부마찰각을 동시에 가지고($c-\phi$ 흙) 두 개 이상의 이질층지반의 기초지지력은 식 11.22a, 11.22b를 이용하여 점착력과 내부마찰각의 평균을 구하여 Terezaghi 공식(식 11.3)이나 Meyerhof 공식(식 11.8)에 적용하여 계산한다.

$$c_{avg} = \frac{c_1 H_1 + c_2 H_2 + \cdots + c_n H_n}{\sum H_i} \tag{11.22a}$$

$$\phi_{avg} = \tan^{-1}\left(\frac{\tan\phi_1 H_1 + \tan\phi_2 H_2 + \cdots + \tan\phi_n H_n}{\sum H_i}\right) \tag{11.22b}$$

여기서 c_i, ϕ_i는 두께가 H_i인 층의 점착력과 내부마찰각이다. 이 식을 적용하는 유효깊이는 $0.5B\tan\left(45° + \dfrac{\phi}{2}\right)$이다. 즉 유효깊이 이내에 이질층이 두 개 이상 있으면 식 11.22a, 11.22b를 적용하고 기초 바로 아래층의 두께가 유효깊이보다 크면 단일층으로 취급한다. 설계단계에서 기초의 폭 B가 미리 결정되지 않은 경우는 시행착오법으로 몇 번의 반복계산작업을 하여야 한다.

11.8 현장시험에 의한 지지력의 산정

11.8.1 표준관입시험(N치)

표준관입시험에서 얻는 N값으로 지반의 지지력을 추정할 수 있다. Meyerhof(1974)는 허용침하량을 2.54cm(=1인치)로 보았을 때 N값을 이용한 허용지지력공식을 식 11.23a, 11.23b와 같이 제안하였다.

$$B \leq 1.2\text{m} \qquad q_a = 12N(\text{kN/m}^2) \tag{11.23a}$$

$$B > 1.2\text{m} \qquad q_a = 8N\left(\frac{B+0.3}{B}\right)^2 (\text{kN/m}^2) \tag{11.23b}$$

여기서 N은 표준관입시험치이고 B는 기초의 폭(m)이다. Bowles(1982)에 의하면 N치를 이용한 Meyerhof의 공식은 실제보다 50% 정도 안전측의 값을 주는 것으로 파악하여 수정지지력공식을 식 11.24a, 11.24b와 같이 제안하였다.

$$B \leq 1.2\text{m} \qquad q_a = 20NF_d\frac{S}{25}\,(\text{kN/m}^2) \tag{11.24a}$$

$$B > 1.2\text{m} \qquad q_a = 12N\left(\frac{B+0.3}{B}\right)^2 F_d\frac{S}{25}\,(\text{kN/m}^2) \tag{11.24b}$$

여기서 $F_d = 1+0.3\left(\dfrac{D_f}{B}\right) < 1.33$, S=허용침하량(mm)이다. 식 11.23, 11.24에서 N값은 기초바닥상부 0.5B, 하부 2~3B에서 구한 N치의 평균값을 이용한다.

Bowles(1982)의 수정지지력공식에 의하여 침하량 25mm를 기준으로 한 지표면에 놓인 기초의 허용지지력을 그림 11.12에 도시하였다. 이 그림에 의하면 침하량을 기준으로 한 기초의 허용지지력은 기초폭이 1.2m 이상의 범위에서는 기초폭이 커질수록 감소하는 것을 보여주고 있다. 이는 기초폭이 증가할수록 기초로 인하여 지중에 전달하는 응력의 깊이가 커지므로 큰 침하량이 유발됨을 의미한다.

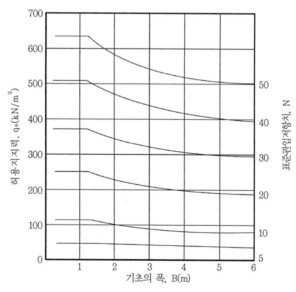

그림 11.12 침하량 25mm를 기준으로 한 지표면에 놓인 기초의 허용지지력(Bowles, 1982)

표준관입시험치 $N=10$이고 지반허용침하량 20mm인 기초의 허용지지력을 다음의 경우에 대하여
구하라. 기초의 포설깊이는 $D_f=0.8$m이다.

1) 기초폭 $B=1$m인 경우
2) 기초폭 $B=3$m인 경우

풀 이

Bowles의 기초폭에 대한 허용지지력 그림 11.12를 이용하면

1) $B=1$m 식 11.24a와 $F_d = 1+0.33\left(\dfrac{D_f}{B}\right)<1.33$을 이용하면

$$F_d = 1+0.33\left(\frac{0.8}{1}\right)=1.26<1.33 \text{이다.}$$

허용지지력은 $q_{all}=20NF_d\dfrac{S}{25}\,(\text{kN/m}^2)$

$$=20\times10\times1.26\times\frac{20}{25}=201.6\,\text{kN/m}^2$$

2) $B=3$m $F_d = 1+0.33\left(\dfrac{D_f}{B}\right)\leq1.33=1+0.33\left(\dfrac{0.8}{3}\right)=1.09<1.33$

허용지지력은 식 11.24b를 사용한다.

$$q_{all}=12N\left(\frac{B+0.3}{B}\right)^2 F_d\frac{S}{25}\,(\text{kN/m}^2)=12(10)\left(\frac{3+0.3}{3}\right)^2(1.09)\left(\frac{20}{25}\right)$$

$$=126.6\,\text{kN/m}^2$$

11.8.2 평판재하시험

1) 시험

교량의 교대기초 등 현장지반의 지지력을 알아보는 시험으로 평판재하시험을 하는 경우가 있다.
재하시험을 실제기초의 크기에 가깝게 실제기초가 놓일 지점에서 행한다면 가장 신뢰성 있는 지지
력을 결정할 수 있을 것이나 이 경우 매우 큰 중량물이 요구될 뿐 아니라 경비도 많이 든다. 따라서
실제 현장재하시험에서 많이 이용하는 재하판의 크기는 30, 45, 75cm이며 두께 2.5cm의 철판이다.
이 평판을 지면에 놓고 중량물을 올려서 정해진 속도로 하중을 가하여 작용하중과 침하량을 기록한
다. 그림 11.13에는 현장재하시험장치와 시험으로부터 얻게 되는 압력−침하량곡선을 보였다.

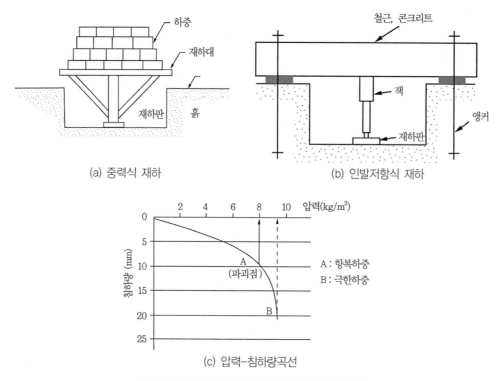

그림 11.13 현장재하시험장치와 압력-침하량곡선

시험의 재하하중은 예상지지력의 $\frac{1}{5}$씩 단계적으로 재하하면서 각 하중단계마다 침하량을 기록한다. 한 단계의 하중을 재하한 다음에는 침하가 거의 정지할 때까지 또는 1시간 이상 재하하되 각 단계별 하중 증가에 대해서 재하시간은 동일하게 유지한다. 총 침하량이 25mm 또는 시험장치 용량에 도달 시까지 시험을 계속한다. 하중을 제거한 후 1시간 이상 탄성회복량(rebound)을 측정하기도 한다. 4단계 하중재하, 탄성회복량 측정을 한 평판재하시험으로부터 구한 상세자료(시간-하중곡선, 시간-침하량곡선, 하중-변형량곡선, 하중-침하량곡선)의 예를 부록 6에 수록하였다.

평판재하시험의 결과는 가로좌표에 하중(압력) q(kg, cm²), 세로좌표에 침하량(s, cm)을 도시한다. 이 곡선에서 보통 침하량 $s = 0.125$cm를 기준하여 취한 기울기가 지반반력계수(coefficient of subgrade reaction, k_s)이다(식 11.25).

$$k_s = \frac{q}{s}$$
(11.25)

여기서 k_s : 지반반력계수(kg/cm³), q : 작용압력(kg/cm²), s : 침하량(cm)이다.

압력-침하량곡선(그림 11.13c)을 보면 초기에는 거의 직선적으로 증가하다가 어느 하중에 이르러 갑자기 급하게 침하량이 증가한다. 이때의 압력값이 극한지지력이다.

실제 평판재하시험에서 하중-침하곡선의 최대곡률점을 찾아서 극한지지력을 구하는 것이 원칙이나 대개의 시험에서는 최대곡률점이 쉽게 찾아지지 않으며 재하량이 부족하여 극한지지력이 구해지지 않는 경우가 많다. 이때에는 측정치를 침하-대수시간($s - \log t$), 하중-대수침하속도(P-ds/d(logt)), 대수하중-대수침하($\log p - \log s$) 등으로 곡선을 그려서 이들 곡선의 꺾이는 부분을 항복하중으로 하고 항복하중의 1.5배를 취하여 극한하중으로 하거나 재하판 직경의 10% 즉, 0.1B의 침하가 발생하였을 때의 하중강도를 극한하중으로 한다.

2) 지지력과 침하량의 크기효과(scale effect)

실제기초지반은 기초의 크기에 따라 영향을 받으므로 소규모 재하판으로 구한 지지력과 침하량을 실제기초의 지지력으로 적용하려면 보정이 필요하다.

점착력이 없는 사질토의 경우 극한지지력은 기초폭 B에 비례하여 증가한다. 이를 식으로 나타내면

$$q_{ult} = q_p \frac{B_f}{B_p} \qquad\qquad (11.26)$$

여기서 q_{ult} : 실제기초의 극한지지력, q_p : 평판재하시험에서 구한 지지력, B_f : 실제기초폭, B_p : 평판재하시험에 사용된 평판의 폭이다.

반면 포화된 점성토지반에서의 극한지지력은 재하판이나 기초폭과 관련이 없다. 이를 식으로 나타내면

$$q_{ult} = q_p \qquad\qquad (11.27)$$

이다.

기초폭이 크면 클수록 지중에 미치는 압력의 범위가 커지므로 침하량은 증가하게 된다. 같은 크기의 압력에 대한 평판의 침하량과 실제기초의 침하량은 다음과 같은 관계가 있다(Terzaghi & Peck, 1967).

$$\text{사질토}: s_f = s_p \left(\frac{2B_f}{B_f + B_p} \right)^2 \tag{11.28}$$

$$\text{점성토}: s_f = s_p \frac{B_f}{B_p} \tag{11.29}$$

여기서 s_f, s_p 는 각각 실제기초와 평판재하시험의 침하량이다.

상기 식으로 보면 점성토의 경우 지지력은 기초의 폭에 상관없이 일정한 반면 침하량은 기초의 폭에 비례하여 커지는 것을 알 수 있다. 반면 사질토의 지지력은 기초폭이 클수록 커지게 된다. 이렇게 기초의 크기에 따라 지지력이나 침하량의 크기가 달라지는 것을 크기효과(scale effect)라고 한다.

예제 11.8

직경 30cm인 평판에 침하량 25.4mm가 발생할 때 평판의 지지력이 $q_p = 300\,\text{kN/m}^2$이었다. 동일한 허용침하량이 발생할 때 직경 1.2m의 실제기초 극한지지력을 사질토와 점토에 대하여 모두 구하여라.

풀 이

$\text{사질토}: \text{식 11.26에서 } q_f = q_p \dfrac{B_f}{B_p} = 300 \left(\dfrac{1.2}{0.3} \right) = 1200\,\text{kN/m}^2$

$\text{점토}: \text{식 11.27에서 } q_f = q_p = 300\,\text{kN/m}^2$

점토에서는 기초폭이 늘어도 지지력이 늘어나지 않는다.

예제 11.9

직경 30cm인 평판에 작용압력 200kN/m²에서 침하량이 20mm 발생하였다. 직경 1.2m의 실제기초에서 동일 압력 작용 시 발생하는 침하량을 사질토와 점토에 대하여 구하라.

풀 이

$\text{사질토}: \text{식 11.28에서 } S_f = S_p \left(\dfrac{2B_f}{B_p + B_f} \right)^2 = 20 \left(\dfrac{2(1.2)}{0.3 + 1.2} \right)^2 = 51.2\,\text{mm}$

$\text{점토}: \text{식 11.29에서 } S_f = S_p \dfrac{B_f}{B_p} = 20 \dfrac{1.2}{0.3} = 80\,\text{mm}$

점토의 침하량은 기초폭이 증가함에 비례하여 증가한다.
기초의 크기에 의하여 지중응력이 증가되는 범위는 대체로 기초폭의 2배 깊이이므로 평판재하시험에서 재하판의 크기에 의한 영향을 받는다. 만일 재하판의 영향이 미치지 않는 깊이에 연약지반이 있으면 재하시험에서는 그 영향이 나타나지 않으나 실제기초에서는 그의 영향으로 기초침하가 예상보다 크게 발생될 수 있다(그림 11.14). 따라서 기초폭의 2배 깊이의 지반성상은 지반조사를 통하여 파악하고 있어야 한다. 그리고 연약지반이 발견된 경우에는 연약층의 전단 및 압축특성을 파악한 후에 실제기초의 지지력을 산출한다.

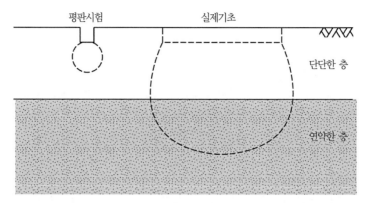

그림 11.14 연약점토층이 포함되었을 경우 재하판의 크기에 따른 영향범위

11.9 기초의 침하

지반에 구조물이 놓이면 구조물의 침하는 재하순간에 지반이 탄성적으로 압축되어 일어나는 즉시침하 S_i(immediate settlement)와 시간이 지남에 따라 지반 내 간극의 물이 빠져나가면서 간극의 부피가 감소하여 일어나는 압밀침하 S_c(consolidation settlement)가 발생한다. 만일 지반이 점성토나 유기질토이면 장기간에 걸친 2차압축침하 S_s(secondary compression settlement)가 추가된다(7.1절 참조).

$$S = S_i + S_c + S_s \tag{7.1}$$

즉시침하는 지반에 하중이 가해짐과 동시에 발생하는 침하이므로 탄성론에 의거하여 침하량을 추정하고 탄성침하라고도 한다.

11.9.1 접촉압과 즉시침하량의 분포

기초체가 강성기초(rigid foundation) 또는 연성기초(flexible foundation) 여부에 따라 기초바닥에 작용하는 접촉압력(contact pressure)과 탄성침하의 형태가 달라진다. 그림 11.15에는 흙의 종류에 따른 강성기초의 접촉입력의 분포를 나타낸 것이다. 점토의 경우 접촉압이 주변부에 집중하는 형태를 따나 모래의 경우는 접촉압이 중앙으로 집중되는 모습을 보인다. 그림 11.16에는 기초의 탄성침하의 형태를 보인 것이다. 연성기초이며 점토의 경우 접촉압이 적은 중앙부의 침하가 크게 발생한 것을 알 수 있으며 모래는 그 반대의 모습을 보였다. 강성기초는 국부적 침하를 허용하지 않아 침하량이 기초전면에 균등하게 분포하는 모습을 보인다.

(a) 점성토   (b) 사질토

그림 11.15 흙의 종류에 따른 강성기초의 접촉입력의 분포

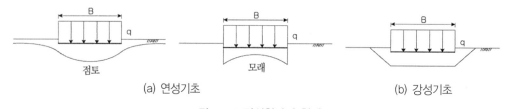

(a) 연성기초   (b) 강성기초

그림 11.16 탄성침하의 형태

11.9.2 즉시침하량의 계산

균질한 지반의 지표면에 놓인 기초에 단위면적당 q_o 의 하중이 작용할 때 즉시침하는 기초의 강성과 형태에 따라 다음과 같이 계산한다.

$$S_e = q_o \, B \frac{1 - \mu_s^2}{E_s} \, I_s \tag{11.30}$$

여기서 E_s : 지반의 탄성계수, B : 기초폭, μ : 지반의 포아송비(Poisson's ratio), I_s : 탄성침하의 영향계수(표 11.3 또는 그림 11.17 참조)이다.

표 11.3 탄성침하의 영향계수, I_s

		강성기초	연성기초			
			중심점	외변의 중점	모서리점	평균
원형기초		0.785	1.00	0.637	–	0.848
정방형기초		0.88	1.12	0.76	0.56	0.950
구형기초	L/B=2	1.12	1.53	1.12	0.76	1.30
	L/B=5	1.60	2.10	1.68	1.05	1.82
	L/B=10	2.00	2.56	2.10	1.28	2.24

표 11.3에 의하면 연성기초의 중심점의 영향계수는 모서리점 영향계수의 2배이다. 즉, 중심점의 침하량은 모서리점의 침하량의 2배로 계산됨을 알 수 있다.

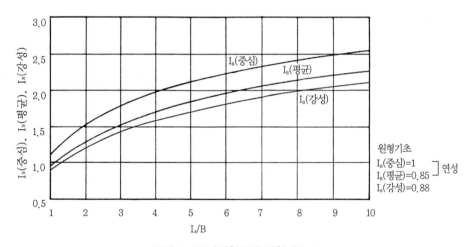

그림 11.17 탄성침하의 영향계수, I_s

탄성이론으로 침하량을 산정하기 위해서는 탄성계수와 포아송비를 알아야 한다. 그런데 이 두 가지 토질정수를 정확히 파악하는 것은 대단히 어렵다. 포아송비의 근사치로 포화점토의 경우는 0.5, 포화에 가까운 점토는 0.4~0.5이며 모래는 0.25~0.45이나 밀도가 증가하면 커지는 경향이 있다. 한국지반공학회(2009)는 포아송비의 근사치로 비점성토는 0.25, 점성토는 0.33을 추천하고 있다. Das(1995)는 각종 흙의 탄성계수와 포아송비를 표 11.4와 같이 추천하고 있다.

표 11.4 각종 흙의 탄성계수와 포아송비(Das, 1995)

흙의 종류	탄성계수(MN/m^2)	포아송비(μ)
느슨한 모래	10~24	0.20~0.40
중간 정도 촘촘한 모래	17~28	0.25~0.40
촘촘한 모래	35~55	0.30~0.45
실트질 모래	10~17	0.20~0.40
모래 및 자갈	69~172	0.15~0.35
연약한 점토	2~5	
중간 점토	5~10	0.20~0.50
견고한 점토	10~24	

현장시험 결과로부터 흙의 탄성계수를 경험적으로 유추하는 식이 제안되어 있다. 표준관입시험과 콘관입시험 결과로부터 모래지반에 대하여 다음 식으로 탄성계수를 구할 수 있다.

$$\text{SPT}: E_s(\text{kN/m}^2) = 766\,N \tag{11.31a}$$

$$\text{CPT}: E_s = 2q_c \tag{11.31b}$$

여기서 N : 표준관입시험치, q_c : 콘의 선단지지력이다(9.5절 참조).

정규압밀점토와 과압밀점토의 비배수점착력과 탄성계수 사이에는 다음과 같은 관계가 있다.

$$\text{정규압밀점토}: E_s = (250{\sim}500)c \tag{11.32a}$$

$$\text{과압밀점토}: E_s = (750{\sim}1000)c \tag{11.32b}$$

여기서 c는 비배수점착력이다.

예제 11.10

조밀한 모래층에 포설된 면적 2×4m인 직사각형기초에 $q = 50\,\text{kN/m}^2$의 등분포하중이 작용한다. 이 기초의 평균탄성침하량을 다음의 경우에 대하여 구하라.
단 흙의 포아송 상수 $\mu = 0.35$, 탄성계수 $E_s = 40\,\text{MN/m}^2$로 적용한다.
1) 연성기초
2) 강성기초

1) 연성기초

탄성침하의 영향계수 I_S를 $\dfrac{L}{B}=2$에 대하여 찾으면 $I_S=1.28$(평균값 적용)

$$S_e=\frac{q_o B}{E_s}(1-\mu^2)I_s=\frac{50\times 2}{40{,}000}\times(1-0.35^2)\times 1.28$$

$$=0.00281\,\mathrm{m}=2.81\,\mathrm{mm}$$

2) 강성기초

탄성침하의 영향계수 I_S를 $\dfrac{L}{B}=2$에 대하여 찾으면 $I_S=1.24$

$$S_e=\frac{q_o B}{E_s}(1-\mu^2)I_s=\frac{50\times 2}{40{,}000}\times(1-0.35^2)\times 1.24$$

$$=0.00272\,\mathrm{m}=2.72\,\mathrm{mm}$$

11.10 구조물의 허용침하량

구조물에 침하가 발생하면 구조물의 기능 또는 외관이 문제가 되고 극단적인 경우 구조물이 파괴되기도 한다. 지반에 과도한 침하나 변형이 발생하면 벽체에 균열이 생기거나 지반 내에 묻힌 수도관이나 하수관로가 파괴되기도 한다.

기초하중에 의한 침하는 균등침하(uniform settlement)와 부등침하(differential settlement), 전도(tilting) 등으로 분류할 수 있다. 균등침하는 강성이 매우 큰 구조물이 연약한 지반에 놓인 경우에 발생한다. 굴뚝이나 탑, 사일로(silo) 등의 높고 긴 구조물이 있는 지반의 침하가 불균등하여 한쪽으로 기운다면 전도로 발전할 수 있다. 이탈리아 피사의 사탑은 기초지반의 부등침하로 탑이 기울어진 대표적인 예이다.

부등침하는 연약한 점토층이나 지반이 불규칙한 경우 모래지반에서는 하수관로 등에서의 누수, 기초하중에 의한 지중응력의 변화로 인하여 발생한다. 부등침하는 두 지점 사이의 침하량의 차이로 산정하며 전체 균등침하의 $\dfrac{3}{4}$ 정도로 추정한다.

구조물의 두 점 사이의 부등침하량을 그 사이 거리로 나누어 구한 값을 각변위(angular distortion)라고 한다(그림 11.18).

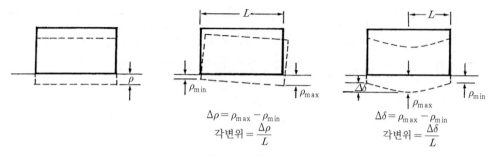

$$\Delta\rho = \rho_{max} - \rho_{min}$$
$$각변위 = \frac{\Delta\rho}{L}$$

$$\Delta\delta = \rho_{max} - \rho_{min}$$
$$각변위 = \frac{\Delta\delta}{L}$$

그림 11.18 침하의 형태와 각 변위의 계산

Bjerrum(1963)은 구조물의 손상이나 기능수행 곤란이 예상되는 각변위를 표 11.5와 같이 제안하였다.

구조물에 있어 허용침하량은 구조물의 종류와 그 기능에 따라 달라지는데 표 11.6에는 여러 가지 구조물에 대한 각변위와 허용침하량을 예시하였다.

표 11.5 구조물의 손상이나 기능수행 곤란 각변위 한계

각변위	구조물의 손상이나 기능수행 곤란 한계
$\frac{1}{150}$	일반적인 구조물의 기능 손상 칸막이벽이나 벽돌벽의 상당한 균열
$\frac{1}{250}$	강성의 고층빌딩의 전도가 눈에 띄는 한계
$\frac{1}{300}$	고가 크레인의 작업곤란 예상 칸막이벽에 첫 균열 예상
$\frac{1}{500}$	균열을 허용하지 않는 빌딩의 안정한계
$\frac{1}{600}$	경사부재를 가진 구조물의 뼈대 위험한계
$\frac{1}{750}$	침하에 예민한 기계기초의 작업곤란 한계

표 11.6 구조물과 기능에 따른 최대허용침하량의 예시(Sowers, 1962)

침하형태	구조물의 종류	최대허용침하량(cm)
균등침하	배수시설 출입구 부등침하 가능성이 있는 구조물 • 석조 및 벽돌 구조물 • 골조(뼈대) 구조물 • 굴뚝, 사일로, 매트 구조물	15.0~30.0 30.0~60.0 2.5~5.0 5.0~10.0 7.5~30.0
전도	탑, 굴뚝 창고 크레인 레일	0.004L 0.01L 0.003L
부등침하	빌딩의 벽돌 벽체 철근콘크리트의 뼈대구조 철골뼈대 구조물(연속구조) 철골뼈대 구조물(단순구조) 철골뼈대 구조물(경사부재)	0.0005~0.002L 0.003L 0.002L 0.005L 0.0015L

*L : 기둥 사이의 간격 또는 임의 두 점 사이의 거리

연|습|문|제

11.1 다음과 같은 폭 1m의 띠기초가 1.2m 깊이에 놓여 있다. 안전율을 3.0으로 하고 허용지지력을 계산하여라(Terzaghi 지지력공식 이용).
1) 전반전단파괴 가정 시
2) 국부전단파괴 가정 시

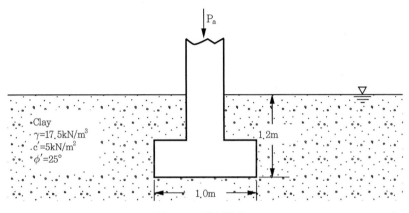

그림 11.19 연습문제 11.1

11.2 2×2m인 얕은기초가 1.2m 깊이로 마른 모래지반에 설치되었다. 모래의 내부마찰각이 35°이며 흙의 단위중량은 17.5kN/m³이라고 할 때 본 기초의 극한지지력을 계산하여라(Terzaghi 지지력공식 이용).

11.3 문제 11.2를 Meyerhof 공식을 이용하여 계산하여라.

11.4 문제 11.2에서 하중이 수직방향에 대하여 15°만큼 기울어져 작용한다고 할 때 허용지지력을 구하여라(Meyerhof 공식 이용, 안전율 3.0).

11.5 2m 폭의 띠기초를 지표로부터 1m 깊이에 설치한다. 흙은 균질한 포화점토이며 일축압축강도 q_u =100kN/m²이다. 점성토의 함수비는 30%, 비중은 2.7이다.
1) 이 기초의 허용지지력을 계산하여라(안전율 3.0 가정).
2) 이 기초의 단위길이당 허용하중은 얼마인가?

11.6 정사각형기초를 지표로부터 1m 깊이에 시공하려고 하며 지지하여야 할 기둥 하중은 250kN이다. 기초지반의 단위중량은 18.4kN/m³ 내부마찰각은 35°인 사질토이다. 안전율을 3으로 하여 기초의 크기를 계산하여라.

11.7 다음 그림에 나타낸 2×3m 직사각형기초의 허용지지력을 구하여라(안전율 3.0으로 가정).
1) Terzaghi 지지력공식
2) Meyerhof 지지력공식

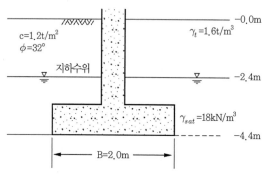

그림 11.20 연습문제 11.7

11.8 다음 그림에 나타난 바와 같이 2.5×2.5m의 정사각형 독립기초가 모래층 위에 축조되었다. 극한지지력과 허용지지력을 다음의 경우에 대해 계산하여라.
(이 흙의 $\gamma_t = 17\text{kN/m}^3$, $\phi = 30°$, $C = 12\text{kN/m}^2$, $G = 2.7$, $w = 25\%$, 안전율 3.0).
1) 지표면 위에 푸팅을 축조한 경우(그림 11.21a)
2) 기초 근입 깊이가 1.5m인 경우(그림 11.21b)
3) 지하수위가 기초 저면에 있는 경우(그림 11.21c)
4) 지하수위가 지표하 3m에 있는 경우(그림 11.21c)

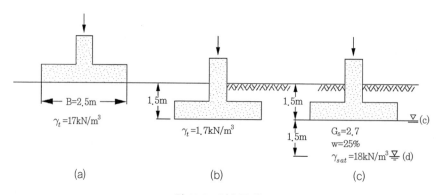

그림 11.21 연습문제 11.8

11.9 2×3m의 직사각형기초에 200톤의 편심하중이 작용하고 있으며 편심은 $e_B = 0.15$, $e_L = 0.2$라고 한다. 기초지반의 $\gamma_t = 17\text{kN/m}^3$, $\phi = 28°$, $c = 20\text{kN/m}^2$이다. 기초의 깊이는 1.5m라고 할 때 이 기초의 극한지지력과 허용하중을 계산하여라(안전율 2.5로 가정하고 지하수위는 지표로부터 −6m에 위치한다).

11.10 문제 11.9의 직사각형기초에 대하여 지하수위가 기초면 저부까지 올라온다고 가정하여 극한지지력과 허용하중을 결정하여라. 흙의 포화단위중량과 전체단위중량은 동일하다고 가정한다.

11.11 사질토지반에 설치한 10×10m인 전면기초의 허용지지력을 구하라. 기초의 깊이 $D_f = 2\text{m}$이고 허용침하량 3cm, 평균표준 관입시험치 $N = 18$이다.

11.12 어떤 건축구조물의 기초규격이 3×3m로 깊이 2m인 지반에 설치하려고 한다. 대상 기초지반에 시추조사를 하여 다음과 같은 표준관입시험치를 얻었다.

깊이(m)	1.25	2.5	3.75	5	6.25	7.5	8.25	10
N치	8	25	26	28	29	26	50	41

상기 N치는 상재하중에 대하여 보정을 하였으며 지하수위는 기초의 바닥에 위치하고 있다. 모래지반의 단위중량은 지하수위 상부는 17kN/m³, 지하수위 하부는 18.5kN/m³이라고 할 때 다음을 계산하여라(안전율은 3으로 가정).
1) 허용지반지지력
2) 허용지반하중
3) 최대허용침하량을 2.5cm를 보았을 때 허용설계지지력

11.13 직경 30cm의 평판재하시험 결과 침하량이 25mm일 때 극한지지력이 200kN/m²이었다. 직경이 2m인 실제기초의 극한지지력은 점토와 사질토에서 각각 얼마인가?

11.14 직경 40cm인 평판에 작용압력 30t/m²에서 침하량이 25mm가 발생하였다. 직경 2m의 실제기초에서 동일 압력 작용 시 발생하는 침하량을 점토와 사질토에 대하여 구하라.

11.15 30×30cm의 정사각형 평판을 사용하여 균질한 모래지반에 대하여 재하시험을 실시하였다. 이 흙의 전체단위중량은 19kN/m³이며 재하시험 결과는 다음과 같았다. 이 흙의 응력침하량곡선을 그리고 극한지지력을 결정하여라.

재하하중(kN)	침하량(mm)
80	4
160	8
240	12.5
300	24
350	40

11.16 문제 11.15에서 2×2m의 확대기초를 설치하려고 한다. 이 기초의 허용지지력과 그 예상 침하량을 결정하여라(안전율은 2.5로 가정).

11.17 모래층에 포설된 면적 3×5m인 직사각형기초에 $q = 90\,\text{kN/m}^2$의 등분포하중이 작용한다. 이 기초의 탄성침하량을 다음의 경우에 대하여 구하라. 단 흙의 포아송 상수 $\mu = 0.30$, 표준관입시험치 $N = 35$이었다.
1) 연성기초
2) 강성기초

참고문헌

1. 한국지반공학회(2009), 구조물 기초기준 해설.

2. Bjerrum, L.(1963), Discussion, *Proceedings Europian Conference, SMFE*, Wiesbaden, Vol.3.

3. Bowles, J. E.(1982), Foundation Analysis and Design, McGraw-Hill Book Company, New York.

4. Das, B.M.(1995), Principles of Foundation Engineering, 3rd Ed., PWS-KENT Pub. Comp., Boston.

5. Lamb, T.W.(1969), Soil Mechanics, John Wiley and Sons, New York.

6. Meyerhof, G.G.(1953), "The bearing Capacity of Foundations under eccentric and Inclined Loads", *Thrid International Conference on Soil Mechanics and Foundation Engineering*, Zurich, Vol.1, pp.440-445.

7. Meyerhof, G.G.(1963), "Some recent Research on the Bearing Capacity of Foundations", *Canadian Geotechnical Journal*, Vol.10, pp.16-26.

8. Meyerhof, G.G.(1974), "Ultimate Bearing Capacity of Footings on Layered Clay", *Canadian Geotechnical Journal*, Vol.11, No.2, pp.223-329.

9. Sowers, G.F.(1962), Shallow Foundations, Foundation Engineering, Edited by Leonards, G.A., McGraw-Hill, New York.

10. Terzaghi, K.(1943), Theoretical Soil Mechanics, John Wiley and Sons, New York.

11. Terzaghi and Peck(1967), *Soil Mechanics and Engineering Practice*, 2nd Ed., John Wiley and Sons, New York.

12 깊은기초

12 | 깊은기초

12.1 개 설

깊은기초란 구조물 바로 아래의 흙이 연약하여 상부 구조물하중을 지중 깊은 곳의 견고한 지층에 전달시키는 기초이다. 기초의 깊이와 폭의 깊이가 $\left(\dfrac{D_f}{B}\right)$가 4~5 이상이면 깊은기초로 보며 일반적으로 말뚝(pile), 피어(pier), 케이슨(caisson)이 많이 사용된다. 피어는 공경이 최소 75cm 이상의 큰 구경으로 시공하는 깊은기초이며 케이슨은 속이 빈 대형의 철근콘크리트 구조물을 바닥의 흙을 굴착하여 지지층까지 침하시킨 후 속채움을 하여 설치하는 기초형식이다.

말뚝기초의 종류는 용도 및 지지방식과 사용재료의 종류에 따라 분류할 수 있다. 그림 12.1에는 말뚝의 지지방식에 따른 분류를 소개하였다. 상부지반에서 오는 하중을 연약한 지반을 지나 하부 견고한 층에서 지지하도록 하는 말뚝을 단지지말뚝(end bearing pile)이라 한다(그림 12.1a). 그러나 연약층이 깊어 말뚝의 끝이 견고한 층에 도달하지 않은 경우에는 말뚝과 흙 사이의 마찰만으로 상부하중을 지지하여야 한다. 이런 말뚝을 마찰말뚝(friction pile)이라고 한다(그림 12.1b). 일반적으로 말뚝은 선단지지와 주면마찰을 동시에 받아 상부하중을 지지하는 경우가 대부분이다. 만일 말뚝의 선단부의 지지력이 충분하지 않을 경우에는 말뚝 선단부를 확장하여 지지하기도 하는데 이를 선단확장말뚝(belled pile)이라고 한다(그림 12.1c).

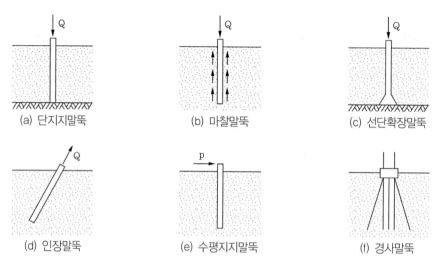

(a) 단지지말뚝 (b) 마찰말뚝 (c) 선단확장말뚝

(d) 인장말뚝 (e) 수평지지말뚝 (f) 경사말뚝

그림 12.1 지지형식과 용도에 따른 말뚝의 분류

전력송신탑과 같은 경우는 풍하중에 의한 인장응력을 받을 수 있으므로 인장력에 견딜 수 있는 구조로 설계되어야 하는데 인장력을 지지하는 말뚝을 인장말뚝(tensioned pile)이라고 한다(그림 12.1d). 말뚝은 수직하중을 지지하는 경우가 대부분이지만 항만 구조물과 같은 경우 배의 정박 시 받는 수평하중이나 파력 등을 견딜 수 있는 수평지지말뚝이나 경사말뚝(battered pile)이 사용되기도 한다(그림 12.1e, 12.1f).

12.2 말뚝의 종류

말뚝은 사용하는 재료에 의해서도 나무말뚝(timber pile), 콘크리트말뚝(concrete pile), 강말뚝(steel pile) 등 다양한 종류가 있다. 최근에는 강과 콘크리트말뚝을 합성한 합성말뚝(composite pile)도 사용되고 있다.

12.2.1 나무말뚝

나무말뚝은 다른 말뚝에 비하여 요구하는 길이로 쉽게 자를 수 있어 취급이 간편하고 가격이 싸다. 그러나 수위가 변동되는 부분에서 부식이 심하며 타입 시 손상을 받기 쉽고 지지력이 작다. 나무말뚝은 근대화가 이루어지기 전 구조물의 기초로 흔히 발견된다. 최근에는 강(steel)과 콘크리트(concrete)의 활성화로 거의 사용되지 않는다.

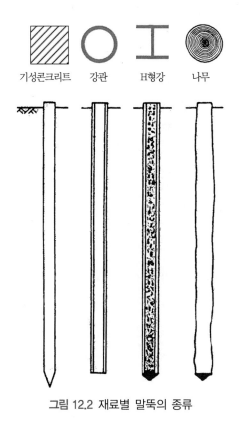

그림 12.2 재료별 말뚝의 종류

12.2.2 콘크리트말뚝

콘크리트말뚝은 가장 많이 사용되는 깊은기초이며 제작방식에 따라 기성콘크리트말뚝(precast concrete pile)과 현장타설말뚝(cast in place pile)으로 나눈다. 기성콘크리트말뚝은 공장제품으로 제작하여 현장까지 운반하여 타입(driven)이나 천공(bored) 방식으로 시공한다.

기성콘크리트말뚝은 철근콘크리트말뚝(reinforced concrete pile, RC pile)과 강재에 사전 인장력을 준 후 콘크리트를 포설하여 양생시켜 만든 프리스트레스 콘크리트말뚝(prestressed concrete pile, PC pile)이 있다. 최근에는 콘크리트의 압축강도가 $800kg/cm^2$ 이상인 고강도 프리스트레스 콘크리트말뚝(PHC 말뚝)이 있다. 현재 국내에서 사용되는 기성콘크리트말뚝은 거의 대부분 프리스트레싱 방식으로 제작되고 있는 PC 또는 PHC 말뚝이다. 프리스트레스말뚝은 취급이나 항타 시 생기는 인장응력을 감소시켜주는 장점이 있다.

기성콘크리트 파일은 부식에 강하고 상부구조물과의 연결이 용이하지만 절단과 이음이 어렵고 운반이 불편하다. 유기질흙의 산이나 해수는 장기적으로 콘크리트에 손상을 유발하기도 한다.

현장타설말뚝은 지반에 구멍을 뚫고 구멍 속에 콘크리트를 채워 설치하는 말뚝이다. 흙 속에 강재케이싱(steel casing)을 타입한 후 콘크리트를 채워 만드는 유각말뚝(cased pile)과 케이싱을 원하는 깊이까지 타입하거나 콘크리트를 채우면서 단계적으로 케이싱을 인발하여 제거하는 무각말뚝(uncased pile)이 있다.

현장타설 콘크리트말뚝 재료는 땅속에서 타설되기 때문에 기성콘크리트말뚝보다 품질 면에서 열악한 단점이 있다.

12.2.3 강말뚝

강말뚝의 재료로는 강관, H형보를 많이 사용하며 경우에 따라 I형보를 사용하기도 한다. 강말뚝은 앞에서 설명한 말뚝보다 큰 하중을 받을 수 있어 단지지말뚝으로 많이 사용한다. 강관말뚝은 타입 후 보통 그 안을 콘트리트로 채운다.

강말뚝은 타설 시 선단에 슈(shoe)가 있거나 말뚝 선단에 두께 10~20mm, 직경 D+20mm인 철판을 부착한 폐단말뚝(closed pile)과 특별한 선단보호공이 필요 없는 개단말뚝(open pile)으로 구분한다. 선단에 슈(shoe)가 없는 개단말뚝이라도 말뚝이 지지층 속으로 5B(B는 말뚝의 직경) 이상 관입한 경우에는 강말뚝의 선단지지면적으로서 그림 12.3에 보이는 바와 같이 폐쇄면적을 취한다. 따라서 주면장으로서는 폐쇄면적의 외주를 취한다.

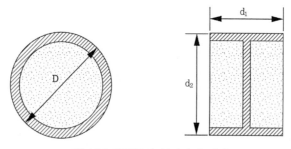

그림 12.3 강말뚝의 선단지지 면적

선단지지면적(A_p)과 주면장(p)은 그림 12.3에 의하여 다음과 같이 계산한다.

- 강관말뚝의 경우 : $A_p = \dfrac{\pi D^2}{4}$, $p = \pi D$ (12.1a)

- H형말뚝의 경우 : $A_p = d_1 \times d_2$, $p = 2(d_1 + d_2)$ (12.1b)

12.2.4 구조물하중과 말뚝의 개략 허용하중

실제 구조물로부터 오는 하중은 구조물의 종류와 사용하는 재료, 구조물 운영기간 동안의 활하중 (live load) 등에 따라 달라지지만 건축 구조물의 경우 기획단계나 기본설계단계에서 표 12.1과 같은 개략값을 사용하기도 한다.

표 12.1 기초에 작용하는 일반적인 빌딩하중(ASCE, 1994)

구조물의 종류	선하중 (line load, kN/m)	기둥하중 (column load, kN)	비고
주택, 아파트	15~30	10~300	고층빌딩의 경우 한 기둥당 10MN 이상의 하중이 작용하기도 함
오피스, 학교, 상가, 창고건물	30~90	400~500	
다층빌딩	60~150	500~1000	

각 재료의 말뚝이 받을 수 있는 개략적인 최대설계하중 및 허용하중을 표 12.2에 나타내었다.

표 12.2 말뚝의 재료별 최대 및 허용하중(김상규, 1991 ; 권호진 등, 2008)

말뚝의 종류	말뚝의 길이(m)	최대설계하중(kN)	허용하중(kN)	비고
나무말뚝	18	300	150~300	
기성콘크리트말뚝 프리케스트콘크리트 프리스트레스드말뚝	18 36	800 1000	300~500	1. 말뚝의 길이 및 최대설계하중: 김상규(1991) 참조 2. 허용하중: 권호진 등 (2008) 참조
현장타설콘크리트	18	600	300~500	
강관말뚝 -비충진 시 -충진 시	24 30	500 800	400~600	
H형강 말뚝	30	1000	300~600	
합성말뚝			200~300	

12.3 말뚝의 타입과 타설 시의 거동

12.3.1 타입장비

말뚝은 보통 무한궤도식 크레인에 장착된 해머에 의하여 흙 속에 타입된다. 크레인의 붐(boom)에는 유도로(lead)가 부착되어 있어서 해머는 이를 따라 낙하하게 되어 있고 지주(stay)를 조절하여 경사낙하를 조정할 수 있다(그림 12.4). 타입 시 말뚝에는 캡(cap 또는 헬멧)을 부착하여 말뚝머리를 보호한다. 말뚝과 캡 사이에 쿠션(cushion)을 사용하여 콘크리트말뚝 머리 손상을 방지하고 항타 시에 말뚝에 발생하는 응력을 조절하기도 한다.

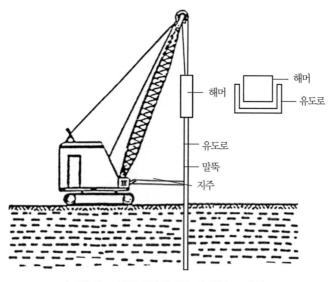

그림 12.4 말뚝타입해머를 장착한 크레인

말뚝타입에 사용되는 해머에는 드롭해머(drop hammer), 단동식 증기해머(single acting steam hammer), 복동식 증기해머(double acting steam hammer), 디젤해머(diesel hammer), 진동해머(vibratory hammer) 그리고 유압해머(hydraulic hammer) 등이 있다.

드롭해머는 말뚝박기에 사용되는 가장 간단한 형식의 해머로 무게 0.25~1톤 정도의 주철뭉치를 1.5~3m 정도 올린 후 자유낙하시켜 말뚝을 타설한다. 타격에너지가 매우 낮고 작업속도가 느려 소규모 말뚝의 타입과 선굴착말뚝의 최종타입에 쓰인다.

단동증기해머는 그림 12.5a에 보인 바와 같이 램(ram), 피스톤 실린더로 구성되어 있으며 증기흡입구를 통하여 공기를 주입한 후 증기배출구를 통하여 압력을 빼면 램이 낙하되는 방식이다. 증기압력이 약간 변하는 경우에도 일정한 에너지로 타격할 수 있으며 분당 35~60회의 타격속도를 갖고 있다. 단단한 점성토지반에서는 타격속도가 늦은 단동식 해머가 복동식 해머보다 유리하고, 경사말뚝 타입에는 불리하다. 복동증기해머는 그림 12.5b에 보인 바와 같이 램을 올릴 때 뿐 아니라 낙하할 때도 증기나 압축공기를 가해 말뚝을 타격한다. 타격속도가 단동식의 두 배 정도로 빠르기 때문에 경사말뚝 타입과 연약점토지반 및 사질토지반에서 단동식보다 유리하다.

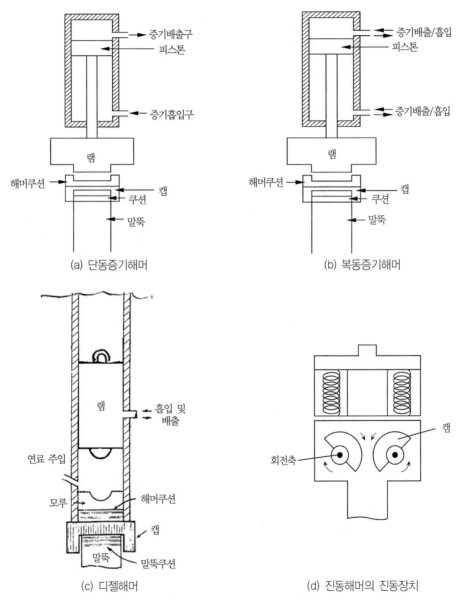

(a) 단동증기해머

(b) 복동증기해머

(c) 디젤해머

(d) 진동해머의 진동장치

그림 12.5 해머의 종류

디젤해머는 그림 12.5c에 보인 바와 같이 램과 실린더 모루(anvil)로 구성되어 있다. 먼저 실린더 안에 연료를 주입한 후 램을 기계적으로 올려 낙하시키면 공기연료 혼합물이 압축되어 그 열에 의해 연료가 점화된다. 연료가 폭발하면 말뚝은 아래로 박히고 램은 올라가며 이런 과정을 자동 반복하여 말뚝을 타격한다. 그림에 보인 것과 같은 단동식 디젤해머의 최대타격속도는 분당 35~60회 정도이다. 경사말뚝 타입에 적당하고, 보통 내지 단단한 지반에서 작동이 잘되나 연약지반에서는 말뚝의 하향이동이 크고 램의 상향이동이 작아 지반반력이 작아지므로 해머의 시동이 꺼지는 결점이 있다.

진동해머는 말뚝머리에 무거운 자중을 지닌 해머를 얹고 진동을 발생시킴으로써 말뚝을 관입시키는 해머이다. 진동해머는 그림 12.5d에 보인 바와 같이 반대방향으로 회전하는 두 개의 추로 원심력을 발생시켜 수평력은 상쇄하고 상하향력을 증가시켜 진동을 발생시켜 말뚝을 관입시킨다. 포화지반이나 배토량이 작은 말뚝에 적합하고 말뚝뽑기에도 많이 쓰인다. 진동해머는 타격해머보다 지반에 발생하는 항타진동, 소음과 말뚝손상이 작으며 타입속도가 빠른 이점이 있으나 장애물이 있을 때 말뚝관입이 안 되는 단점이 있다.

유압해머는 램(ram)을 유압으로 들어 올려 자유낙하시키는 해머로 디젤해머와 같은 타입해머가 항타로 인한 지반진동, 소음, 매연 등 환경문제가 발생하는 문제점이 있어 최근에 적용이 확산되고 있다. 최근에는 낙하 시 유압가속이 가능한 해머도 개발되었다. 말뚝의 관입상황에 따라 인위적으로 낙하고를 조정할 수 있으며, 타격저항이 낮은 연약지반에서도 계속적인 항타가 가능하다.

단단한 모래나 자갈지반에 말뚝을 관입시킬 때는 기성말뚝의 내부에 설치한 직경 5~7.5cm의 관을 통하여 물을 말뚝선단에서 분출하여 지반을 느슨하게 하는 공법을 사용하기도 하는데 이를 사수공법(water jetting)이라고 한다. 그림 12.6에는 널말뚝의 암반관입을 용이하게 하기 위하여 워터젯노즐이 장착된 널말뚝과 워터젯에 의하여 암반이 절삭된 모양의 예를 보인 것이다.

(a)

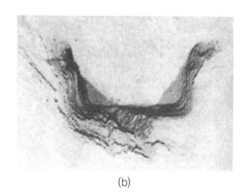
(b)

그림 12.6 (a) 워터젯노즐이 장착된 널말뚝과 (b) 사수에 의하여 암반이 절삭된 모양

12.3.2 말뚝 타설 시 주변거동

말뚝을 타격하면 말뚝과 지반의 변위를 수반하여 에너지의 손실이 이루어진다. 말뚝은 타격한 순간 말뚝과 그 주변지반에 순간적인 탄성압축이 발생하고 이는 수분의 1초 후 말뚝선단에 도달한다. 따라서 말뚝은 처음 타격 순간 하향으로 내려가지만 곧 탄성압축력이 회복됨으로 인하여 일부는 튀어 오르는 현상이 발생하는데 이는 그림 12.7b의 말뚝관입 시 변위를 관측한 자료에 잘 나타나 있다. 결국 말뚝의 관입량은 최대 관입한 양으로부터 리바운드량을 뺀 값이 실제관입량(순침하량)이 된다.

말뚝은 타격 시 압축파의 전달결과로 조금씩 연쇄적으로 지반에 관입된다.

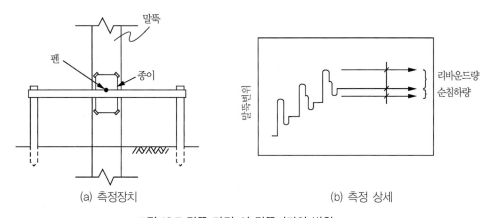

(a) 측정장치   (b) 측정 상세

그림 12.7 말뚝 타격 시 말뚝머리의 변위

전통적인 말뚝시공은 타입에 의존하나 도심지 등에서 소음과 진동을 방지하기 위하여 파워오거(power auger)로 미리 구멍을 뚫은 후 말뚝을 구멍 속에 삽입하여 타입하는 천공말뚝시공을 하기도 한다.

천공말뚝의 경우 지반천공 시 지반의 응력상태가 바뀌면서 흙이 교란된다. 그림 12.8a에는 천공에 의한 흙의 팽창으로 구멍이 수축하므로 흙의 단위중량은 감소하며 점토의 경우는 구조가 파괴된다. 구멍 속에 말뚝을 박거나 콘크리트를 채우면 흙은 부분적으로 복귀하나 교란은 피할 수 없다.

타입에 의하여 말뚝을 박을 경우 지반은 더 크게 교란이 발생한다(그림 12.8b). 말뚝의 선단부는 타격이 진행됨에 따라 계속적으로 전단파괴를 일으키며 내려가 박히며 말뚝 주변에 말뚝직경(D)의 1~2배의 폭을 가진 교란영역이 발생한다.

지반에 말뚝을 박으면 포화된 점토지반과 조밀 사질토지반은 땅이 부풀어 오른다. Vesic(1967)에 의하면 포화된 점토지반에서 횡압력이 수직하중의 2배나 될 수 있다고 한다. 모래지반에서는 유효 횡압력이 유효수직응력의 0.5~4배에 이른다고 한다. 그림 12.8c에는 말뚝 타입 시 말뚝선단부에서 발생하는 전단파괴형태를 보인 것이다(Vesic, 1967).

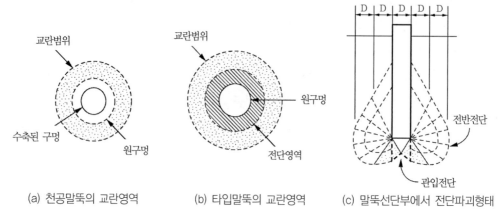

그림 12.8 말뚝의 교란영역과 선단파괴형태(Vesic, 1967)

포화점토지반에서 횡압의 발생은 간극수압이 증가하기 때문인데 발생한 과잉간극수압은 시간이 경과하면서 간극수가 주변지반으로 빠지면서 소산되므로 횡압은 본래의 값으로 돌아가고 점토의 강도는 회복된다. 해머로 말뚝을 박아 발생하는 진동과 충격은 느슨하고 포화된 지반에서는 액상화 현상이 일어나 지지력을 감소시킬 수 있다. 느슨한 지반에서의 진동은 지반의 함몰을 가져올 수도 있다.

말뚝은 설치 시 주변지반을 밀어내는 정도에 따라 배토말뚝(displacement pile)과 비배토말뚝(non-displacement pile)으로 구분한다. 배토말뚝은 기성콘크리트말뚝이나 선단폐쇄강관말뚝을 타입하여 시공하는 경우에 해당되는 말뚝이며 주변지반을 수평방향으로 이동시켜 주변 흙을 다지는 효과가 있다. 비배토말뚝으로 H형강말뚝, 선단개방강관말뚝은 주변으로 약간만 흙을 이동시키므로 소배토말뚝이라 한다. 천공말뚝(bored pile)은 원지반 흙의 변위를 거의 가져오지 않으므로 비배토말뚝이라고 한다.

12.4 말뚝지지력의 계산

말뚝에 작용하는 하중은 말뚝선단에서의 압축력인 단지지(point bearing)와 말뚝 표면을 따라 발생하는 전단력, 즉 주면마찰력(skin friction)에 의하여 전달된다(그림 12.9).

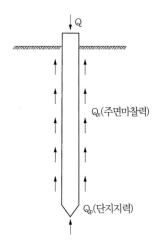

Q_s(주면마찰력)

Q_p(단지지력)

그림 12.9 외말뚝의 말뚝의 단지지와 주면마찰의 분포

수직말뚝의 축방향 허용지지력은 외말뚝(single pile)의 극한지지력을 안전율로 나누어 구할 수 있다. 외말뚝의 극한지지력은 식 12.2와 같이 선단지지력과 마찰지지력의 합으로 구성된다.

$$Q_u = Q_p + Q_s \qquad (12.2)$$

여기서 Q_u : 극한지지력, Q_p : 선단지지력, Q_s : 마찰지지력이다.

외말뚝의 극한지지력을 산출하는 방법은 1) 정적지지력공식에 의한 산정, 2) 현장말뚝 지지력시험에 의한 방법, 3) 항타시험에 의한 동적지지력공식의 이용의 세 가지로 대별할 수 있다. 허용지지력(Q_a)은 극한지지력을 안전율(F_s)로 나누어 식 12.3과 같이 산출한다.

$$Q_a = \frac{Q_u}{F_s} \qquad (12.3)$$

외말뚝의 축방향 허용지지력의 산출에 사용하는 안전율은 보통 2.5~4의 값을 사용한다. 지표면에서 말뚝에 가해지는 하중이 증가하면 마찰지지력 Q_s는 흙과 말뚝 사이 상대변위 5~10mm에서 완전 발휘되나 선단지지력, Q_p는 말뚝직경의 10(타입말뚝)~25%(천공말뚝) 변위를 필요로 한다. 즉 선단지지력의 발휘에 마찰지지력보다 더 많은 변위를 필요로 하므로 선단지지력에 큰 안전율을 적용하기도 한다(식 12.4).

$$Q_a = \frac{Q_p}{F_{s1}} + \frac{Q_s}{F_{s2}} \tag{12.4}$$

여기서 F_{s1}, F_{s2} : 선단지지력과 마찰지지력의 안전율이다(예 : $F_{s1} = 3$, $F_{s2} = 1.5$).

12.5 정적지지력 공식의 이용

12.5.1 선단지지력

그림 12.8c에 보인 말뚝기초의 파괴양상에 의하면 얕은기초의 파괴와는 달리 파괴면은 선단부의 주변에 머물러 있는 것을 알 수 있다. 말뚝기초선단에서의 단위면적당 극한지지력을 일반적인 얕은 기초에 적용한 지지력공식의 형태로 나타내면 식 12.5와 같다.

$$q_p = cN_c^* + \frac{1}{2}\gamma D N_\gamma^* + q' N_q^* \tag{12.5}$$

여기서 q_p : 말뚝선단에서 단위면적당 극한지지력, c : 말뚝선단 주변 흙의 점착력, N_c^*, N_γ^*, N_q^* : 말뚝의 형상 깊이를 고려한 지지력계수, D : 말뚝선단의 폭 또는 직경, q' : 말뚝선단부에 작용하는 상재하중이다.

일반적으로 말뚝의 깊이에 비하여 말뚝의 직경은 무시할 만하므로 $D \approx 0$으로 보면 식 12.5는 다음과 같이 쓸 수 있다.

$$q_p \approx cN_c^* + q' N_q^* \tag{12.6}$$

이를 이용하여 선단지지력을 다시 계산하면

$$Q_p = A_p q_p = A_p(cN_c^* + q' N_q^*) \tag{12.7}$$

여기서 A_p는 말뚝의 선단면적으로 식 12.1a, 12.1b에 의거하여 구한다.

선단지지력을 구하는 방법은 학자마다 많은 편차를 보이고 있으나 Meyerhof 방법이 많이 사용되고 있어 여기에 소개한다.

그림 12.10에는 지지층 속으로 말뚝의 근입깊이(l_b)를 표시하였다. 균질층(그림 12.10a)에서는 $l_b = l$(말뚝길이)이며 연약층을 통과하는 흙(그림 12.10b)에서는 $l_b < l$이다. 선단지지력(q_p)은 근입비(말뚝직경 D에 대한 지지층 속으로 말뚝의 근입비율, l_b/D)이 증가하면 초기에 직선적으로 증가하는 구간이 나타난다. 그러나 관입깊이가 증가하여 한계근입비(critical ratio of penetration depth, $l_b/D \approx (l_b/D)_{cr}$에 도달하면 선단지지력도 최대이면서 일정한 상태에 도달하고 그 이상 증가하지 않는다(그림 12.10c 참조). 즉, $q_p = q_l$이며 q_l은 한계선단지지력(limit point resistance)이라 부른다.

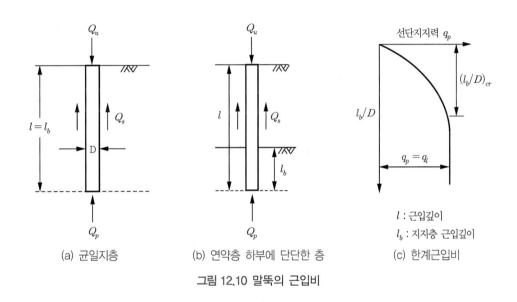

(a) 균일지층   (b) 연약층 하부에 단단한 층   (c) 한계근입비

그림 12.10 말뚝의 근입비

Meyerhof(1976)가 제안한 내부마찰각의 증가에 따른 한계근입비와 지지력계수 N_c^*, N_q^*의 변화를 그림 12.11에 나타내었다. 이 그림에서 내부마찰각에 대한 한계근입비의 값은 지지력계수 N_c^*, N_q^*에 대하여 각각 적용하게 되어 있다(그림 하단부 참조). 근입비(l_b/D)와 한계근입비($l_b/D)_{cr}$, 내부마찰각을 알면 극한지지력은 다음과 같이 구한다.

(1) $l_b/D \leq (l_b/D)_{cr}$이고 사질토($c = 0$)인 경우

$$Q_p = A_p q_p = A_p q' N_q^* \tag{12.8}$$

을 사용한다.

(2) $l_b/D > (l_b/D)_{cr}$이고 사질토($c=0$)인 경우

식 12.8을 적용하되 한계선단지지력 q_l(식 12.9a)를 초과하면 안 된다.

$$q_l(kN/m^2) = 50N_q^* \tan\phi \tag{12.9a}$$

$$\text{즉 } Q_p = A_p q_p = A_p q' N_q^* \ < \ A_p q_l \tag{12.9b}$$

이다.

지지층의 지지력계수 N_c^*, N_q^*는 근입비(l_b/D)가 증가하면 함께 증가하다가 $l_b/D = 0.5(l_b/D)_{cr}$에서 최댓값에 도달하며 대부분의 경우 말뚝의 근입비(l_b/D)는 $l_b/D = 0.5(l_b/D)_{cr}$보다 크다.

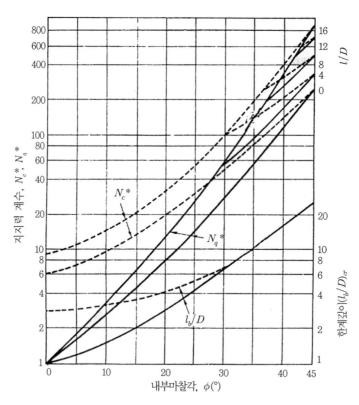

그림 12.11 내부마찰각의 변화에 따른 한계근입비와 N_c^*, N_q^*의 변화(Meyerhof, 1976)

Meyerhof(1976)의 방법으로 식 12.8과 12.9의 지지력계수 N_q^*에 사용할 값을 그림 12.11에서 구하는 방법은 다음 절차에 의한다.

(1) 내부마찰각 ϕ를 계산한다.

(2) 근입비 l_b/D를 계산한다.

(3) 그림 12.11에서 주어진 내부마찰각으로 한계근입비$(l_b/D)_{cr}$을 구한다(그림 하단부 참조).

(4) $l_b/D > 0.5(l_b/D)_{cr}$이고, $\phi < 30°$이면 그림 상부 실선으로 된 지지력곡선의 상한선의 값으로 확정한다.

(5) $l_b/D \le 0.5(l_b/D)_{cr}$이고 $\phi < 30°$이면 보간법으로 식 12.10을 써서 확정한다.

$$N_q^* = N_q^*(하한값) + [N_q^*(상한값) - N_q^*(하한값)] \frac{l_b/D}{0.5(l_b/D)_{cr}} \tag{12.10}$$

(6) $\phi > 30°$이면 상한곡선과 하한곡선 사이에 있는 l/D의 곡선을 사용하여 보간법으로 지지력계수를 결정한다. 여기서 $l/D > 0.5(l_b/D)_{cr}$이면 상한값을 사용한다.

(7) 흙이 점착력과 내부마찰을 함께 가지고 있는 경우$(c-\phi$ 흙) N_q^*를 구하는 방법과 동일하게 N_c^*를 구하고 식 12.7에 대입하여 극한선단지지력을 구한다.

비배수$(\phi = 0)$상태인 포화점성토에서 말뚝의 선단지지력은 식 12.11로 구한다.

$$Q_p = A_p c_a N_c^* = 9 A_p c_a \tag{12.11}$$

여기서 c_a는 말뚝선단 하부점착력이며 일축압축시험, 비배수삼축압축시험(UU), 베인시험 등으로 결정할 수 있다. 한계근입비 아래 N_c^*는 점토의 예민비와 특성에 따라 5(예민정규압밀토)에서 10(과압밀점토)까지 변하지만 보통 말뚝에서는 $N_c^* \approx 9$의 값을 사용한다.

예제 12.1

길이 l =15m 기성콘크리트말뚝이 균질한 사질토지반에 타입된다. 말뚝의 직경, D=30cm이고 흙의 단위중량은 γ=18kN/m³, ϕ=35°이다. Meyerhof의 방법으로 말뚝의 선단지지력을 구하여라.

말뚝의 직경대비길이의 비는 균질한 흙에서 $\dfrac{l}{D}=\dfrac{15}{0.3}=50$이다.

그림 12.11로부터 한계깊이는 $\left(\dfrac{l_b}{D}\right)_{cr}=10<50$이다.

같은 그림으로부터 $\dfrac{l}{D}=50$과 $\phi=35°$에 대한 $N_q^*=130$이다.

식 12.8에서 $Q_p=A_pq_p=A_pq'\,N_q=\left(\dfrac{\pi\times0.3^2}{4}\right)\times(18\times15)\times130=2481\,\text{kN}$

식 12.9에서 $q_l=50N_q^*\times\tan\phi=50\times130\times\tan35°=4551\,\text{kN/m}^2$

$$Q_p=A_pq_l=\left(\dfrac{\pi\times0.3^2}{4}\right)\times4551=321<2481\,\text{kN}$$

따라서 선단지지력은 321kN이다.

길이 15m, 직경 40cm의 강관말뚝이 점착력 75kN/m²인 지반에 박혀진다. 이 말뚝의 선단지지력을 구하여라.

식 12.11로부터 $Q_p=A_pc_uN_c^*=\left(\dfrac{\pi\times0.4^2}{4}\right)\times75\times9=85\,\text{kN}$

12.5.2 마찰지지력

말뚝의 주면마찰력은 식 12.12를 이용하여 나타낼 수 있다.

$$Q_s=\Sigma f\ p\Delta l \tag{12.12}$$

여기서 p는 말뚝주변장, f는 임의 깊이 z에서의 단위면적당 마찰지지력, Δl은 지층의 특성이 일정한 부분의 말뚝길이다.

1) 사질토

사질토지반에 대한 단위주면마찰력은 다음과 같이 쓸 수 있다.

$$f=K\sigma_V{}'\tan\delta \tag{12.13}$$

여기서 K는 토압계수, $\sigma_V{}'$은 주어진 깊이에서의 유효토피하중, $\tan\delta$는 흙과 말뚝 사이의 마찰각이다. 유효수직응력 $\sigma_V{}'$는 $l > 15D$까지는 증가하고 이후 일정해지는 것으로 보며 흙과 말뚝 사이 마찰각 δ는 $(0.5{-}0.8)\phi$ 범위에서 선택하여 사용한다.

구조물기초기준해설(한국지반공학회, 2008)은 말뚝주면마찰력 산정을 위한 토압계수 K로 표 12.3의 값을 추천하고 말뚝표면과 흙의 마찰각 δ는 표 12.4의 값을 추천하였다.

표 12.3 말뚝주면마찰력 산정을 위한 토압계수, K

말뚝형태	K	
	느슨한 모래	촘촘한 모래
타입 H말뚝	0.5	1.0
타입 말뚝	1.0	1.5
타입 쐐기형말뚝	1.5	2.0
타입 사수말뚝	0.4	0.9
굴착말뚝(B≤1,500mm)	0.7	

표 12.4 말뚝표면과 흙의 마찰각, δ

말뚝재료	δ
강말뚝	20°
콘크리트말뚝	$3/4\phi$
나무말뚝	$3/4\phi$

* ϕ는 흙의 내부마찰각

예제 12.3

1) 예제 12.1의 말뚝에 대하여 마찰지지력을 구하여라. 여기서 토압계수 $K = 1.5$, $\delta = \dfrac{3}{4}\phi$이다.

2) 예제 12.1의 선단지지력을 합한 말뚝의 허용지지력은 얼마인가?
   (안전율 $f_s = 3.0$)

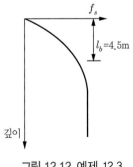

그림 12.12 예제 12.3

1) 임의 깊이에서의 단위면적당 마찰지지력은 $f = K\sigma_v' \tan\delta$이다.

수직응력 σ_v'는 $l = 15D = 15 \times 0.3 = 4.5\,\text{m}$까지 증가하고, 그 아래에서는 일정한 값으로 보면

깊이 $z = 0 \sim 4.5\,\text{m}$: $\sigma_v' = \gamma z = 18 \times z\,\text{kN/m}^2$

$z \geq 4.5\,\text{m}$: $\sigma_v' = 18 \times 4.5 = 81\,\text{kN/m}^2$이다.

깊이 $z = 4.5\,\text{m}$에서의 단위면적당 마찰지지력은

$$f = K\sigma_v'\tan\delta = 1.5 \times 81 \times \tan(0.75 \times 35) = 59.9\,\text{kN/m}^2$$

$z = 0 \sim 4.5\,\text{m}$에서의 마찰지지력은

$$Q_s = f_{av}p\ l_b = \frac{59.9}{2} \times (\pi \times 0.3) \times 4.5 = 127\,\text{kN}$$

$z = 4.5 \sim 15\,\text{m}$에서의 마찰지지력은

$$Q_s = f_{av}p(l - l_b) = 59.9 \times (\pi \times 0.3) \times (15 - 4.5) = 592\,\text{kN}$$

전체 마찰지지력 $Q_s = 127 + 592 = 719\,\text{kN}$이다.

2) 극한지지력은 예제 12.1로부터 Q_p를 구하여 계산하면

$$Q_u = Q_p + Q_s = 321 + 719 = 1{,}040\,\text{kN}$$

허용지지력은 $Q_a = \dfrac{Q_u}{FS} = \dfrac{1{,}040}{3} = 347\,\text{kN}$이다.

2) 점성토

점성토에서의 단위면적에 대한 마찰저항을 구하는 방법으로 두 가지 방법을 소개하였다.

(1) α방법

점토가 갖는 비배수전단강도에 부착력계수를 곱하여 구한다.

$$f = \alpha c_u \tag{12.14}$$

여기서 α : 부착력계수(adhesion factor), c_u : 비배수전단강도이다.

α값은 점토층의 굳기와 말뚝종류, 크기, 시공법, 지층상태 등에 따라 그 값이 달라진다. 그림 12.13에는 α계수와 비배수점착력 c_u의 관계를 나타낸 몇 개의 곡선이 제시되어 있다. 육상말뚝에 대해서는 Woodward의 곡선을, 해상구조물을 위한 긴 강관말뚝에 대해서는 API의 곡선을 사용한다. $c_u < 50\,\text{kN/m}^2$인 정규압밀점토에서 $\alpha \approx 1.0$이다.

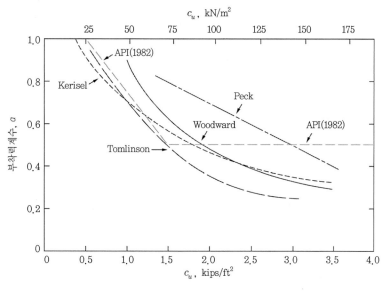

$$c_u, \ kN/m^2$$

그림 12.13 타입말뚝의 부착력계수, α

(2) β 방법

유효수직응력으로부터 얻은 강도정수로 마찰저항을 계산한다.

$$f = \beta \ q'$$

(12.15)

여기서 $\beta = K\tan\phi'$으로 K는 토압계수, ϕ'는 유효응력으로 구한 내부마찰각, q' 각 지층의 유효수직응력(토피하중)이다. 일반적으로 토압계수는 정지토압계수(10.2절 참조)를 사용하고 단단한 점토(stiff clay)에 대한 ϕ'는 교란토에 대한 것을 쓴다.

예제 12.4

다음 그림과 같은 2층 점토지반에 길이 24m, 직경 40cm의 말뚝을 타입하였다. 마찰지지력을 구하라.

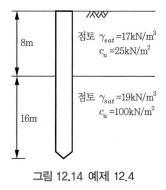

점토 γ_{sat}=17kN/m³
c_u=25kN/m²

점토 γ_{sat}=19kN/m³
c_u=100kN/m²

8m

16m

그림 12.14 예제 12.4

풀 이

마찰지지력공식 12.12로부터 $Q_s = \sum fp\Delta l$

점토의 단위마찰계수는 α 방법을 적용하여 $f_s = \alpha c_u$이므로

$\qquad Q_s = \sum (\alpha c_u) p\Delta l$

그림 12.13에서 Woodward 곡선을 사용하여

상부토층의 $c_u = 25\,\mathrm{kN/m^2}$에 대한 $\alpha = 1.0$

하부토층의 $c_u = 100\,\mathrm{kN/m^2}$에 대한 $\alpha = 0.45$

따라서

$\qquad Q_s = \sum (\alpha c_u) p\Delta l = 0.4\pi(1.0 \times 25 \times 8 + 0.45 \times 100 \times 16)$

$\qquad\quad = 0.4\pi(200 + 720) = 1156\,\mathrm{kN}$이다.

12.6 현장시험을 이용한 지지력 산정

사질토는 현장에서의 상대밀도를 실내에서 재현하기가 매우 어려워 강도정수의 신뢰성이 떨어진다. 따라서 표준관입시험이나 콘관입시험으로부터 말뚝의 단위면적당 선단지지력을 구하는 방법을 제안하였다(Meyerhof, 1976).

$$q_p(\mathrm{kN/m^2}) = 40 N l_b / D \le 400N \qquad\qquad (12.16)$$

여기서 N : 말뚝 선단부 구간(위로 8D, 아래로 3D 구간)의 N치의 평균, l_b : 조밀층 관입 깊이, 균질한 경우 $l = l_b$(그림 12.10 참조)이다.

Meyerhof는 표준관입시험치로부터 단위면적당 주면마찰력을 추정하는 경험식을 다음과 같이 제안하였는데 체적변위가 크게 일어나는 배토말뚝에 대해서는 $2N$을 체적변위가 적은 비배토말뚝에 대해서는 N을 사용하도록 하였다.

$$f(\mathrm{kN/m^2}) = (1 \sim 2)N \qquad\qquad (12.17)$$

사질토지반에 시행한 정적콘관입시험 결과를 이용하면 말뚝의 단위면적당 선단지지력(q_p)과 주면마찰력(f)을 다음과 같이 구할 수 있다.

$$q_p = q_c \qquad\qquad (12.18)$$

여기서 q_c는 말뚝 선단부구간(위로 8D, 아래로 3D 구간)의 콘선단저항의 평균, 콘관입시험으로 주면마찰을 측정한 결과로부터

$$\text{비배토말뚝} : f = f_c \qquad\qquad (12.19)$$
$$\text{배토말뚝} : f = (1.5 - 2.0)f_c \qquad\qquad (12.20)$$

여기서 f_c : 콘마찰저항치이다.

예제 12.5

예제 12.1에서 적용된 말뚝에 박힌 사질토의 표준관입시험치가 25로 균질하다고 한다.
1) 말뚝의 선단지지력과 마찰지지력을 구하여라.
2) 이 말뚝의 허용지지력을 얼마인가? (FS=3.0)

풀 이

1) 식 12.16으로부터 단위면적당 선단지지력을 계산하면

$$q_{p_1} = \frac{40 N_b}{D} = 40\,(25)\left(\frac{15}{0.3}\right) = 50{,}000\,\text{kN/m}^2$$

$$q_{p_2} = 400N = 400\,(25) = 10{,}000\,\text{kN/m}^2 < 50{,}000\,\text{kN/m}^2$$

따라서 $q_{p_2} = 10{,}000\,\text{kN/m}^2 = 10\,\text{MN/m}^2$를 사용한다.

선단지지력은 $Q_p = A_p Q_{p_2} = \dfrac{\pi(0.3)^2}{4} \times 10{,}000 = 706.5\,\text{kN}$

단위주면마찰력은 타입말뚝이므로 식 12.17로부터

$$f = 2N = 2 \times 25 = 50\,\text{kN/m}^2$$

마찰지지력은 $Q_s = \sum f p l = 50 \times (\pi \times 0.3) \times 15 = 706.5\,\text{kN}$이다.

2) 극한지지력을 계산하면 $Q_u = Q_p + Q_s = 706.5 + 706.5 = 1{,}413\,\text{kN}$

허용지지력을 계산하면 $Q_a = \dfrac{Q_u}{FS} = \dfrac{1{,}413}{3.0} = 471\,\text{kN}$

12.7 동적지지력공식(항타공식)의 이용

말뚝을 타입하면서 그 관입되는 양에 의하여(그림 12.7 참조) 말뚝의 지지력을 구하는 공식을 항타공식 또는 동적지지력공식(dynamic formula)이라고 한다.

항타공식은 간편하지만 정밀도가 떨어진다. 또한 항타공식은 항타 시 순간적인 말뚝의 거동에 대해 지지력을 구하기 때문에 실제 구조물의 몇 시간에서 몇 년에 이르는 장시간에 걸친 시간경과 효과를 고려할 수 없다는 문제가 있다. 점성토의 경우 말뚝을 타입하면 일시적인 과잉간극수압이 발생하고 흙이 교란되므로 항타공식으로 측정이 어려울 것이다. 그러므로 건조한 사질토나 조립사질토 정도에 사용하는 것이 좋다. 대표적인 지점을 골라 말뚝재하시험을 한 후 지지력계산 결과를 토대로 항타공식의 계수를 보정하여 쓰는 경우도 있다.

12.7.1 ENR 공식

항타공식은 말뚝을 시공하기 위해 가하는 해머의 무게(W_r)에 낙하고(h)를 곱한 타격력에너지와 그 에너지로 한 일($W_r h$)이 같다는 에너지 보존법칙을 근거로 하고 있다. 말뚝에 가한 타격에너지는 해머와 기계적 마찰충격, 말뚝과 흙의 일시적인 탄성압축 등으로 에너지의 일부분이 손실된다. 이를 식으로 표현하면

$$\text{해머 타격에너지} = \text{말뚝저항력} \times \text{관입량} + \text{손실량} \tag{12.21}$$

이 관계는 20세기 초 Engineering News Record 잡지에 ENR 공식으로 다음과 같이 발표되었다.

$$Q_u = \frac{W_r h}{s + C} \tag{12.22}$$

여기서 W_r : 램의 무게, h : 낙하높이(m), s : 1회 타격당 관입량(cm), C : 에너지 손실을 나타내는 상수로 드롭해머의 경우 2.5cm, 증기해머의 경우 0.25cm를 사용하였다.

ENR 공식은 손실상수를 임의로 정하였으므로 여기서 발생하는 불확실성을 고려하여 안전율은 비교적 큰 6을 적용하여 허용지지력을 산출한다.

단동 및 복동증기해머에서는 타격에너지항($W_r h$)을 해머의 타격에너지 H_e로 대체하고 해머효율 e를 곱하여 다음과 같은 식을 사용한다.

$$Q_u = \frac{H_e \; e}{s + C} \tag{12.23}$$

상기 식에 사용하는 말뚝의 관입량 s 는 그림 12.7에 보인 바와 같이 항타하면서 측정한 순수한 회당 말뚝관입량에 의거하여 계산하며 최종단계에서 여러 차례 타입한 관입치를 타격횟수로 나누어 구한 평균치를 사용한다.

12.7.2 Hiley 공식

Hiley 공식은 해머효율(e) 외에 타격효율(η)을 고려하고 에너지 손실까지를 공식에 적용하여 다음과 같은 식으로 구성하였다.

$$Q_u = \frac{W_r h e}{s + (C_1 + C_2 + C_3)/2} \frac{W_r + n^2 W_p}{W_r + W_p} \tag{12.24}$$

여기서 e 는 해머효율, C_1, C_2, C_3 는 말뚝의 캡, 말뚝, 흙의 탄성압축량(cm), W_p 는 말뚝무게이다. 타격효율 η 는 식 12.25의 램과 말뚝일의 무게비로 나타낸 부분이며 n 은 캡과 램 사이의 반발계수이다. 말뚝의 캡, 말뚝, 흙의 탄성압축량인 C_1, C_2, C_3 에 대한 상세한 내용은 김상규(1991)의 말뚝기초 내용(13.4절)을 참조하기 바란다.

$$\eta = \frac{W_r + n^2 W_p}{W_r + W_p} \tag{12.25}$$

Hiley 공식은 사질토의 지지력 산출에 비교적 정확하며 하용지지력을 구하기 위한 안전율은 3을 사용한다. 표 12.5에는 다양한 해머에 대한 효율을 표 12.6에는 반발계수를 나타내었다.

표 12.5 해머효율 e

해머의 종류		e
드롭해머	방아쇠 시동장치	1.00
	드럼윈치	0.75
단동해머		0.75~0.85
복동해머		0.85
디젤해머		0.7~0.9

표 12.6 반발계수 n

말뚝의 종류	두부조건	단동, 드롭, 디젤해머	복동해머
주철해머와 콘크리트말뚝	말뚝머리패킹과 플라스틱돌리헬멧 말뚝머리패킹과 목재돌리헬멧 패드만 말뚝머리 위에 놓음	0.4 0.25 −	0.5 0.4 0.5
강(鋼)	컴포지트 플라스틱돌리를 가진 캡 목재돌이를 가진 캡 말뚝머리 직접 타격	0.5 0.3 −	0.5 0.3 0.5
나무	말뚝머리 직접 타격	0.25	0.4

최근 수정에 수정된 ENR 공식은 다음과 같다.

$$Q_u = \frac{W_r he}{s+0.25}\frac{W_r+n^2 W_p}{W_r+W_p} = \frac{W_r he\eta}{s+0.25}$$ (12.26)

여기서 η는 타격효율로 $\dfrac{W_r+n^2 W_p}{W_r+W_p}$ 이다(식 12.25 참조).

예제 12.6

직경 30cm 길이 10m인 콘크리트말뚝을 사질토층에 타입하였다. 무게 30kN의 주철해머를 사용하며 1.5m의 스트로크로 타격하였으며 마지막 25mm 관입에 필요한 타격횟수는 5회였다. ENR 공식(식 12.22)을 이용하여 허용지지력을 계산하여라.

풀 이

드롭해머를 사용하였으므로 $C = 2.5$cm이다.

$$Q_a = \frac{W_\gamma h}{6(s+2.5)} = \frac{30\times150}{6\left(\dfrac{2.5}{5}+2.5\right)} = 250\,\text{kN}$$

예제 12.7

예제 12.6의 해머를 복동증기해머를 사용한 것으로 보고 문제를 다시 풀어라.
단 말뚝의 머리에는 5cm 두께의 패킹을 하고 플라스틱 돌기 헬멧을 씌웠다. 콘크리트 단위중량 25kN/m³, 헬멧과 돌기의 무게를 4kN이라고 가정한다.
1) 식 12.23을 이용(안전율 6)
2) 수정 ENR 공식(식 12.26) 이용(안전율 4)

풀　이

1) 복동해머의 효율은 표 12.5에 의하면 $e = 0.85$

$$Q_u = \frac{H_e e}{s + C} = \frac{45 \times 100 \times 0.85}{\frac{2.5}{5} + 0.25} = 5,100\,\text{kN}$$

따라서 허용지지력은 $Q_a = \dfrac{Q_u}{F_S} = \dfrac{5,100}{6} = 850\,\text{kN}$이다.

2) 반발계수는 표 12.6으로부터 $n = 0.5$이다.

$$W_p = \text{말뚝의 무게}(A_p l \gamma_c) + \text{캡의 무게}$$
$$= \left(\frac{\pi \times 0.3^2}{4} \right) \times 10 \times 25 + 4 = 17.7 + 4 = 21.7\,\text{kN}$$

$$Q_u = \frac{W_\gamma h e}{s + 0.25} \frac{W_\gamma + n^2 W_p}{W_\gamma + W_p} = \frac{(45 \times 100) \times 0.85}{0.5 + 0.25} \frac{30 + 0.5^2 \times 21.7}{30 + 21.7} = 5,100 \times 0.69 = 3,495\,\text{kN}$$

따라서 허용지지력은 $Q_a = \dfrac{Qu}{F_S} = \dfrac{3495}{4} = 873\,\text{kN}$이다.

12.8 말뚝재하시험

12.8.1 재하시험장치

말뚝재하시험은 일종의 말뚝에 실제 하중을 가하여 상부구조물이 건설되었을 때를 재현하므로 여러 말뚝지지력 추정방법들 중 가장 신뢰도가 높은 방법이다.

시험방법으로는 그림 12.15에 보인 바와 같이 콘크리트블록이나 철근 등 중량물이나 반력 말뚝의 인발저항력을 사용하는 방법으로 일련의 하중을 가하여 말뚝의 극한하중 또는 허용침하량 이내 지지하중의 크기를 산출한다. 재하하중은 설계하중의 2~3배 크기를 사용한다. 말뚝재하시험은 사질토에 대해서는 타입 후 즉시 실시가 가능하나 점성토에 대해서는 Thixotropy 현상이 발현되며 과잉간극수압이 소산되는 기간을 고려하여 말뚝타입 30~60일 경과 후 실시하는 것이 좋다. 매우 굳은 점토지반에서는 말뚝 설치 후 시간이 경과하면 지지력이 오히려 낮아지는 경우도 발생하는데 이는 간극수압의 변화에 기인한다.

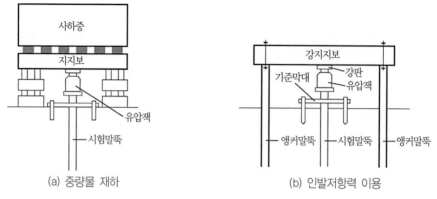

|(a) 중량물 재하|(b) 인발저항력 이용|

그림 12.15 말뚝재하시험 장치의 예

시험횟수는 말뚝재하시험 결과의 효용성을 높이려면 지반조건에 큰 변화가 없는 경우 적어도 말뚝 250개당 1회 또는 구조물별로 1회의 시험이 필요하다. 그러나 지반조건에 큰 변화가 있거나 시공방법이 다른 말뚝을 사용할 때는 말뚝재하시험이 추가될 필요가 있다(한국지반공학회, 2009).

12.8.2 압축재하시험

압축재하시험을 수행하는 데 사용되는 하중재하방법으로 등속도관입시험(Constant Rate Penetration, CRP)과 하중지속시험(Maintained Load Test, ML)이 있다.

등속도관입시험은 재하시험 시 말뚝이 등속도로 관입되도록 지속적으로 하중을 증가시키는 시험으로써 기초지반이 파괴될 때까지 관입을 계속시킨다. 일반적으로 관입속도는 $0.25 \sim 0.5$mm/min로서 총 2~3시간이 소요된다. 말뚝의 극한하중을 결정하는 데 주로 사용된다. 하중지속시험은 일반적으로 수행되는 말뚝재하시험으로 다음과 같은 단계로 수행한다.

(1) 하중단계를 총 8단계로 나누어 단계별 하중은 설계하중의 25%의 크기로 단계적으로 증가시킨다(예 : 설계하중의 25, 50, 75, 100, 125, 150, 175, 200%).

(2) 한 단계의 하중을 가하고 말뚝의 침하율이 0.25mm/hr 미만이 될 때까지 또는 최대 2시간까지 하중을 지속시켜서 말뚝을 침하시킨다.

(3) 마지막 하중단계에서 설계하중의 200%에서 24시간 하중을 유지한다. 단 침하율이 0.25mm/hr 이하인 경우에는 12시간 동안 유지한다.

이 시험은 건설현장에서 지지력 확인을 요할 때 적합한 시험으로서 극한하중 또는 항복하중이 확인되지 않을 때도 있다. 만약 극한하중을 확인하고자 하면 설계하중의 두 배까지 재하한 다음 그 후부터는 등속도관입시험(CRP-test)으로 극한상태까지 시험을 계속한다.

말뚝재하시험에서 압축 이후 하중제거에 따른 하중침하량곡선으로부터 탄성침하량을 구하여 잔류침하량(순침하량)을 계산할 수 있다(그림 12.16 참조). 이 경우 식 12.27을 사용한다.

$$S_r = S_t - S_e \qquad\qquad\qquad (12.27)$$

여기서 S_r : 말뚝의 잔류침하량, S_t : 전침하량, S_e : 말뚝의 탄성침하량(하중제거에 의한 리바운드량)이다.

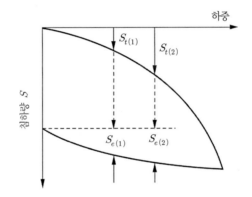

그림 12.16 말뚝재하시험(ML)에 의한 하중–침하량곡선

12.8.3 극한지지력의 결정

말뚝의 침하량은 하중이 증가함에 따라 침하량이 증가하다가 어느 값에 도달하면 급격히 증가하게 된다. 하중침하량곡선이 급격히 증가하기 시작하는, 즉 곡률최대가 되는 지점이 항복하중이고 하중 증가가 일어나지 않는 상태에서 침하량만 증가하는 상태, 즉 하중침하량곡선이 수직으로 변할 때가 말뚝의 극한지지력에 도달한 상태이다.

대부분의 말뚝재하시험에서는 극한 상태의 확인이 잘 되지 않으므로 어느 정도의 침하량에 도달할 때의 하중을 극한지지력으로 인정하는 방법이 많이 사용되고 있다.

영국의 BS에서는 전침하량이 말뚝직경의 10%에 도달하였을 때의 하중을 극한지지력으로 본다.

Terzaghi and Peck은 전침하량 2.5cm에 도달하였을 때의 하중을 극한지지력으로 제안하였다.

예제 12.8

직경 30cm 깊이 20m의 강말뚝에 대한 현장재하시험을 실시하여 다음 표와 같은 결과를 얻었다.

하중(MN)		0	0.5	1.0	1.5	2.0	2.5
침하량 (cm)	하중재하 시	0	0.67	1.25	2.10	3.83	7.80
	하중제거 시	6.30	6.67	6.92	7.24	7.55	7.80

1) 하중–전침하량곡선을 작도하여라.
2) 하중–순침하량곡선을 작도하여라.
3) 이 곡선으로부터 대상 말뚝의 극한지지력을 구하라.

풀　이

1), 2)

하중(MN)	전침하량(cm)	탄성압축량(cm)	순침하량(cm)
0.5	0.67	6.67−6.3=0.37	0.67−0.37=0.3
1.0	1.25	6.92−6.3=0.62	1.25−0.62=0.63
1.5	2.10	7.24−6.3=0.91	2.10−0.91=1.19
2.0	3.83	7.55−6.3=1.25	3.36−1.25=2.58
2.5	7.80	7.80−6.3=1.5	7.80−1.5=6.3

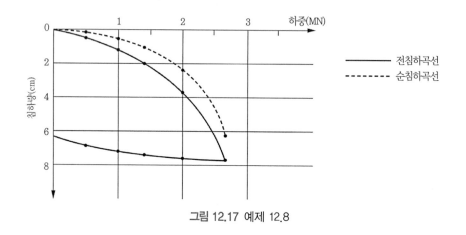

그림 12.17 예제 12.8

3) • 침하량이 급격하게 변하는 부분(곡률이 최대인 지점)은 항복하중이며 1.8MN.
　• 추가하중의 재하 없이 수직으로 변위만 발생하는 하중(극한하중) 2.5MN.
　• 전침하량 기준하여 극한지지력은 영국 BS 규정 적용 시 말뚝직경의 10% 하중은, 즉 0.1D=3cm
　　일 때 1.8MN이다. Terzaghi and Peck의 25mm 침하를 기준으로 하면 극한지지력은 1.7MN이
　　다. 따라서 기준의 극한지지력은 실제에 비하여 안전측임을 알 수 있다.

12.9 부마찰력

부마찰력(negative skin friction 또는 down drag)은 말뚝 주위의 지반이 말뚝보다 더 많이 침하하여 말뚝에 하향으로 작용되는 마찰력으로 부주면마찰력이라고도 한다.

부마찰력이 발생하는 예로 포화된 점토층을 관통하여 지지층에 박혀 있는 경우에는 포화된 점토층 위에 새로운 성토를 하거나 지하수위가 저하됨으로써 점토층에 압밀침하가 발생하고 침하하는 점토층이 말뚝에 대해서 하향의 마찰력을 유발시키는 경우이다(그림 12.18).

항타로 말뚝 주변지반이 극심하게 교란되어 발생한 급격한 과잉간극수압의 소산에 의해서도 부마찰력이 발생할 수 있다.

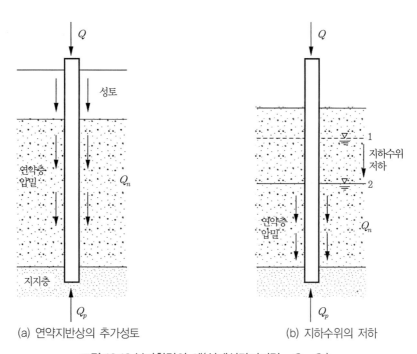

(a) 연약지반상의 추가성토 　　　　　(b) 지하수위의 저하

그림 12.18 부마찰력의 예(실제선단지지력$= Q_p - Q_n$)

부주면마찰력을 감소시키는 방법으로 다음과 같은 것이 있다.

(1) 선행하중을 가해 지반침하를 미리 감소한다.
(2) 표면적이 작은 말뚝(예 : H형말뚝)을 사용한다.
(3) 말뚝을 박기 전에 말뚝 직경보다 큰 구멍을 뚫고 벤토나이트 슬러리를 채운 후 말뚝을 박아서

마찰력을 감소시킨다.

(4) 말뚝 직경보다 약간 큰 케이싱을 박아서 부마찰력을 차단한다.

(5) 말뚝표면에 아스팔트 등 역청재를 도장하여 부마찰력을 감소시킨다.

12.10 무리말뚝

일반적으로 말뚝은 구조물하중을 지반에 전달하기 위해 여러 개의 말뚝을 박아서 사용하는데 이를 무리말뚝(군말뚝, 군항, group pile)이라 한다. 각 말뚝은 무리로 작용할 수 있도록 캡(cap) 또는 확대기초로 묶고 기둥이나 벽체하중을 이를 통해 하부말뚝으로 전달한다(그림 12.19a).

무리말뚝의 배열은 최소 2열 2행으로 4개의 말뚝으로 구성된다(그림 12.19a). 소규모 교량의 경우는 1열에 여러 개의 말뚝을 사용하는 교각을 사용할 수 있으나 일반적으로 2열 이상의 말뚝을 사용하고 이를 다주식 기초라고 한다(그림 12.19b).

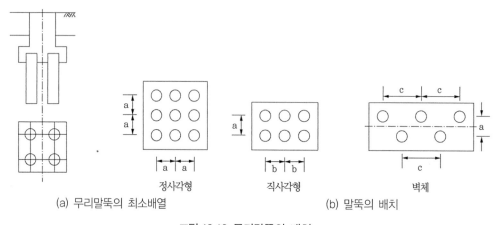

(a) 무리말뚝의 최소배열   (b) 말뚝의 배치

정사각형   직사각형   벽체

그림 12.19 무리말뚝의 배치

12.10.1 무리말뚝의 최소간격

말뚝기초에서는 일반적으로 여러 개의 말뚝을 인접해서 설치하게 되므로 각 말뚝에 의하여 지반에 전달되는 응력이 중복되는 경우가 많다(그림 12.20). 말뚝의 근접 설치 시 말뚝에 의해 흙에 전달

되는 응력이 겹쳐 지지력이 감소하게 되므로 일반적으로 무리말뚝 지지력은 단항지지력의 합보다 작다.

말뚝응력의 중첩을 방지하기 위한 말뚝의 중심간격(d)의 조건은

$$d > 3 - 3.5D \ (D는 \ 말뚝의 \ 직경)$$ (12.28)

이며 최소 $d > 2.5D$이어야 한다. 말뚝 간 중심간격의 결정에는 지반조건, 말뚝길이, 말뚝의 형태 등을 고려하여야 하며 표 12.7에는 몇 가지 경우에 대한 최소말뚝간격을 추천하였다(한국지반공학회, 2009).

표 12.7 수직말뚝의 최소간격

말뚝길이	선단지지말뚝 사질토층의 마찰말뚝		점성토층의 마찰말뚝	
	원형	정방형	원형	정방형
10m 이하	3D	3.4 B	4D	4.5 B
10~25m	4D	4.5 B	5D	4.5 B
25m 이상	5D	5.6 B	6D	6.8 B
모든 경우의 말뚝중심간 거리 ≥0.8m				

* D : 말뚝의 직경, B : 정방형 말뚝일변길이(폭)

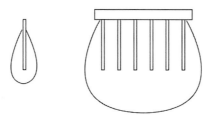

그림 12.20 무리말뚝의 응력의 중첩

무리말뚝의 영향을 무시할 수 있는 최소중심간격(D_o)을 다음 식으로 구하기도 한다.

$$D_o = 1.5 \sqrt{rl}$$ (12.29)

여기서 r : 말뚝반경, l : 말뚝길이이다.

12.10.2 무리말뚝의 지지력

무리말뚝의 지지력 Q_g는 다음과 같이 구할 수 있다.

$$Q_g = \eta \sum Q_u \tag{12.30}$$

여기서 η : 무리말뚝효율, $\sum Q_u$ 는 외말뚝의 극한지지력의 합이다.

그림 12.21에 보인 무리말뚝의 마찰지지력은 다음 식과 같이 산출된다.

$$Q_{sg} = f_{av} p_g l \tag{12.31}$$

여기서 p_g : 무리말뚝의 주변장으로 $p_g = 2(n_1 + n_2 - 2)d + 4D(n_1,\ n_2$ 는 B, L 방향으로 말뚝의 개수, d : 말뚝간격, D : 말뚝직경)이며, f_{av} : 단위면적당 평균마찰지지력, l : 말뚝길이이다.

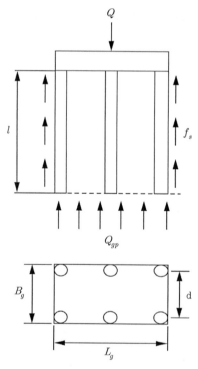

그림 12.21 무리말뚝의 지지력 산정

무리말뚝의 마찰지지력에 대한 무리말뚝효율을 계산하면 식 12.32와 같다.

$$\eta = \frac{Q_g}{\sum Q_u} = \frac{f_{av}[2(n_1+n_2-2)d+4D]l}{n_1 n_2 f_{av} \ pl} = \frac{2(n_1+n_2-2)d+4D}{n_1 n_2 \ p} \tag{12.32}$$

식 12.32에서 말뚝의 중심간격 d가 크면 효율 $\eta > 1$이 되어 말뚝은 외말뚝으로 거동하게 되므로 이때는 $\eta = 1$로 간주한다.

예제 12.9

그림 12.21에서 $n_1 = 2$, $n_2 = 3$, $D = 300\,mm$, $d = 3D$이고 말뚝의 단면은 원형이다.
식 12.32를 사용하여 무리말뚝의 효율을 구하라.

풀 이

식 12.32의 무리말뚝효율 계산식 $\eta = \dfrac{2(n_1+n_2-2)d+4D}{n_1 n_2 p}$

$d = 3D = 3 \times 300 = 900\,mm$

$p = \pi D = 3.14 \times 300 = 942\,mm$

따라서 $\eta = \dfrac{2(3+2-2) \times 900 + 4 \times 300}{3 \times 2 \times 942} = 1.17$

$\eta = 1$보다 크므로 말뚝은 외말뚝으로 거동한다.

무리말뚝의 지지력을 정하기 위해서는 단일말뚝의 지지력의 합계와 말뚝무리 전체를 하나의 거대한 말뚝으로 간주하여 계산한 지지력을 비교하고 그중 작은 값을 지지력으로 결정한다. 무리말뚝의 선단지지력은 말뚝으로 둘러싸인 전체 면적에 하중이 작용한다고 생각하여 구하고 주면마찰은 말뚝으로 둘러싸인 둘레의 표면적에 작용하는 주면마찰의 합으로 계산한다. 그림 12.21의 무리말뚝에 대하여 지지력공식을 세우면 다음과 같다(김상규, 1991).

$$Q_g = \left(cN_c + \frac{1}{2}\gamma B_g N_\gamma + q' N_q\right)B_g L_g + 2l(B_g + L_g)f_s \tag{12.33}$$

그러나 모래자갈층에 타입된 선단지지말뚝의 경우에는 말뚝상호간의 응력중복이 크게 문제될 것이 없으므로 무리말뚝의 효과를 고려하지 않으며 모래층에 타입된 마찰말뚝의 경우에도 말뚝관입 시에 주변 모래를 다져서 전단강도를 증가시키게 되는데 이렇게 증가한 지지력과 무리말뚝효과에 의하여 감소되는 지지력이 상쇄되어 역시 무리말뚝 효과를 고려하지 않는 것이 일반적이다.

점토지반 무리말뚝지지력의 산출은 다음과 같은 과정으로 계산한다.

(1) 외말뚝을 가정하여 지지력의 합(식 12.34)을 계산한다.

$$\Sigma Q_u = n_1 n_2 (Q_p + Q_s) \tag{12.34}$$

여기서 선단지지력 : $Q_p = A_p c_u N_c^* = 9 A_p c_u$, 마찰지지력 : $Q_s = \Sigma \alpha c_u \, p \Delta l$ 이다.

(2) 무리말뚝을 가정하여 무리말뚝의 지지력을 계산한다.

지지력은 무리말뚝 바닥면에서의 선단지지력 Q_{gp} 와 벽면 마찰저항력 Q_{gs} 의 합으로 구한다.

$$Q_g = Q_{gp} + Q_{gs} \tag{12.35}$$

여기서 $Q_{gp} = A_p q_p = A_p c_u N_c^* = (L_g B_g) c_u N_c^*$, $Q_{gs} = \Sigma c_u p \Delta l = \Sigma c_u 2 (L_g + B_g) \Delta l$ 이며 A_p 는 무리말뚝 선단부 바닥면적, q_p 는 단위면적당 선단지지력이다.

지지력계수 N_c^* 는 L_g / B_g 의 비율이 1에 가깝고 말뚝근입깊이의 비(l / B_g)가 3 이상이면 외말뚝의 경우와 같이 9로 사용할 수 있다. 이외의 경우에는 그림 12.22에서 구한다.

(3) 외말뚝지지력의 합(식 12.34)과 말뚝무리의 바깥면을 연결한 가상케이슨의 극한지지력(식 12.35) 중 작은 쪽을 택한다.

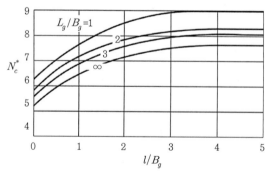

그림 12.22 지지력계수 N_c^*

예제 12.10

그림 12.21에서 $n_1 = 2$, $n_2 = 3$, $D = 0.3\text{m}$, $d = 0.9\text{m}$이고, $l = 15\text{m}$이다. 말뚝 단면은 원형이고, $c_u = 100\text{kN/m}^2$인 점토에 근입되어 있다고 할 때, 무리말뚝의 허용지지력을 구하라(안전율 3).

풀 이

외말뚝의 합으로 보고 계산하면 식 12.34에서

$$\sum Q_u = n_1 n_2 (9 c_u A_p + \sum a c_u p \Delta \ell)$$

그림 12.13에서 Woodward 식을 이용하면 $c_u = 100\text{kN/m}^2$일 때 $a = 0.42$이므로

$$\sum Q_u = 2 \times 3 \times \left[9 \times 100 \times \left(\pi \times \frac{0.3^2}{4} \right) + 0.42 \times 100 \times (\pi \times 0.3) \times 15 \right]$$

$$= 6 \times (63.6 + 593.5) = 3942.4 \text{kN}$$

무리말뚝을 가정하여 식 12.35에서

$$\sum Q_u = L_g B_g c_u N_c^* + \sum c_u 2 (L_g + B_g) \Delta l$$

$$L_g = (n_1 - 1)d + 2 \left(\frac{D}{2} \right) = (3-1) \times 0.9 + 0.3 = 2.1 \text{m}$$

$$B_g = (n_2 - 1)d + 2 \left(\frac{D}{2} \right) = (2-1) \times 0.9 + 0.3 = 1.2 \text{m}$$

$$\frac{l}{B_g} = \frac{15}{1.2} = 12.5 \text{이고} \quad \frac{L_g}{B_g} = \frac{2.1}{1.2} = 1.75 \text{이므로 그림 12.22에서 } N_c^* = 8.5 \text{이다.}$$

$$\sum Q_u = 2.1 \times 1.2 \times 100 \times 8.5 + 100 \times 2(2.1 + 1.2) \times 15 = 2,142 + 9,900 = 12,042 \text{kN}$$

무리말뚝의 극한지지력 $Q_g = 3,942\text{kN} < 12,042\text{kN}$이므로

무리말뚝의 허용지지력은 $Q_{ga} = \dfrac{Q_g}{FS} = \dfrac{3,942}{3} = 1,314\text{kN}$이다.

예제 12.11

그림 12.23에 보인 바와 같이 직경 40cm의 콘크리트말뚝 9개가 기둥하중을 지지하고 있다. 본 무리말뚝의 극한 지지하중과 허용하중을 계산하여라.

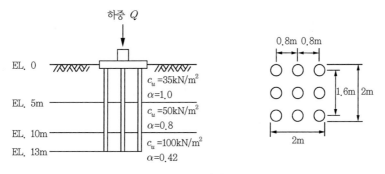

그림 12.23 예제 12.11

1) 단일말뚝 지지력의 합으로 보고 계산할 때의 지지력은

선단지지력 $q_p = 9c_u A_p = 9 \times 100 \times \dfrac{\pi \times 0.4^2}{4} = 113\,\mathrm{kN}$이다.

마찰지지력 $q_s = (1.0 \times 35)(\pi \times 0.4 \times 5) + (0.8 \times 50)(\pi \times 0.4 \times 5) + (0.42 \times 100)$

$\quad (\pi \times 0.4 \times 3) = 219.8 + 251.2 + 158.3 = 629.3\,\mathrm{kN}$

극한지지력은 $Q_u = 113 + 629.3 = 742.3\,\mathrm{kN}(=7.4\mathrm{MN})$

2) 무리말뚝의 지지력으로 보면

$Q_{gp} = 9c_u A_p = 9 \times 100 \times 2.0 \times 2.0 = 3,600\,\mathrm{kN} = 3.6\,\mathrm{MN}$

$Q_{gs} = (4 \times 2)[(1.0 \times 35 \times 5) + (0.8 \times 50 \times 5) + (0.42 \times 100 \times 3)]\,|$

$\quad = 8 \times (175 + 200 + 126) = (8 \times 501) = 4008\,\mathrm{kN} = 4\,\mathrm{MN}$

$Q_g = 3,600 + 4,008 = 7,608\,\mathrm{kN} > 9 \times 742.3 = 6,681\,\mathrm{kN} = 6.68\,\mathrm{MN}$

따라서 단일말뚝 지지력의 합으로 보고 계산한 $Q_u = 6.68\,\mathrm{MN}$이 무리말뚝 전체의 극한 지지하중이고 안전율을 3으로 하여 허용하중은

$Q_a = \dfrac{6.68}{3} = 2.23\,\mathrm{MN}$이다.

12.10.3 무리말뚝의 침하량계산

점성토의 경우 Terzaghi and Peck(1967) 방법에 의하여 무리말뚝의 침하량을 그림 12.24와 같이 가정하여 계산할 수 있다. 즉, 말뚝선단 위 $\dfrac{1}{3}$ 지점에 가상기초 바닥면을 설정하고 응력의 분포는 2(수직) : 1(수평)로 보고 기초의 침하를 구한다. 그러나 이 방법에 의하여 계산된 침하량은 실제 침하량보다 상당히 크게 나타나는 것으로 알려져 있다.

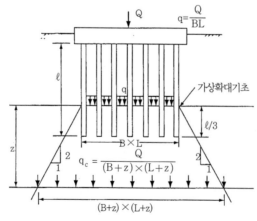

그림 12.24 균질점토층에서의 무리말뚝에 의한 지중응력 발생 추정(Terzaghi and Peck, 1967)

12.11 현장타설말뚝

현장타설말뚝이란 구조물 하중을 연약한 토층을 지나 견고한 지지층에 전달시키기 위하여 지반에 굴착한 구멍 속에 현장타설콘크리트를 채워 설치하는 깊은기초로서 직경 75cm 이상인 것을 말하며 피어(pier)기초라고도 한다(그림 12.25). 피어기초의 종류에는 선단지지형 피어, 피어 저부를 확대시킨 저면확대 피어, 암반관입피어(rock socketed pier) 등이 있다. 저면확대피어는 벨기초(belled pier)라고도 하는데 더 큰 지지력과 인발저항력을 얻을 수 있다.

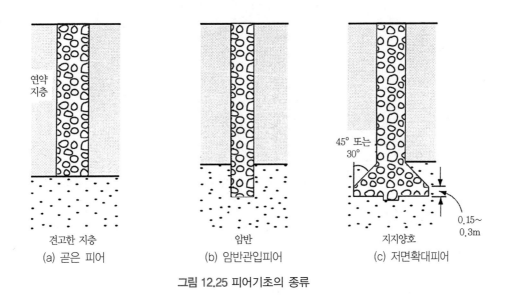

그림 12.25 피어기초의 종류

(a) 곧은 피어

(b) 암반관입피어

(c) 저면확대피어

피어기초는 지지력이 말뚝의 지지력보다 크기 때문에 소요 개수가 적고 큰 수평하중이나 휨모멘트를 받을 수 있다. 피어의 단면이 커서 기둥과 직접 연결될 수 있으므로 무리말뚝의 경우와 달리 말뚝캡이 필요 없다. 굴착된 구멍의 바닥을 육안으로 직접 검사할 수 있다.

12.11.1 현장타설말뚝의 종류 및 시공법

현장타설말뚝은 과거에는 인력으로 직경 1.1m 이상의 구멍을 한번에 0.6~1.8m 정도씩 파고 굴착된 구멍의 측면을 수직토류벽을 대어 부착하는 방법(시카고공법)과 중첩식 강재케이싱을 사용하여 측면을 지지하는 가우(Gow)공법 등이 많이 사용되었다. 그러나 근래에는 올케이싱공법, 어스드릴공법, 리버스서큘레이션공법 등 다양한 기계굴착방법이 주로 사용되고 있다.

1) 올케이싱공법

올케이싱(all casing)공법은 공벽의 붕괴를 전 길이에 걸쳐 삽입한 케이싱으로 방지하는 공법인데 베노토(Benoto)공법이라고도 한다(그림 12.26).

그림 12.26 현장타설콘크리트말뚝 시 케이싱의 압입 및 굴착(올케이싱공법)

본 공법의 시공순서는 다음과 같다(그림 12.27 참조).

(1) 케이싱의 선단에 설치된 커팅웨지와 15° 정도의 회전반복을 거듭하여 마찰력을 저감시키면서 케이싱을 압입한다.
(2) 해머그래브(hammer grab)를 이용하여 케이싱 내부를 굴착한다. 해머그래브를 와이어로 매단 선단부를 자유낙하시켜 낙하에너지에 의하여 지반 내에 관입시킨다. 이 상태에서 로프를 끌어당기면 날이 닫히면서 해머그래브를 끌어올려 토사를 배출한다.
(3) 굴착이 완료되면 철근을 삽입하고 트레미관을 이용하여 콘크리트를 타설한다. 트레미관은 콘크리트 재료분리를 방지하기 위하여 피어의 하부에서부터 콘크리트를 채우며 천천히 인발한다. 트레미관을 인발하면서 관은 타설콘크리트에 2m 이상 담겨 있는 상태로 포설되어야 재료분리를 방지하고 타설콘크리트의 밀도를 높일 수 있다.
(4) 콘크리트 타설과 동시에 케이싱도 요동하면 인발하여 제거함으로써 현장타설말뚝의 시공을 완료한다.

올케이싱공법은 토질조건에 관계없이 시공이 가능하고 케이싱을 사용하여 공벽의 붕괴나 여굴을 방지할 수 있다. 진동과 소음이 적어 시가지 공사에 적합하다. 케이싱 인발 시에는 철근망이 따라 올라오는 현상이 발생하지 않도록 유의한다.

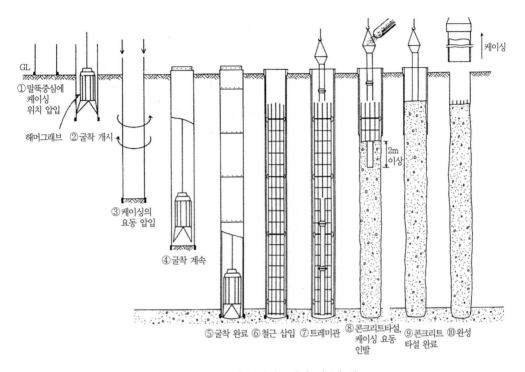

그림 12.27 올케이싱공법의 시공순서

2) 어스드릴공법

어스드릴(earth drill)공법은 단부에 칼날형태의 드릴이 붙어 있는 어스오거 버켓을 회전시켜 굴착토를 버켓에 담아 지상으로 끌어올려 배토한다. 굴착공의 안정은 비중 1.02~1.05 정도의 벤토나이트 안정액을 사용하여 붕괴를 방지한다. 벤토나이트 안정액은 그림 12.28a와 같이 현장의 지하수위보다 2m 정도 높게 유지시키므로 주변지하수압보다 높은 압력으로 공벽을 유지한다. 또한 높은 공내 수위로 인한 동수경사의 차에 의하여 벤토나이트액이 원지반토의 공벽에 침투하여 투수계수를 낮추어주고 점착력을 증가시킨다. 벤토나이트 안정액 상부면은 가이드월을 설치하여 공벽을 유지한다.

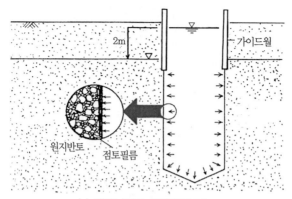

(a) 벤토나이트 안정액의 기능

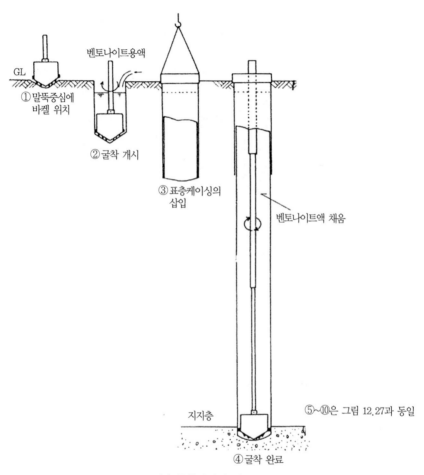

(b) 굴착까지의 시공순서

그림 12.28 벤토나이트 안정액의 공벽붕괴 방지기능과 굴착시공순서

본 공법의 시공순서는 다음과 같다(그림 12.28b 참조).

(1) 오거를 회전시키기 위한 축인 케리바를 말뚝중심에 맞추어 기계를 수평으로 고정시킨다.
(2) 버켓을 장치한 케리바를 회전하여 굴착을 하고 표층에는 2~4m 정도 깊이로 케이싱을 삽입한다.
(3) 벤토나이트 안정액을 보급하면서 예정한 깊이까지 굴착한다.
(4) 굴착이 완료되면 철근을 삽입하고 트레미관을 이용하여 콘크리트를 타설한다. 트레미관은 콘크리트 재료분리를 방지하기 위하여 피어의 하부에서부터 콘크리트를 채우며 천천히 인발한다(이 부분은 올케이싱공법과 유사하여 그림에서는 생략한다).

3) 리버스서큘레이션공법

리버스서큘레이션(Reverse circulation)공법은 칼날형의 비트(bit)에 의해 깎인 토사를 드릴파이프의 공동을 통과하여 물과 함께 배출하는 공법이다(그림 12.29).

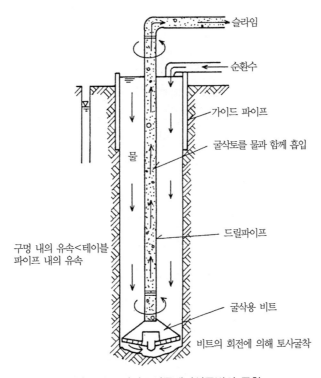

그림 12.29 리버스서큘레이션공법의 굴착

이 공법은 드릴파이프를 연결하여 보충하는 것만으로도 연속굴착이 가능하며 다른 공법과 같이 버켓을 끌어올릴 필요가 없어 굴착심도가 커지면 다른 공법보다 능률이 좋아진다. 굴착 이후의 철근 삽입과 트레미관을 이용한 콘크리트 타설 과정은 다른 기계식 현장타설공법과 유사하다. 굴착공벽의 붕괴는 어스드릴공법과 같이 구멍 내 수위를 주변지하수위보다 2m 높이로 유지하여 방지한다.

12.11.2 피어 수직지지력

피어의 극한지지력을 구하는 공식은 말뚝기초의 경우와 같이 선단지지력(Q_p)과 주변 마찰력(Q_s)의 항으로 구성되어 있다.

$$Q_u = Q_p + Q_s \tag{12.36}$$

피어 바닥을 원형으로 보았을 때 선단지지력은 다음 식으로 구한다.

$$Q_p = A_p(cN_c^* + 0.3\gamma D N_\gamma + q'N_q^*) \tag{12.37}$$

여기서 D : 피어의 직경, q' : 선단부의 유효토피하중이다.

이 식의 둘째 항은 피어의 길이가 충분히 길다면 직경 D는 0으로 보아 무시할 수 있다. 또한 피어 바닥에서의 지지력은 굴토한 흙의 무게는 제외하여야 하므로 선단지지력 Q_p는 식 12.38과 같이 피어자중의 항을 뺀 순선단지지력($Q_{u(n)}$)으로만 계산한다.

$$Q_{p(n)} = A_p(cN_c^* + q'N_q^* - q') = A_p(cN_c^* + q'(N_q^* - 1)) \tag{12.38}$$

마찰지지력(Q_s)은 단위면적당 주면마찰력과 피어의 마찰을 받는 주변면적을 곱하여 구한다.

$$Q_s = \sum f p \Delta L \tag{12.39}$$

여기서 p : 피어의 주면장($= \pi D$), ΔL 지반특성별 지층의 길이이다. 주면마찰력 f는 단위면적당 주면마찰저항으로 파일기초와 마찬가지로 지표면에서의 깊이로 $15D$까지 증가하다 일정해지는 값으로 가정한다.

피어기초의 허용지지력은 다음과 같이 구한다.

$$Q_{a(n)} = \frac{Q_{p(n)} + Q_s}{FS}$$ (12.40)

1) 사질토에 설치한 피어의 지지력

사질토에서는 $c = 0$이므로 식 12.38을 고쳐 쓰면 다음과 같다.

$$Q_{p(n)} = A_p q' (N_q^* - 1)$$ (12.41)

동일한 지반조건의 경우라도 피어의 지지력계수 N_q^*는 타입말뚝의 지지력계수보다 적다. 피어에 적용할 수 있는 N_q^*의 값을 Vesic은 그림 12.30과 같이 제안하였다.

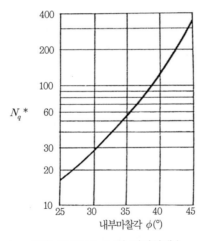

그림 12.30 Vesic의 지지력계수

마찰지지력은 식 12.39로 구하며 단위면적당 마찰지지력은 말뚝의 경우 식 12.13을 응용한 식 12.42를 사용한다.

$$f = K_o \; q' \tan\delta$$ (12.42)

여기서 K_o : 정지토압계수($= 1 - \sin\phi'$), q' : 유효수직응력, $\tan\delta$: 피어와 주변토사의 접촉마

찰각이다. 단위면적당 마찰지지력 f는 피어직경의 15배($15D$)까지 증가하다 일정해지는 값으로 가정한다.

2) 점토에 설치한 피어의 지지력

$\phi = 0$인 점성토에 대한 피어의 순선단지지력은 식 12.38로부터 $N_q^* = 1$이므로 식 12.43과 같다.

$$Q_{p(n)} = A_p c N_c^* \tag{12.43}$$

최대선단지지력은 점토지반에 설치된 저면확대피어에 대해서 피어폭의 10~15% 침하될 때 얻어지고 이때 $N_c^* = 9$가 된다. 피어의 마찰저항은 다음 식으로 계산한다.

$$Q_s = \sum f p \Delta L = \sum \alpha c_u p \Delta L \tag{12.44}$$

피어 마찰저항은 피어의 침하가 약 5% 정도 일어났을 때 최댓값에 도달하며 이때의 α는 0.35~0.6의 범위에 있다. 비배수전단강도를 참조하여 그림 12.13이나 0.4를 적용하도록 한다.

예제 12.12

내부마찰각 $\phi = 30°$인 사질토지반에 설치한 직경 2 m, 길이 10 m인 피어의 선단지지력을 구하여라. 사질토의 단위중량은 18 kN/m³이고 안전율은 4로 가정한다.

풀 이

식 12.41로부터 $Q_{p(net)} = A_p q' \left(N_q^* - 1 \right)$

그림 12.30에서 $\phi = 30°$일 때 $N_q^* = 29$이고 $q' = 18 \times 10 = 180 \, \text{kN/m}^2$이므로

$Q_{p(net)} = \left(\dfrac{\pi \times 2^2}{4} \right) \times 180 \times (29-1) = 15,826 \, \text{kN}$이다.

허용 순지지력은 $Q_{a(net)} = \dfrac{15,826}{4} = 3,956 \, \text{kN} = 4.0 \, \text{MN}$이다.

예제 12.13

점착력 $c = 100 \, kN/m^2$인 점토지반에 설치한 직경 2m, 길이 10m인 피어의 지지력을 구하여라. 점토의 단위중량 $17 \, kN/m^3$이고 안전율은 4이다.

풀 이

순선단지지력은 식 12.43으로부터

$$Q_{p(n)} = A_p c N_c^* = \left(\frac{\pi \times 2^2}{4} \right) \times 100 \times 9 = 2{,}826 \, kN$$

그림 12.13을 사용하여 Woodward 식에서 $c_u = 100 \, kN/m^2$에 대한 $\alpha = 0.42$이다.

마찰지지력은 $Q_s = \alpha c_u p l = 0.42 \times 100 \times (\pi \times 2) \times 10 = 2{,}638 \, kN$

극한지지력은 $Q_u = 2{,}826 + 2{,}638 = 5{,}464 \, kN$

허용지지력은 $Q_a = \dfrac{5{,}464}{4} = 1{,}366 \, kN = 1.4 \, MN$이다.

12.12 케이슨 기초

케이슨이란 육상이나 수상에서 제작한 속이 빈 콘크리트 구조물을 소정의 지지층까지 자중이나 속파기공법 등에 의하여 침하시킨 후 그 바닥을 콘크리트로 막고 모래, 자갈, 콘크리트 등으로 속을 채우는 기초형식을 말한다. 케이슨의 종류로는 오픈케이슨(open caisson), 박스케이슨(box caisson), 공기케이슨(pneumatic caisson)의 세 가지가 있다.

케이슨 기초는 일반적으로 그 단면형상이 크기 때문에 말뚝기초와 달리 케이슨 주면저항보다는 저면지지력에 의존하는 비율이 크다. 따라서 지지력을 확실하게, 경제적으로 발휘시키기 위하여 견고한 지지층에 충분히 관입시키도록 한다. 대부분의 케이슨 기초는 유수의 영향을 받는 경우가 많으므로 케이슨 주변지반의 세굴에 대비하기 위해서도 충분히 관입시키는 것이 좋다.

12.12.1 오픈케이슨

오픈케이슨은 우물통(well, 또는 well caisson)으로도 불리며 시공 도중에는 바닥과 상부가 열려 있고 바닥부분의 연단(edge)에 예리한 절단날(cutting edge)이 붙어 있는 구조이다(그림 12.32b). 원형과 타원형, 직사각형 등 다양한 형태로 제작된다(그림 12.31).

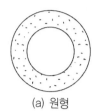
(a) 원형

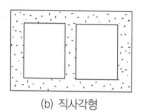
(b) 직사각형

(c) 타원형

그림 12.31 오픈케이슨의 평면형태

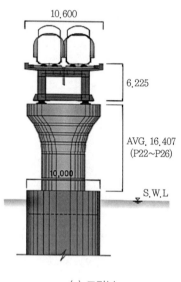

(a) 교각부

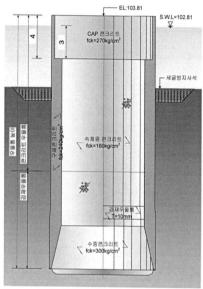

(b) 하부피어 단면도

그림 12.32 철도교량 교각부 오픈케이슨의 정면도와 단면사례(단위 : m)

    오픈케이슨은 교량의 교각으로 많이 쓰인다. 작은 하천의 경우에는 물막이를 한 후 현장에서 직접 제조하기도 하지만 큰 하천의 경우에는 육상에서 제작하여 예인선을 통하여 운반한 후 교각지점에 정확하게 가라앉힌다. 이후 그래브버켓 등 굴착장비를 이용하여 케이슨 내의 흙을 굴착하여 침하시킨다. 케이슨이 기초바닥지점에 도달하면 수중콘크리트를 부어 바닥을 막아 저면슬래브를 만든다. 슬래브의 양생이 끝나면 모래, 자갈, 콘크리트 등으로 속채움을 한다. 그림 12.33에는 그림 12.32의 원형 오픈케이슨을 육상 제작하여 한강하류 마곡대교 공항철도 2-4B공구 현장에서 우물통기초를 시공하는 모습을 나타낸 것이다(한국지반공학회, 2005).

그림 12.33 철도교량 우물통기초 건설현장사례

오픈케이슨은 연약한 점토, 실트, 모래, 또는 자갈층 등 어느 지반에서나 그 내부로부터 흙을 퍼올림으로써 침하시킬 수 있으나 전석이나 호박돌이 섞인 지층에는 부적당하다. 또 지지암반이 경사져 있든가 불규칙한 경우에는 케이슨이 암반에 도달한 후에 기울어질 우려가 있으므로 유의하여야 한다. 이 경우에는 시멘트그라우팅에 의해 암반면과 케이슨 밑부분을 단단하게 밀착시켜야 한다. 오픈케이슨은 수중에서 상당한 부분까지 설치가 가능하고 경제적이나 수중타설의 경우 바닥을 밀착시키는 콘크리트의 질을 보장하기 어렵다.

12.12.2 박스케이슨

박스케이슨은 그림 12.34에 보인 바와 같이 처음부터 바닥이 닫히게 제작된 케이슨이다. 박스케이슨은 육상에서 제작하고(그림 12.35a) 설치 전 현장의 지지층까지 굴착하고 수평으로 땅을 고른 후 수상으로 구조물을 운반하여 가라앉힌다. 운반 시에는 케이슨의 전도나 기울어짐 등 안전에 대해 특별히 검토하고 가라앉힐 때는 모래, 자갈, 콘크리트 등을 부어넣어 침하시킨다. 수심이 깊은 경우에는 쇄석을 바닥에 깔고 케이슨을 설치하기도 한다(그림 12.35b).

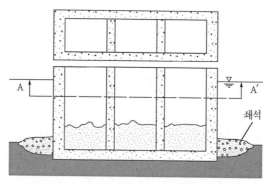

그림 12.34 박스케이슨

(a) 육상제작 (b) 조감도

그림 12.35 사석을 채운 박스케이슨 사례(광양항 3단계 부두구축공사)

12.12.3 공기(뉴메틱)케이슨

케이슨 하부에 있는 작업실에 압축공기를 가하여 케이슨 내에 침입하는 물을 막으면서 굴착작업을 하여 시공하는 케이슨을 공기케이슨(pneumatic caisson)이라 한다(그림 12.36). 공기케이슨은 하부에 2~3m 높이의 작업실에서 인부나 로봇형 굴착기가 흙을 굴착한다. 작업실 위에는 인부나 흙이 외부로 반출입이 가능하도록 만든 통로가 있고 작업실과 통로 내의 압축공기와 외부공기압을 조절하는 에어록(air lock)이 있다.

작업실 내로 흙이 밀려들어오는 것을 막기 위하여 작업실 내의 압축공기의 압력을 주변지반에 걸리는 토압이나 수압보다 높게 유지한다. 이 압력으로 인하여 케이슨의 시공깊이는 제한을 받으나 약 40m 깊이까지는 작업이 가능하다. 작업실의 공기압이 대기압보다 $10t/m^2$ 정도 높을 경우에는 작업자가 별 불편 없이 일을 할 수 있다. 그러나 이 압력을 초과하면 인부가 작업실을 들어올 때와 떠날 때 압력에 적응하는 시간이 필요하다. 만일 작업실 압력이 대기압보다 $30t/m^2$ 이상인 경우에는 인부가 작업실에서 일을 하는 시간은 1.5~2시간을 초과하면 안 된다.

공기케이슨은 지하수를 배제하고 작업을 할 수 있고 지지층도 확인할 수 있으며 저면콘크리트도 수중이 아닌 상태에서 칠 수 있어 품질도 신뢰할 수 있다. 또한 공기케이슨은 다른 기초형식에 비해 비용이 많이 들기 때문에 장대교량의 주탑 등 지지할 하중이 대단히 큰 건조단가가 높은 중요 구조물기초에 주로 사용되고 있으며 견고한 지지층이 수면 아래 12.0m 이상 깊이에 존재하는 경우에 다른 기초보다 경제적이다.

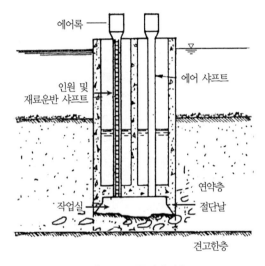

그림 12.36 공기케이슨

12.1 직경 40cm, 길이 20m의 콘크리트말뚝이 균질한 사질토지반에 박혀진다. 모래의 전체 단위중량은 $17.5kN/m^3$이고 평균내부마찰각은 $34°$이다(안전율 3.0을 가정).
1) Meyerhof 방법으로 말뚝의 극한 선단지지력과 허용 선단지지력을 구하여라.
2) 주면마찰력은 얼마인가?
3) 말뚝의 허용지지력을 계산하여라.

12.2 직경 30cm, 길이 15m의 강관말뚝이 사질토지반에 박혀진다. 모래의 전체단위중량은 $17.5kN/m^3$, 포화단위중량은 $19.5kN/m^3$이고 평균내부마찰각은 $32°$이다. 지하수위가 지표면 이하 5m 깊이에 위치한다고 할 때 다음을 계산하여라.
1) Meyerhof 방법으로 말뚝의 극한 선단지지력을 구하여라.
2) 주면마찰력은 얼마인가?
3) 안전율 2.5를 가정하여 말뚝의 허용지지력을 계산하여라.

12.3. 점착력이 $100kN/m^2$인 점토지반에 타입한 콘크리트말뚝에 대하여 다음을 계산하여라. 말뚝의 직경은 40cm, 관입깊이는 20m라고 할 때 다음을 계산하여라.
1) 극한 선단지지력과 허용 선단지지력을 구하여라.
2) 주면마찰력은 얼마인가? (α방법 사용)
3) 안전율 3.0을 가정하여 말뚝의 허용지지력을 계산하여라.

12.4 사질토지반에 직경 40cm, 길이 15m의 말뚝을 타입하려 한다. 이 말뚝 주변의 표준관입시험치가 $N=30$으로 균질하다고 할 때 이 말뚝의 선단지지력과 마찰지지력을 구하여라.

12.5 직경 30cm, 길이 15m인 콘크리트말뚝을 증기해머를 이용하여 사질토층에 타입하였다. 해머타격에너지는 $50kN \cdot m$, 콘크리트 단위중량은 $25kN/m^3$, 해머의 무게 25kN, 말뚝캡의 무게는 5kN이라고 할 때 이 말뚝의 허용지지력을 계산하여라. 마지막 타격 시 관입량은 0.6m/회이었으며 반발계수는 0.5이다.
1) 식 12.23 이용(안전율 6)
2) 수정 ENR 공식(식 12.26) 이용(안전율 4)

12.6 다음과 같은 이질사질토지반에 직경 40cm의 강관말뚝을 타설하였다. 다음을 계산하여라.

1) Meyerhof 방법으로 말뚝의 극한 선단지지력을 구하여라.
2) 주면마찰력은 얼마인가?
3) 안전율 4.0을 가정하여 말뚝의 허용지지력을 계산하여라.

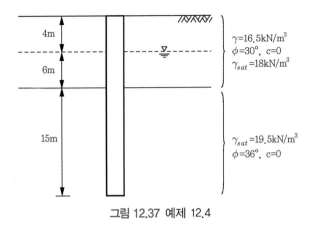

그림 12.37 예제 12.4

12.7 직경 30cm의 말뚝이 다음과 같은 점토지반에 박혀진다. 이 말뚝의 주면마찰력을 다음의 방법을 이용하여 계산하여라. 이 흙의 유효응력에 대한 내부마찰각은 상부점토 18° 하부점토 25°이다.

1) α방법
2) β방법

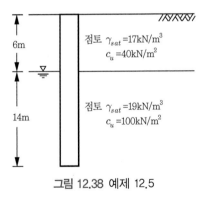

그림 12.38 예제 12.5

12.8 그림 12.21에서 $n_1 = 3$, $n_2 = 3$, $D = 400$mm, $d = 900$mm 말뚝의 단면은 원형이다. 말뚝이 박히는 깊이는 20m이며 지반의 흙은 전체단위중량 17kN/m³이고 점착력이 80kN/m²인 점토지반이다. 이 무리말뚝의 지지력을 구하라.

12.9 그림 12.38에 나타난 점토지반에 외경이 35cm이고 길이가 20m인 강관말뚝을 16본을 4×4군으로 박으려고 한다. 각 말뚝지지력의 합계와 군말뚝지지력이 같아질 때의 말뚝의 간격을 계산하여라.

12.10 내부마찰각 33°인 사질토지반에 설치한 직경 1.5m, 길이 22m인 피어의 지지력을 구하여라. 사질토의 단위중량은 $18kN/m^3$이고 안전율은 3.0을 적용한다.

12.11 점착력이 $80kN/m^2$인 점토지반에 현장타설한 직경 2m, 길이 15m인 피어의 지지력을 구하라. 점토지반의 단위중량은 $16.5kN/m^3$이고 안전율은 3.0을 적용한다.

참고문헌

1. 건설교통부(2006), 국도건설공사 설계 실무요령.
2. 권호진, 박준범, 송영우, 이영생(2008), 토질역학, 구미서관.
3. 김상규(1991), 토질역학, 동명사.
4. 한국지반공학회(2009), 국토해양부제정, 구조물 기초설계기준 해설.
5. 현대건설(주)(2005), 광양항 3단계 1, 2차 컨테이너 터미널 축조공사, 홍보자료, 10월.
6. 현대건설(주)(2005), 인천국제공항철도 제2-4B공구 홍보자료, 한국지반공학회 가을공동학술발표회 현장방문.
7. API(1982), "Recommended Practice for Planning, Designing, and Constructing Fixed Offshore Platforms", *13th ed, Amer. Petrolcum Inst., APT RP 2A*, January.
8. American Society of Testing and Materials(1991), ASTM.
9. Bowles, J.E.(1988), Foundation Analysis and Design, McGraw-Hill, New York, Chap.1, 3 and 16.
10. Das, B. M.(1995), Principles of Foundation Engineering, 3rd Ed., PWS- KENT Pub. Comp., Boston.
11. Meyerhof, G.G.(1976), "Bearing Capacity and Settlement of Pile Foundations", *Journal of Geotechnical Engineering Division*, ASCE, Vol.82, No.SM1, pp.1-19.
12. Poulos, H.G. and Davis, E.H.(1980), Pile Foundation Analysis and Design, John Wiley and Sons, New York.
13. Terzaghi, K. and Peck, R.B.(1967), Soil Mechanics in Engineering Practice, 2nd. Ed. John Wiley and Sons, New York, p.371.
14. Vesic, A.S.(1967), "Ultimate Load and Settlements of Deep Foundations in Sand", *Symposium on Bearing Capacity and Settlement of Foundations*, Duke University, Durham, North Carolina, p.53.
15. Vesic, A.S.(1977), Design of Pile Foundation, National Cooperative Highway Research.

13 사면의 안정

13 | 사면의 안정

13.1 개 설

사면(slope) 또는 비탈면이라 하면 일반적으로 수평면에 대하여 90° 이내의 각도를 가지고 기울어진 지표면을 말한다. 사면은 인공사면(artificial slope)과 자연사면(natural slope)으로 구분된다. 인공사면은 선택된 재료를 가지고 축조하므로(성토 또는 흙쌓기 사면) 재료의 구분이 명확하고 재료의 공학적 성질을 알 수 있다. 그러나 자연사면은 자연으로 형성되어 있거나 인위적으로 자연사면을 깎아 만들어(절토 또는 흙깎기 사면) 사면을 구성하는 흙과 암석이 층을 이루거나 뒤섞여 있어 불균질한 경우가 많다.

사면은 중력의 작용을 받아 아래로 내려오려는 힘(driving force)을 받는 반면 비탈면을 구성하는 흙은 전단강도를 발휘하여 사면의 활동(sliding)을 방지하려는 힘(resisting force)을 발휘한다. 이 두 힘 사이의 균형이 깨져 내려오려는 힘이 커지면 사면파괴(slope failure)가 발생하며 이때 형성되는 파괴면을 활동면(sliding surface)이라고 한다.

흙에서 나타나는 사면파괴의 형태는 그림 13.1에 보인 바와 같이 원호(circular, a), 비원호(non circular, b), 활동면의 형태가 사면의 표면과 평행한 평면활동(plane, c), 파괴면이 원과 평면으로 구성된 복합활동(composite, d), 원호파괴가 순차적으로 일어나는 진행형 파괴(progressive, e) 등 다양하다.

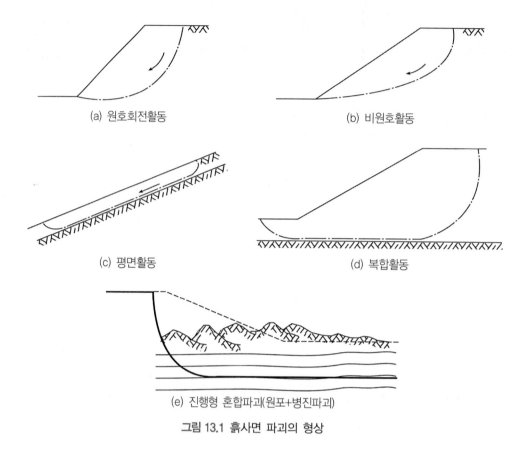

(a) 원호회전활동

(b) 비원호활동

(c) 평면활동

(d) 복합활동

(e) 진행형 혼합파괴(원포+병진파괴)

그림 13.1 흙사면 파괴의 형상

어떤 사면의 안정성을 알기 위해서는 활동파괴면이 갖고 있는 전단강도와 이 활동면을 따라서 발생하는 전단응력의 비를 구하여야 하는데 이 비율을 안전율(factor of safety, F_s)이라고 하며 다음과 같이 정의한다.

$$F_s = \frac{\tau_f}{\tau} \tag{13.1}$$

여기서 τ_f : 흙의 전단강도, τ : 임의파괴면상의 전단응력이다.

8장 '전단강도' 편에서 소개한 바와 같이 흙의 전단강도는 점착력과 마찰력의 항으로 다음 식 13.2와 같이 표현된다.

$$\tau_f = c + \sigma\tan\phi \tag{13.2}$$

여기서 c : 흙의 점착력, ϕ : 흙의 마찰각, σ : 임의파괴면상의 수직응력이다.

사면안정성을 해석하기 위하여 활동면을 여러 가지로 바꾸어 안전율을 구하고 이 중 가장 최소가 되는 안전율을 택하여 최소안전율(minimum safety factor, $F_{s\,min}$)이라고 하며 이때의 파괴면을 임계파괴면(critical failure surface)이라고 한다. 사면의 안전율이 1.0 이하인 사면은 불안정하여 사면파괴가 발생한 것으로 본다.

표 13.1에는 국도건설공사 설계 실무요령(건설교통부, 2006)에서 추천하는 절토(흙깎기)와 성토 (흙쌓기) 사면의 안전율을 소개하였다. 현재 사면설계에서는 안전율을 건기와 우기로 나누어 해석하도록 하고 있으며 흙댐과 같이 파괴 시 큰 피해를 초래하는 구조물도 1.5 이상의 안전율을 요구한다.

표 13.1 절토와 성토 시 사면안전율의 기준(건설교통부, 2006)

구분		최소안전율(F_s)	참조
절토 시	건기	>1.5	토층 및 풍화암 : 지하수 미고려
	우기	>1.1~1.2	토층 및 풍화암 : 지하수위는 지표면에 위치
성토 시	쌓기부	>1.3	연약지반이나 일반적인 구조물인 경우
	교대부(측방유동)	>1.5	중요구조물이나 측방유동 검토(안정 검토 시 pile 무시)

13.2 무한사면의 안정

사면안정해석방법을 정하기 위한 목적으로 사면을 무한사면(infinite slope)과 유한사면(finite slope)으로 구분하기도 한다. 전자는 사면을 구성하는 흙덩이의 깊이가 사면의 길이에 비하여 매우 얕으며 활동면의 형태가 평행한 직선인 사면이다. 후자는 활동하는 흙덩어리의 깊이가 사면의 높이에 비하여 비교적 큰 사면을 말한다. 무한사면의 해석은 침투수가 있는 경우와 없는 경우로 나누어 수행한다.

13.2.1 침투수가 없는 경우

침투수가 없는 경우의 무한사면은 그림 13.2에 보인 바와 같이 지표면 아래 깊이 H에 기반암이 위치한 평면 AB 위로 상부에 있는 흙이 아래로 이동하면서 사면파괴가 발생한다.

그림에 단위두께를 가지는 사다리꼴의 흙의 절편 abcd의 무게는 절편의 체적에 흙의 단위중량을 곱한 것이므로 식 13.3과 같다.

$$W = (L\ H\ 1)\ \gamma = \gamma LH \tag{13.3}$$

여기서 사면 cd에 작용하는 흙절편 무게 W의 수직성분 N 및 수평성분 T는 식 13.4a, 13.4b이다.

수직성분: $N = W\cos\beta$ \hfill (13.4a)

수평성분: $T = W\sin\beta$ \hfill (13.4b)

여기서 β는 사면의 경사이다. 각 성분을 절편의 저면면적으로 나누면

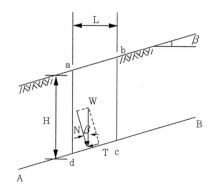

그림 13.2 침투가 없는 무한사면

수직응력 $\sigma = \dfrac{N}{\text{저면면적}} = \dfrac{\gamma LH\cos\beta}{\dfrac{L}{\cos\beta}} = \gamma H\cos^2\beta$ \hfill (13.5a)

수평응력 $\tau = \dfrac{T}{\text{저면면적}} = \dfrac{\gamma LH\sin\beta}{\dfrac{L}{\cos\beta}} = \gamma H\cos\beta\ \sin\beta$ \hfill (13.5b)

절편 AB면에 작용하는 전단강도는 수직응력으로 식 13.5a를 대입하여 식 13.6으로 쓸 수 있다.

$$\tau_f = c + \sigma\tan\phi = c + \gamma H\cos^2\beta\tan\phi \tag{13.6}$$

이를 안전율의 정의 식 13.1에 대입하면

$$FS = \frac{\tau_f}{\tau} = \frac{c + \gamma H \cos^2\beta \ \tan\phi}{\gamma H \cos\beta \ \sin\beta} \tag{13.7}$$

사질토의 경우 $c = 0$이므로 식 13.7은 다시 다음과 같이 쓸 수 있다.

$$F_s = \frac{\tan\phi}{\tan\beta} \tag{13.8}$$

흙의 내부마찰각보다 무한사면의 경사가 작으면(즉, $\phi > \beta$) 그 사면은 안정하다. 이때 $\phi = \beta$이면 그 사면의 경사각을 안식각이라고 한다.

13.2.2 침투수가 있는 경우

침투수가 있는 경우의 무한사면을 나타내면 그림 13.3과 같다. 무한사면의 높이를 H라 할 때 지하수위의 높이가 mH되는 부분에 형성된다면, 이 경우 대상사면의 안전율은 다음과 같은 과정으로 구한다.

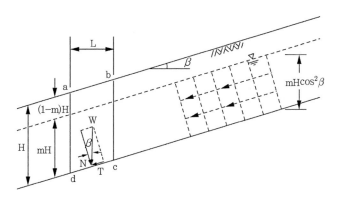

그림 13.3 침투수가 있는 무한사면

단위두께를 가지는 사다리꼴 흙의 절편 abcd의 무게는 지하수위 윗면 흙의 무게와 지하수면 아래 흙의 무게를 구분하여 다음 식과 같이 구성한다.

$$W = \gamma(1-m)HL + \gamma_{sat}mHL = [\gamma(1-m) + \gamma_{sat}m]HL \tag{13.9}$$

여기서 γ는 지하수위 윗면 흙의 전체단위중량, γ_{sat}는 지하수위 하부 흙의 포화단위중량이다. 절편 AB에 작용하는 흙절편 무게 W의 수직성분 N 및 수평성분 T는

$$\text{수직성분}: N = [\gamma(1-m) + \gamma_{sat}m]HL\cos\beta \tag{13.10a}$$

$$\text{수평성분}: T = [\gamma(1-m) + \gamma_{sat}m]HL\sin\beta \tag{13.10b}$$

각 성분을 절편의 저면면적($L/\cos\beta$)으로 나누면 절편 AB에 작용하는 수직 및 수평응력은 다음과 같다.

$$\sigma = [\gamma(1-m) + \gamma_{sat}m]H\cos^2\beta \tag{13.11a}$$

$$\tau = [\gamma(1-m) + \gamma_{sat}m]\ H\cos\beta\ \sin\beta \tag{13.11b}$$

파괴면에 작용하는 전단강도는 유효응력 강도정수를 사용하여야 하므로

$$\tau_f = c' + \sigma'\tan\phi' = c + \sigma'\tan\phi = c + (\sigma - u)\tan\phi \tag{13.12}$$

이며 절편 AB에 작용하는 간극수압은 식 13.13으로 쓸 수 있다.

$$u = \gamma_w mH\cos^2\beta \tag{13.13}$$

식 13.11~13.13을 안전율의 정의 식 13.1에 대입하면

$$F_s = \frac{\tau_f}{\tau} = \frac{c + [\gamma(1-m) + (\gamma_{sat} - \gamma_w)m]H\cos^2\beta\tan\phi}{[\gamma(1-m) + \gamma_{sat}m]H\cos\beta\sin\beta} \tag{13.14}$$

이다. 만일 $m = 1$이어서 지표면에 지하수위가 있다면 식 13.14는 다음과 같이 다시 쓸 수 있다.

$$F_s = \frac{c + \gamma'H\cos^2\beta\ \tan\phi}{\gamma_{sat}H\cos\beta\ \sin\beta} \tag{13.15}$$

만일 $m = 1$이고 $c = 0$이면(지표면 지하수위가 있는 사질토 무한사면)

$$F_s = \frac{\gamma' \tan\phi}{\gamma_{sat} \tan\beta} \tag{13.16}$$

여기서 γ_{sat} : 포화단위중량, γ' : 수중단위중량이다. 수중단위중량은 포화단위중량에 비하여 약 $\frac{1}{2}$ 의 값을 가지므로 침투수가 지표에까지 있는 경우의 무한사면의 안전율은 침투수가 없는 경우에 비하여(식 13.8) 안전율이 50% 저하되는 것을 알 수 있다.

예제 13.1

다음과 같은 높이 3m 경사가 15°인 자연사면이 있다.
1) 건조상태에서 사면의 안전율을 계산하여라.
2) 사면의 지표하 1m에 지하수위가 존재할 경우 사면의 안전율은?

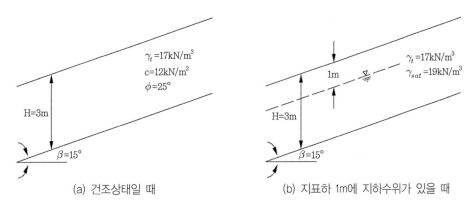

(a) 건조상태일 때   (b) 지표하 1m에 지하수위가 있을 때

그림 13.4 예제 13.1

풀 이

1) 식 13.7로부터

$$F_S = \frac{c + \gamma H \cos^2\beta \ \tan\phi}{\gamma H \cos\beta \ \sin\beta} = \frac{12 + (17)(3)\cos^2 15° \tan 25°}{17(3)\cos 15° \sin 15°}$$

$$= \frac{12 + (17)(3)(0.93)(0.47)}{(17)(3)(0.97)(0.26)} = 2.67$$

2) 식 13.14로부터

$$F_s = \frac{c + [\gamma(1-m) + (\gamma_{sat} - \gamma_w)m]H\cos^2\beta\tan\phi}{[\gamma(1-m) + \gamma_{sat}m]H\cos\beta\sin\beta}$$

$$= \frac{12 + [17(0.33) + 9(0.67)](3)(0.93)(0.47)}{[17(0.33) + 19(0.67)](3)(0.97)(0.26)}$$

$$= \frac{27.2}{13.9} = 1.96$$

예제 13.1의 자연사면이 $c=0$, $\phi=25°$인 사질토로 보고 다음 물음에 답하여라.

1) 건조상태의 안전율
2) 지표하 1m에 지하수가 있는 경우 안전율
3) 지표면까지 지하수가 포화된 경우 안전율

풀   이

1) 식 13.8로부터 $F_s = \dfrac{\tan\phi}{\tan\beta} = \dfrac{0.47}{0.26} = 1.75$

2) 식 13.14로부터

$$FS = \frac{c + [\gamma(1-m) + (\gamma_{sat} - \gamma_w)m]H\cos^2\beta\tan\phi}{[\gamma(1-m) + \gamma_{sat}m]H\cos\beta\sin\beta}$$

$$= \frac{0.0 + [17(0.33) + 9(0.67)](3)(0.93)(0.47)}{[17(0.33) + 19(0.67)](3)(0.97)(0.26)}$$

$$= \frac{15.4}{13.9} = 1.11$$

3) 식 13.16으로부터

$$F_s = \frac{\gamma'}{\gamma_{sat}}\frac{\tan\phi}{\tan\beta} = \left(\frac{9}{19}\right)\left(\frac{0.47}{0.26}\right) = 0.86 < 1.0$$

흙의 점성이 없고 지표면까지 포화된 경우 사면의 붕괴가 발생한다.

13.3 평면활동 유한사면의 안정

Culmann은 점착력만 있는($\phi=0$) 균질한 비탈의 일부가 직선 AC를 따라 평면활동하는 것으로 가정하여 안정성을 검토하는 방법을 제안하였다(그림 13.5).

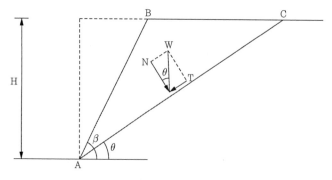

그림 13.5 직선활동파괴 유한사면 안정해석

그림에서 사면의 높이는 H, 사면의 각도는 β, 파괴면 AC의 각도는 θ를 이루고 있다. 사면에서 직각방향으로 단위두께인 쐐기 ABC의 중량을 W라고 하면

$$
\begin{aligned}
W &= \frac{1}{2}H\,\overline{BC}\,(1)(\gamma) = \frac{1}{2}H(Hcot\theta\,(\overline{AD}) - Hcot\beta\,(\overline{AE}))\gamma \\
&= \frac{1}{2}\gamma H^2\left(\frac{\cos\theta}{\sin\theta} - \frac{\cos\beta}{\sin\beta}\right) = \frac{1}{2}\gamma H^2\frac{\sin\beta\cos\theta - \cos\beta\sin\theta}{\sin\theta\sin\beta} \\
&\quad (\sin \text{ 법칙: } \sin(\beta-\theta) = \sin\beta\cos\theta - \cos\beta\sin\theta \text{을 이용}) \\
&= \frac{1}{2}\gamma H^2\frac{\sin(\beta-\theta)}{\sin\theta\sin\beta}
\end{aligned}
\tag{13.17}
$$

로 쓸 수 있다.

면 AC에 대응하는 수직응력과 수평응력은

$$
\sigma = \frac{N}{\overline{AC}(1)} = \frac{W\cos\theta}{H/\sin\theta} = \frac{1}{2}\gamma H\frac{\sin(\beta-\theta)}{\sin\theta\sin\beta}\cos\theta\sin\theta
\tag{13.18}
$$

$$
\tau = \frac{T}{\overline{AC}(1)} = \frac{W\sin\theta}{H/\sin\theta} = \frac{1}{2}\gamma H\frac{\sin(\beta-\theta)}{\sin\theta\sin\beta}\sin^2\theta
\tag{13.19}
$$

면 AC에 작용하는 전단강도는 식 13.2에 식 13.18을 대입하여

$$
\tau_f = c + \sigma\tan\phi = c + \frac{1}{2}\gamma H\frac{\sin(\beta-\theta)}{\sin\theta\sin\beta}\cos\theta\sin\theta\tan\phi
\tag{13.20}
$$

로 쓸 수 있다. 식 13.19는 식 13.20과 같다고 하고 점착력 c에 대하여 정리하면

$$
c = \frac{1}{2}\gamma H\frac{\sin(\beta-\theta)}{\sin\theta\sin\beta}(\sin^2\theta - \cos\theta\sin\theta\tan\phi)
\tag{13.21a}
$$

$$
c = \frac{1}{2}\gamma H\frac{\sin(\beta-\theta)}{\sin\beta}(\sin\theta - \cos\theta\tan\phi)
\tag{13.21b}
$$

점착력 c가 최대가 되는 임계파괴면은 파괴면의 기울기 θ에 대하여 점착력 c의 도함수가 0일 때이다. 즉,

$$\frac{\partial c}{\partial \theta} = 0 \tag{13.22}$$

식 13.21b를 식 13.22에 대입하여 도함수를 구한다. 식 13.21b의 β, H, γ는 상수이므로 소거하고 정리하면

$$\frac{\partial}{\partial \theta}[\sin(\beta - \theta)(\sin\theta - \cos\theta \tan\phi)] = 0 \tag{13.23}$$

본 사면은 점착력만 있는 $\phi = 0$인 사면이므로 식 13.23을 추가로 정리하여 도함수를 구하면 다음과 같다.

$$\frac{\partial}{\partial \theta}\{\sin(\beta - \theta)\sin\theta\} = -\cos(\beta - \theta)\sin\theta + \sin(\beta - \theta)\cos\theta$$
$$= \sin(\beta - \theta - \theta) = 0 \ (\sin \ \text{법칙 적용}) \tag{13.24}$$

식 13.25의 괄호 안은 0이 되므로 이를 풀면 $\beta = 2\theta$

$$\theta = \frac{\beta}{2} \tag{13.25}$$

점성토에 대하여 식 13.26에 식 13.25와 $\phi = 0$을 대입하면

$$c = \frac{1}{2}\gamma H \frac{\sin\frac{\beta}{2}}{\sin\beta}\sin\frac{\beta}{2} = \frac{1}{2}\gamma H \frac{\sin^2\frac{\beta}{2}}{\sin\beta} \tag{13.26}$$

$\sin\beta = \sin\frac{\beta}{2}\cos\frac{\beta}{2} + \cos\frac{\beta}{2}\sin\frac{\beta}{2} = 2\sin\frac{\beta}{2}\cos\frac{\beta}{2}$ 이므로 이를 식 13.26에 대입 정리하면,

$$c = \frac{1}{2}\gamma H \frac{\sin\frac{\beta}{2}}{2\cos\frac{\beta}{2}} = \frac{1}{4}\gamma H \tan\frac{\beta}{2} \tag{13.27}$$

식 13.27을 사면의 높이 H에 대하여 정리하면 대상 사면의 점착력 c에 대한 한계사면높이 H_{cr}이 구해진다(식 13.28).

$$H_{cr} = \frac{4c}{\gamma} \cot \frac{\beta}{2} \qquad (13.28)$$

$\beta = 90°$인 직립절토면의 최대높이는 식 13.29로 계산된다.

$$H_{cr} = \frac{4c}{\gamma} \qquad (13.29)$$

식 13.27을 다음 식과 같이 정리하여 m을 안정수(stability number)라고 정의한다.

$$m = \frac{c}{\gamma H} = \frac{1}{4} \tan \frac{\beta}{2} \qquad (13.30)$$

식 13.30의 점착력 c는 높이 H인 사면이 평형을 유지하는 데 필요한 가동점착력이다. 안전율 F_S를 이용하여 설계직립절토면의 높이 H_d를 계산하면

$$H_d = \frac{H_{cr}}{F_s} = \frac{4c}{(F_s)\gamma} \qquad (13.31)$$

예제 13.3

그림 13.5에 나타난 사면에서 쐐기 ABC의 평면활동에 대한 안전율을 계산하여라. 단 $\theta = 30°$, $\beta = 60°$, $H = 5m$, $\gamma = 17kN/m^3$, $\phi = 20°$, $c = 10kN/m^2$으로 가정한다.

풀 이

쐐기 ABC는 단면에 직각방향으로 단위두께이다.

쐐기의 중량 $W = \frac{1}{2} \times 17 \times 5^2 \times (\cot 30° - \cot 60°) = 245\,kN$

면 AC에 작용하는 W의 수직성분 $N = W\cos\theta = 245 \times \cos 30° = 211\,kN$

면 AC에 작용하는 W의 접선성분 $T = W\sin\theta = 245 \times \sin 30° = 122\,kN$

수직응력 $\sigma = \frac{N}{AC \times 1} = \frac{211\,kN}{10\,m \times 1\,m} = 21.1\,kN/m^2$

$(\because AC = H/\sin 30° = 10m)$

$$전단응력 \ \tau = \frac{T}{AC \times 1} = \frac{123 \, \text{kN}}{10 \, \text{m} \times 1 \, \text{m}} = 12.3 \, \text{kN/m}^2$$

$$전단강도 \ \tau_f = c + \sigma \tan\phi = 10 + 21.1 \times \tan 20° = 17.7 \, \text{kN/m}^2$$

따라서 안전율 $F_s = \dfrac{\tau_f}{\tau} = \dfrac{17.7}{12.3} = 1.44$ 이다.

예제 13.4

점토지반을 수직으로 굴토하려고 한다. 이 점토지반의 단위중량과 비배수전단강도가 $\gamma_t = 18 \text{kN/m}^3$, $c_u = 30 \text{kN/m}^2$ 라고 할 때 이 흙의 안정수는? 안전율을 1.2로 가정하여 설계 굴착깊이(H_d)를 결정하여라.

풀　이

식 13.31로부터 이 흙의 안정수는

$$m = \frac{c}{\gamma H} = \frac{1}{4} \tan\frac{\beta}{2} = \frac{1}{4} \tan\frac{90°}{2} = \frac{1}{4}$$

$F_S = 1.2$의 경우 식 13.31을 이용하여

$$H_d = \frac{4c}{(F_s)\gamma} = \frac{4(30)}{(1.2)(18)} = 5.6 \, \text{m}$$ 이다.

13.4 원호활동 유한사면의 안정

앞 절에서는 활동을 평면으로 가정하였으나 현장에서 발생한 실제 사면파괴형태를 보면 곡면이나 원호를 띠는 경우가 많다. 활동면이 원호인 사면파괴의 형상을 그림 13.6에 나타내었다.

그림에서 보는 바와 같이 사면파괴면이 사면선단(toe) 위를 통과하는 경우를 사면 내 파괴(천층파괴, shallow failure)라 하고 사면선단을 통과하면 사면선단 파괴(toe failure)라 한다. 활동면이 사면 아래를 통과하면 사면저부 파괴(base failure)라고 한다.

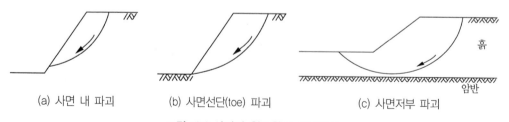

(a) 사면 내 파괴　　　(b) 사면선단(toe) 파괴　　　(c) 사면저부 파괴

그림 13.6 사면의 원호활동 파괴형상

13.5 일체법

완전히 포화된 균질한 점토지반에 사면을 시공한 직후 사면의 안정해석은 전응력법으로 해석할 수 있다. 이 경우 점토사면은 비배수상태($\phi = 0$)로 유한사면안정해석을 위한 원호파괴면을 그림 13.7과 같이 구성할 수 있다.

그림의 반경 r인 원호를 활동원으로 가정하면 원호의 중심은 O이고 활동면 위에 있는 흙의 중량은 W이다. 이때 O점을 중심으로 한 활동을 일으키려는 활동모멘트(driving moment, M_d)는

$$M_d = Wl \tag{13.32}$$

여기서 l은 원의 중심에서 흙의 중량 W까지의 거리이다.

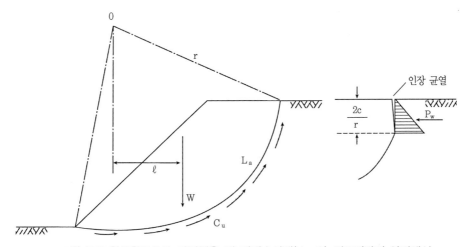

그림 13.7 원호활동으로 가정했을 때 비배수상태($\phi = 0$) 점토지반의 안정해석

활동에 저항하려는 O점을 중심으로 한 저항모멘트(resisting moment, M_r)는

$$M_r = c_u L_c r \tag{13.33}$$

여기서 c_u : 비배수전단강도, L_c : 활동면의 길이, r : 원호활동면의 반지름이다.

식 13.32와 13.33을 이용하여 대상 사면의 안전율을 구하면 다음 식 13.34와 같다.

$$F_s = \frac{M_r}{M_d} = \frac{c_u L_c r}{Wl}$$

(13.34)

그림 13.7에서 그린 원호는 여러 가지 활동을 나타낸 임의원 중의 하나이다. 대상 사면의 최소안전율을 구하는 방법은 활동면에 여러 가지 원호파괴면을 바꾸어가며 안전율을 검토하여 이들 값 중 최소가 되는 값을 찾아 구하도록 한다. 이와 같이 사면의 파괴면을 구성하는 토체를 하나의 원호로 보고 안정성을 해석하는 방법을 일체법이라고 한다.

예제 13.5

다음 그림에 보인 바와 같이 45° 경사에 깊이 8m까지 굴착된 점토사면이 있다. 주어진 가상활동원에 대한 안전율을 계산하여라. 점토의 단위중량은 $\gamma = 17\mathrm{kN/m^3}$, $c_u = 30\mathrm{kN/m^2}$, $\phi = 0$이다.

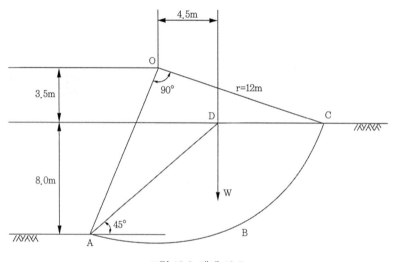

그림 13.8 예제 13.5

풀 이

모눈종이에 대상 사면을 작도하여 ABCD의 단면적을 구하면 면적은 70m²이다.

활동토괴의 중량 $W_{ABCD} = A\gamma = 70\,\mathrm{m^2} \times 17\mathrm{kN/m^3} = 1{,}190\,\mathrm{kN/m}$

호 ABC의 길이 $L_a = r\,\theta = 12 \times \dfrac{\pi}{2} = 19.0\mathrm{m}$

안전율은 식 13.34로부터

$$Fs = \frac{M_r}{M_d} = \frac{c_u L\, r}{Wl} = \frac{30 \times 19 \times 12}{1{,}190 \times 4.5} = 1.28$$이다.

Tayler(1937)는 위의 활동모멘트와 저항모멘트를 각각 사면의 높이 H와 사면의 경사각 β의 함수로 표시하여 식 13.35와 같은 안정수 m(stability number)을 제안하였다.

$$m = \frac{c}{\gamma H} \tag{13.35}$$

여기서 m : 안정수(무차원수), c : 대상 사면의 점착력, γ : 대상 사면을 구성하는 점토의 단위중량, H : 대상 사면의 높이이다.

안정수는 대상 사면의 단위폭당 중량(γH)을 파괴에 이르지 않고 유지하기 위하여 필요한 점착력(c)의 비율로 해석할 수 있는데 안정수가 클수록 같은 중량의 사면을 유지하는 데 더 큰 저항력이 필요함을 의미한다. 표 13.2에는 점토지반에 대한 평면활동과 원호활동이 발생할 경우의 안정수를 비교하였다(김상규, 1991).

표 13.2 점토사면($\phi = 0$)의 평면활동과 원호활동에 대한 안정수

$\beta(°)$	평면활동 $c_m/\gamma H$	원호활동	
		사면선활동 $c_m/\gamma H$	저부활동 $c_m/\gamma H$
15	0.033	0.145	0.181
30	0.067	0.156	0.181
45	0.104	0.170	0.181
53	–	0.181	0.181
60	0.145	0.191	0.181
75	0.192	0.219	0.181
90	0.250	0.261	0.181

표 13.2로부터 다음을 알 수 있다.

(1) 평면활동으로 가정했을 때보다 원호활동으로 가정할 때가 안정수가 더 커서 평면파괴보다 원호파괴가 발생한다.
(2) 사면경사 $\beta > 53°$이면 사면선단파괴(toe failure)가 발생한다.
   사면의 경사각이 53°보다 크면 사면선단활동에서 안정수가 저부활동보다 크므로 전자의 경우가 사면의 붕괴방지를 위하여 더 큰 점착력이 필요하다.
(3) $\beta < 53°$에서는 저부파괴(base failure)가 발생한다.
   사면의 경사각이 53°보다 작으면 저부활동에서 안정수가 선단활동보다 더 큰 값(공통적으로

$m = 0.181$)을 가지므로 선단활동에는 안정하다.

Tayler는 또한 사면 아래 단단한 층의 위치를 식 13.36을 이용 무차원화하여 안정수 m(stability number)을 계산하여 그림 13.9와 같은 그래프를 제시하였다.

$$D = \frac{\text{사면 상부에서 견고한 층까지 거리}}{\text{실사면의 높이}(H)} \tag{13.36}$$

그림에 나타나는 바와 같이 견고한 층이 매우 깊은 경우($D = \infty$), $\beta < 53°$에서는 안정수 $m = 0.181$로 일정하다.

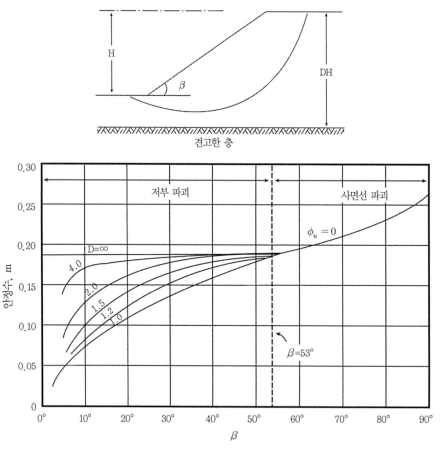

그림 13.9 $\phi = 0$ 해석에서 안정수 m과 사면경사와의 관계

점토사면이 수평면과 60°의 경사로 굴착되었다. 점토의 비배수전단강도와 단위중량이 $c_u = 30\text{kN/m}^2$, $\gamma = 18\text{kN/m}^3$이라고 할 때 다음을 계산하여라.

1) 최대굴착깊이
2) 굴착깊이 4m에 대한 안전율(그림 13.9의 도표 이용)

풀 이

1) 그림 13.9로부터 $\beta = 60°$에 대한 안정수는 0.19이다. 식 13.35를 최대굴착깊이 H_{cr}에 대하여 변경하면

$$H_{cr} = \frac{c_u}{\gamma m} = \frac{30}{18(0.19)} = 8.77\,\text{m}$$

2) 굴착깊이가 정하여졌으므로 식 13.30을 F_s에 대하여 풀면

$$F_s = \frac{c_u}{\gamma m H} = \frac{H_{cr}}{H} = \frac{8.77}{4} = 2.19$$

이다.

예제 13.7

균질한 점토지반을 10m 깊이까지 45° 각도로 굴착한다. 점토의 단위중량과 전단강도정수가 각각 $\gamma = 18\text{kN/m}^3$, $c = 40\text{kN/m}^2$, $\phi = 0$이며 암반층은 지표면에서 20m 깊이에 있다. 굴착사면의 안전율을 계산하여라.

풀 이

사면의 높이에 대한 암반깊이의 비율을 구하면 식 13.36으로부터

$$D = \frac{DH}{H} = \left(\frac{10+10}{10}\right) = 2$$

$\beta = 45°$, $D = 2$에 대하여 그림 13.9로부터 안정수를 구하면 $m = 0.18$이다.
식 13.35를 적용하여 안전율을 구하면

$$F_s = \frac{c}{\gamma m H} = \frac{40}{18(0.18)(10)} = 1.23$$

13.6 절편법

사면이 이질의 지층으로 형성되어 비균질할 경우 사면의 파괴면에 가해지는 수직응력과 $c-\phi$값이 피괴면을 통과하는 지층별로 달라진다. 이 경우는 사면파괴면 내의 토괴를 여러 개의 절편으로

나누어 해석하는 절편법(slice method)이 많이 쓰인다.

절편법에서는 예상파괴활동면의 중심 O와 반경 r인 원호로 가정하고 원호 안의 흙덩이를 그림 13.10a와 같이 폭 b를 가지는 절편으로 나눈다. 이때 절편의 폭이 꼭 같을 필요는 없으며 절편 바닥면은 곡선이나 직선으로 가정한다. 절편에 직각인 방향으로 단위두께를 가정하면 임의 절편에 작용하는 힘은 그림 13.10b와 같다.

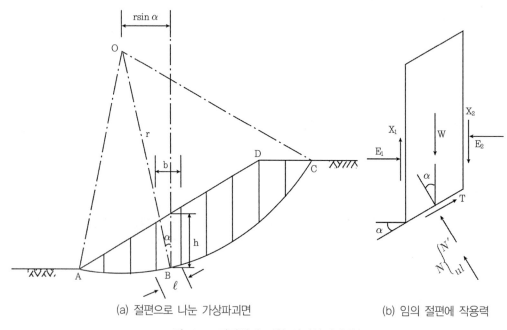

(a) 절편으로 나눈 가상파괴면 (b) 임의 절편에 작용력

그림 13.10 절편법에 의한 사면안정해석

그림 13.10b에서 어느 한 절편에 작용하는 힘은 다음과 같다.

(1) W : 절편의 전체 중량($= \gamma\ b\ h$)이고 h는 절편의 중심에서 구한 절편의 높이다.

(2) N과 T : 절편의 바닥에 작용하는 토괴중량에 대한 반력 R의 수직 및 수평방향에 대한 성분이다. 만일 사면 내에 지하수위가 있는 경우에는 유효수직력 $N'(= \sigma'l)$과 간극수압 $U(= ul)$로 나누어 적용한다. 여기서 u는 단위면적당 간극수압이고, l은 절편의 저변을 따르는 길이이다. l은 절편 폭이며, 이 값은 $l = b/\cos\alpha$ (α는 절편의 수평면과의 사이각)의 관계가 있다.

• E_1, E_2 : 절편 양측면상에 작용하는 수직력

• X_1, X_2 : 절편 양측면상에 작용하는 전단력

사면안정문제를 절편법으로 풀기 위하여 도입한 가정은 다음과 같다. 사면안정해석 문제를 절편법으로 풀면 다음과 같은 기지수(knowns)와 미지수(unknowns)가 나타난다. 이 중 기지수는 N개의 각 절편에 대한 3개의 평형방정식의 합으로부터 다음과 같다.

$$수평방향의 \ 합: \sum F_H = 0 \tag{13.37a}$$

$$수직방향의 \ 합: \sum F_V = 0 \tag{13.37b}$$

$$모멘트의 \ 합: \sum M = 0 \tag{13.37c}$$

위의 세 가지 식으로부터 $3N$개의 방정식이 구해진다.

이에 비하여 N개의 각 절편에서 나타나는 미지수는 다음과 같다.

N개의	N(수직력)
$N-1$개의	X(각 절편경계에서 1개씩)
$N-1$개의	E(각 절편경계에서 1개씩)
$N-1$개의	E의 위치(각 절편경계에서 1개씩)
N개의	N의 위치
1개의	F_S(안전율)
합계	$5N-2$

이로부터 3개의 방정식을 이용하여 $3N$의 미지수를 푼다 하여도 절편법으로 푸는 사면안정해석은 $(2N-2)$차 부정정구조임을 알 수 있다. 이를 정역학적으로 풀기 위한 가정으로

(1) N은 절편호(arc)의 중심에 작용하는 것으로 가정하여 N개의 미지수를 정리하였다.
(2) 절편 경계부 작용력(E와 X)과 작용위치에 대한 가정에 의하여 여러 해석법이 고안되었다.

13.6.1 Fellenius법

Fellenius법은 Ordinary slice method 또는 Swedish method라고도 한다. 이 방법에서는 절편 측면에 작용하는 X_1, X_2, E_1, E_2는 절편에서 값을 결정하기 어려우나 각각 크기가 같고 방향이 달라 서로 상쇄되어 무시할 수 있다고 본다. 즉,

$$X_1 - X_2 = 0 \ ; \ E_1 - E_2 = 0 \tag{13.38}$$

지하수가 없다고 가정한 경우 절편에 작용한 수직력 N은

$$N' = W\cos\alpha - ul \tag{13.39}$$

절편에 작용한 수평력은

$$T = (c' + \sigma'\tan\phi')l = c'l + N'\tan\phi' \tag{13.40}$$

여기서 $N' = \sigma'l$이다.

활동원의 중심 O에 대한 활동모멘트 M_o와 저항모멘트 M_r은 다음과 같다.

$$M_d = \sum Wr \ \sin\alpha \tag{13.41a}$$

$$M_r = \sum Tr = r\sum (c'l + N'\tan\phi') \tag{13.41b}$$

안전율은 다음과 같이 계산된다.

$$F_S = \frac{M_r}{M_d} = \frac{\sum c'l + \tan\phi' \sum (W\cos\alpha - ul)}{\sum W\sin\alpha} \tag{13.42}$$

이다. 최소안전율을 찾기 위해서는 가상원의 중심과 원호반경 r을 바꾸어가며 식 13.42를 반복 계산하여 최소안전율(F_{min})을 찾는다. 이 방법을 Fellenius 법이라고 하며 오차는 정해의 5% 정도 발생하는 것으로 알려져 있으며 이는 이 식을 유도하는 데 사용된 가정으로 인하여 나타난 것이다. 다행히 이 오차는 안전측이어서 과거 컴퓨터 프로그램의 활용이 활발하지 않았던 시절에 Bishop 방법보다 간편하여 많이 사용되었다.

13.6.2 Bishop의 간편법

Bishop의 간편법(Bishop's simplified method)에서는 절편의 양측에 적용하는 힘에 대한 가정

을 절편의 측면에 작용하는 수직방향의 전단력에 대해서만 서로 같은 것으로 가정하였다. 즉,

$$X_1 - X_2 = 0 \qquad (13.43)$$

각 절편의 하부에 작용하는 전단응력은 전단강도를 안전율로 나눈 값으로

$$T = \frac{c'l}{F_s} + \frac{N'\tan\phi'}{F_s} \qquad (13.44)$$

로 쓸 수 있다. 수직방향의 합력은

$$\begin{aligned} W &= N\cos\alpha + ul\cos\alpha + T\sin\alpha \\ &= N'\cos\alpha + ul\cos\alpha + \left(\frac{N'\tan\phi'}{F_s} + \frac{c'l}{F_s} \right)\sin\alpha \end{aligned} \qquad (13.45)$$

위 식을 정리하여 N' 을 구하면

$$N' = \frac{W - \dfrac{c'l}{F_S}\sin\alpha - ul\cos\alpha}{\cos\alpha + \dfrac{\tan\phi'\sin\alpha}{F_s}} \qquad (13.46)$$

그런데

$$l = b/\cos\alpha = b\sec\alpha \qquad (13.47)$$

이다. 식 13.47을 식 13.46에 넣어 정리하고 이를 식 13.48에 대입하면

$$\begin{aligned} FS &= \frac{\sum (c'l + N'\tan\phi')}{\sum W\sin\alpha} \\ &= \frac{\sum (c'b + (W - ub)\tan\phi')}{\sum W\sin\alpha} \left(\frac{\sec\alpha}{1 + \dfrac{\tan\alpha\tan\phi'}{F_s}} \right) \end{aligned} \qquad (13.8)$$

$$= \frac{\sum (c'b + (W - ub)\tan\phi')}{\sum W\sin\alpha} \cdot \frac{1}{M_\alpha} \qquad (13.49)$$

여기서

$$M_\alpha = \cos\alpha + \frac{\tan\phi\sin\alpha}{F_s} \qquad (13.50)$$

이다. 식 13.49는 F_s가 양변에 있어 시행착오법(반복법)으로 계산하여야 한다. 그림 13.11은 여러 가지 α에 대하여 M_α와 $\dfrac{\tan\phi'}{F_s}$의 관계를 나타낸 도표이다. 최소안전율을 찾기 위한 임계활동면을 결정하기 위해서는 여러 개의 파괴면을 가정하여 위 식을 검토한다.

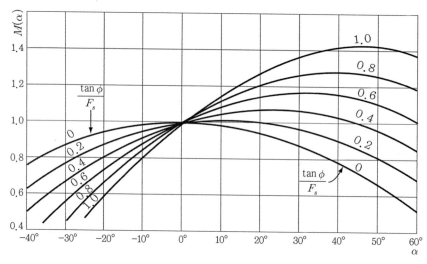

그림 13.11 M_α와 $\dfrac{\tan\phi'}{F_s}$의 관계도표

예제 13.8

그림 13.12에 모인 사면의 한 가상파괴면에 대한 안전율을 Fellenius 법과 Bishop 간편법을 이용하여 계산하여라. 흙의 강도정수는 $\phi = 30°$, $c = 10 \text{kN/m}^2$, $\gamma = 18 \text{kN/m}^3$이다.

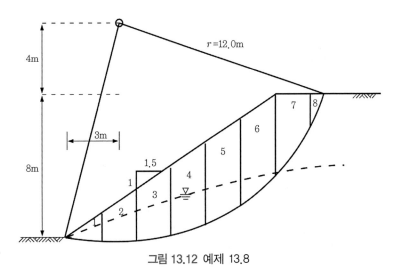

그림 13.12 예제 13.8

풀 이

1) Fellenius

다음과 같이 그림으로부터 각 절편의 중량과 수평면에 대한 각도, 간극수압을 계산하여 표를 작성하면(엑셀 스프레드 시트 사용 권장),

절편	W(kN)	$\alpha(°)$	$\sin\alpha$	$W\sin\alpha$(kN)	$\cos\alpha$	$W\cos\alpha$(kN)	$u(kN/m^2)$	$l(m)$	$U = ul$(kN)
1	25.2	−8.5	−0.15	−3.7	0.99	24.9	4.0	2.10	8.4
2	75.6	1.0	0.02	1.3	1.00	75.6	13.0	2.00	26.0
3	117.0	11.0	0.19	22.3	0.98	114.9	19.0	2.20	41.8
4	149.4	17.5	0.30	44.9	0.95	142.5	19.0	2.30	43.7
5	162.0	27.5	0.46	74.8	0.89	143.7	16.0	2.40	38.4
6	158.4	38.1	0.62	97.7	0.79	124.7	8.0	2.80	22.4
7	111.6	54.2	0.81	90.5	0.58	65.3	0	3.22	0
8	32.4	65.0	0.91	29.4	0.42	13.7	0	1.80	0
합계				357.3		705.2		18.82	180.7

식 12.43으로부터

$$Fs_{(m)} = \frac{\sum c'l + (W\cos\alpha - U)\tan\phi'}{\sum W\sin\alpha}$$

$$= \frac{10 \times 18.82 + (705.2 - 180.7)\tan30°}{357.3} = 1.37 \text{이다.}$$

2) Bishop 간편법

엑셀 스프레드 시트를 이용하여 다음과 같이 표를 작성한다.

(1) slice	(2) b (m)	(3) $c'b$ (kN)	(4) ub (kN)	(5) $W-ub$ (kN)	(6) $(5)\times\tan\phi$ (kN)	(7) $(3)+(6)$ (kN)	(8) m_a Fs =1.50	(8) m_a Fs =1.70	(9) (7)/(8) Fs =1.50	(9) (7)/(8) Fs =1.70
1	2.00	20.0	8.0	17.2	9.5	29.5	0.93	0.94	31.6	31.4
2	2.00	20.0	26.0	49.6	27.5	47.5	1.01	1.01	47.2	47.2
3	2.00	20.0	38.0	79.0	43.8	63.8	1.05	1.04	60.6	61.1
4	2.00	20.0	38.0	111.4	61.8	81.8	1.06	1.05	76.8	77.7
5	2.00	20.0	32.0	130.0	72.1	92.1	1.06	1.04	87.0	88.7
6	2.00	20.0	16.0	142.4	78.9	98.9	1.01	0.99	97.5	100.1
7	2.00	20.0	0.0	111.6	61.9	81.9	0.88	0.85	92.5	96.4
8	0.80	8.0	0.0	32.4	18.0	26.0	0.76	0.72	34.3	36.1
합계									527.5	538.8

각 절편에 대한 반복계산을 하여 $m_a = \cos\alpha + \dfrac{\tan\phi\sin\alpha}{Fs}$ 를 (8)항에서 계산하고 이를 식 13.49 에 대입한다. Fellenius 법에 의한 계산표로부터 분모 $\sum W\sin\alpha = 357.3$이므로

$$Fs = 1.70 \text{으로 가정했을 때 } F_{s(m)} = \frac{538.8}{357.3} = 1.51$$

$$Fs = 1.50 \text{으로 가정했을 때 } F_{s(m)} = \frac{527.5}{357.3} = 1.48$$

$$Fs = 1.48 \text{로 가정하여 계산을 되풀이하면 } F_{s(m)} = 1.47$$

대상 사면의 주어진 파괴면에 다한 안전율은 1.47로 계산되었다.

13.7 복합활동 유한사면 안정해석

사면이 매우 연약한 점토층 위에 놓여 있다면 활동파괴면이 그림 13.13과 같이 연약한 지층의 경계면을 따라 일어나므로 곡선과 직선의 복합형태가 된다.

이 경우 그림의 블록 ABCD의 상부경계에서는 주동토압을 받아 활동하려 하고, 하부경계에서는 활동에 대해서 수동토압으로 저항하려는 힘이 발생한다. 이 두 가지 경계토압을 포함하여 연약토층과 블록 ABCD 경계면에서 작용하는 전단응력, 연약층의 전단강도를 조합하여 복합사면에 대한 안정해석을 실시할 수 있다.

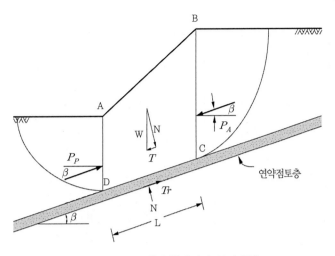

그림 13.13 복합유한사면의 안정해석

주동토압과 수동토압의 작용방향이 지표면에 평행하다고 가정하고 연약점토층 경계면에 작용하는 수직력을 N, 수평력을 T라고 하면 연약층 경계면을 따라 활동하는 전단력은 식 13.32와 같다.

$$T = P_a\cos\beta - P_p\cos\beta + W\sin\beta \tag{13.51}$$

여기서 W : 블록 ABCD의 중량, β : 지표면과 평행한 수평면과 연약점토층 사이의 경사각이다. 연약점토층 경계면에서의 전단강도는 다음 식으로 계산할 수 있다.

$$T_r = cL + [W\cos\beta - P_a\sin\beta + P_p\sin\beta - U]\tan\phi \tag{13.52}$$

여기서 c : 연약점토의 비배수전단강도, ϕ : 내부마찰각, L : 블록 CD의 길이, U : 블록 CD에 작용하는 간극수압이다. 본 복합사면의 안전율은 위의 T, T_r을 식 13.53과 같이 조합하여 구한다.

$$F_s = \frac{T_r}{T} \tag{13.53}$$

그림과 같은 기울기 $\beta=5°$인 연약점토층상에 45° 경사의 사면이 있다. 이 사면의 안전율을 계산하여라.
사면토괴의 단위중량 $\gamma=18\text{kN/m}^3$, $c=0$, $\phi=30°$ 점토층 $\gamma=16\text{kN/m}^3$, $c_u=10\text{kN/m}^2$, $\phi=0°$이다.

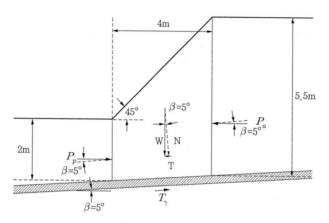

그림 13.14 예제 13.9

풀 이

토괴의 중량 $W=\gamma A=18\dfrac{(2+5.5)\times 4}{2}=270\text{kN/m}$

주동토압 $P_a=\dfrac{1}{2}K_a\gamma H^2=\dfrac{1}{2}\tan^2\left(45-\dfrac{\phi}{2}\right)\gamma H^2$

$\qquad\qquad=\dfrac{1}{2}\tan^2\left(45-\dfrac{30}{2}\right)\times 18\times 5.5^2=90.8\text{kN/m}$

수동토압 $P_p=\dfrac{1}{2}K_p\gamma H^2=\dfrac{1}{2}\tan^2\left(45+\dfrac{\phi}{2}\right)\gamma H^2$

$\qquad\qquad=\dfrac{1}{2}\tan^2\left(45+\dfrac{30}{2}\right)\times 18\times 2^2=108\text{kN/m}$

전단력 : 식 13.51로부터 $T=P_a\cos\beta-P_p\cos\beta+W\sin\beta$

전단강도 : 식 13.52로부터 $T_r=cL+[W\cos\beta-P_a\sin\beta+P_a\sin\beta+P_p\sin\beta-U]\tan\phi=cL$

$\qquad T=90.8\cos5°-108\cos5°+270\sin5°=90.8-108+23.5=6.5$

$\qquad T_r=cL=10\times\dfrac{4}{\cos5°}=40\text{kN/m}(\text{마찰각 }\phi=0\text{이므로})$

안전율 Fs$=\dfrac{T_r}{T}=\dfrac{40}{6.5}=6.14$

13.8 사면안정해석

13.8.1 전응력해석과 유효응력해석

유한사면의 안정해석은 전응력해석(total stress analysis)과 유효응력해석(effective stress analysis)으로 나누어 생각할 수 있다.

전응력해석은 비배수강도시험으로 얻은 c_u, ϕ_u 을 이용하여 해석하며 간극수압은 적용하지 아니한다. 이 중 특별히 비배수전단강도 c_u 만을 이용하여 해석한다면 이를 $\phi = 0$ 해석이라고 하며 흙구조물의 성토나 굴착속도보다 지반의 압밀속도가 늦어 비배수상태인 점성토지반의 단기해석에 적용한다. 유효응력해석은 간극수압을 측정한 후 구한 c', ϕ'를 이용하여 수행한다. 압밀비배수시험($\overline{CU}$) 또는 압밀배수시험(CD) 시험자료를 이용한다. 이는 시공 중 압밀진행속도가 구조물의 시공속도보다 크거나 구조물의 장기 사면안정해석인 경우에 적용된다. 현장조건을 고려한 전응력해석과 유효응력해석의 선택에 대한 기준을 표 13.3에 나타내었다.

표 13.3 현장조건을 고려한 전응력해석과 유효응력해석의 선택

현장조건	해석방법	강도정수 획득
포화토에서 시공속도가 압밀속도보다 큰 경우(시공 직후)	전응력해석	• 비배수전단강도(c_u) : 일축압축강도시험, UU 시험 • c_u, ϕ_u : CU 시험
포화토에서 시공속도가 압밀속도보다 작은 경우 ; 장기 안정해석	유효응력해석	• c', ϕ' : $\overline{CU}$(간극수압 측정) 또는 CD 시험
불포화토에서 시공	전응력해석 유효응력해석	• 시공 직후는 전응력해석 • 간극수압을 측정하여 시공 중의 안정은 유효응력해석

13.8.2 부분수중상태의 사면처리

사면의 내부 또는 내외부에 정수위가 존재하고 활동원의 일부가 내외부수면 또는 지하수위면 아래를 통과하는 경우를 부분수중상태라고 한다. 대부분의 유한사면해석은 절편법을 이용하므로 이 경우에 대하여 제체 내외부의 수압을 고려하고, 물속에 잠긴 부분의 흙은 포화단위중량(γ_{sat})으로 지하수면위는 전체단위중량(γ_t)으로 해석한다. 안정해석을 위한 외부수위의 적용은 그림 13.15에 보인 바와 같은 세 가지 방법 중 하나를 택하여 적용한다.

(1) 활동원이 외부수위를 통과한다고 가정하고 사면상류 경계면 CDE의 바깥쪽(예 : 절편 a, b)에 대해서는 절편의 단위중량 $\gamma = \gamma_w$, $c = \phi = 0$인 흙으로 간주한다(그림 13.15a).

(2) 그림 13.15b와 같이 사면의 선단 부분에 수선을 긋고(CG) 그 바깥으로 삼각형 수압을 적용한다.

(3) 사면상류 경계면 CDE를 따라 작용하는 수압을 사전에 계산하여 그림 13.15c와 같이 적용한다.

상기와 같은 외부수위의 적용은 절편법을 수계산(hand calculation)으로 수행할 경우에 필요하다. 최근에 개발된 다양한 사면안정해석 프로그램은 사면의 단면과 내외부수위가 주어지면 자동으로 계산과정 중에서 파괴면을 가정하고, 외부수위를 파괴면의 형성결과에 따라 프로그램 자체에서 적용하여 안전율을 계산하도록 발전하였다.

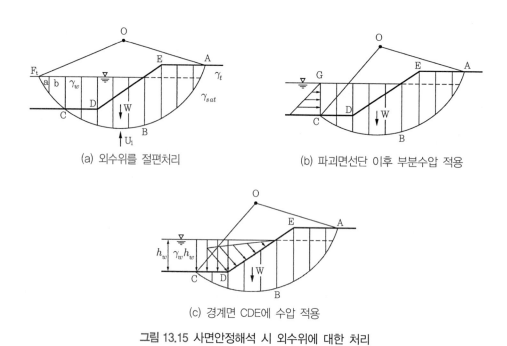

(a) 외수위를 절편처리

(b) 파괴면선단 이후 부분수압 적용

(c) 경계면 CDE에 수압 적용

그림 13.15 사면안정해석 시 외수위에 대한 처리

13.8.3 최소안전율의 계산

특정사면에 대한 최소안전율은 사면안정해석 프로그램 내부에서의 일정한 규칙(예를 들어 그림에 보인 바와 같이 활동원의 중심을 일정 간격으로 변경하는 등)에 따라 사면안정해석을 수행하여 대상 사면의 중심원에 안전율 콘터를 도시하고 최소안전율과 이에 해당하는 파괴면을 표시하여 주는 방법을 사용하고 있다(그림 13.16).

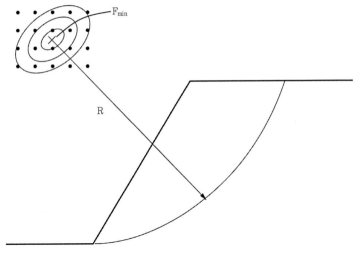

그림 13.16 사면안정해석 프로그램의 최소안전율 계산 예

13.9 흙구조물의 시간경과에 따른 안전율 변화

13.9.1 포화점토지반에서 제방성토

그림 13.17은 포화된 점토지반상에 제방을 성토할 경우 제방구축에 따른 간극수압과 전단강도 그리고 이에 따른 제방사면의 안전율의 변화를 도시한 것이다. P를 제방 가상활동면상의 한 점이라고 하면 성토시행 전 한 점 P의 간극수압은 식 13.54로 쓸 수 있다.

$$u_o = \gamma_w h \tag{13.54}$$

제방시공기간 동안($t = 0 \sim t_1$)에는 하중이 점점 증가하므로 P점에서의 하중과 간극수압은 점점 증가한다. 제방성토 완료 시(시간, t_1) 전단응력과 과잉간극수압은 최대가 된다(그림 13.17a, 13.17b). 제방성토기간 동안 간극수압이 증가하는 이유는 점토지반의 낮은 투수계수로 인하여 과잉간극수압이 충분히 소산되지 않기 때문이다. 제방성토가 완료된 이후 전단응력은 일정하나 점토층 내부의 압밀이 진행되므로 과잉간극수압은 차츰 소산되어 시간 t_2에 이르면 u_o로 회귀하게 된다(그림 13.17b).

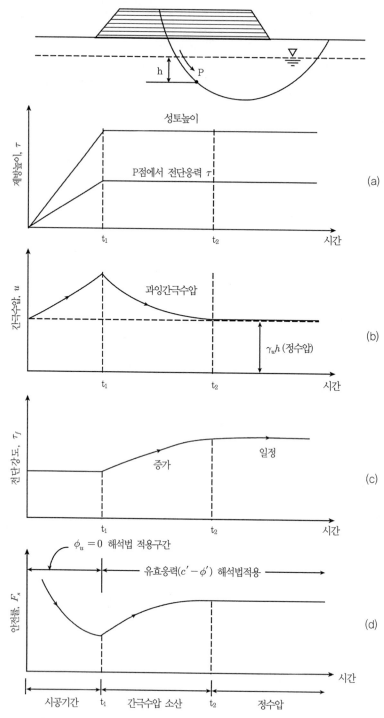

그림 13.17 포화된 점토지반 위 제방성토 시 시간에 따른 안전율의 변화

그림 13.17c에 나타낸 점토의 전단강도는 성토기간 동안에는 점토층 내부의 압밀이 되지 않아 일정하다. 그러나 성토 완료 후($t > t_1$) 압밀이 진행되면 전단강도도 점점 증가하게 된다. 제방의 가상 활동면상에서의 안전율을 구하는 공식은

$$F_s = \frac{\tau_f}{\tau} \tag{13.55}$$

이므로(여기서 τ_f는 전단강도, τ는 전단응력), 안전율은 성토기간 동안 지속적으로 감소하여 제방성토가 완료되는 직후 최솟값에 이르게 된다. 이후 점토지반의 과잉간극수압 소산에 따른 압밀로 인하여 제방성토에 의한 하중은 유효응력으로 이동한다. 다시 말하면 포화점토지반에 성토를 하게 되면 성토 사면의 안전율은 성토 완료 직후가 가장 작기 때문에 그때가 가장 위험한 상태에 놓이게 되며, 그 이후에는 간극수압의 소산에 따른 전단강도(τ_f)가 증가하여 다시 안전율이 증가하게 된다(그림 13.17d).

$$\Delta\sigma'(\uparrow) = \Delta\sigma(일정) - \Delta u(\downarrow) \quad (여기서 \ \sigma : 제방성토) \tag{13.56}$$

점토지반의 안정해석은 제방성토가 이루어지는 $t = 0 \sim t_1$에는 간극수압의 배수가 이루어지지 않아 $\phi = 0$ 해석이 적합하며, 이후 간극수압 배수가 이루어지는 기간($t > t_1$)에는 유효응력해석 ($c' - \phi'$) 해석을 하는 것이 적합하다(그림 13.17d).

13.9.2 포화점토지반에서의 굴착

Skempton은 과압밀점토가 많은 영국의 한 굴착사면에서 굴착이 이루어진 후 오랜 시간이 경과하여 사면의 파괴가 발생하는 것을 보고 그 이유를 분석한 결과 다음과 같은 내용을 보고하였다 (Skempton, 1964).

그림 13.18에는 포화점토지반에서 지반을 굴착하였을 때 형성되는 사면에 대해 가상파괴면상의 P점에 있어 시간에 따른 간극수압과 안전율의 변화를 나타낸 것이다. 대상지반의 굴착을 시작하기 전 초기지하수위는 그림에 점선으로 나타난 바와 같이 일정한 값을 보일 것이다. 굴착이 시작된 후의 간극수압의 변화는 8장의 식 8.34로부터 $B = 1$로 놓고 다시 식 13.57과 같이 표현하여 알아볼 수 있다.

$$u = B[\Delta\sigma_3 + A(\Delta\sigma_1 - \Delta\sigma_3)] \tag{8.34}$$

$$u = \frac{1}{2}\left(\Delta\sigma_1 + \Delta\sigma_3\right) + \left(A - \frac{1}{2}\right)(\Delta\sigma_1 - \Delta\sigma_3) \qquad (13.57)$$

굴토가 진행됨에 따라 $\Delta\sigma_1$, $\Delta\sigma_3$는 부(負)의 값을 보이므로 식 13.57의 첫째 항은 음(陰)이고 둘째 항도 $A < \frac{1}{2}$이면 음이므로 굴착 직후 간극수압은 감소하거나 음의 값을 갖게 된다.

P점에 피에조메터를 삽입하여 나타나는 수위의 변화를 그림 13.18a에 나타내고 있다. 위의 식에서도 알 수 있었던 바와 같이 굴착이 완료된 직후의 피에조메터의 수위는 초기수위보다 낮으며 정규압밀점토($A = 1$)보다 과압밀점토($A = 0$, A : 과잉간극수압)일 때가 더 낮은 수위(부간극수압)를 나타낸다.

그림 13.18b에 나타난 굴착이 완료되는 시간 t_1까지 저하되는 모습을 보인 간극수압은 시간이 흐름에 따라 감소하였던 것이 회복되어 시간 t_2에는 평형상태(정수압상태)에 이르게 된다. 따라서 점토지반을 굴착하였을 때의 가장 위험한 시기는 굴착이 완료된 직후가 아니라, 그 이후 수압이 평형상태로 완전히 돌아온 정수압상태이다. 이와 같이 점토지반을 굴착하였을 경우 특히 과압밀점토지반의 경우에는 장기안정(long term stability)이 단기안정(short term stability)보다 중요하다. 이 기간 동안의 안전율의 변화를 그림 13.18c에 도시하였다.

점토지반의 안정해석은 굴착지반의 경우에도 굴착이 완료되는 $t = 0 \sim t_1$에는 간극수압의 배수(또는 부간극수압의 회복)이 이루어지지 않아 $\phi = 0$ 해석이 적합하며 이후 간극수압배수(또는 부간극수압의 회복)가 이루어지는 기간($t > t_1$)에는 유효응력해석($c' - \phi'$)을 하는 것이 적합하다(그림 13.18c).

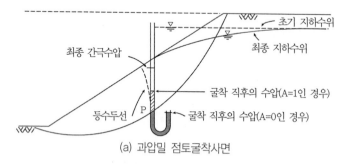

(a) 과압밀 점토굴착사면

그림 13.18 포화된 점토지반의 굴착 시 사면안정

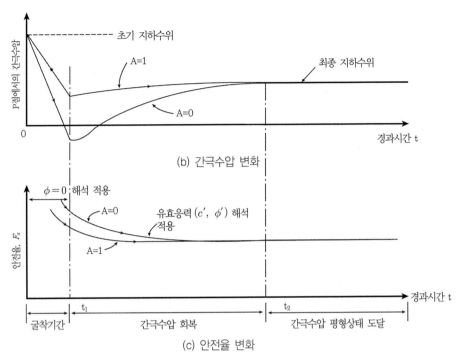

(b) 간극수압 변화

(c) 안전율 변화

그림 13.18 포화된 점토지반의 굴착 시 사면안정(계속)

13.9.3 흙댐의 안정

그림 13.19에는 흙댐을 시공하기 시작하여 사용하는 동안의 제체 내부 가상파괴면의 한 점 P에서의 전단응력, 간극수압, 안전율의 변화를 보인 것이다. 그림 13.19b에 보인 바와 같이 댐의 시공기간 동안에는 P점에서의 전단응력은 지속적인 증가를 보인다.

댐의 축조가 완료된 후 담수가 시작되어 만수위가 되면 담수된 물의 수압으로 인하여 상류측의 전단응력은 감소하나 하류측은 일정한 상태를 유지한다(그림 13.19b). 이후 수위급강하(rapid draw-down)가 일어나는 경우(그림 13.20 참조) 상류 측에서는 담수가 제거됨으로 인하여 전단응력은 다시 증가하게 된다.

댐체 내의 간극수압의 변화(그림 13.19c)는 댐체 시공기간 동안에는 점토차수재 성토하중에 대한 압밀의 지연으로 인하여 간극수압이 지속적으로 증가하다 시공 완료 후 추가하중이 없으므로 간극수압이 소산되게 된다. 담수가 시작되면 댐체 내부의 수위 증가가 이루어지게 되므로 간극수압의 증가가 이루어져 만수 시 최대가 된다. 이후 수위급강하가 발생하면 담수되어 있던 상류측의 간극수압의 감소가 하류측보다 크게 나타난다.

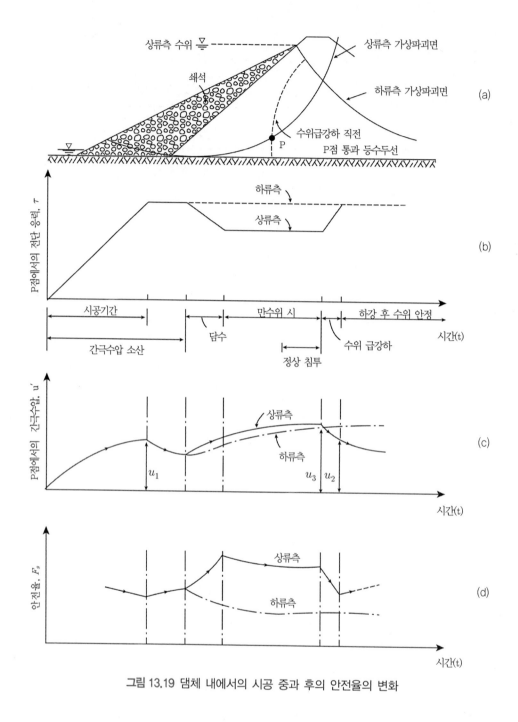

그림 13.19 댐체 내에서의 시공 중과 후의 안전율의 변화

    댐체 사면의 안전율은 시공 직후가 낮고 담수가 이루어지면 상류부는 수압으로 인한 댐체 내 전단 강도의 감소가 이루어지므로 안전율이 크게 증가하게 된다(그림 13.19d). 반면 하류부의 경우 만수위 시에는 정상상태의 흐름이 댐체 내부에서 발생하므로 간극수압이 올라가 안전율은 저하되게 된

다. 댐에 나타나는 급격한 수위변화는 상류부의 수압이 저하된 반면 그림 13.19c에 나타난 바와 같은 댐체 내부의 간극수가 배수되는 동안 간극수압은 남아 있어 안전율이 급격하게 낮아진다.

그림 13.19d의 안전율의 변화에서 보인 바와 같이 댐체 사면 상류부는 시공 직후와 수위급강하 시가 가장 위험한 시기이며 하류부는 시공 직후와 만수위 시 정상침투가 일어날 때이다.

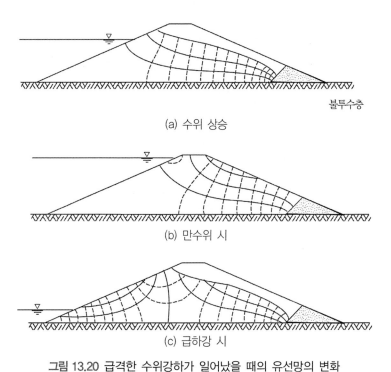

(a) 수위 상승

(b) 만수위 시

(c) 급하강 시

그림 13.20 급격한 수위강하가 일어났을 때의 유선망의 변화

연|습|문|제

13.1 그림 13.2와 같은 무한사면이 있다. 이 사면의 흙과 암사면의 경계부에서의 전단강도정수가 $c=20kN/m^2$, $\phi=26°$이고 전체단위중량은 $18kN/m^3$이다. 토층의 두께 $H=6m$, 경사 $\beta=15°$일 때 경계면에서 활동에 대한 안전율을 계산하여라.

13.2 문제 13.1에서 집중강우로 인하여 지하수위가 지표면에 위치할 때의 활동에 대한 안전율을 계산하여라. 포화단위중량은 $19.5kN/m^3$이다.

13.3 어떤 점토지반($\phi=0°$)을 수직으로 굴착하여 높이 6m에 달하였을 때 파괴면이 생기기 시작하였다.
1) 이 흙의 단위중량이 $17kN/m^3$이라면, 이 흙의 점착력은 얼마인가?
2) 이 지반에 높이가 5m인 굴착사면이 있을 때 이 사면의 파괴에 대한 안전율은?

13.4 다음 그림에서 사면경사각 $\beta=30°$, 흙의 점착력 $c=20kN/m^2$, 흙의 단위중량 $\gamma=18kN/m^3$일 때, 다음에 답하여라.
1) 사면에서 발생하는 파괴형태는?
2) 한계고는?
3) 이 사면의 안전율은?

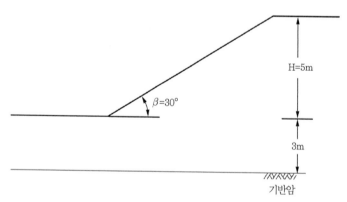

그림 13.21 연습문제 13.4

13.5 비배수전단강도 $c=50kN/m^2$인 경사 $\beta=64°$인 점토사면의 최대 시공높이를 계산하여라. 사면의 허용안전율은 1.2이고 사면점토의 단위중량은 $19kN/m^3$이다.

13.6 다음 그림과 같은 사면의 파괴원에 대해서 안전율을 계산하라. 단 흙의 단위중량 $\gamma_t =$ 17.5kN/m³, $c=$20kN/m², $\phi=$0°로 하고 원호의 중심은 사면부의 중심에 위치한다.

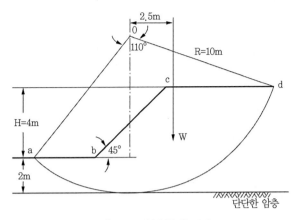

그림 13.22 연습문제 13.6

13.7 연습문제 13.6을 분할법에 의해서 다시 구하라.

13.8 사면의 높이 15m, 경사각 $\beta=$45°인 사면의 안전율을 계산하여라. 원호의 중심은 선단부로부터 26.2m에 위치한다. 흙의 단위중량과 강도정수는 $\gamma_t =$ 17.5kN/m³, $c=$25kN/m², $\phi=$25°로 한다.

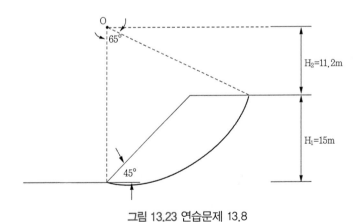

그림 13.23 연습문제 13.8

참고문헌

1. 건설교통부(2006), 국도건설공사 설계 실무요령.
2. 김상규(1991), 토질역학, 동명사.
3. Craig, R.F.(1983), Soil Mechanics 3rd Edition, Van Nostrand Reinhold Co. Ltd.
4. Das, B. M.(1995), Principles of Foundation Engineering, 3rd Ed., PWS-KENT Pub. Comp., Boston.
5. Fellenius, W.(1967), Erdstatische Berenchnungen, Revised Edition, W. Ernst u. Sons, Berlin.
6. Skempton, A.W.(1948), "The $\phi=0$ Analysis for Stability and its Theoretical Basis", *Proceedings of 2nd International Conf., Soil Mechanics and Foundation Engineering*, Rotterdam, Vol.1, p.72.
7. Skempton, A.(1964), Long Term Stability of Clay Slopes, *Fourth Rankine Lecture, Geotechnique* Vol.XIV, No.2, June, pp.77–80.
8. Taylor, D.W.(1937), Stability of Earth Slopes, *Journal of Boston Society of Civil Engineers*, Vol.24, pp.197–246.
9. Taylor, D.W.(1948), Fundamentals of Soil Mechanics, John Wiley and Sons, New York.
10. Terzaghi and Peck(1967), Soil Mechanics and Engineering Practice, 2nd Ed., John Wiley and Sons, New York.

14 연약지반 개량

14 | 연약지반 개량

14.1 개 설

연약지반이란 도로제방이나 건축구조물 등의 상부구조물을 지지할 수 없는 상태의 지반으로서 연약점토, 느슨한 사질토, 유기질토 등이 있다. 연약점토의 경우는 지지력의 불충분으로 인하여 과다한 변형을 일으켜 사면이나 기초의 파괴를 발생시킬 수 있으며 고압축성으로 과다한 침하를 발생시키기도 한다.

연약한 사질토는 밀도가 낮은 느슨한 경우가 해당되는데 지진이나 기계기초 등에서 발생하는 반복되는 동적하중에 대하여 액상화나 부등침하를 일으킬 수 있다. 표 14.1에는 연약한 사질토와 점성토의 지반정수값을 정리하였다. 연약지반을 구조물의 규모와 하중 크기에 따라 구분하는 상대적인 개념도 있다. 즉, 개인용 주택과 같이 큰 하중을 필요로 하지 않는 경우에는 연약지반이 아니나 고층건물의 기초로는 강도가 약하여 지반개량이 필요한 경우도 있다.

표 14.1 연약지반의 기준

사질토		상대밀도(Dr)	$<35\%$
		N치	$<4\sim10$
점성토	연약	일축압축강도(q_u)	$<0.5\text{kg/cm}^2$
		비배수전단강도(c_u)	$<0.25\text{kg/cm}^2$
		N치	<4
	초연약	일축압축강도(q_u)	$<0.25\text{kg/cm}^2$
		N치	<2

건설부지로 연약지반을 만났을 때 설계자가 취할 수 있는 선택은 단계별로 다음과 같은 것이 있다.

(1) 연약지반이 아닌 다른 지역을 선택한다.

(2) 파일이나 피어기초를 적극적으로 활용한다.

(3) 연약지반이 소규모인 경우는 제거한다(치환공법).

(4) 연약지반을 개량한다.

　도심지에서는 깊은 기초를 선택하거나 다양한 연약지반개량공법을 활용하여 지반 특성을 개선시킨 후 구조물을 시공하는 적극적인 방법을 사용한다.

　지반개량을 통하여 개선되는 지반 특성은 다음과 같다.

(1) 흙의 전단강도와 흙의 전단변형계수를 증대시켜 지반파괴에 대한 저항성을 극대화한다.

(2) 점성토의 압축성을 줄여 침하량을 감소시키고, 팽창 및 수축 특성을 저하시켜 도로나 건물 기초로의 적용성을 향상시킨다.

(3) 댐의 심벽(core)이나 매립지의 점토라이너 등의 차수기능 향상에 기여한다.

(4) 지진이나 지반의 동적거동에 의한 느슨한 사질토의 지반에 밀도를 증가시켜 액상화를 방지하고 붕괴(collapse) 특성을 저감시킨다.

　연약지반을 개량하는 공법은 치환, 배수, 압밀, 고결화의 원리를 이용하는데(표 14.2) 본 장에서는 연약지반개량공법을 크게 점성토에 적합한 공법과 사질토에 적합한 공법으로 나누어 소개하였다.

표 14.2 연약지반개량공법의 종류 및 개량효과(건설교통부, 2000)

분류		개량목적						대상지반			효과		시공 시 지반의 교란
		침하		안정									
개량원리	공법명	침하촉진	침하저감	전단변형억제	강도증가촉진	활동저항부여	액상화방지	사질토	세립토	고유기질토	즉효성	지효성	
치환	굴착치환공법		◎			◎		○	○	◎			소
	강제치환공법		◎	○		◎			○	○		○	소
	압성토재하공법	◎			○				○	◎		○	소
배수	수직배수공법	◎			◎				○			○	중
	생석회파일공법	○	○	○	○	○			○				소
	웰포인트공법	◎			○				○				소
	진공압밀공법	◎		○	◎				○				소
압밀	샌드컴팩션공법	○	◎	△	◎	◎	◎	◎	○		○		대
	바이브로 플로테이션 공법		○	○			◎	○					대
	동압밀(동다짐)공법		○	○			◎	○	△		○		대
고결	심층혼합처리공법		◎		○	○	○		◎		○		
	천층혼합처리공법			◎	◎			◎	◎	○	○		대
	약액주입공법		○	○				○	△		○		소

*주 ◎ : 효과 매우 큼, ○ : 큼, △ : 보통 또는 적음

14.2 점성토의 지반개량공법

14.2.1 선행압밀공법

선행압밀(precompression 또는 preloading)공법은 그림 14.1에 보인 바와 같이 연약한 점성토 지반에 계획된 구조물을 설치하기 전 그 구조물의 하중과 같거나 더 큰 무게의 선행하중(preload)을 재하하여 침하를 발생시킨 후 선행하중을 제거하고 구조물을 설치하는 방법이다. 이 방법은 성토하중이나 구조물로 인하여 침하가 많이 일어나는 포화된 연약점토, 실트, 유기질 점토 등에서 실제 구조물 시공까지 충분한 시간이 있을 때 효과적이다. 선행압밀공법은 일반 토사나 최종 성토에 이용될 흙을 재하하는 것이 일반적이나 흙재료 확보가 어렵거나 다단계성토가 불가피한 경우에는 탱크에 물을 담아 재하하거나 지하수위를 낮추는 방법, 진공압밀공법 등을 사용하기도 한다. 진공압밀공법 (vacuum consolidation)이란 연약지반 상부와 주변으로 불투수 멤브레인을 설치하고 하부에 진공압을 가하여 압밀을 촉진시키는 방법이다.

연약지반의 압밀촉진을 위한 설계를 하려면 검토하여야 하는 두 가지 요소가 있다. 첫째 영구하중(permanent load)하에서 예상되는 침하량이 구조물별 허용침하량을 초과할 것인지의 여부와 둘째 여성토하중(surcharge load)의 재하시기를 연약지반 설계기간 내에 완성할 수 있도록 여성토 하중의 크기를 조정하는 것이다. 여성토하중의 크기를 크게 하면 좋을 것이나 연약지반의 지지력을 초과할 정도로 커지는 경우 지반파괴가 발생할 수 있어 하중의 크기와 재하시기를 적절하게 조절할 필요가 있다.

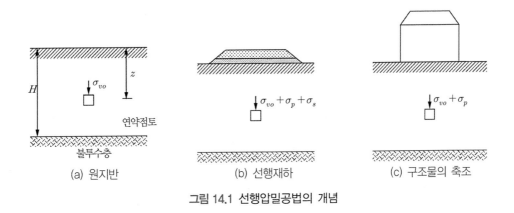

(a) 원지반　　　　　(b) 선행재하　　　　　(c) 구조물의 축조

그림 14.1 선행압밀공법의 개념

그림 14.2에는 여성토하중과 시공하려고 하는 도로제방이나 건축구조물 등의 영구하중의 재하기

간과 침하량과의 관계를 도시한 것이다. 그림에서 나타나는 영구하중(σ_p)에 대한 침하량(S_p), 여성토하중(σ_s)과의 합($\sigma_p + \sigma_s$)에 대한 침하량 S_{p+s}의 식은 다음과 같다.

$$S_p = \frac{C_c}{(1+e_o)} H \, \log\left(\frac{\sigma_{vo}{}' + \sigma_p}{\sigma_{vo}{}'}\right) \tag{14.1}$$

$$S_{p+s} = \frac{C_c}{(1+e_o)} H \, \log\left(\frac{\sigma_{vo}{}' + \sigma_p + \sigma_s}{\sigma_{vo}{}'}\right) \tag{14.2}$$

여기서 $\sigma_o{}'$는 그림 14.1a의 원지반상태에서의 유효수직응력이다. 그림에서 보면 여성토를 영구하중에 추가하였을 때의 침하량 S_{p+s}가 영구하중에 대한 침하량 S_p보다 크며 S_{p+s}가 S_p에 동일한 양으로 침하하는 시기 t_1은 t_2로 앞당겨지는 것을 알 수 있다.

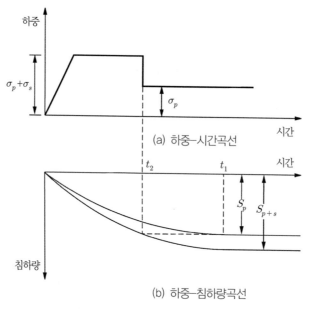

(a) 하중–시간곡선

(b) 하중–침하량곡선

그림 14.2 여성토하중과 영구하중의 관계

$\sigma_p + \sigma_s$를 σ_p에 의한 최종 침하량이 일어나는 시간 t_2까지를 재하하고 난 다음 σ_s를 제거했다고 한다면 이때 점토층의 평균압밀도는 다음 식과 같다(식 7.24 참조).

$$\overline{U}_{sr} = \frac{S_p}{S_{p+s}} \tag{14.3}$$

여기서 $\overline{U}_{sr}$: 여성토를 제거하는 시기의 평균압밀도, S_p : 영구하중에 의해 발생하는 침하량, S_{p+s} : 영구하중과 여성토의 합에 의해 발생하는 침하량이다.

압밀이 진행되면서 양면배수의 경우 여성토를 제거할 수 있는 평균압밀도에 이른다고 해도 중앙부분에서의 압밀은 평균압밀도에 미달하므로 식 14.3을 적용하면 허용잔류침하(11.9절 참조)보다 큰 침하가 발생할 수 있다. 그림 14.3에 이러한 상황을 도시하였다. 그림 14.3a에는 영구하중에 여성토가 추가되었을 때의 초기지중간극수압분포를 나타내었다. 지하수층을 지표와 동일하다고 보았을 때 삼각형의 분포를 보이며 여기에 영구하중과 여성토하중에 의한 과잉간극수압, u_p, u_s를 더할 수 있다. 그림 14.3b에는 평균압밀도 $\overline{U}_{sr}$에 의하여 하중을 제거할 때의 간극수압의 분포를 나타내었는데 점토층 중앙부에서 평균압밀도분포보다 빗금부분만큼의 과잉간극수압이 제거되지 않고 있음을 알 수 있다. 이를 제거하기 위하여 실제 하중의 제거 시기는 점토층 중앙부의 과잉간극수압이 평균압밀도 $\overline{U}_{sr}$에 도달하는 시기(t_3)를 선택해야 한다. 이를 위해서는 식 14.4를 이용하여 압밀도를 구한 후 그림 7.5에서 $z/H = 1$이 되는 부분(압밀도가 최소인 부분)의 해당 압밀도에 대한 시간계수 T를 구하여 식 14.5로 여성토 σ_s의 제거시기(t_{sr})를 결정한다.

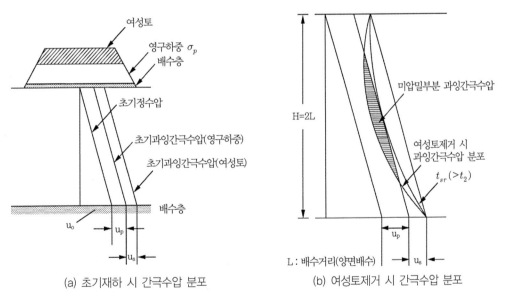

(a) 초기재하 시 간극수압 분포　　　　(b) 여성토제거 시 간극수압 분포

그림 14.3 여성토 제거시기의 선택(t_2 : 평균압밀도 제거 시, t_{sr} : 점토압밀층 중앙부 압밀도 적용 시($t_{sr} > t_2$))

$$U_{p+s} = \frac{\log\left(\dfrac{\sigma_{vo}{}' + \sigma_p}{\sigma_{vo}{}'}\right)}{\log\left(\dfrac{\sigma'_{vo} + \sigma_p + \sigma_s}{\sigma'_{vo}}\right)} = \frac{\log\left(1 + \dfrac{\sigma_p}{\sigma_{vo}{}'}\right)}{\log\left(1 + \dfrac{\sigma_p}{\sigma_{vo}{}'}\left(1 + \dfrac{\sigma_s}{\sigma_p}\right)\right)} \tag{14.4}$$

$$t_{sr} = \frac{TH^2}{c_v} \tag{14.5}$$

여기서 U_{p+s} : 점토층 중앙부에서의 선행하중 제거 시의 압밀도, $\sigma_{vo}{}'$: 원지반 점토층 중앙부 응력, σ_p : 영구하중, σ_s : 여성토하중, T : U_{p+s}에 해당하는 시간계수, t_{sr} : 선행하중 제거시기 이다.

예제 14.1

투수층 위에 놓인 5m 두께의 연약한 점토층을 개량하기 위하여 단위중량이 17kN/m^3인 모래로 3m 높이의 프리로딩을 하려고 한다. 이 점토지반 위에 놓이는 성토하중은 34kN/m^2이며 연약점토의 단위중량, 간극비, 압축지수와 압밀계수는 각각 $\gamma_{sat} = 16\text{kN/m}^3$, $e_o = 1.2$, $C_c = 0.8$, $c_v = 2 \times 10^{-2} \text{m}^2/\text{day}$ 이고 지하수위는 점토지반의 지표면 위에 있다. 각 프리로딩을 제거하는 시기를 다음을 기준하여 결정하여라.

(1) 평균압밀도
(2) 점토층 중간에서의 압밀도

풀 이

1) 식 14.1에 의하여 영구하중에 대한 침하량을 계산하면

$$S_f = \frac{0.8}{1 + 1.2} \times 500 \times \log\left(\frac{2.5 \times 6 + 34}{2.5 \times 6}\right)$$
$$= 181.8 \times 0.514 = 93.5\,\text{cm}$$

식 14.2에 의하여 영구하중과 여성토에 대한 침하량을 계산하면

$$S_f + s = \frac{0.8}{1 + 1.2} \times 500 \times \log\left(\frac{2.5 \times 6 + 3 \times 17}{2.5 \times 6}\right)$$
$$= 181.8 \times 0.643 = 116.98\,\text{cm}$$

식 14.3에 의하여 프리로딩 제거시기의 압밀도는

$$\overline{U} = \frac{93.5}{116.98} = 0.8$$

그림 7.7의 곡선에서 $\overline{U} = 0.8$에 대한 시간계수 $T = 0.57$이고 이를 식 14.5에 대입한다.

$$t_{sR} = \frac{2.5^2 \times 0.57}{2 \times 10^{-2}} = 178\,\text{day}$$

2) 압밀점토층 중앙에서의 압밀도를 계산한다(식 14.4 이용). (점토층이 투수층 위에 놓여 양면배수임)

$$\sigma_p = 34\,\text{kN/m}^2;\ \ \sigma_p + \sigma_s = 17 \times 3 = 51\,\text{kN/m}^2;\ \ \sigma_p/\sigma_{vo}{'} = 34/(2.5 \times 6) = 2.27$$

$\sigma_s/\sigma_p = 17/34 = 0.5$를 식 14.4에 대입하면

$$U_{p+s} = \frac{\log(1+2.27)}{\log(1+2.27(1+0.5))} = \frac{0.51}{0.64} = 0.80$$

그림 7.5에서 중앙부($z/H=1$) 압밀도 0.8에 대한 시간계수는 $T = 0.76$,

이를 식 14.5에 대입하면

$$t_{sR} = \frac{2.5^2 \times 0.76}{2 \times 10^{-2}} = 237.5\,\text{day}$$이다.

14.2.2 압밀침하촉진공법

1) 수직드레인공법

7장의 식 7.18에 의하면 압밀층 두께의 제곱에 압밀소요시간이 비례하는 것을 보여준다.

$$T = \frac{C_v t}{H^2} \tag{7.18}$$

자연점토층은 상부에 성토하중이 작용할 경우 배수는 상하부(양면배수) 또는 상부(일면배수)로 이루어지게 되므로 연약점토층의 두께가 두꺼워 배수거리가 길어질수록 압밀에 오랜 시간이 소요됨을 알 수 있다.

수직드레인공법(vertical drain method)은 이렇게 배수거리가 긴 점성토지반에 투수성이 큰 재료를 수직으로 삽입하고 점토지반 상부에는 수평배수층을 포설하여 수평배수거리를 단축시킴으로써 압밀을 촉진시키는 공법이다(그림 14.4 참조). 그림에 보인 바와 같이 수직배수층을 설치한 경우

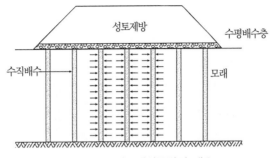

그림 14.4 수직드레인공법의 개요도

간극수는 수평으로 수직드레인층을 향하여 이동하고 이는 드레인층을 통하여 신속하게 외부로 배출되게 된다.

투수성이 큰 드레인 재료로는 모래를 사용하는 샌드드레인(sand drain)이나 종이나 플라스틱 재료를 사용하는 플라스틱드레인(plastic board drain, PBD)공법을 많이 사용한다.

샌드드레인공법은 점성토지반에 직경 20~50cm의 모래말뚝을 1~2m 간격으로 정삼각형 또는 정사각형의 배치를 하여 타설한다(그림 14.5). 그림에서 d는 모래말뚝의 중심 간 간격(타설간격), d_e는 모래말뚝의 유효경(effective diameter)이다. 사용하는 모래는 투수성이 좋은 조립질의 모래나 자갈이 선호된다. 배수재 유효경 d_e와 타설간격 d의 관계는 배치방법에 따라 다음과 같이 구할 수 있다.

$$사각형\ 배치 : \frac{\pi \cdot d_e^2}{4} = d^2 \rightarrow d_e \fallingdotseq 1.128d \tag{14.6a}$$

$$삼각형\ 배치 : \frac{\pi \cdot d_e^2}{4} = \frac{\sqrt{3}}{2} \cdot d^2 \rightarrow d_e \fallingdotseq 1.050d \tag{14.6b}$$

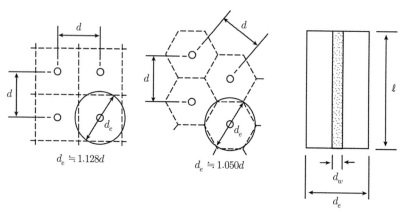

그림 14.5 드레인의 배치 및 단면

샌드드레인공법 사용 시 압밀소요시간을 계산하기 위한 기본 방정식은 과잉간극수압이 수직방향과 수평방향으로 동시에 소산되는 것을 모사할 수 있는 극좌표 3차원 압밀방정식 14.7을 사용한다. 이 식은 Terzaghi 1차원 압밀방정식에 기초를 둔 것으로서 Barron(1948)이 수직배수와 수평배수를 고려하여 점토의 투수계수 및 체적압축계수는 압밀 중에 변하지 않는다는 가정하에 제안한 식이다.

$$\frac{\partial u}{\partial t} = C_h \left(\frac{\partial^2 u}{\partial r^2} + \frac{1}{r} \frac{\partial u}{\partial r} \right) + C_v \frac{\partial^2 u}{\partial z^2} \tag{14.7a}$$

여기서 u : 과잉간극수압, r : 반경, z : 깊이이다.

$$C_v \text{는 수직방향 압밀계수} \left(= \frac{H^2 T_v}{t} \right) \tag{14.7b}$$

$$C_h \text{는 방사선방향의 압밀계수} \left(= \frac{d_e^2 T_r}{t} \right) \tag{14.7c}$$

T_v, T_r는 수직 및 방사선방향의 시간계수, d_e는 모래말뚝의 유효직경(effective diameter)이다. 대체로 C_h는 C_v보다 큰 값을 나타내는데 이는 지층의 수평투수계수와 수직투수계수의 관계와 유사하다.

일반적으로 수직배수재의 설치간격(d)이 수직방향으로 배수되는 거리에 비하여 상당히 작기 때문에 방사형으로 발생하는 배수가 지배적인 거동을 보인다고 할 수 있으므로 방사선방향의 흐름만을 고려한 압밀방정식과 그 해는 다음과 같다(Barron, 1948).

$$\frac{\partial u}{\partial t} = C_h \cdot \left(\frac{\partial^2 u}{\partial r^2} + \frac{1}{r} \cdot \frac{\partial^2 u}{\partial u^2} \right) \tag{14.8a}$$

$$U_r(T_h) = \frac{S(T_h)}{S_f} = 1 - \exp\left(\frac{-8 \cdot T_h}{F(n)} \right) \tag{14.8b}$$

$$F(n) = \frac{n^2}{n^2 - 1} \cdot \ln(n) - \frac{3n^2 - 1}{4n^2} \tag{14.8c}$$

여기서 $T_h \left(= \frac{C_h t}{d_e^2} \right)$: 수평방향 시간계수, C_h : 수평방향 압밀계수, $n = \frac{d_e}{d_w}$ 이며 d_e : 배수재 유효경, d_w : 배수재 등가환산직경(equivalent drain diameter)이다.

방사선방향의 압밀에 대한 해를 압밀도와 시간계수의 관계로 그림 14.6과 같이 나타내었다. 그림에 의하면 방사선방향의 평균압밀도(U_r)와 시간계수(T_r)의 관계는 $n \left(= \frac{d_e}{d_w} \right)$(여기서 d_w는 모래말뚝의 직경)에 따라 변화한다.

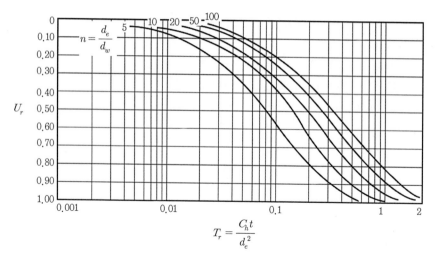

그림 14.6 방사선방향의 압밀도와 시간계수의 관계(Barron, 1948)

그림 14.6에서 U_r을 결정하고 수직방향의 평균압밀도(U_v)를 7.3.4절의 방법에 의하여 결정하면 두 방향의 압밀을 합한 평균압밀도는 식 14.9를 이용하여 구한다.

$$U = 1 - (1 - U_r)(1 - U_v) = U_v + U_r - U_v U_r \tag{14.9}$$

샌드드레인의 시공은 Boring, Water Jetting, Augering 등으로 보통 1~2m 간격으로 20~50cm 직경의 수직구멍을 뚫고 그 구멍에 모래를 채워 만든다. 최근에는 직경 6.5~15cm의 플라스틱 섬유로 만든 그물망에 모래를 채워 재료의 손실을 방지하고 연속성도 확보할 수 있는 Pack drain 공법도 사용되고 있다. 또한 0.6~1.0m의 대구경으로 조성한 Sand Compaction Pile(SCP), 자갈을 재료로 하여 기둥을 조성하는 Gravel Compaction Pile(GCP)도 사용되고 있다. SCP와 GCP의 경우는 연약 점토층에 큰 지름의 모래나 자갈기둥을 형성하여 샌드드레인과 같은 배수재로의 역할뿐 아니라 지반보강재의 역할도 기대할 수 있다.

예제 14.2

도로제방을 건설하기 위해 시공 전 압밀침하를 촉진하도록 샌드드레인공법을 계획하였다. 샌드드레인의 직경은 30cm, 타설간격은 2.0m로 삼각형으로 배치하도록 설계하였다. 두께 5m의 점토층 표면에는 성토하중을 가하기 전 30cm 두께의 모래층을 두었다. 점토의 수평압밀계수는 실내시험 결과 $c_h = 0.08\text{m}^2/\text{day}$이었다. 수평방향으로 90% 압밀에 소요되는 시간을 계산하여라.

Barron이 제안한 방사선방향의 압밀도와 시간계수를 이용한다.

$$n = \frac{d_e}{d_w} = \frac{1.05 \times 2.0}{0.3} = 7$$

그림 14.6으로부터 $\overline{U_r} = 90\%$, $n = 7$에 대한 $T_r = 0.38$이다.

삼각형배치이므로 $d_e \fallingdotseq 1.050d$(식 14.6b)를 식 14.7c에 대입하여 90% 압밀에 걸리는 시간을 계산하면

$$t = \frac{d_e^2\, T_r}{c_h} = \frac{(1.05 \times 2)^2 \times 0.38}{0.08} = 21\,\text{day}$$이다.

2) 플라스틱드레인공법

모래말뚝(sand pile)의 직경이 너무 작으면 모래말뚝에 점토가 채워져 박히기도 하고, 모래말뚝의 중간이 전단파괴될 우려가 있다. 최근에는 이러한 배수재의 끊김을 방지하고 국내 모래의 품귀현상을 해소하기 위한 샌드드레인을 대체할 수 있는 플라스틱드레인(plastic board drain, PBD)의 사용이 보편화되어 있다(그림 14.7).

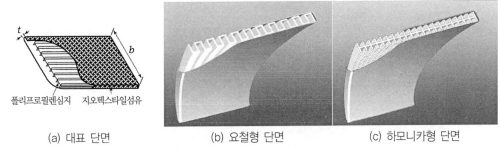

폴리프로필렌심지   지오텍스타일섬유

(a) 대표 단면   (b) 요철형 단면   (c) 하모니카형 단면

그림 14.7 PBD의 대표단면과 심지형태

이 공법은 처음 투수성이 큰 종이를 이용하여 샌드드레인과 같은 형태로 압밀을 촉진시키는 페이퍼드레인(paper drain)이란 공법으로 Kjellman이 1948년 도입하였으나 이후 각종 화학섬유의 발달에 따라 단단한 화학섬유 심지(core)에 유연한 부직포(non-woven) 화학섬유 필터를 두른 포켓형 드레인(그림 14.7a)이 생산된 후 플라스틱드레인으로 불리게 되었다. 그림 14.7b, 14.7c에는 플라스틱드레인의 화학섬유 심지의 다양한 형태를 보였다. 일반적으로 PBD는 폭(b)이 10cm, 두께(t)가 4~5mm인 띠모양으로 되어 있으며 필터를 통과하여 들어온 간극수가 필터와 심지의 채널을 통하여 외부로 배수된다.

PBD의 단면은 밴드형태이나 이를 그대로 적용하는 경우 치수와 형상에 따라 분석이 복잡해지기 때문에 이를 단순화하고자 등가환산직경, d_w를 이용한다. 등가환산직경은 PBD의 둘레길이와 등가 원형의 둘레가 같다는 기하학적 원리를 이용하여 다음과 같이 나타낼 수 있다.

$$d_w = \frac{2 \cdot (b+t)}{\pi} \tag{14.10}$$

여기서 b : PBD의 폭, t : PBD의 두께이다. PBD의 타설은 원형, 다이아몬드형, 직사각형 등 다양한 형태로 제작된 맨드렐(mandrel)을 이용하여 무한궤도형 타설기로 포설된다. 그림 14.8에는 모래나 자갈을 포설하는 샌드드레인용과 PBD용 타설기와 PBD 타설 시 사용되는 다이아몬드형 맨드렐의 단면의 예를 소개하였다.

(a) 샌드드레인용

(b) PBD용

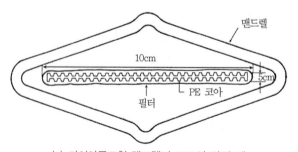
(c) 다이아몬드형 맨드렐과 PBD의 단면 예

그림 14.8 수직드레인의 타설장비의 예

최근에 플라스틱드레인은 타설하여 압밀촉진 목표를 달성한 후에도 지중에 오랫동안 남아 환경 문제를 일으킨다는 문제점을 제기하며 삼베와 마를 이용한 천연배수재(Natural Fiber Drain, NFD)를 타설하는 경우도 나타나고 있다. 일반적으로 드레인재의 배수기능 소요유지기간은 1년 이내인데 천연배수재의 경우는 타설 후 2~3년 내에 부패되어 없어지므로 환경친화적이다.

3) 지반교란에 따른 압밀 특성

수직배수공법으로 지반개량 시 배수재를 지반 내에 타설하기 위하여 표층에서 전달되는 타설장비의 영향과 맨드렐 관입·인발로 인해 주변지반에 상당한 교란영역(smear zone)이 발생한다. 맨드렐 관입 시 주위지반은 맨드렐 단면적만큼 방사형으로 위치이동되면서 소성변형이 발생하고, 맨드렐과 배수재 사이에 빈 공간이 생겨 흙이 다시 섞이는 과정에서 재차 교란이 발생한다. 이러한 요인으로 인하여 맨드렐에 인접한 지반의 투수계수는 원지반상태의 투수계수보다 현저히 저하되어 압밀속도에 영향을 미치게 되는데 드레인 시공을 위한 맨드렐(mandrel) 삽입 중 주변지반 교란효과로 점토의 압밀계수가 줄어드는 효과를 스미어효과(smear effect)라고 한다.

스미어존은 맨드렐의 단면적만큼 주변 흙이 밀려나가 교란에 영향을 미친다는 개념으로 이를 추정하는 경험식들이 제안되어 있다. Bergado(1991)는 방콕점토에 대하여 실내 및 현장시험을 실시하고 스미어존의 범위가 맨드렐 직경의 2배가 되고 맨드렐이 큰 경우 스미어 영향이 크게 된다고 보고하였다.

PBD의 타설심도 증가와 실트질지반과 같이 투수성이 큰 연약지반을 개량하는 경우에 PBD재의 배수성능이 매우 중요한 요인으로 작용할 수 있다. 점토층이 매우 깊게 매설되어진 경우 단위시간당 배수재로 유입되는 간극수 변화량이 수직배수재의 통수능력보다 커져 수직방향으로 압밀간극수의 배출이 지체되어 침하가 예정보다 지체되는 현상을 배수저항(well resistance)효과라고 한다.

4) 점토교란을 고려한 압밀 특성 분석

Barron은 스미어효과를 고려할 수 있는 해를 식 14.8에 대하여 평균압밀도의 간격요소 $F(n)$을 다음과 같이 조절하여 제시하였다.

$$F(n) = \frac{n^2}{n^2-1} \cdot \ln\left(\frac{n}{s}\right) - \frac{3n^2-1}{4n^2} + \frac{k_h}{k_s} \cdot \frac{n^2-s^2}{n^2}\ln(s) \tag{14.11}$$

여기서 $s = \dfrac{d_s}{d_w}$, d_s : 교란영역(smear zone)의 직경, k_s : 교란영역(smear zone)에서의 투수계수, k_h : 수평방향의 투수계수를 나타낸다.

Hansbo(1987)는 스미어존 내 투수계수를 불교란 조건의 수직방향 투수계수와 같은 값을 사용할 것을 제시하였으며, Bergado(1991)도 압밀모형실험의 역해석 결과 스미어존의 투수계수가 불교란 조건의 수직방향 투수계수와 거의 같은 값을 갖는 결과를 얻은 바 있다.

Hansbo(1982)는 스미어효과와 웰리지스탄스효과를 모두 고려할 수 있는 해를 Barron의 해(식 14.8)에 적용하도록 다음과 같이 임의의 깊이 z에서 $F(n)$을 수정·제시하였다.

$$
\begin{aligned}
F(n,\, s) = &\frac{n^2}{n^2-1}\left(\ln\frac{n}{s} + \frac{k_h}{k_s}\cdot\ln\left(s\right) - \frac{3}{4}\right) + \frac{s^2}{n^2-1}\left(1 - \frac{s^2}{4n^2}\right) \\
&+ \frac{k_h}{k_s}\cdot\frac{1}{n^2-1}\left(\frac{s^4-1}{4}n^2 - s^2 - 1\right) + \pi\cdot z\left(2l-z\right)\frac{k_h}{q_w}\left(1 - \frac{1}{n^2}\right)
\end{aligned}
\tag{14.12}
$$

여기서 $q_w = \pi\cdot r^2\cdot k_w$: 배수재의 통수능, k_w : 수직배수재의 수직방향 투수계수, l : 수직 배수재의 길이(양면배수일 경우는 길이의 1/2), z : 임의지점의 수직배수재의 배수거리이다.

14.2.3 하중경감공법

하중경감공법으로 연속 Culvert Box공법, 파이프매설공법, EPS 성토공법 등이 있다.

1) 칼바트공법

교대배면의 성토하중을 저감하여, 교대에 생기는 측방유동을 적게 하고 설치부의 침하도 적게 하려고 하는 공법이 취해진다. 이 공법을 이용하는 경우 특히 종단방향의 부등침하가 문제가 되는 경우가 있으므로 지반상황 등을 충분히 조사한 후 적용할 필요가 있다. 또, 같은 방법으로써 그림 14.9와 같이 칼바트를 이용하는 것이 아니라 성토 배면의 뒤채움재에 경량 성토재료를 사용하는 일도 있다.

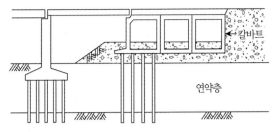

그림 14.9 연속 칼바트박스의 예

2) EPS 성토공법

EPS(Expanded Poly-Styrene) 성토공법은 석유정제과정에서 발생되는 화학물질을 스티로폼과 같이 0.6×0.9×1.8m(0.972m³)일정한 크기로 제작한 경량건설재료를 말한다. 이 공법의 개발은 1972년 노르웨이도로연구소(NRRL)의 Frydenlund를 비롯한 연구진이 겨울철 도로의 동결방지목 적으로 포장면 아래에 스티로폼을 깔아 동결방지와 침하 억제의 효과를 얻어 EPS 성토공법이 탄생 되었다. 이후 일본에서는 1985년 본격적으로 EPS 공법을 연구하였다. 우리나라에서는 1993년 한국 도로공사 도로연구소에서 서해안고속도로에 시험시공을 실시하였고, 이후 남해고속도로의 확장공 사에 본격적인 EPS 공법의 시공이 이루어졌다(그림 14.10 참조).

그림 14.10 교량교대 뒤채움 EPS 블록시공(진정천교)

EPS 성토공법은 대형 EPS 블록을 성토재료 및 뒤채움재료로 이용하는 공법으로 도로, 철도, 공 원조성 등의 각종 토목공사에 적용되며, 초경량성, 자립성, 내수성, 내압축성, 시공성 및 경제성의 특징이 있다.

- 초경량성 : 흙의 약 1/100 정도 밀도로 연약지반상의 침하문제를 해결할 수 있다.
- 자립성 : 자립성이 있어 수직의 자립 벽체를 형성할 수 있다.
- 내수성 : 발수성 재료로 흡수에 따른 재료의 특성변화가 없다.
- 내압축성 : 탄성범위 내의 허용압축강도가 3~14tf/m²로 성토재료의 적용이 가능하다.
- 시공성 : EPS블록 축조 시 대형 건설기계가 필요하지 않으며 인력으로도 시공 가능하다.
- 경제성 : 지반개량공법이 불필요하고 유지관리비가 적게 들어 경제적이다.

EPS 블록의 일축압축시험 결과를 보면 약 1% 압축 변형률까지는 탄성거동을 보이며, 그 이상의 변형률에서는 소성거동을 보임을 알 수 있다. 또한 EPS 블록의 밀도에 관계없이 1% 변형에서의 압축강도가 5% 변형 시의 압축강도의 1/2 정도로 나타나며, 탄성한계변형률(1% 변형률)에서의 EPS의 압축강도는 밀도 증가에 선형적으로 증가하고 있다(그림 14.11과 표 14.3 참조).

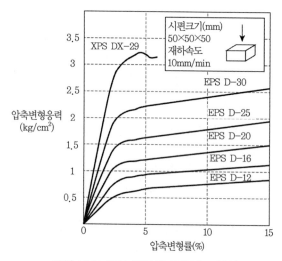

그림 14.11 EPS 블록의 압축강도 특성

표 14.3 EPS 블록의 허용 압축응력

항목	단위	제조방법					비고
		형내발포법				압출법	
종류		토목용 1호 (D-30)	토목용 1호 (D-25)	토목용 1호 (D-20)	D-16	DX-29	
밀도	kg/m³	30	25	20	16	29	
허용압축응력	t/m²	9.0	7.0	5.0	3.5	14.0	압축탄성한계
품질관리응력	t/m²	18.0 이상	14.0 이상	10.0 이상	7.0 이상	28.0 이상	5%변형률기준

EPS 블록의 안정성 검토는 다음의 순서에 따라 진행한다.

(1) 치환 성토 두께의 산정

치환 성토 두께(EPS 블록 성토 두께)는 다음과 같이 산정한다(그림 14.12 참조).

$$D = \frac{(W_L + \gamma_{t1} \cdot h_1 + \gamma_{t2} \cdot h_2)}{(\gamma_t - \gamma_{t2})}$$

(14.13)

여기서 γ_{t1} : 포장, 노반의 단위체적중량, h_1 : 포장, 노반의 두께, h_2 : 원지반에서 쌓아올린 EPS 블록의 두께(높이), γ_{t2} : EPS 블록의 단위체적중량, D : 굴착깊이, W_L : 교통 상당 하중, γ_t : 원지반의 단위체적이다.

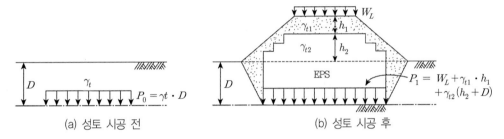

그림 14.12 EPS 블록 치환 두께

(2) 부력 검토

부력에 대한 검토 시 수위는 최대 홍수위로 한다. 부상(浮上)에 대한 안전율은 다음 식으로 계산하며, EPS 블록 자중은 계산 상 무시하여 안전측으로 한다(그림 14.13 참조).

$$F_s = \frac{P}{U}$$
$$P = \Sigma \gamma_{ti} \cdot H_i$$
$$U = \gamma_w \cdot H_{EPS}$$

(14.14)

여기서 H_{EPS} : 지하수위 이하의 EPS 블록층 두께, γ_w : 물의 단위체적중량, γ_{ti} : 지하수위 위의 각 층의 단위체적중량, H_i : 각 층의 두께이다.

설계 안전율 $Fs = 1.3$ 이상을 표준으로 한다.

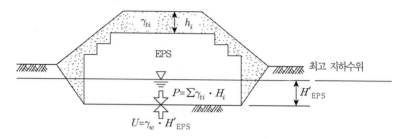

그림 14.13 부력에 대한 안전성

(3) EPS 블록 부재의 응력도

EPS 블록 부재에 작용하는 응력은 포장하중(사하중)과 교통하중(활하중)으로 구분된다. 포장하중은 각 재료의 단위체적중량에 높이를 곱한 값(σ_{z1})으로 하며, 교통하중은 상재하중이 EPS 블록 등에 미치는 전달응력(σ_{z2})으로 다음 식을 이용하여 구한다(그림 14.14 참조).

$$\sigma_{z1} = \sum \gamma_{ti} \cdot H_i \tag{14.15}$$

$$\sigma_{z2} = \frac{P(1+i)}{(B+2z\tan\theta)(L+2z\tan\theta)} \tag{14.16}$$

여기서 σ_{z2} : EPS 블록 윗면에서의 응력도(tf/m^2), P : 차륜 하중(DB-24하중의 경우, $P = 9.6t$), i : 충격계수($i = 0.3$), z : 포장두께, B, L : 차륜 하중의 재하 폭, 길이($B = 20$cm, $L = 50$cm), θ : 분산각(콘크리트 판을 사용할 경우는 개략적으로 $\theta = 45°$, 콘크리트 판을 사용하지 않는 경우는 개략적으로 $\theta = 30°$)이다.

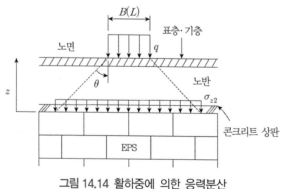

그림 14.14 활하중에 의한 응력분산

따라서 EPS 블록 상부하중 = 포장하중(σ_{z1}) + 교통하중(σ_{z2}) < EPS 블록의 허용응력 범위에 들도록 설계하여야 한다.

(4) 침하량 검토

EPS 블록 성토에 있어 연약 지반인 경우의 침하량 계산은 압밀 침하량을 검토하며, 성토 중앙부의 침하량은 Terzaghi의 일차압밀방정식을 이용하여 계산한다. 또한 요즘은 수치해석 프로그램들이 잘 개발되어 있으므로 검증된 수치해석 프로그램을 이용하여 압밀침하량을 검토할 수 있다.

(5) 전체 안정의 검토

기초 지반을 포함하는 성토체 전체의 안정 검토는 원호활동으로 한다. 이때 EPS 블록성토부는 하중으로서 평가하는 것을 원칙으로 한다. 원호활동의 안전율은 $Fs = 1.3$ 이상을 표준으로 하고 있으며, 이는 단지 활동에 대한 안정성만을 나타낸 것이다.

(6) 지반의 지지력 검토

EPS 성토공법은 원지반에 하중 증가를 최소한 억제하여, 연약지반의 낮은 지지력을 보강하지 않고, 원상태의 지지력으로 상재하중을 부담케 하는 공법이다. 일반적으로 점토질 지반의 경우 극한 지지력은 Terzaghi 등의 식으로부터 구하며, 이를 토대로 지반의 지지력은 성토체의 안전율을 고려한 허용지지력으로 설계한다.

14.2.4 교대측방이동

연약지반에 성토하중이 작용하면 하부지반은 초기에 탄성거동에 의한 침하가 발생하고 간극수압이 소산되기 전에 계속해서 단계하중을 증가시키면 과잉간극수압의 급증으로 강도가 저하되어 소성영역이 확대되고, 이에 따라 점차 소성평형 상태로 변하면서 측방유동압이 발생하게 된다. 이러한 측방유동압이 발생하면 지표면의 융기가 발생되어 극한상태에서는 제체의 활동파괴를 유발시켜 파괴에 이르기도 한다. 이와 같이 연약지반이 성토하중 등의 편재하중에 의해 지반이 수평방향으로 변형하는 현상을 측방유동(lateral flow)이라 하고 이와 같은 측방유동으로 인해 시공 중 또는 시공 후에 구조물이 움직이는 현상을 측방이동(lateral movement)이라 한다. 이러한 현상은 1969년 Peck에 의해 처음으로 거론되었으며, 1973년 모스크바에서 개최된 국제토질기초회의에서 Tschebotarioff가 점성토지반상의 수평방향의 토압에 의한 말뚝의 거동을 발표함으로써 본격화되었다.

말뚝에 작용하는 측방토압의 형태는 그림 14.15와 같이 구형, 삼각형 그리고 사다리꼴 형태로 작용한다고 본다.

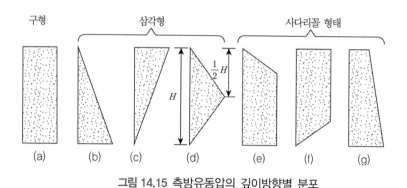

그림 14.15 측방유동압의 깊이방향별 분포

Tschebotarioff는 연약지반상의 말뚝이 받은 측방토압을 다음과 같이 설명하였으며, 최대측방유동압의 크기를 식 14.17과 같이 나타냈다.

$$P_{\max} = K_0 \cdot \gamma \cdot H \tag{14.17}$$

여기서 $P_{\max}$: 최대측방유동압, K_0 : 정지토압계수, γ : 원지반의 단위체적중량, H : 연약지반의 깊이이다.

이 식은 간편성 때문에 설계에 자주 이용되고 있으나 여기서 K_0(정지토압계수)의 작용에 대해 신중해야 한다. 일본 건설성 토목연구소의 삼목(三木) 등에 의한 실내시험 결과를 보면, 측방유동압의 크기는 급속재하를 실시한 경우 성토하중의 0.7~0.8배, 압밀촉진공법에 의한 경우 성토하중의 0.3~0.4배 정도 되는 것으로 나타난다.

연약지반상에 축조되는 교대의 측방이동에 영향을 미치는 인자는 교대배면의 성토고, 연약지반의 전단강도, 연약지반의 심도, 교대형식, 기초의 형식 및 강성 등으로 알려져 있다. 측방유동의 판정 시 주로 이용되는 방법은 사면안정 해석결과를 이용하여 변형량과 비교를 통하여 간접적으로 추정하는 방법, 성토고 및 지지층이 되는 연약지반의 비배수 전단강도에 의한 안정수 개념, 계측에 의한 변위의 경향에 의한 판정방법으로 나눌 수 있다.

① 사면안정 해석결과 이용한 간접 추정방법

일본수도고속도로공단에서 제안한 원호활동에 대한 저항비와 압밀침하량에 의한 판정법으로 교대와 말뚝기초가 없는 것으로 가정하여 연약지반 중간을 통과하는 최소안전율에 의해 다음과 같은 기준을 제안하였다.

$Fs \geq 1.6$ 및 $s \leq 10cm$: 측방유동에 대한 가능성 없음

$1.2 \leq Fs \leq 1.6$ 및 $10cm \leq s \leq 50cm$: 측방유동 가능성 있음, 대책공법 요망

$Fs < 1.2$ 및 $s > 50cm$: 측방유동에 가능성이 큼, 대책공법 필요

여기서 Fs : 원호활동 저항비, s : 압밀침하량이다.

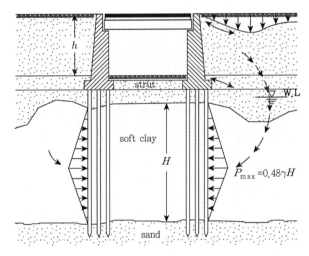

그림 14.16 측방유동압의 분포(Tchebotarioff)

② 교대측방이동 판정지수(I_L)

일본건설성 토목연구소 기초연구실에서는 성토안정계수를 여러 가지 계수로 보정한 새로운 측방이동 판정지수에 의한 판정기준을 제안하였다. 즉, 안정계수 $(c/\gamma)H$를 측방이동에 주로 영향을 준다고 생각되는 3개의 요인으로 보정한 다음의 I_L값을 측방이동 판정지수로 하였다.

$$I_L = \mu_1 \times \mu_2 \times \mu_3 \times \frac{\gamma \cdot H}{c} \tag{14.18}$$

$I_L \geq 1.5$: 움직임 있음, $I_L < 1.5$: 움직임 없음

여기서 I_L : 측방이동 판정지수, $\mu_1 = \dfrac{D}{L}$: 연약층비에 관계되는 보정계수, $\mu_2 = \dfrac{\sum b}{B}$: 기초체

저항에 관계되는 보정계수($\sum b$: 교축방향 말뚝직경의 합), $\mu_3 = \dfrac{D}{A}$: 연약층 두께 및 교대길이에

관계되는 보정계수, $\dfrac{\gamma \cdot H}{c}$: 성토안정계수, c : 평균 비배수전단강도이다(그림 14.17 참조).

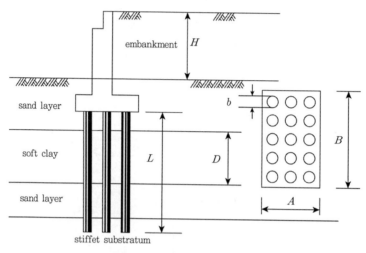

그림 14.17 측방이동지수의 개요

③ 측방유동지수(F)

일본도로공단은 연약지반상의 교대의 이동에 관한 교량교대의 조사연구 결과, 주요 영향을 미치
는 요소로서 지반의 강도(점토의 일축압축강도), 연약지반의 두께, 성토높이를 들고 있으며, 이들
관계를 수식화하여 측방유동지수(F)를 구하고 있다(식 14.19).

$$F = \frac{c}{\gamma h} \times \frac{1}{D} \tag{14.19}$$

$F \geq 4$: 측방유동의 우려 없음, $F < 4$: 측방유동의 우려 있음

여기서 F : 측방유동지수($* 10^{-2} 10 m^{-1}$), c : 연약층의 평균점착력, γ : 성토의 단위체적중량, h :
성토고, D : 연약층 두께이다.

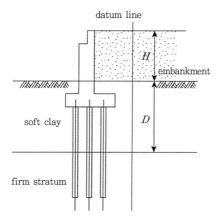

그림 14.18 측방유동지수의 계산(일본도로공단)

④ 수정 교대이동 판정지수(M_{IL})

식 14.20은 일반적으로 사용하고 있는 상기 두 판정식(식 14.18~ 식 14.19)을 국내 고속도로 교량 교대의 구조물에 적용하여 분석한 결과 연약층 심도에 대한 영향이 과대하게 적용된 것으로 검토되어 한국도로공사 도로연구소 지반연구실 연약지반 연구팀이 제안한 식이다.

$$M_{IL} = \alpha \cdot \frac{\gamma \cdot h}{c} \tag{14.20}$$

$M_{IL} \geq 1.5$: 측방이동 가능, $M_{IL} < 1.5$: 측방이동 없음

여기서 M_{IL} : 수정교대측방 이동판정, α : 측압을 받는 하부면적에 대한 교대면적비($= (\Sigma b \cdot D) / (B \cdot A))$, $\frac{\gamma \cdot h}{c}$: 성토안정계수이다(그림 14.17 참조).

14.3 연약지반의 계측관리

연약지반에 선행압밀공법, 샌드드레인 및 PBD 공법을 사용하여 지반개량을 할 경우 그림 14.19에 보인 것과 같은 다양한 계측기를 이용하여 침하량, 간극수압의 소산, 수평변위 등을 측정한다.
계측항목으로서 지표면침하판, 층별침하계, 지중침하계로서 침하량을 측정하고 경사계와 지표면 변위계를 이용한 수평변위, 간극수압계로 압밀도의 진행을 지하수위계를 이용한 정수위의 결과

와 비교 분석한다. 그림에 보는 바와 같이 성토제체 아래에 침하계측기를 매설하고 활동파괴에 대한 안전성을 확보하기 위하여 성토체 측면에 경사계와 지표면 변위계 등을 설치한다.

이 계측결과와 설계 시 이론식을 이용하여 예측한 침하량과 실제 침하량을 비교 분석하고(침하관리) 성토기간 동안 수평변위와 연직침하량의 상대적인 추이를 검토하여 성토지반의 안정성(안정관리)을 관리하기도 한다.

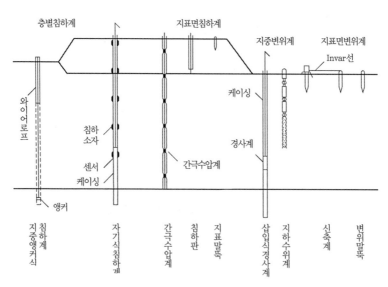

그림 14.19 연약지반상 성토 시 계측항목 예(박영목, 2006)

14.3.1 침하관리

침하관리는 성토체의 실제 침하를 측정함으로써 이에 근거하여 최종침하량을 예측하고, 이론예측 침하량의 진행경향과 비교 분석함으로써 현재의 압밀도 및 지반강도 증가현상 등을 추정할 수 있다. 침하관리법은 주로 일본에서 개발되었으며 쌍곡선법, 평방근법, Asaoka 도해법 등이 있다.

1) 쌍곡선법

쌍곡선법(宮川, 1961)은 "침하의 평균속도가 쌍곡선으로 감소한다"는 가정하에 만들어져 Hyperbolic 법이라고도 한다. 초기의 실측침하량으로부터 장래의 침하량을 예측하는 관계식은 다음과 같다.

$$S_t = S_o + \frac{t}{\alpha + \beta t} \qquad (14.20)$$

여기서 S_t : 성토 종료 후 경과시간 t에서의 침하량, S_o : 성토 종료 직후의 침하량, t : 성토 종료 시점으로부터의 경과시간, α, β : 실측침하량값으로부터 구한 계수이다. 식 14.13을 변형하여 다시 쓰면 식 14.21과 같다.

$$\frac{t}{S_t - S_o} = \alpha + \beta t \qquad (14.21)$$

식 14.21은 성토 종료 후 t 시간 동안의 실측침하량을 기초로 하여 $t/(S_t - S_o)$를 계산한 다음, 그림 14.20과 같이 t와 $t/(S_t - S_o)$의 관계를 표시하여 α 및 β값을 결정한다.

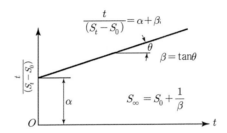

그림 14.20 쌍곡선법에 의한 α 및 β값의 결정

최종침하량(S_f)은 $t = \infty$로 보면 식 14.22로 구할 수 있다.

$$S_f = S_o + \frac{1}{\beta} \qquad (14.22)$$

이 방법을 이용하면 침하량 추정 시 초기에는 실측치에 비해 작은 값을 보이다가 후반으로 갈수록 일치하는 것으로 나타나 압밀도가 50% 이상일 때 근사치에 가까워진다.

2) 평방근법($\sqrt{t}$ 법)

호시노(Hoshino)법이라고도 하며 압밀의 초기침하곡선이 시간의 함수로 다음 식을 만족한다는 것에 근거한다(식 7.23a 참조).

$$\overline{U}(T) = 2(T/\pi)^{1/2} \tag{14.23}$$

실제 현장실측자료를 검토한 결과 전침하량은 시간의 평방근에 비례함이 밝혀져 호시노(1962)는 장래 침하량을 다음 식과 같이 예측하였다.

$$S_t = S_o + S_d = S_o + \frac{A \cdot K \cdot \sqrt{t}}{\sqrt{1 + K^2 \cdot t}} \tag{14.24}$$

여기서 S_t : 성토 종료 경과시간 t에서의 침하량, S_o : 성토 종료 직후의 침하량, S_d : 시간의 경과와 더불어 증가하는 침하량, t : 성토 종료 시점으로부터 경과시간, A, K : 실측침하량으로부터 구한 계수이다. 상기 식을 변형하면 다음과 같이 쓸 수 있다.

$$\frac{t}{(S_t - S_o)^2} = \frac{1}{A^2 K^2} + \frac{1}{A^2}t = \alpha + \beta t \tag{14.25}$$

성토 종료 후 t시간 동안의 실측침하량을 기본으로 하여 $\dfrac{t}{(S_t - S_o)^2}$ 을 계산한 후 그림 14.21과 같이 t와의 관계를 표시하여 A, K의 값을 결정한다. 최종침하량(S_f)은 $t = \infty$라 하면 다음 식으로 구할 수 있다.

$$S_f = S_o + A \tag{14.26}$$

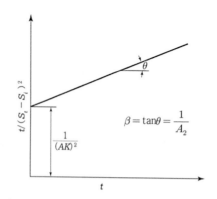

그림 14.11 호시노법에 의한 α 및 β값의 결정

3) 아사오카법(Asaoka법)

아사오카(淺岡, 1978)는 1차원 압밀방정식에 기초한 하중이 일정할 때의 침하량을 나타내는 식 14.27을 제안하였다.

$$S_i = \beta_0 + \beta_1 \ S_{i-1} \tag{14.27}$$

여기서 S_i : 시간 $t_i = \Delta t \times i \, (i = 1, \, 2, \, 3, \, \cdots)$에서의 침하량, S_{i-1} : 시간 $t_{i-1} = \Delta t \times (i-1)$에서의 침하량이며 β_0, β_1 : 실측침하량으로 구한 계수이다.

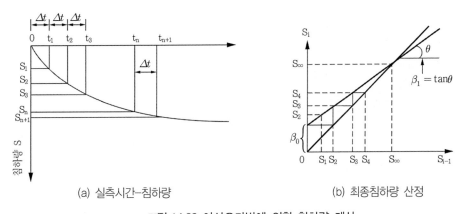

(a) 실측시간–침하량   (b) 최종침하량 산정

그림 14.22 아사오카법에 의한 침하량 계산

최종 침하량은 다음과 같이 구한다.

(1) 실측침하량의 시간–침하변화도로부터 동일한 시간간격(Δt)에 대응하는 침하량 S_1, S_2, $\cdots$ S_{i-1}, S_i를 구한다(그림 14.22a).
(2) S_{i-1}과 S_i를 축으로 하는 좌표상에 (S_1, S_2), (S_2, S_3), $\cdots$ (S_{i-1}, S_i)를 표시한다. 이 경우 표시된 점은 거의 직선상에 놓인다(그림 14.22b).
(3) 최종침하량(S_f)은 (2)에서 구한 선형화된 직선과 S_{i-1}인 직선(45°선)의 교점으로부터 도식적으로 구할 수 있다.
(4) 수평축에 대한 선형화된 직선의 기울기인 β_1을 알면 압밀계수를 식 14.28로부터 구할 수 있다.

$$c_v = -\frac{5}{12}H^2\frac{\ln\beta_1}{\Delta t}$$

$$(14.28)$$

여기서 H는 점토층의 두께이다.

14.3.2 안정관리

성토직하부 침하판으로 수직변위량 S를 측정하고 수평변위말뚝이나 경사계를 이용하여 비탈끝의 지표면 수평변위량(또는 지중수평변위량) δ를 측정하여 다음과 같은 방법을 이용하여 성토지반의 안정성을 평가한다.

- 침하량 대 횡변위량($S - \delta$법) : Tominaga-Hashimoto법
- 횡변위 발생속도($\Delta\delta/\Delta t$) : Kurihara법
- 침하량 대 횡변위량/침하량비($S - \delta/S$법) : Matuo and Kawamura법

1) $S - \delta$ 관리기준에 의한 분석

그림 14.23은 Tominaga(富永)와 Hashimoto(橋本)가 제안한 침하량과 수평변위량의 상호관계를 나타낸 것으로 전단파괴나 균열 시의 δ/S가 이전의 값과 크게 다른 기울기(θ)를 갖는다는 것을 근거로 개발한 것이다. 성토 초기의 $S - \delta$ 관계는 그림 14.23과 같이 S축에 대한 임의의 기울기 θ를 갖는 직선으로 나타나지만 성토를 계속하여 성토제체가 불안정하게 되면 S의 증가량에 비해 δ의 증가량이 현저하게 커져 기울기(δ/S)가 가파르게 표시되어 위험 측으로 간다. 따라서 δ/S값의 증가상태로 파괴를 예측할 수 있도록 한 것이다. 안정성 판정은 분석시기의 δ/S가 초기의 δ/S값에 비해 크게 될 때($\alpha_1 < \alpha_2$) 위험으로 판단한다.

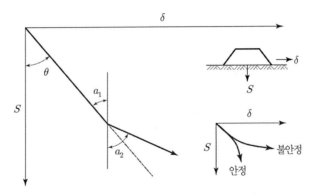

그림 14.23 S−δ의 관계도(Tominaga−Hashimoto법)

2) $\Delta\delta/\Delta t - t$ 관리기준에 의한 방법

Kurihara는 성토사면 선단부의 수평변위속도($\Delta\delta/\Delta t$)에 착안하여 안정관리를 수행하는 방법을 고안하였다. 수평변위측정치로부터 $\Delta\delta/\Delta t$와 t 사이의 관계를 그림 14.24와 같이 나타내어 어느 한계치를 초과하면 위험하다고 판단한다.

Kurihara는 성토 천단면에서 균열이 발생한 시점에서의 $\Delta\delta/\Delta t$의 값이 2~3cm/day이었을 때였다는 경험을 근거로 하여 이 값을 초과하지 않도록 성토속도를 조절함으로써 안정한 성토의 시공이 가능한 것으로 보았다.

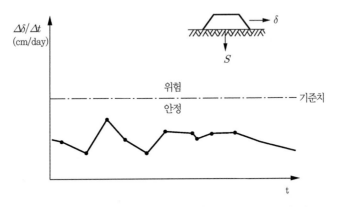

그림 14.24 $\Delta\delta/\Delta t - t$ 관리기준에 의한 예(Kurihara 법)

3) S−δ/S 관리기준에 의한 방법

Matsuo(松尾)−Kawamura(川村)는 일본 내의 성토파괴사례를 조사하여 파괴 시 제체 중앙부의 침하량 S와 δ/S(δ는 성토사면 끝의 측방변위량)의 관계가 거의 하나의 곡선(파괴기준선)상에 놓임을 발견하고 성토 시공 중의 계측치를 그림 14.25에 나타낸 바와 같이 $S-\delta/S$ 관계도상에 그릴 경우, 그 궤적이 기준선에 접근하는지 멀어지는지의 여부를 밝힘으로써 성토의 안정과 불안정을 판단하도록 하였다.

시공사례에 의하여 P_i를 임의의 하중, P_f를 파괴 시의 하중으로 하여 $P_i/P_f = 1.0$에 도달하면 지반파괴가 일어나므로 $P_i/P_f = 0.8$인 파괴기준선에 도달하면 시공속도를 지연시키고, $P_i/P_f = 0.9$에 도달하면 현장시공을 중단시키도록 현장성토기준을 마련하였다.

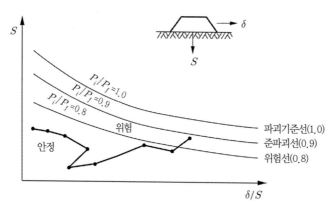

그림 14.25 S−δ/S의 관계 예(Matsuo−Kawamura 법)

14.4 약액주입공법

약액주입공법(grouting)은 지반의 공극 또는 구조물과 지반 사이의 공간에 액체상태의 용액을 주입하여 지반을 고결시키는 공법이다. 주입재로는 시멘트, 점토, 아스팔트 등 현탁액 그라우팅재(particlulate grouting)와 물유리와 우레탄 등 화학적 그라우팅재(chemical grouting)가 있다.

주입목적은 지반의 강도 증가와 변위 감소, 차수, 언더피닝(underpinning), 액상화 방지 등 다양하다. 가격이 비싼 편이므로 제한된 면적에 제한된 양을 사용하는 특수목적에 이용한다.

14.4.1 주입(Grouting)방법

그림 14.26에는 그라우트재의 주입방식으로 가장 일반적인 세 가지 방법을 보였다.

침투그라우팅(permeation)은 약액이 공극에 침투하여 채우는 방식으로 그라우트하는 것이다. 체적의 변화가 없으며 흙의 공극보다 가는 그라우트재를 사용하여야 한다. 변위그라우팅(displacement grouting)은 그라우트재가 간극을 채우면서 주변 흙에 압축을 가하여 지반변위를 일으켜 다짐을 일으킨다. 다짐그라우팅(compaction grouting)이라고도 한다. 주입재로는 슬럼프가 5cm 이하로 낮고 경도가 높은 시멘트페이스트나 모르터를 사용한다. 캡슐그라우팅(encapsulation grouting)은 대상 지반이 세립토일 경우 흙에 압력을 가하여 균열을 일으킨 후 흙덩어리 균열부에 침투하여 둘러싸는 방식의 그라우트공법이다.

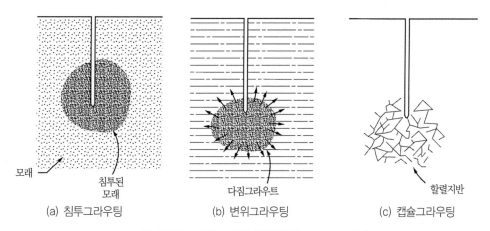

모래   침투된 모래   다짐그라우트   할렬지반

(a) 침투그라우팅   (b) 변위그라우팅   (c) 캡슐그라우팅

그림 14.26 그라우트재의 주입방식(Mitchell, 1981)

14.4.2 주입약액의 특성 및 배합

주입약액은 재료의 특성에 따라 크게 현탁액 그라우트(particulate grout)와 화학약액 그라우트(chemical grout)로 나눈다. 현탁액재는 시멘트나 점토와 같은 입자가 있는 그라우트재료로 일반적으로 모래지반까지 삽입 가능하다. 화학약액은 세립의 공극에도 침투가 가능하나 지반오염 가능성을 검토하여야 한다.

1) 현탁액 그라우트

시멘트는 강도 증가 측면이나 경제적 측면에서 가장 많이 사용되는 재료이다. 시멘트그라우트를 위한 물-시멘트 비(W/C ratio)를 0.5 대 1에서 6 대 1까지 넓은 범위에서 할 수 있는데 W/C가 낮을 수록 강도가 높고 재료분리가 덜 일어나나 지반주입이 어렵다. 가끔 주입을 용이하게 하거나 응고시간(set time)을 조절하기 위하여 화학적 첨가제(chemical additives)나 유동화제(fluidizers)를 사용하기도 한다. 현탁액 첨가제의 주입범위를 보면 보통 시멘트그라우트(Type I, II portland cement)의 경우 30번체(0.6mm) 정도의 흙까지 주입이 가능하고 조강시멘트(Type III portland cement)는 40번체(0.4mm), 벤토나이트는 60번체(0.25mm)까지 주입이 가능하다. Mc-500 마이크로시멘트(microfine cement)는 평균입경이 4μm(=0.004mm)인데 실트질 흙까지 주입 가능하다. 그림 14.27에는 각종 그라우트재의 침투범위를 도시하였다.

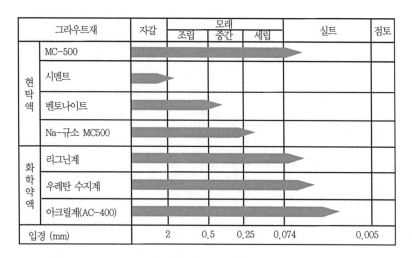

그림 14.27 각종 그라우트재의 주입범위

시멘트그라우트는 강도보강, 점토와 아스팔트재는 강도보다는 차수목적에 사용한다. Mitchell(1981)은 현탁액 그라우트재에 대하여 현장 적용가능성에 대한 기준으로 흙과 암반에 대하여 다음과 같은 주입가능비(groutability ratio)를 추천하였다.

$$\text{흙의 경우}: N = \frac{\text{흙의 } D_{15}}{\text{그라우트재의 } D_{85}} \tag{14.29a}$$

$$N > 24 : \text{균질한 그라우팅 가능}$$
$$N < 11 : \text{그라우팅 불가능}$$

$$N_c = \frac{\text{흙의 } D_{10}}{\text{그라우트재의 } D_{95}} \qquad (14.29b)$$

$N_c > 11$: 균질한 그라우팅 가능

$N_c < 6$: 그라우팅 불가능

$$\text{암반의 경우} : N_R = \frac{\text{균열}(fissure)\text{의 폭}}{\text{그라우트재의 } D_{95}} \qquad (14.29c)$$

$N_R > 5$: 균질한 그라우팅 가능

$N_R < 2$: 그라우팅 불가능

2) 약액그라우트

약액그라우트(chemical grout)는 점성이 낮고 액체로 되어 있어 중립 및 세립질 모래에 적합하고 실트질 흙까지도 일부 주입 가능하다(그림 14.27).

약액그라우트로 많이 사용하는 것은 Na_2SiO_3가 주재료인 물유리계(silicates, 규산염), 수지(resin)계, 리그닌(lignin)계, 아크릴아미드(acrylamide)계, 우레탄계 등이 있다. 이 중 물유리계인 규산염계가 용액의 점성도가 2~3cps로 높아 투수계수 10^{-2}cm/sec 이하의 흙에는 주입이 어려우나 차수효과가 우수하여 많이 쓰인다. 규산염계는 공해 우려가 적고 경제적이나 고결토의 강도는 만족스럽지 않다. 반면 다른 약액은 고가이고 독성이 있어 토양과 지하수오염에 유의하여야 한다.

화학약액을 사용할 경우에는 현장의 온도와 지반의 화학환경(geochemistry)에 따라 실험실과 현장의 그라우트효과가 다를 수 있으므로 현장 흙과 지하수를 사용하여 성능시험을 한 후 본격적으로 사용하는 것이 좋다. 만일 현장지반의 공극이 큰 경우에는 화학약액이 고가이므로 먼저 시멘트그라우트로 공극을 채운 다음 약액그라우트로 마감하는 방식도 경제적인 방식이다.

14.4.3 주입방식과 배치

그라우트재의 주입방식에는 하향주입방식(top-down)과 상향주입방식(bottom-up) 및 두 방식의 조합형이 있다. 일반적으로 하향주입방식은 천층개량(구조물 복원)에, 상향주입방식은 지반개량에 주로 이용된다. 그림 14.28에는 상향주입방식의 예를 보였다. 주입순서로 먼저 소요깊이까지 천공한 다음 인발쟈키를 비롯한 주입장비를 설치하고 로드 내부로 압력을 가하여 단계별 주입을 반복하여 인발한다.

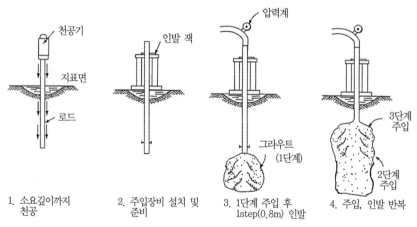

1. 소요깊이까지
천공

2. 주입장비 설치 및
준비

3. 1단계 주입 후
1step(0.8m) 인발

4. 주입, 인발 반복

그림 14.28 그라우트재의 상향주입방식 예(한국지반공학회, 2008)

주입공 배치는 보통 그리드형으로 바둑판 모양의 사각형이나 삼각형이 주가 되며 구조물이나 대상 지반의 주변둘레를 1차 주입공으로, 각 사각형 모양의 교차점과 중앙부에 2차 및 3차 주입공을 배치·주입한다. 주입공 간격은 대개 1.0~3.0m이나 시공목적에 따라 융통성 있게 조절할 수 있다. 흔히 1.5~2.0m를 적용한다.

14.4.4 제트그라우팅

제트그라우팅(jet grouting)은 초고압의 물과 공기 제트(jet)를 이용하여 지반을 절삭·붕괴시킴과 동시에 교반된 공간에 흙과 그라우트재를 섞어 고결시킴으로써 흙시멘트(soil-cement)형의 현장파일을 완성시키는 공법이다. 전 절에 설명한 그라우트공법이 지반에 침투하는 공법으로 주입범위가 제한되어 있음에 비하여 제트그라우팅은 지반의 흙과 그라우트액을 교반하므로 교반(replacement) 공법이라고도 하며 주입범위의 제한이 없어 점성토까지도 개량 가능하다.

초기 일본에서 도입된 공법은 JSP(Jumbo Special Pattern)이었으며 노즐 분사압력이 20MPa, 유효직경이 30~50cm 정도였으나 최근에는 40~70MPa의 압력으로 직경 3m의 제트그라우트 컬럼을 형성할 수 있다. 그림 14.29a에는 제트그라우팅을 이용하여 그라우트컬럼을 시공하는 모습을 보였다. 천공드릴을 목표깊이까지 관입시킨 후 방사형 방향의 노즐을 고속으로 회전하면서 제팅을 시작하여 상향으로 이동해가며 기둥을 형성하여 완성하는 방식이다. 그림 14.29b는 수평방향으로 노즐에서 분사하는 모습을 보였다.

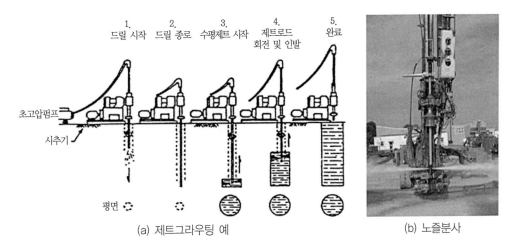

그림 14.29 현장 제트그라우팅 시공 예와 노즐분사

14.5 심층혼합방법

심층혼합방법(Deep Mixing Method, DMM ; Deep Chemical Mixing, DCM)는 생석회, 소석회, 시멘트(Calcium Silicate Hydrate, CSH : CaO·SiO$_2$·H$_2$O) 또는 석회-시멘트-슬래그(slag) 또는 석고(Ca SO$_4$)의 혼합물 등의 안정제(stabilizer)를 사용하여 현장에서 원지반 흙과 교반하여 지반을 안정시키는 공법이다. 본 공법은 국내외적으로 연안이나 바다에서 매립지반을 조성하여 항만시설 및 공항, 택지조성 등을 건설하기 위하여 초연약지반을 안정화시킬 때 많이 사용하고 있다.

본 공법의 안정 메커니즘은 다음과 같은 석회성분의 점성토와 단기 및 장기반응에 의하여 이루어진다.

14.5.1 단기반응

(1) 안정제 내에 있는 칼슘(Ca^{++}) 성분과 원지반 점성토 내의 나트륨(Na$^+$)과의 이온교환 효과 : 칼슘이온은 점토입자 표면에 흡착, 점토입자 대전상태가 변하여 응집·단립화한다. 이 반응은 혼합 후 2일 정도에 종료된다.

(2) 생석회를 사용했을 경우 생석회((CaO)의 소석회(Ca(OH)$_2$)로의 변환효과, 식 14.30과 같이

생석회에 물이 주어지면 소석회로 변환하면서 열을 발생시키며 주변 연약지반을 건조시키는 효과가 있다. 생석회에서 소석회로 변하면서 체적이 2배로 팽창하여 주변토의 압밀을 촉진시킨다.

$$CaO + H_2O \rightarrow Ca(OH)_2 + 15.3kcal(발열반응) \tag{14.30}$$

14.5.2 장기반응

지반 내에 혼합된 안정제는 지반 내의 pH를 12.4까지 증가시키며 알칼리성 환경을 조성한다. 알칼리성 환경은 점토의 미세구조를 파괴하여 Silica(SiO_2), Alumina(Al_2O_3) 입자를 방출하는데 칼슘이온은 이들 입자와 결합하여 규산석회 또는 알민산석회 수화물을 형성하는 고결화(cemetation)작용이 행된다. 이러한 반응을 포졸란반응(pozzolanic reaction)이라 한다.

이러한 반응효과를 잘 얻기 위해서는 현장에서의 철저한 혼합작업이 필요하다. 정규압밀점토에 대하여 생석회를 6~12% 정도 혼합하여 심층치환을 실시한 결과 혼합 직후 초기 비배수전단강도의 2~7배의 강도 증가가 이루어졌으며 1.3년이 지난 후 13~82배까지 증가한 사례가 있다(Mitchell, 1982).

그림 14.30에는 시공순서와 안정제와 원지반 흙을 교반할 때 쓰이는 회전날개의 예를 보였다. 그림에 보인 바와 같이 ① 날개를 회전하면서 개량하려는 지반의 하부까지 도달한 다음 ② 석회를 중앙부 로드를 통하여 주입한다. ③, ④ 지속적으로 날개를 회전하면서 상부로 끌어올려 안정제와 원지반 흙의 혼합기둥을 완성한다.

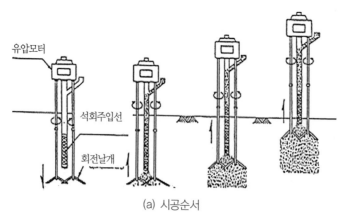

(a) 시공순서

그림 14.30 심층혼합공법의 시공순서와 작업날의 예

(b) 교반날개(mixing blade)

그림 14.30 심층혼합공법의 시공순서와 작업날의 예(계속)

심층혼합기둥의 크기는 스웨덴에서 수행한 작업의 경우 표준직경이 0.5m로 길이 15m까지 작업이 수행되었으며 일본은 최대직경 3.5m로 길이 70m까지도 심층혼합공법이 적용된 바 있다. 일본에서는 고베지진이 발생한 이후 항만 준설토의 액상화로 인하여 변위가 크게 발생한 로코아일랜드 항만의 복구작업에 사용되었다. 국내에서는 쏘일-시멘트 기초(soil-cement foundation)라고도 알려져 있으며 경남 가덕도 항만공사에 적용되었다.

14.6 사질토의 지반개량공법

느슨한 사질토지반의 개량은 액상화 방지를 위한 강도의 개선, 잔류침하량의 감소, 사면의 안정과 지지력의 개선 등을 목적으로 이루어진다. 모래다짐공법(sand compaction method)은 느슨한 모래지반 중에 진동봉을 압입함과 동시에 주변지반에 진동을 가하며 모래나 암석기둥을 형성하는 것으로 진동파일공법(vibro-pile method)이라고도 한다. 압입을 쉽게 하기 위하여 워터젯(물분사)을 하기도 하는데 이를 진동부유(vibro-flotation)공법이라고 한다. 사질토의 다짐효과에 영향을 주는 요인은 다음과 같다(Mitchell, 1981).

- 대상토의 입도분포 및 입경 $74\mu m$ 이하 세립분의 함유량
- 대상토의 포화도와 지하수위
- 개량 전 대상토의 상대밀도, 개량 전 대상 토층의 초기지중응력

- 개량 전 대상 토층의 골격구조와 고결 정도
- 진동을 가한 지점에서의 거리(진동을 가하지점과 중간지점과의 밀도 차이)
- 보충한 골재(모래, 자갈)의 성질
- 시공기계의 종류, 기계의 진동 능력, 시공방법, 기술자 숙련도 등

그림 14.31에 따르면 영역 B 내에 입도곡선의 범위에 들어가는 느슨한 모래가 가장 효과적이고, 입도곡선의 일부가 영역 C에 들어가면 다짐은 가능하나 효과는 떨어지는 것으로 나타나고 있다. 영역 A의 자갈, 고결된 모래, 비교적 조밀한 모래지반에는 바이브로 플로트의 관입이 어려워 효과가 떨어진다. 그림에 의하면 입경 74μm 이하 세립분의 함유비율이 20% 이상이면 진동모래다짐이 효과가 저하됨을 나타내고 있다. 본 그림은 진동부유공법으로부터 도출된 것이나 실제는 진동을 통하여 사질토를 다지는 공법 전반에 걸쳐 유효한 것으로 판단된다.

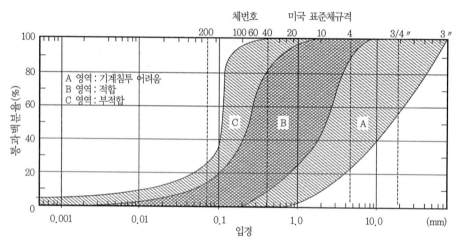

그림 14.31 진동다짐에 적합한 모래의 입도분포(Brown, 1977)

14.6.1 진동부유공법

진동부유(vibro-flotation)공법은 독일에서 개발된 공법으로 편심하중을 갖는 2개의 추를 회전시켜 진동을 얻는 강관을 지반에 압입하여 진동다짐하면서 천천히 추출한다. 진동강관의 압입속도는 2m/분이며 추출속도는 0.3m/분 정도이다. 진동강관의 제원은 초기에는 직경 35~45cm, 길이 5m, 무게 9~14톤, 진동수 30~50Hz, amplitude 4~21mm, power 50~130마력으로 개량범위는 직

경 2m 정도였으나 최근 대형장비는 진동수 100Hz 정도에 개량범위는 3m 정도로 늘어났다.

이 방법으로 개량 후 10~15% 정도의 지반강도가 향상됨을 알 수 있었으며 삽입재료로 조립의 모래나 자갈을 사용하면 시공 완료 후 배수관로로도 작용한다.

그림 14.32에는 진동부유공법의 수행절차를 나타내었는데 그 순서는 다음과 같다.

(1) 워터제트로 모래부유 상태를 만들고 진동강관을 상하진동을 주면서 압입한다.

(2) 견고한 지층에 도달하면 수평진동에 의한 주변 흙의 다짐을 준다. 모래의 다짐으로 인하여 구덩이가 형성된다.

(3) 모래를 형성된 구덩이에 투입하면서 지표면까지 진동강관을 끌어올린다.

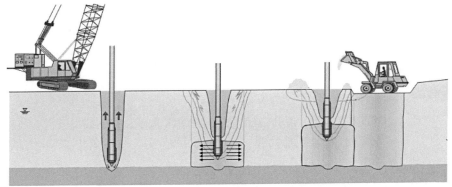

1. 목표지점 관입   2. 수평진동하며 인발   3. 채움재를 주입하며 컬럼 형성

그림 14.32 진동부유공법의 수행절차

본 공법은 액상화 가능성이 있는 지반에서 지진 시 발생할 과잉간극수의 압력을 줄여줌으로 액상화를 방지할 수 있다. 개량심도는 지표면에서 15m까지 가능하고 지하수위 고저에 영향받지 않고 시공할 수 있다. 진동소음이 적고 공기가 짧고 공사비가 싸다.

본 공법의 효과를 가장 기대할 수 있는 지반은 세립분 15% 이하의 모래지반이며 개량효과한계는 $N = 20$ 정도이고, $N = 25$ 이상의 지반에 대해서는 진동기의 관입이 곤란하여 개량효과를 기대할 수 없다. 지하수위가 매우 낮고 건조상태인 지반에서는 시공 시의 포화상태 유지가 곤란해 진동봉의 관입·인발에 문제가 발생할 수 있다.

진동다짐을 실행하는 현장토나 채움재의 재료 특성에 따라 진동다짐 개량의 효과가 달라질 수 있는데 일반적으로 조립모래가 세립토보다 진동을 잘 전달할 수 있어 효율적이다. Brown(1977)은 진동부유공법의 적합도를 판단하는 식을 식 14.31과 같이 제안하였다.

$$적합수(Suitability\ Number,\ SN) = 1.7\sqrt{\frac{3}{(D_{50})^2} + \frac{1}{(D_{20})^2} + \frac{1}{(D_{10})^2}} \qquad (14.31)$$

여기서 D_{50}, D_{20}, D_{10}은 통과중량백분율 50, 20, 10% 재료입경(단위 mm)이다. 적합수의 판정은 표 14.4와 같은 기준에 의한다.

표 14.4 진동부유공법의 뒤채움재 적합도 판정기준

적합수(SN)	적합도 판정
0~10	매우 양호(excellent)
10~20	양호(good)
20~30	보통(fair)
30~50	미흡(poor)
>50	부적합(unsuitable)

예제 14.3

그림 2.13에 보인 입도분포곡선의 양입도(well graded)곡선과 불량입도(poorly graded)곡선을 가지는 흙 A, B를 부유진동공법의 뒤채움재로 사용하려고 한다. 이 두 흙의 적합도를 판정하여라.

풀 이

그림 2.13으로부터 두 종류의 흙에 대한 D_{50}, D_{20}, D_{10}를 구하면 다음과 같다.

시료 A : 입도곡선으로부터 $D_{50} = 0.25$, $D_{20} = 0.08$, $D_{10} = 0.036$

식 14.24를 이용하여

$$SN = 1.7\sqrt{\frac{3}{0.25^2} + \frac{1}{0.08^2} + \frac{1}{0.036^2}}$$
$$= 1.7 \times \sqrt{989.8} = 53.4$$

표 14.4에 의하면 세립분이 많은 이 흙은 부적합하다.

시료 B : 입도곡선으로부터 $D_{50} = 0.35$, $D_{20} = 0.31$, $D_{10} = 0.28$

$$SN = 1.7\sqrt{\frac{3}{0.35^2} + \frac{1}{0.31^2} + \frac{1}{0.28^2}}$$
$$= 1.7\sqrt{47.6} = 11.7$$

입도가 균등하고 모래질인 흙으로 진동부유공법의 뒤채움토로 양호하다.

14.6.2 다짐말뚝공법

　다짐말뚝공법(compaction pile, vibro compozer method)는 1958년 일본의 무라야마(Murajama)에 의하여 처음 개발되었으며 모래를 진동 또는 충격으로 지반층에 압입하여 모래지반을 한계간극비 이하로 다져 지진 시에 액상화를 방지하는 공법이다. 다져진 말뚝의 직경은 보통 60~80cm에 이른다.

　그림 14.33에는 다짐말뚝공법의 시공과정을 나타내었다. 진동하는 맨드렐을 개량하려는 모래층 하부까지 넣고 3m 인발, 2m 관입의 반복다짐을 계속하여 모래기둥을 형성한다.

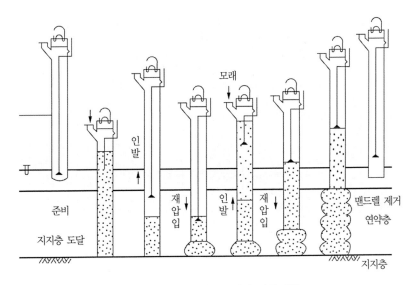

그림 14.33 다짐말뚝공법의 시공과정

　본 공법은 사질토와 점성토 모두 사용이 가능하며 국내에서는 점성토에 오히려 사용도가 많다. 사질토에 사용할 경우 잘 다져진 모래기둥으로 지반의 전단강도와 수평저항 증대, 다짐에 의한 지반의 균일화를 이룰 수 있다.

　점성토에 사용할 경우 모래말뚝과 점성토의 복합지반으로 지반 전체의 전단저항 증가, 지지력 증가 및 활동파괴를 방지할 수 있다. 모래기둥에 응력집중으로 압밀침하를 저감하며 촘촘한 드레인효과로 압밀침하를 조기 완료할 수 있다.

　보강재로 넣은 재료가 모래인 경우 SCP(sand compaction pile), 자갈인 경우 GCP(gravel compaction pile) 공법으로 부른다.

14.6.3 동다짐공법

동다짐공법(dynamic compaction, Heavy tamping)은 프랑스 기술자 Menard에 의하여 최초로 고안되었으며 동압밀(dynamic consolidation)공법이라고도 부른다. 느슨한 사질지반이나 입상토 지반을 대규모의 추를 공중에서 지반에 반복 낙하시켜 다지는 공법이다.

포화된 사질토지반은 과잉간극수압 유발로 액상화현상을 유도하여 밀도를 높여주며 쓰레기 매립 지반은 유기물이 부패되어 형성된 공극을 효과적으로 분쇄하여 밀도를 높여준다. 사용하는 추의 재료는 사각형이나 원형의 콘크리트 블록, 철판상자에 콘크리트나 모래를 채워 만들며 추의 무게는 2~20톤 정도이다(Menard and Broise, 1975). 그림 14.34는 동다짐한 지반의 예를 보인 것이다.

그림 14.34 동다짐한 지반의 모습

동다짐의 수행절차는 다음과 같다.

(1) 개량할 지반을 격자로 나누어 격자마다 5~10회씩 추를 낙하한다.
(2) 일차 전체 지반을 다진 후 과잉간극수압의 소진 정도에 따라 2~3시리즈(series)를 반복한다. 충격지점은 시리즈가 끝날 때마다 구덩이가 생기므로 지반을 골라준다.
(3) 마지막 시리즈를 다짐한 후 지표면의 지반을 고르고 재래식 다짐장비를 이용하여 고르거나 가벼운 추를 이용하여 마무리한다.
(4) 가벼운 구조물 지지를 위해서는 확대기초가 놓이는 부분만 충격을 가하는 것이 경제적이다.

그림 14.35에는 동다짐 시 에너지가 가해짐에 따라 각 시리즈별 체적번호, 간극수압의 발생과 소산, 지지력 증가 등을 보인 것이다. 각 시리즈별로 체적은 감소하며 과잉간극수압이 발생·소산되는 과정을 반복하면서 지반의 지지력이 높아지는 것을 확인할 수 있다. 과잉간극수압의 소산에는 사질토의 경우 수 일, 세립토의 경우 수 주가 걸리므로 이 기간 동안에는 차기 시리즈의 다짐을 수행하지 않고 기다리는 것이 필요하다.

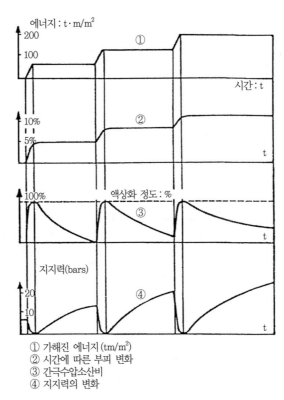

① 가해진 에너지 (tm/m²)
② 시간에 따른 부피 변화
③ 간극수압소산비
④ 지지력의 변화

그림 14.35 동다짐 후 차례(series)별 간극수압의 소산과 전단강도의 증가

Leonards et al.(1980)은 그림 14.36에 보인 바와 같은 동다짐에너지와 영향깊이와의 관계자료를 수집하여 동다짐의 에너지에 의하여 지반이 개량되는 영향깊이를 구하는 공식을 다음과 같이 제시하였다.

$$D = \frac{1}{2}(W\,h)^{1/2} \tag{14.32}$$

여기서 D : 영향깊이(m), W : 추의 중량(ton), h : 추의 낙하고(m)이다.

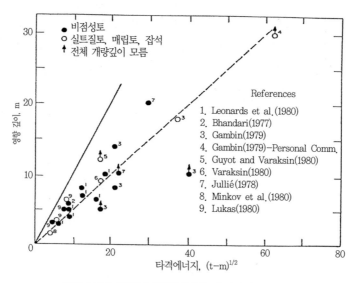

그림 14.36 동다짐 영향깊이와 다짐에너지의 관계

동다짐의 개량효과는 사질토의 경우 최대 콘지수가 $180kg/cm^2$, $N=45/30$이었으며 세립토는 위 값의 1/2 정도였다. 그림 14.37에는 요코하마지역에서 수행한 동다짐 전후의 개량효과를 보였다. 개량해야 할 토층의 깊이가 깊어지면 개량효과가 저하될 수 있음을 유의하여야 한다.

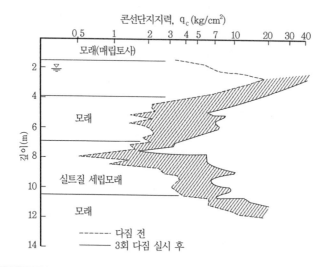

횟수	낙하거리	타격수	휴지기간(일)	평균강제침하량(m)
1회	20	20		1.9
2회	35	20	20	1.4
3회	35	15	1	0.7

그림 14.37 동다짐 전후 지반개량효과

진동모래다짐공법과 같이 세립분이 20% 이상인 경우에는 개량이 불확실하여 세립토지반에는 개량효과가 적어 성공 및 실패사례가 공존한다. 동다짐은 다짐 시 발생하는 진동과 소음공해로 도심지역에서는 적용이 어렵다.

예제 14.4

10m 깊이의 쓰레기층을 동다짐을 이용하여 개량하려고 한다. 사용할 해머 중량을 20톤, 하부면적 반경 2m의 원형블록을 이용한다. 이 쓰레기층이 있는 깊이까지 다짐이 되기 위하여 필요한 해머의 낙하고를 계산하여라.

풀   이

식 14.22로부터 $D = \dfrac{1}{2}(W\,h)^{1/2}$ 낙하고에 대하여 풀면

$$h = \frac{(2D)^2}{W} = \frac{(2 \times 10)^2}{20} = 20\,\text{m이다.}$$

14.1 예제 14.1을 불투수층 위에 놓인 지반으로 가정하여 다시 풀어라.

14.2 투수층 굳은 사질토 위에 있는 두께 10m의 점토층에 제방을 축조한다. 제방의 등분포하중은 7t/m²이다. 점토층의 압밀 특성은 $c_v = 1.3 \times 10^{-3}$ cm²/sec, $c_h = 2.5 \times 10^{-3}$ cm²/sec, $m_v = 0.02$ cm²/kg이다.

1) 이 점토층의 최종압밀침하량은 얼마인가?
2) 제방축조 6개월 후 점토층의 압밀침하량이 최종침하량의 90%가 되기 위하여 필요한 샌드드레인의 간격은? (드레인의 직경은 30cm, 삼각형분포로 가정)

14.3 다음에 보인 바와 같은 입도분포곡선을 가진 흙을 부유진동공법의 뒤채움재로 사용하려고 할 때 이 흙의 적합도를 판정하여라.

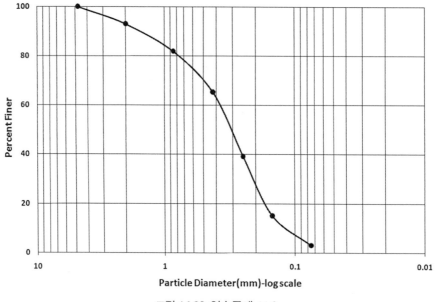

그림 14.38 연습문제 14.3

14.4 12m 깊이의 쓰레기층을 동다짐을 이용하여 개량하려고 한다. 콘크리트 블록을 해머로 사용하고 크레인의 낙하고를 30m로 하려한다. 이 쓰레기층이 있는 깊이까지 다짐이 되기 위하여 필요한 콘크리트 블록 해머의 중량을 결정하여라.

참고문헌

1. 박영목(1997), "국내 PBD재의 배수성능과 진공효과에 의한 통수능력 향상에 관한 연구", 한국지반공학회.

2. 한국지반공학회(2003, 2009), 구조물기초 설계기준 해설, 구미서관.

3. 한국토목섬유학회(2006), 제1회 한국토목섬유학회 단기교육, 토목섬유의 특성평가 및 활용기법, 구미서관.

4. 한국토목섬유학회(2008), 제2회 한국토목섬유학회 단기교육, 연약지반 및 지반환경, 구미서관.

5. Barron, R.A.(1948), "Consolidation of Fine-Grained Soils by Drain Wells", *Transactions*, ASCE, Vol.113, No.2346, pp.718-742.

6. Brown, R.E.(1977), "Vibro-floatation Compaction of Cohesionless Soils", *Proceeding of. ASCE*, GT12, pp.1437-1451.

7. Hansbo, S.,(1979), "Consolidation of Clay by Band-shaped Prefabricated Drains", *Ground Engineering*, Vol.12, No.5, pp.21-25.

8. Hansbo, S.(1992), "Preconsolidation of Soft Compressible Soils by the Use of Prefabricated Vertical Drains", *Workshop on Applied Ground Improvement Technique, Southeast Asian Geotechnical Society*.

9. Johnson, S.J.(1979), "Foundation Precompression with Vertical Sand Drains", *Journal of SMFD*, ASCE, Vol.96, SM1, pp.145-175.

10. Kjellaman, W.(1948), "Acceleration Consolidation of Fine Grained Soil by Means of Cardboard Wicks" *Proceedings of the 2nd Int, Conf. on SMFE*, Rotterdam, pp.302-305.

11. Leonards, G.A. Cutter, W.A. and Holtz, R.D.(1980), "Dynamic Compaction of Granular Soils", *Journal of Geotechnical Engineering Div.* ASCE, GT1, pp.35-44.

12. Menard. L and Broise Y.(1975), "Theoretical and Practical Aspects of Dynamic Consolidation", *Geotechnique*, Vol.15, No.1, pp.3-18.

13. Mitchell, J.K.(1981), "State of the Art on Soil Improvement", *Proc. 10th ICSMFE*, Vol.4, pp.510-520.

14. 장용채 외(1996), "교대변위 억제 대책에 관한 연구", 한국도로공사·도로연구소.

15. 地盤の側方流動, 土質工学会編(1994), 土質工学会 土質基礎工学ライブラリー 38.

16. EPS工法─発泡スチロール(EPS)を用いた超軽量盛土工法, 発泡スチロール土木工法開発機構(1993), 理工図書.

부록

부록 1

입도분포곡선 작성용 그래프 양식(본문 2.1절)

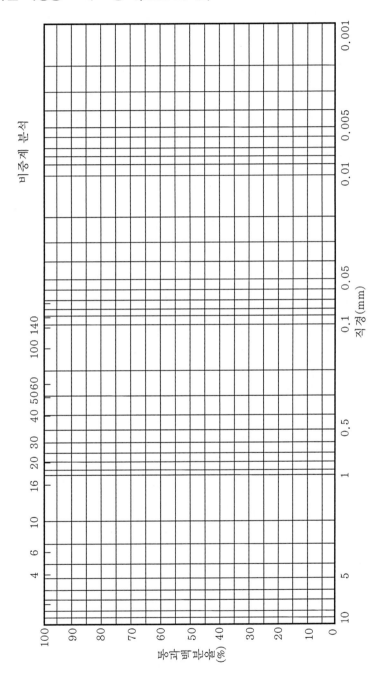

부록 2

반대수용지(semilog graph)(본문 7.4절)

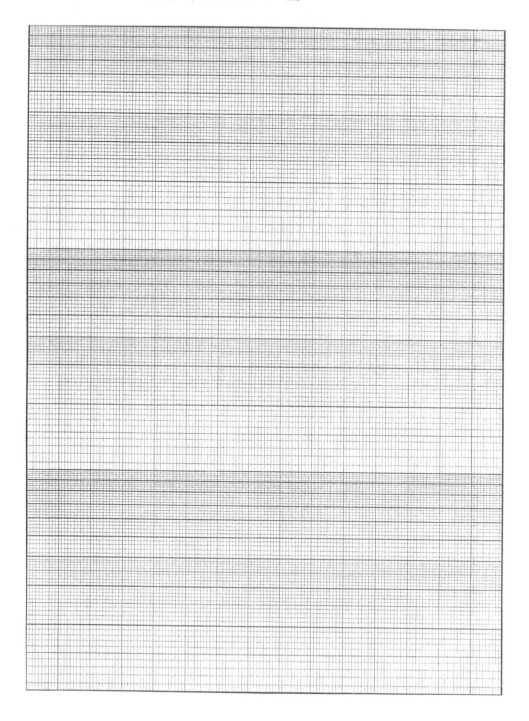

부록 3

흙요소에서 수직응력(σ)과 전단응력(τ)의 유도(본문 8.1절)

1. 수직-수평응력이 주응력인 경우

1) 수직응력

그림 8.3의 응력의 평형관계로부터

$$\sigma L = \sigma_1 \cos\theta \cdot L\cos\theta + \sigma_3 \sin\theta \cdot L\sin\theta$$

공통부분인 L을 양변에서 소거하면

$$\sigma = \sigma_1 \cos^2\theta + \sigma_3 \sin^2\theta \tag{A8.1}$$

여기서 $\cos2\theta = \cos^2\theta - \sin^2\theta = \cos^2\theta - (1 - \cos^2\theta)$ 이므로

$$\cos^2\theta = \frac{1 + \cos2\theta}{2} \tag{A8.2a}$$

$\cos2\theta = 1 - \sin^2\theta - \sin^2\theta = 1 - 2\sin^2\theta$ 의 관계로부터

$$\sin^2\theta = \frac{1 - \cos2\theta}{2} \tag{A8.2b}$$

식 A8.2a, A8.2b를 식 A8.1에 대입하면 다음과 같은 식이 유도된다.

$$\sigma = \sigma_1 \frac{1 + \cos2\theta}{2} + \sigma_3 \frac{1 - \cos2\theta}{2}$$

$$= \frac{\sigma_1 + \sigma_3}{2} + \frac{\sigma_1 - \sigma_3}{2}\cos2\theta \tag{A8.3}$$

2) 전단응력

그림 8.3의 응력의 평형관계로부터

$$\tau L = \sigma_1 \sin\theta \cdot L cos\theta - \sigma_3 \cos\theta \cdot L sin\theta \tag{A8.4}$$

여기서 $\sin2\theta = \sin\theta\cos\theta + \cos\theta\sin\theta = 2\sin\theta\cos\theta$ \hfill (A8.5)

식 A8.4에서 양변의 L을 소거하고 식 A8.5를 대입하면 다음과 같은 식이 유도된다.

$$\tau = (\sigma_1 - \sigma_3)\sin\theta\cos\theta = \frac{\sigma_1 - \sigma_3}{2}\sin2\theta \tag{A8.6}$$

2. 수직-수평응력에 전단응력이 포함된 경우

다음 그림에서 $\overline{EB}=\overline{EF}\cos\theta$, $\overline{FB}=\overline{EF}\sin\theta$, $\overline{EF}$를 L이라 하면 다음과 같이 된다.

$$\overline{EB}=L\cos\theta, \quad \overline{FB}=L\sin\theta$$

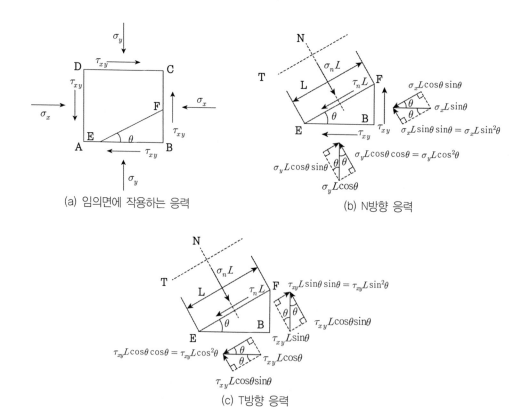

(a) 임의면에 작용하는 응력

(b) N방향 응력

(c) T방향 응력

그림 A8.1 평면좌표상에서 임의 단면의 응력상태

1) N방향의 힘을 합하여 주응력(σ_n)을 구하면 다음과 같다.

$$\sigma_n L = \left(\sigma_x L\sin^2\theta + \sigma_y L\cos^2\theta\right) + \left(\tau_{xy}L\sin\theta\cos\theta + \tau_{xy}L\sin\theta\cos\theta\right)$$

$$\sigma_n = \sigma_x\sin^2\theta + \sigma_y\cos^2\theta + 2\tau_{xy}\sin\theta\cos\theta$$

$$= \sigma_x\frac{1-\cos2\theta}{2} + \sigma_y\frac{1+\cos2\theta}{2} + \tau_{xy}\sin2\theta \tag{A8.7}$$

$$\therefore \ \sigma_n = \frac{\sigma_y+\sigma_x}{2} + \frac{\sigma_y-\sigma_x}{2}\cos2\theta + \tau_{xy}\sin2\theta$$

* 참고

$$\sin2\theta = 2\sin\theta\cos\theta, \ \cos2\theta = \cos^2\theta - \sin^2\theta = 2\cos^2\theta - 1 = 1 - 2\sin^2\theta, \ \tan2\theta = \frac{2\tan\theta}{1-\tan^2\theta}$$

2) T방향의 힘을 합하여 전단응력(τ_n)을 구하면 다음과 같다.

$$\tau_n L = \left(\sigma_y L \sin\theta\cos\theta - \sigma_x L \sin\theta\cos\theta\right) + \tau_{xy} L \sin^2\theta - \tau_{xy} L \cos^2\theta$$

$$\tau_n = \sigma_y \sin\theta\cos\theta - \sigma_x \sin\theta\cos\theta - \tau_{xy}\left(\cos^2\theta - \sin^2\theta\right) \tag{A8.8}$$

$$\therefore \ \tau_n = \frac{\sigma_y - \sigma_x}{2}\sin2\theta - \tau_{xy}\cos2\theta$$

3) 최대주응력(σ_1)과 최소주응력(σ_3)

수직응력과 전단응력을 모아원으로 나타내면 다음 그림 A8.2와 같다.

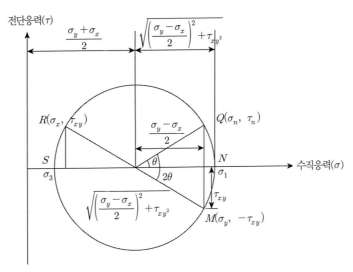

그림 A8.2 최대주응력과 최소주응력

앞의 모아원에서 최댓값이 최대주응력(σ_1)이 되고, 최솟값이 최소주응력(σ_3)이 된다.

최대주응력(Major Principal stress) :

$$\sigma_n = \sigma_1 = \frac{\sigma_y + \sigma_x}{2} + \sqrt{\left(\frac{\sigma_y - \sigma_x}{2}\right)^2 + (\tau_{xy})^2} \tag{A8.9}$$

최소주응력(Minor Principal stress) :

$$\sigma_n = \sigma_3 = \frac{\sigma_y + \sigma_x}{2} - \sqrt{\left(\frac{\sigma_y - \sigma_x}{2}\right)^2 + (\tau_{xy})^2} \tag{A8.10}$$

여기서 단위는 주응력은 압축일 때 (+)이고, 전단응력은 반시계방향일 때 (+)이다.

부록 4

산술용지(regular graph)(본문 8.3절)

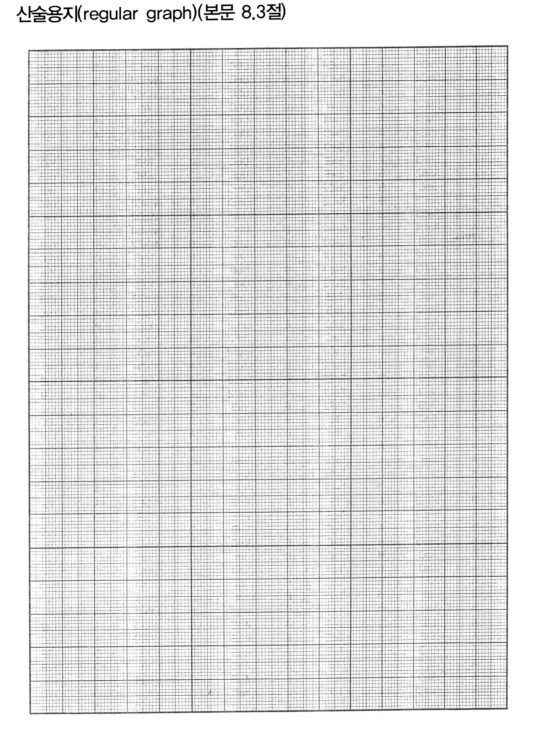

부록 5

우리나라의 지진가속도계수의 결정(본문 10.6절)

1) 수평지진가속도계수 k_h에 지진가속도계수 A에 횡방향변위 허용 정도에 따라 0.5~1.0를 곱하여 적용한다. 즉 0.5를 곱하는 것은 지진에 의한 어느 정도의 횡방향변위를 허용한다는 것으로 보강토옹벽의 경우에 적용한다.

2) 지진가속도계수 A=위험도계수×지진구역계수

3) 지진구역계수는 표 A10.1과 같이 지진구역을 나누어 표 A10.2와 같은 계수를 적용한다.

4) 위험도계수는 500년 주기를 기준으로 하여 표 A10.3의 값을 적용한다.

표 A10.1 지진구역 구분

지진구역		행정구역
I	시	서울특별시, 인천광역시, 대전광역시, 부산광역시, 대구광역시, 울산광역시, 광주광역시
	도	경기도, 강원도 남부[1], 충청북도, 충청남도, 경상북도, 경상남도, 전라북도, 전라남도 북동부[2]
II	도	강원도 북부[3], 전라남도 남서부[4], 제주도

*1. 강원도 남부(군, 시) : 영월, 정선, 삼척시, 강릉시, 동해시, 원주시, 태백시
2. 전라남도 북동부(군, 시) : 장성, 담양, 곡성, 구례, 장흥, 보성, 화순, 광양시, 나주시, 여수시, 순천시
3. 강원도 북부(군, 시) : 홍천, 철원, 화천, 횡성, 평창, 양구, 인제, 고성, 양양, 춘천시, 속초시
4. 전라남도 남서부(군, 시) : 무안, 신안, 완도, 영광, 진도, 해남, 영암, 강진, 고흥, 함평, 목포시
5. 행정구역의 경계를 통과하는 교량의 경우에는 구역계수가 큰 값을 적용한다.

표 A10.2 지진구역계수(재현주기 500년에 해당)

지진구역	I	II
구역계수	0.11	0.07

표 A10.3 위험도계수

재현주기(년)	500	1,000
위험도계수, I	1	1.4

부록 6

평판재하시험으로부터 구한 상세자료의 예(본문 11.8.2절)

시험조건 : 4단계 하중재하, 탄성회복량 측정

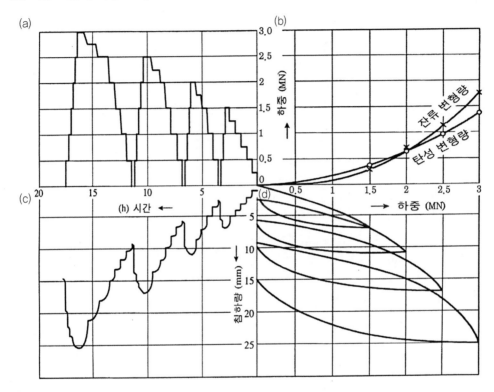

- 그림 (a) : 시간－하중곡선
- 그림 (b) : 하중－변형량곡선(재하하중별 탄성변형량과 잔류(소성)변형량기록)
- 그림 (c) : 시간－침하량곡선
- 그림 (d) : 하중－침하량곡선

부록 7

단위환산표

<table>
<tr><td colspan="3">길이</td></tr>
<tr><td>1mm=0.0394in</td><td>1cm=10mm=0.394in</td><td>1m=100cm=39.4in=3.28ft</td></tr>
<tr><td>1km=1000m=3280ft=0.621mi</td><td>1in=2.54cm</td><td>1ft=0.305m</td></tr>
<tr><td>1yd=0.914m</td><td>1mi=1.609km</td><td></td></tr>
<tr><td colspan="3">면적</td></tr>
<tr><td>$1cm^2=0.155in^2$</td><td>$1m^2=10.8ft.^3=1.20yd^2$</td><td>1ha=2.47acres</td></tr>
<tr><td>$1ha=10,000m^2$</td><td>$1in^2=6.45cm^2$</td><td>$1ft^2=929cm^2$</td></tr>
<tr><td>$1yd^2=0.835m^2$</td><td>$1acre=0.403ha=43,560ft^2$</td><td></td></tr>
<tr><td colspan="3">부피</td></tr>
<tr><td>$1cm^3=0.0610in^3$</td><td>$1m^3=35.3ft.^3=1.31yd^3$</td><td>$1in^3=16.4cm^3$</td></tr>
<tr><td>$1ft^3=0.0283m^3$</td><td>$1yd^3=0.764m^3$</td><td>$1liter=1000cm^3=61.0m^3$</td></tr>
<tr><td>$1U.S.gal=3785cm^3=231m^3$</td><td>1U.S.gal=3.78liters</td><td>$1cm^3=0.001liter=2.64\times10^{-4}U.S.gal$</td></tr>
<tr><td>$1ft^3=7.48U.S.gal=28.3liters$</td><td></td><td></td></tr>
<tr><td colspan="3">흐름률</td></tr>
<tr><td>$1m^3/sec=3.05\times10^6ft^3/day$</td><td>$1m^3/yr=5.01\times10^{-4}gal/min$</td><td>$5\times10^{-4}m^3/sec\cdot m=2.41gal/min-ft.$</td></tr>
<tr><td>$1g/m^2-day=1.07gal/acre-day$</td><td>$1gal/min-ft=0.75m^3/hr-m$</td><td>$1gal/min-ft^2=0.677l/sec-m^2$</td></tr>
<tr><td>$1gal/acre-day=0.934g/m^2-day$</td><td>$1gal/acre-day=9.34l/ha-day$</td><td>$1gal/acre-day=1.08\times10^{-9}cm/sec$</td></tr>
<tr><td>$1gal/min-ft=2.08\times10^{-4}m^2/sec$</td><td>$1ft.^3/min-ft=0.0929m^3/min-m$</td><td></td></tr>
<tr><td colspan="3">힘</td></tr>
<tr><td colspan="1.5">$1N=102.0g=0.225lb=1.124\times10^{-4}ton$</td><td colspan="1.5">$1g=9.81\times10^{-3}N=2.20\times10^{-3}lb=1.102\times10^{-6}ton$</td></tr>
<tr><td colspan="1.5">$1lb=4.45N=453.6g=5.00\times10^{-4}ton$</td><td colspan="1.5">$1ton=8.89\times10^3N=9.07\times10^5g=2000lb$</td></tr>
<tr><td colspan="3">응력</td></tr>
<tr><td colspan="3">$1N/m^2=1Pa=1.02\times10^{-5}kg/cm^2=1.45\times10^{-4}lb/in^2=2.08\times10^{-2}lb/ft^2=1.04\times10^{-5}ton/ft$</td></tr>
<tr><td colspan="3">$1kg/cm^2=9.81\times10^4N/m^2=14.2lb/in^2=2.05\times10^3lb/ft^2=1.02ton/ft^2$</td></tr>
<tr><td colspan="3">$1lb/in^2=6.89\times10^3N/m^2=7.03\times10^{-2}kg/cm^2=144lb/ft^2=7.2\times10^{-2}ton/ft^2$</td></tr>
<tr><td colspan="3">$1lb/ft^2=4.79\times10N/m^2=4.88\times10^{-4}kg/cm^2=6.94\times10^{-3}lb/in^2=5.00\times10^{-4}ton/ft^2$</td></tr>
<tr><td colspan="3">$1ton/ft^2=9.58\times10^4N/m^2=9.76\times10^{-1}kg/cm^2=13.9lb/in^2=2000lb/ft^2$</td></tr>
<tr><td colspan="3">단위중량</td></tr>
<tr><td colspan="1.5">$1N/m^3=1.02\times10^{-4}g/cm^3=6.37\times10^{-3}lb/ft^3$</td><td colspan="1.5">$1g/cm^3=9.81\times10^3N/m^3=62.4lb/ft^3$</td></tr>
<tr><td colspan="1.5">$1lb/ft^3=1.57\times10^2N/m^3=1.60\times10^{-2}/cm^3$</td><td></td></tr>
<tr><td colspan="3">온도</td></tr>
<tr><td>$1°C=1°K=1.8°F$</td><td>$1°F=0.555°C=0.555°K$</td><td>$0°K=-273°C=-460°F$</td></tr>
<tr><td>$T_C=(5/9)(T_F-32°)=T_K-273°$</td><td>$T_K=T_C+273°=(T_F+460)/1.8$</td><td>$T_F=(9+5)T_C+32°=1.8T_K-460°$</td></tr>
</table>

단위와 차원

(1) 단위

수리학과 토질역학에서는 길이, 질량, 시간, 밀도, 속도, 가속도, 힘 등 다수의 물리적인 양을 측정하고 이들의 관계식을 취한다. 양을 측정하려면 하나의 표준이 되는 양을 선택하여, 동종의 다른 양이 이것의 몇 배가 될지를 정한다. 이때 몇 배인지를 나타내는 숫자를 수치라 하고, 표준에 선택한 크기를 단위라 한다. 수많은 물리량 중 적당한 일부를 선택하면, 이를 이용하여 다른 모든 물리량을 나타낼 수 있다. 이때 최초에 선택한 물리량을 기본량, 기본량 이외의 것들을 조립량이라 한다. 운동학이나 역학에서는 길이·질량·시간의 세 가지를 기본량으로 선택하는 것이 보통이며, 이것에 온도·전류를 더한 다섯 가지를 기본량으로 하면, 모든 물리량을 나타낼 수 있다. 또한 기본량에 대해서 각 1종의 단위를 정하고, 이를 기본단위라고 부른다. 기본단위의 조합을 조립단위 또는 유도단위라 한다. 또한 기본단위와 그를 조합하여 유도단위와 합하여 단위계라 한다. 기본단위는 길이 (m), 질량(kg), 시간(s) 열역학적 온도(K), 전류(A) 등이 있지만, 유도단위의 예를 나타내면 다음과 같다.

체적=길이^{3}으로 주어지기 때문에, 길이를 기본량으로 그 단위 cm를 취하면 체적의 단위는 cm^3 이 된다. 또한 길이의 단위로 m를 취하면 체적은 m^{3}이 된다.

(2) 차원

위의 예에서 알 수 있듯이 어떤 양의 유도단위는 기본단위 역수의 곱에 비례하는 형태로 표현된다. 이때 기본이 되어야 할 양의 조합을 결정하면(위의 예에서는 길이 및 질량을 기본량으로 함), 혹 단위가 다른 경우에도 '멱수'의 지수는 동일하다. 일반적으로 단위의 대소에 관계없이 기본단위와 유도단위의 관계를 정해 기호단위로 사용하여 나타낸 것을 차원이라 한다.

1) LMT계 차원

물리학의 역학문제를 다루기 위해서는 길이·질량·시간 세 가지를 기본량으로 선택하는 것이 보통이며, 이것으로부터 다른 양을 다양하게 표현할 수 있다. 기호로는 길이 L, 질량 M, 시간 T를 사용한다. 이에 따르면 어떤 물리량의 단위는 $L^x M^y T^z$에 비례하는 형태로 표현된다. 이 차원 계에서 L은 cm, M은 g, T는 s의 단위를 사용하는 것을 CGS 단위계라고 하며, 예전부터 물리학에서 가장 많이 이용되어온 단위계이다. 또한 L에 m, m에 kg, T에 s의 단위를 사용한 것을 MKS 단위계라 하고 이러한 LMT를 기본으로 하는 단위계를 절대단위계라 한다.

2) LFT계 차원

공학에는 길이(L), 시간(T) 및 질량 대신에 단위질량에 의한 중력(F)를 기본량으로 한 LFT계의 차원이 널리 사용된다. 단위로는 보통 길이 m, 힘은 kgf, 시간은 s를 사용하지만, cm, gf, s를 사용할 수도 있다. LFT를 기본으로 하는 단위계를 중력단위계 또는 공학단위계라 한다. LFT계는 힘의 단위기호로 보통 상기 kgf(킬로그램중), gf(그램중)을 사용하지 않고 편의상 질량 kg, 질량 g의 기호가 있는 kg, g를 이용하는 것이 많기 때문에 주의해야 한다. 최근 모든 나라가 채택할 수 있는 하나의 실용적인 계량단위로서 SI(국제단위계)가 정해졌다. SI는 MKS 단위계의 확장이며, 길이(m), 질량(kg), 시간(s) 등 일곱 가지 기본단위와 평면각(rad) 입체각(sr)의 두 보조단위 및 이들의 조립단위로 구성되어 있다. 하나의 양에 대해 하나의 단위 및 그 단순한 10의 정수승배 단위만을 사용하는 것을 원칙으로 하고 있다.

(3) 차원과 단위의 예

1) 면적=길이^2

- 차원 : LMT계(=LFT계) ⋯ $[A] = [L^2]$
- 단위 : CGS ⋯ cm^2, MKS(=SI) ⋯ m^2

2) 속도 = $\dfrac{거리}{시간} = \dfrac{길이}{시간}$

- 차원 : LMT계(=LFT계) ⋯ $[v] = [LT^{-1}]$
- 단위 : CGS ⋯ cm/sec, MKS(=SI) ⋯ m/s

3) 가속도 = $\dfrac{속도}{시간} = \dfrac{길이}{시간^2}$

- 차원 : LMT계(=LFT계) ⋯ $[a] = [LT^{-2}]$
- 단위 : CGS ⋯ cm/sec^2, MKS(=SI) ⋯ m/sec^2

4) 힘=질량×가속도

- 차원 : LMT계 ⋯ $[F] = [LMT^{-2}]$

LFT계 $\cdots [P] = [F]$

- 단위 : LMT계 $\cdots \left\{ \begin{array}{l} dyn\,(\text{다인}) = \text{g\,cm}\,/\,\sec^2\,(\text{CGS}) \\ \text{N}\quad(\text{뉴톤}) = \text{kg\,m}\,/\,\sec^2(\text{MKS} = \text{SI}) \end{array} \right\}$

- LFT계 $\cdots$ kf(kgf)

또한 LFT계는 [kgf]와 MKS계(=SI)[N]의 환산은 엄밀히 하면 중력가속도 9.80665m/sec^2을 이용하면 되지만, 일반적으로 9.8m/sec^2을 사용한다.

찾아보기

연습문제 해

제 2 장

2.1 w=17.7%

2.2 γ_d=12.2kN/m³, γ_t=17.7kN/m³   **2.3** γ_d=16.1kN/m³, e=0.68, n=0.41, S=48%

2.4 $\gamma_{t\,(60\%)}$=18.8kN/m³, $\gamma_{t\,(80\%)}$=19.8kN/m³, $\gamma_{t\,(90\%)}$=20kN/m₃

2.5 G_s=2.45, e=0.69   **2.6** γ_d=1.43g/cm³, e=0.9, S=67%

2.7 γ_t=16.1kN/m³, w=42.2%, γ_d=1.13t/m³, e=1.39, S=82%

2.8 e=1.77   **2.9** w=85%, γ_t=10.1kN/m³, γ_d=5.5kN/m³

2.10 γ_t=1.70g/cm³, γ_d=1.49g/cm³

2.11   1) LL=37.5%,   2) PI=21%,   3) LI=0.55, CI=0.45

2.12   A=1.4   **2.13**   SL=15.1%

2.14   –   **2.15** ΔW_w=80.4g

2.16   Dr=34.4%

2.17   1) –,   2) D_{10}=0.11mm, D_{30}=0.23mm, D_{60}=0.3mm,   3) C_u=2.73, C_g=1.60,   4) 입도 불량

2.18   흙1 : GC, 흙2 : CH, 흙3 : SC(입도 양호), 흙4 : SC(입도 불량)

2.19   흙1 : A–7–6, 흙2 : A–7–6, 흙3 : A–1–b, 흙4 : A–1–a

2.20   1) –,   2) 자갈 : 0%, 모래 : 18%, 실트 : 69%, 점토 : 13%,   3) ML,   4) A–4(GI=8)

제 4 장

4.1   1) w_{opt}=12%, $\gamma_{d\,max}$=19.4kN/m³,   2) –

4.2   1) w_{opt}=24%, $\gamma_{d\,max}$=14.9kN/m³,   2) –,   3) –

4.3   1) w_{opt}=20%, $\gamma_{d\,max}$=17.2kN/m³,   2) –,   3) S=94%,   4) –,   5) w=16.7%

4.4   1) γ_t=2.72g/cm³,   2) w=20.3%,   3) γ_d=2.26g/cm³

4.5   Dr=94%   **4.6**   R.C=96%

4.7 $\Delta W_{w\,(11\%)}$=59g, $\Delta W_{w\,(13\%)}$=118g, $\Delta W_{w\,(15\%)}$=176g, $\Delta W_{w\,(17\%)}$=235g, $\Delta W_{w\,(20\%)}$=323g

4.8   1) W=9,234ton,   2) W=8,289ton

제 5 장

5.1   1) A점 : σ=0kN/m³, u=0kN/m³, σ'=0kN/m³, B점 : σ=187kN/m³, u=0kN/m³, σ'=187kN/m³,
       C점 : σ=288kN/m³, u=50kN/m³, σ'=238kN/m³, D점 : σ=374kN/m³, u=10t/m³, σ'=274kN/m³
       2) –

5.2   1) σ=64kN/m³, u=50kN/m³, σ'=14kN/m³,
       2) 부간극수압 고려 : σ=64kN/m³, u=40kN/m³, σ'=24kN/m³,
       부간극수압 미고려 : σ=64kN/m³, u=50kN/m³, σ'=14kN/m³

5.3   A점 : 52.1kN/m³, B점 : 51.6kN/m³, C점 : 51.2kN/m³

5.4   D점 : 37.8kN/m³, E점 : 33.6kN/m³, F점 : 28.2kN/m³

5.5   G점 : 61kN/m³, H점 : 54.8kN/m³, I점 : 44.8kN/m³

5.6 　G점 : 53.7kN/m^3

5.7 　중심 : $\Delta\sigma_{(2.5m)}$=21.4kN/m^2, $\Delta\sigma_{(5m)}$=10.2kN/m^2, K점 : $\Delta\sigma_{(2.5m)}$=40.kN/m^2, $\Delta\sigma_{(5m)}$=3.0kN/m^2

5.8 　$\Delta\sigma$=10.3kN/m^2 　　　　　　　　　　　5.9 　　$\Delta\sigma$=15kn/m^2

5.10 　1) m, n법 : 중심 : $\Delta\sigma$=21.6kN/m^2, a점 아래 : $\Delta\sigma$=21.6kN/m^2

　　　　2) 영향원법 : 중심 : $\Delta\sigma$=13kN/m^2, a점 아래 : $\Delta\sigma$=8kN/m^2

5.11 　i_{cr}=1.07 　　　　　　　　　　　　　5.12 　　h_c=1.5cm

제 6 장

6.1 　1) A점 : 6m, B점 : 6m, C점 : 5.33m, D점 : 4m, E점 : 4m, 2) k=1.86cm/sec, 3) 배수가 양호한 깨끗한 자갈

6.2 　1) k=5.1cm/min, 2) 압력수두=5m, 위치수두=5m, 전수두=10m

6.3 　1) P_A=85cm, 2) P_B=51cm, 3) Q=0.034cm/sec/cm^2, 4) k_1=0.017cm/sec

6.4 　1) k=4.58×10^{-6}cm/sec, Q=2.06×10^{-4}cm^3/sec, 2) Δt=321min

6.5 　1) Q=14.2m^3/min, 2) 전수두=360m, 압력수두=4.1m, 위치수두=355.9m, 3) u=4.1t/m^2

6.6 　Q=0.042m^3/sec 　　　　　　　　6.7 　　k=0.148cm/sec

6.8 　수평방향 : k_h=1.98×10^{-3}cm/sec, 수직방향 : k_v=4.19×10^{-5}cm/sec

6.9 　1) k_h=3.80×10^{-3}cm/sec, Q=0.30cm^3/sec, 2) k_v=1.15×10^{-2}cm/sec, Q=0.92cm^3/sec

6.10 　1) 전면 key : q=21cm^2/sec, 후면 key : q=21cm^2/sec, 2) –

6.11 　1) v=2.14×10^{-5}cm/sec, 2) v_s=5.0×10^{-5}cm/sec, 3) 3.5m : σ'=1.94t/m^2, u=5t/m^2,

　　　　7m : σ'=3.88t/m^2, u=10t/m^2, 4) F_s=2.3 (파이핑에 대해 안전)

6.12 　k=3.0×10^{-3}cm/sec, i=0.5

제 7 장

7.1 　k=1.0×10^{-6}cm/sec 　　　　　　7.2 　　S_c=9.04cm

7.3 　C_v=3.1×10^{-3}cm^2/sec 　　　　　7.4 　　U_{ave}=35%

7.5 　$t_{(5cm침하)}$=25day

7.6 　1) C_c=0.64, C_r=0.03, 2) a_v=1.01, m_v=0.03, 3) S_c=0.04cm+

7.7 　1) C_v=0.0039cm^2/sec, 2) $t_{(80\%압밀)}$=1685day, 3) k'=2.8×10^{-6}cm/sec

7.8 　√t법 : C_v=4.25×10^{-4}cm^2/sec, logt법 : C_v=4.23×10^{-4}cm^2/sec

7.9 　1) –, 2) S_c=40.8cm, 3) S_c=42.1cm

7.10 　1) S_c=0.66m, 2) t_{90}=1.65year, 3) S_t=0.74m

7.11 　1) 간극수압 u=19.6kPa, 과잉간극수압 u_{exc}=0kPa, 2) 과잉간극수압 u_{exc}=200kPa, 3) T=0.05,

　　　　4) C_v=7.7×10^{-4}cm^2/sec, 5) $t_{(90\%압밀)}$=509day, 6) 2.2m

7.12 　1) S_c=0.3m, 2) S_c=0.35m 　　　　7.13 　　S_c=0.37m

제 8 장

8.1 　1) O_p(450, −75), 2) σ_1=475kPa, σ_3=225kPa, 3) σ=392.8kPa, τ=117.5kPa

8.2 　1) O_p(7.5, 0), 2) 최대전단응력점 : (18.75, 11.25), 3) τ=7kN/m^2

8.3 　1) O_p(62, 50), 2) σ_1=173kN/m^2, σ_3=39kN/m^2, 3) 기울기=4.3°

8.4 　1) O_p(0.17, −0.1), 2) σ_1=0.37kN/m^2, σ_3=0.12kN/m^2, 최대주응력면기울기=26.6°, 3) ϕ=11.7°

8.5 　σ=2.5kg/cm^2, τ=0.87kg/cm^2 　　　　8.6 　　τ=109kN/m^2

8.7 1) $\tau=1.23\text{kg/cm}^2$, 2) $\phi=31.2°$ **8.8** $\phi=28.1°$

8.9 1) $\phi=29.7°$, 2) $\sigma_1=485\text{kN/m}^2$, 3) 최대주응력면기울기$=60°$

8.10 1) $q_u=350\text{kN/m}^2$, $c=175\text{kN/m}^2$, 2) $E=25\text{MN/m}^2$

8.11 1) $\tau=21.9\text{kN/m}^2$, 2) $\sigma_1-\sigma_3=79\text{kN/m}^2$, $P=2.237\text{kN}$

8.12 1) $-$, 2) $-$, 3) $c=1.75\text{kg/cm}^2$, $\phi=24°$, 4) $-$

8.13 1) $-$, 2) $c'=2\text{kN/m}^2$, $\phi'=24°$

8.14 1) $-$, 2) $c=1.6\text{kN/m}^2$, $\phi=5°$, 3) $c'=2\text{kN/m}^2$, $\phi'=7°$

8.15 1) $-$, 2) $\phi=37.8°$, 3) $\sigma_1-\sigma_3=100\text{kN/m}^2$

8.16 1) $\phi'=35°$, 2) 느슨, 3) 조밀

8.17 1) $-$, 2) $c'=10\text{kN/m}^2$, $\phi'=25°$, 3) $\sigma_1-\sigma_3=220\text{kN/m}^2$

8.18 1) $-$, 2) $c'=8\text{kN/m}^2$, $\phi'=24°$

8.19 $5\text{m}: c_u=7.1\text{kN/m}^3$, $10\text{m}: c_u=11.6\text{kN/m}^3$, $15\text{m}: c_u=16.0\text{kN/m}^3$

8.20 $5\text{m}: c_u=7.2\text{kN/m}^3$, $10\text{m}: c_u=11.7\text{kN/m}^3$, $15\text{m}: c_u=16.2\text{kN/m}^3$

제 9 장

9.1 1) C, 2) A, 3) B

9.2 외경 $5\text{cm}: A_r=14.1\%$; 외경 $7.5\text{cm}: A_r=9.1\%$

9.3 $-$

9.4 $C_u=0.338\text{kg/cm}^2$

제 10 장

10.1 1) $P_0=130.4\text{kN/m}^2$, $z=2\text{m}$, 2) $P_a=82.9\text{kN/m}^2$, $z=2\text{m}$

10.2 1) $-$, 2) $P_a=145.5\text{kN/m}^2$, $z=1.71\text{m}$ **10.3** 분포도 : $-$, $P_a=1455\text{kN/m}^2$, $z=1.71\text{m}$

10.4 1) $P_a=73\text{kN/m}^2$, $z=1.67\text{m}$, 2) $P_a=106.3\text{ kN/m}^2$, $z=1.93\text{m}$

10.5 1) 인장균열 깊이$(z_c)=3.48\text{m}$, 2) 굴착 최대깊이$(H_c)=6.97\text{m}$

10.6 1) 분포도 : $-$, $P_a=29.7\text{kN/m}^2$, 2) 분포도 : $-$, $P_a=189.2\text{kN/m}^2$, $z=1.96\text{m}$

10.7 1) 분포도 : $-$, $P_a=13.4\text{kN/m}^2$, 2) 분포도 : $-$, $P_a=107.4\text{kN/m}^2$, $z=1.68\text{m}$

10.8 $P_a=90.7\text{kN/m}^2$, $z=2.04\text{m}$

10.9 1) $P_a=187.5\text{kN/m}^2$, $z=2.67\text{m}$, 2) $P_a=190.4\text{kN/m}^2$, $z=2.67\text{m}$

10.10 $P_a=201.6\text{kN/m}^2$, $z=2.67\text{m}$ **10.11** $P_p=887.0\text{kN/m}^2$, $z=2.67\text{m}$

10.12 지진 시 주동토압$(P_{ae})=135.7\text{kN/m}^2$, $z=3.52\text{m}$

10.13 1) $-$, 2) $-$

10.14 1) $P_a=238.6\text{kN/m}^2$

2) 전도에 대한 안전율$(F_s)=3.12(>2,\ \text{OK})$

3) 활동에 대한 안전율$(F_s)=1.55(>1.5,\ \text{OK})$

4) 최대 바닥압력$(q_{max})=200.3\text{kN/m}^2$, 최소 바닥압력$(q_{min})=124.7\text{kN/m}^2$
   허용지지력$(q_{all})=600.8\text{kN/m}^2$

10.15 1) $P_a=40.8\text{kN/m}$, 2) $P_A'=95.2\text{kN/m}$, $P_B'=54.4\text{kN/m}$, $P_C'=95.2\text{kN/m}$

3) $P_A=285.6\text{kN/m}$, $P_B=163.2\text{kN/m}$, $P_C=285.6\text{kN/m}$

제 11 장

11.1 1) $q_a=137.4\text{kN/m}^2$, 2) $q_a=26.2\text{kN/m}^2$ **11.2** $q_u=1,533.8\text{kN/m}^2$

q_u =2,080.9kN/m^2 **11.4** q_u =372.5kN/m^2

11.5   1) q_a =90.84kN/m^2,   2) Q_a =181.7kN   **11.6**   0.83×0.83m

11.7   1) q_a =764.5kN/m^2,   2) q_a =1,147.9kN/m^2

11.8   1) q_u =1,605.4kN/m^2, q_a =535.1kN/m^2

2) q_u =2,763.3kN/m^2, q_a =921.1kN/m^2

3) q_u =2,390.4kN/m^2, q_a =766.78kN/m^2

4) q_u =2,763.3kN/m^2, q_a =921.1kN/m^2

11.9 q_u =1,540.1kN/m^2, Q_a =2,722.8kN   **11.10** q_u =1,497.4kN/m^2, Q_a =2,647.5kN

11.11 q_a =293.1kN/m^2

11.12   1) q_a =280.7kN/m^2,   2) Q_a =842.2kN,   3) 허용설계지지력(q)=505.3kN/m^2

11.13   점성토 : q_u =200kN/m^2, 사질토 : q_u =1333.3kN/m^2

11.14   점성토 : S_f =125mm, 사질토 : S_f =69.44mm

11.15 q_u =2,666.7kN/m^2 **11.16** q_a =1,066.7kN/m^2, S=5mm

11.17   1) 연성기초 : S_e =12.59mm, 2) 강성기초 : S_e =11.24mm

제 12 장

12.1   1) Q_p =533kN, Q_{pa} =177.8kN,   2) Q_s =1603.1kN,   3) Q_a =712.2kN

12.2   1) Q_p =176.5kN,   2) Q_s =516.1kN,   3) Q_a =277kN

12.3   1) Q_p =113kN, Q_{pa} =37.7kN,   2) Q_s =1,256kN,   3) Q_a =456.3kN

12.4 Q_s =1,507.2kN, Q_p =1,130.4kN   **12.5**   1) Q_a =833.3kN,   2) Q_a =727.4kN

12.6   1) Q_p =77.61kN,   2) Q_s =1,242.8kN,   3) Q_a =330.1kN

12.7   1) α 법 : Q_s =885.5kN,   2) β 법 : Q_s =964.6kN

12.8   무리말뚝 지지력(Q_u)=10,942.3kN   **12.9**   말뚝 간격(d)=0.73m

12.10   순 선단지지력($Q_{p\,(net)}$)=27.3MN, 허용 순지지력($Q_{a\,(net)}$)=9.1MN

12.11 Q_a =2,160.3kN

제 13 장

13.1 F_s =2.56   **13.2** F_s =1.57

13.3   1) c=25.5kN/m^2,   2) F_s =1.20

13.4   1) 사면저부 파괴,   2) 한계고(H_{cr})=6.73m,   3) F_s =1

13.5   한계고(H_{cr})=14.05m   **13.6** F_s =1.30

13.7   1) Fellenius법 : F_s =1.68, 2) Bishop 간편법 : F_s =1.68

13.8 F_s =1.6

제 14 장

14.1   1) t =712.5day, 2) t =850day   **14.2**   1) 최종압밀침하량(S)=14cm,   2) 2m

14.3   양호   **14.4**   중량(W)=19.2t

저자소개

장연수

□ 학력
서울대학교 공과대학 토목공학과 공학사
서울대학교 공과대학 토질 및 기초공학 공학석사
미국 버클리대학교 지반공학 공학박사

□ 경력 및 학술활동
현 동국대학교 건설환경공학과 교수
한국건설기술연구원 선임연구원
대한토목학회 논문상, 학회장상, 학술상
한국지반공학회 학술상
2007년 환경부 장관상
2009년 토목의 날 행사 대통령상 수상
제14대 한국지반공학회 회장(2011~2013)
동국대학교 공과대학 학장(2015~2016)

장용채

□ 학력
전남대학교 토목공학과 공학사
전남대학교 토목공학과 공학석사
전남대학교 토목공학과 지반전공 공학박사

□ 경력 및 학술활동
현 목포해양학교 해양건설공학과 교수, 대학원장
한국도로공사 도로교통기술원 수석연구원
미국 University of Missouri, 방문연구원
대한토목학회 광주전남지회 논문상, 학술상
한국지반공학회 학술상
한국도로공사 도로연구소 최우수 연구원상

제2판

토질역학

초판발행 2010년 2월 8일
2판 1쇄 2020년 3월 10일

저 자 장연수, 장용채
펴 낸 이 김성배
펴 낸 곳 도서출판 씨아이알

책임편집 박영지, 최장미
디 자 인 송성용, 윤미경
제작책임 김문갑

등록번호 제2-3285호
등 록 일 2001년 3월 19일
주 소 (04626) 서울특별시 중구 필동로8길 43(예장동 1-151)
전화번호 02-2275-8603(대표)
팩스번호 02-2265-9394
홈페이지 www.circom.co.kr

I S B N 979-11-5610-771-2 93530
정 가 30,000원